Paul Reichel

## Die Lehre von der Brucheinklemmung

klinisch-experimentelle Studie unter Benutzung von 160 in der Kgl. Chirurg. Klinik

zu Breslau beobachteten Fällen von Brucheinklemmung

Paul Reichel

**Die Lehre von der Brucheinklemmung**
*klinisch-experimentelle Studie unter Benutzung von 160 in der Kgl. Chirurg. Klinik zu Breslau
beobachteten Fällen von Brucheinklemmung*

ISBN/EAN: 9783744668255

Hergestellt in Europa, USA, Kanada, Australien, Japan

Cover: Foto ©berggeist007 / pixelio.de

Weitere Bücher finden Sie auf **www.hansebooks.com**

# DIE LEHRE

## VON DER

# BRUCHEINKLEMMUNG.

---

## KLINISCH-EXPERIMENTELLE STUDIE

UNTER

BENUTZUNG VON 160 IN DER KGL. CHIRURG. KLINIK ZU BRESLAU
BEOBACHTETEN FÄLLEN VON BRUCHEINKLEMMUNG.

VON

## DR. PAUL REICHEL,

FRÜHER ASSISTENT DER KGL. CHIRURG. KLINIK ZU BRESLAU,
JETZT ASSISTENT DER KGL. UNIVERSITÄTS-FRAUENKLINIK ZU BERLIN.

---

STUTTGART.

VERLAG VON FERDINAND ENKE.

1886.

# Inhalt.

# Einleitung.

Welche wesentliche Verbesserung unsere Resultate durch die Lister'sche Wundbehandlung insbesondere auf dem Gebiete der Chirurgie des Bauches erfahren haben, ist allgemein bekannt; wissen wir doch, dass erst mit Beginn der antiseptischen Aera dieser früher so wenig gepflegte, weil als unfruchtbar betrachtete Theil der Chirurgie in neue Bahnen gelenkt und unserer Thätigkeit damit ein weites segensreiches Feld erschlossen wurde. Um so auffälliger mussten die Mittheilungen B. Schmidt's auf dem 12. Congress der Deutschen Gesellschaft für Chirurgie (1883) erscheinen, dass die Antisepsis auf die Ergebnisse der Herniotomie keine gleich günstige Wirkung gehabt und dieselben nur ganz unerheblich gebessert habe; um so auffälliger die Angabe, dass gerade die septische und zwar nicht perforative Peritonitis auch jetzt noch eine so bedeutende Mortalität nach dieser Operation bedingt. — Schmidt stützte seine Anschauungen auf eine statistische Zusammenstellung von 363 aus verschiedenen Kliniken und Krankenhäusern gesammelten Fällen, von denen 308 eingeklemmte, 55 freie Hernien betrafen, sämmtlich nach antiseptischen Principien behandelt. Von den ersteren starben 113, d. h. 36,6 % gegenüber einer Mortalität von 45,8 % in der vorantiseptischen Zeit, und darunter 77 an septischer, nicht perforativer Peritonitis; von den 55 Radikaloperirten erlagen 11, davon die Hälfte an septischer Bauchfellentzündung. — Schmidt sieht die Erklärung für diese ungünstigen Resultate darin, dass bei Operation eingeklemmter Brüche von einer antiseptischen Operation überhaupt nicht die Rede sein könne, da der entzündete Darm durchlässig und seine Umgebung bereits kurze Zeit nach Beginn der Einklemmung septisch sei. Er kommt daher zu dem Schluss: „Die Resultate der Operation eingeklemmter Brüche sind einer gleichen Verbesserung, wie diejenigen Operationen, welche im Gesunden ausgeführt werden, durch das antiseptische Verfahren nicht fähig, weil die Operation in septisch inficirten Theilen geschieht."

Reichel, Die Lehre von der Brucheinklemmung.                    1

Dies eigenthümliche Ergebniss rief alsbald ziemlich allgemeines Erstaunen hervor, und Gussenbauer erklärte sogleich, dass seine Erfahrungen sich mit denen Schmidt's im Widerspruch befänden; er habe ein eklatantes Missverhältniss in Bezug auf Mortalität und Verlauf zwischen den Herniotomien in der antiseptischen und der vorantiseptischen Zeit wahrgenommen. Die Statistik Schmidt's leide an dem grossen Fehler, dass sie sämmtliche Fälle bezüglich der Sterblichkeit als gleichwerthig ansehe und ausser Acht lasse, ob bei ihnen zur Zeit der Operation bereits Peritonitis bestanden habe oder nicht. Wolle man den Werth eines Verfahrens richtig beurtheilen, so müsse man die Qualität der Fälle in erster Linie voranstellen. Dieser Einwand Gussenbauer's hat viel Berechtigung, wenn auch Schmidt dagegen geltend machen konnte, dass auch in den Statistiken der vorantiseptischen Periode eine derartige Differenzirung der Fälle nicht gemacht wurde. — Jedenfalls war eine Controlle der Richtigkeit der Schmidt'schen Angaben unter Berücksichtigung des eben berührten Punktes geboten, zumal des letzteren Statistik den grossen Mangel hat, dass sie zwar aus einer grossen Zahl, aber doch — weil aus verschiedenen Krankenanstalten gesammelt — ungleich beobachteten und — wenn auch antiseptisch — so doch ungleich behandelten Fällen gewonnen wurde.

Dies gab den äussern Anlass zu nachstehender Arbeit. Das Material der Breslauer Klinik ist ein so reichhaltiges, dass die Zahl der seit der strikten Einführung der Antisepsis zur Beobachtung gekommenen Herniotomien der Schmidt's zwar erheblich nachsteht, aber doch 100 erreicht, also gross genug ist, um zum Entscheid obiger Frage zu dienen. Die Gelegenheit hierzu war um so günstiger, als gerade aus derselben Klinik im Jahre 1869 eine Arbeit von Hildebrand[1]) erschienen ist, die eine statistische Zusammenstellung von 177 Fällen von Brucheinklemmung, darunter 93 Herniotomien, sämmtlich aus der vorantiseptischen Zeit, aus den Jahren 1821—1861 incl., zum Gegenstande hat. Allerdings können die in dieser Arbeit enthaltenen statistischen Angaben deshalb nicht als vollständig richtig und beweiskräftig gelten, weil bei der Lückenhaftigkeit der in früheren Jahren geführten Krankenjournale gewiss eine nicht unbeträchtliche Anzahl von Fällen überhaupt unerwähnt geblieben und auch die Ausgänge der Operation nicht stets angegeben waren; zum Vergleich mit den jetzigen Resultaten können sie neben andern Statistiken immerhin dienen. — Die in der folgenden Abhandlung benutzten Fälle wurden

---

[1]) Hildebrand, Zusammenstellung von 177 Fällen von Brucheinklemmung. Inaug.-Dissert. Breslau 1869.

sämmtlich in der Breslauer Klinik behandelt und zwar wurden fast ausschliesslich nur die in der Zeit von Anfang 1876 bis 31. März 1885 beobachteten verwerthet. Nur einige wenige Fälle, die aus anderen Gründen Interesse boten, wurden aus früheren Jahren hinzugefügt.

Die zur Entscheidung der in Rede stehenden Frage nöthige Zusammenstellung unseres Materiales bot mir gleichzeitig Gelegenheit, an seiner Hand mehrere noch strittige Punkte einer genaueren Prüfung zu unterwerfen und forderte mich zu seiner sorgfältigen Sichtung in verschiedener Hinsicht auf. Dies liess die Aufnahme einiger Fälle aus der vorantiseptischen Zeit wünschenswerth erscheinen; selbstverständlich sind sie zur Entscheidung der ersterwähnten Frage nicht mit herangezogen.

Besondere Aufmerksamkeit schenkte ich der noch immer nicht entschiedenen Frage nach dem Mechanismus der Brucheinklemmung, sodann den Cirkulationsstörungen der eingeklemmten Schlinge, insbesondere den Bedingungen der Entstehung der Gangrän. Da zur Beantwortung dieser Punkte die klinischen Beobachtungen nicht ausreichten, sah ich mich genöthigt, zum Experiment zu greifen. Hierdurch hat freilich die Arbeit an Umfang erheblich zugenommen, aber, so hoffe ich, an Interesse gewonnen. Zum Schlusse versuchte ich das Material auch zur Entscheidung des Werthes der Radikaloperation der Hernien zu verwerthen. In wie weit es mir gelungen ist, zur Lösung dieser Fragen beizutragen, überlasse ich dem gütigen Urtheile des Lesers.

# 1. Abschnitt.

## Kapitel I. Statistische Angaben über das benutzte Krankenmaterial.

Im Ganzen kamen in dem oben erwähnten Zeitabschnitte 160 Fälle eingeklemmter Hernien zur Beobachtung. Dieselben vertheilen sich ihrer Art nach auf 77 (= 48 %) Inguinal-, 77 (= 48 %) Femoralbrüche, 2 Umbilicalhernien, 1 Hernia ventralis und 2 Herniae obturatoriae; in einem Falle ist die Art nicht angegeben. Wir finden also ebensoviel eingeklemmte Schenkel- wie Leistenbrüche, was ungefähr mit den Angaben Gosselin's [1] übereinstimmt, welcher unter 156 Einklemmungen 73 (= 46,8 %) Inguinal-, 70 (= 44,8 %) Femoral- und 13 Umbilicalhernien fand, während Bryant unter 100 incarcerirten Hernien 50 inguinale, 44 femorale und 6 umbilicale verzeichnet. Scholz in Wien fand die Einklemmung bei Leistenhernien in 50 %, die der Schenkelhernien in 69 % der Gesammtzahl der beobachteten Hernien. In der Zusammenstellung Hildebrand's vertheilen sich die 177 Brucheinklemmungen auf 64 (= 36,2 %) Inguinalhernien, 104 (= 58,7 %) Cruralbrüche, 3 Nabelbrüche und 6 ohne nähere Angabe. Dass der Procentsatz der eingeklemmten Cruralhernien bei Hildebrand so überwiegt, dürfte vielleicht auf einer Ungenauigkeit der ihm zur Verfügung stehenden Journale beruhen, indem ja Cruralhernien die Herniotomie häufiger erfordern als Inguinalhernien, die Fälle mit Herniotomie wahrscheinlich aber genauer verzeichnet waren, als die, welche durch Taxis zurückgingen.

Berücksichtigt man, dass die Inguinalhernien im Ganzen etwa 9mal so häufig sind als die Cruralbrüche, die Einklemmung bei letzteren aber eben so häufig, nach einzelnen Angaben sogar öfter vorkommt als bei ersteren, so wird man zu der Annahme gedrängt, dass die anatomische Disposition der letzteren eher einen Anlass zur Einklemmung

---

[1] Albert, Lehrbuch der Chirurgie. 3. Aufl. Bd. III, p. 355.

abgiebt als die der ersteren; denn die Gelegenheitsursachen zur Incarceration, namentlich schwere Arbeit, Heben schwerer Lasten, sind
ja beim Manne häufiger als beim Weibe, die Femoralhernien aber
treten, wie bekannt, ungleich öfter beim weiblichen wie beim männlichen Geschlecht auf, verhalten sich wie 3 : 1. Worin diese Disposition
besteht, vermag ich nicht bestimmt zu sagen, vermuthe indess, dass
sie hauptsächlich in einer grösseren Enge des Bruchringes beim
Schenkelkanal gegenüber dem Leistenkanal bestehen muss. Dafür
scheint mir namentlich zu sprechen, dass die Cruralhernien sich öfter
gleich bei ihrem Entstehen einklemmen als die Leistenbrüche, dass
sie im Allgemeinen kleiner sind als letztere, dass sie öfter wie diese
die Herniotomie verlangen und rascher der Gangrän verfallen. Mes-
sungen über die verschiedene Weite der Bruchringe beider Brucharten
anzustellen, hatte ich leider keine Gelegenheit. Vielleicht begünstigt
auch die verschiedene Neigung der Ebene der Bruchpforte zur Körper-
achse die Einklemmung, vielleicht auch die grössere Kürze des Bruchkanales. Dass indess das Hauptmoment der Enge des Bruchringes
zuzuschreiben ist, werde ich später bei Besprechung des Einklemmungsmechanismus zu begründen suchen.

Während Frickhöffer [1] die Häufigkeit der Brucheinklemmung
für beide Geschlechter nahezu gleich, von 1099 auf das männliche
Geschlecht 537, auf das weibliche 562 entfallend, fand, beobachtete
ich ein häufigeres Vorkommen beim Weibe. Von meinen 160 Fällen
kommen 64 auf das männliche, 96 auf das weibliche Geschlecht; das
Verhältniss stellt sich also genau wie 2 : 3. Hildebrand giebt ein
noch erheblicheres Ueberwiegen des weiblichen Geschlechtes an und
fand unter 67 Personen, deren Geschlecht angegeben war, 22 Männer
und 45 Frauen, also ein Verhältniss von 1 : 2; dies ist entschieden zu
hoch, der Wirklichkeit nicht entsprechend. — Interessanter wird dieser
Vergleich beider Geschlechter, zieht man die Lage der Bruchpforten
mit in Betracht. Es vertheilen sich nämlich die 77 Leistenbrüche auf
59 Männer und 18 Frauen, also etwa in dem Verhältniss von 3 : 1,
die 77 Schenkelbrüche auf 5 Männer und 72 Frauen, also im Verhältniss von 1 : 14; die übrigen 6 entfallen gleichfalls auf das weibliche Geschlecht. Es tritt hier das Ueberwiegen der Einklemmung
bei der Frau noch schärfer hervor, wenn wir berücksichtigen, dass
das Verhältniss der Inguinalhernien zwischen männlichem und weib-
lichem Geschlecht überhaupt sich etwa wie 10 : 1, das der Femoralhernien wie 1 : 3 stellt.

Was die Körperseite betrifft, so überwiegt die Incarceration, ent-

[1] Schmidt, Unterleibsbrüche. Handbuch der Chirurgie von Pitha-Billroth
Bd. III, Abth. 2.

sprechend dem häufigeren Vorkommen der Hernien auf der rechten Seite, auch auf dieser. In meinen 160 Fällen fand sich die Brucheinklemmung 96mal rechts, 54mal links vor; in 8 Fällen ist die Körperseite nicht angegeben; 2 Fälle betrafen Nabelbrüche. Die gleiche Differenz, wie bei den Brüchen überhaupt, prägt sich auch bei den eingeklemmten Hernien bezüglich der Körperseite zwischen Leisten- und Schenkelbrüchen aus, indem die rechte Seite von ersteren noch häufiger als von letzteren bevorzugt wird; ich fand unter 77 eingeklemmten Leistenbrüchen 51 rechts, 21 links, 5 ohne Angabe der Körperseite, unter der gleichen Anzahl incarcerirter Schenkelbrüche indess nur 43 rechts, hingegen 31 links verzeichnet, 3 ohne nähere Angabe.

Auch in hiesiger Klinik zeigte sich eine grössere Gefährlichkeit der eingeklemmten Cruralbrüche gegenüber den Leistenbrüchen, insofern sie öfter den Bruchschnitt nöthig machten, als letztere. Von 77 incarcerirten Leistenhernien wurden 41, d. h. 53,2 % durch Taxis reponirt resp. gingen spontan auf Opiumbehandlung etc. zurück, 33 erforderten die Herniotomie, also 42,8 %; von den 3 übrig bleibenden Fällen starb 1 vor jedem Eingriffe in der Chloroformnarkose, 2 andere waren mit Klysmen behandelt und starben gleichfalls. — Von den 77 Schenkelbrüchen liessen sich nur 19 (= 24,6 %) durch Taxis zurückbringen, in 57 Fällen, also 74 %, wurde herniotomirt; 1 Fall starb vor jedem Eingriff an Collaps. Es stimmen diese Angaben nahezu ganz mit denen König's [1]) überein, welcher sich folgendermassen ausspricht: „Auch erfordert der eingeklemmte Schenkelbruch weit häufiger die Operation als der Leistenbruch, welcher letztere sich öfter durch Taxis reponiren lässt. Kaum 27 % der Schenkelbrüche sind durch Taxis zu reponiren." — In der Statistik Hildebrand's findet sich bei 64 Inguinalhernien 19mal (= 29,7 %) Herniotomie, 45mal (= 70,3 %) Taxis, bei 104 Cruralhernien 67mal (= 64,4 %) Herniotomie, 37mal (= 35,5 %) Taxis verzeichnet. — Dadurch dass die Fälle, welche die Operation verlangen, an sich ungünstiger liegen und schlechter verlaufen als die, welche sich durch Taxis reponiren lassen, erklärt sich demnach die grössere Mortalität der incarcerirten Cruralhernien gegenüber den Inguinalbrüchen. Dass hingegen die Herniotomie als solche bei ersteren gefährlicher sei als bei letzteren, konnte ich nicht constatiren; denn es starben von 33 herniotomirten Leistenbrüchen 13 = 39,39 %, genasen 20 = 60,6 %; von 57 operirten Femoralhernien erlagen 23 = 40,3 %, genasen 34 = 59,6 %, also nahezu der gleiche Procentsatz. Auf weitere Detaillirung dieser Angaben will ich nicht eingehen; ich habe sie übersichtlich in Tabelle I zusammengestellt.

----

[1]) König, Lehrbuch der speciellen Chirurgie.

## Tabelle I.

| Gesammtzahl der beobachtet. Fälle | Art der Hernien | Geschlecht | Seite (r = rechts, l = links, ? = unbekannt) | Art der Behandlung (T = Taxis, H = Herniotomie, R sp = Repositio spontanea, O = Klysma oder unbehandelt) | Resultate gen. | gest. | gen. | gest. | gen. | gest. |
|---|---|---|---|---|---|---|---|---|---|---|
| 160 | Herniae inguinales 77 | männlich 59 | r 40 | T . . . . . 19 | 16 | 3 | | | | |
| | | | | H . . . . . 14 | 8 | 6 | | | | |
| | | | | R sp . . . . 6 | 6 | — | | | | |
| | | | | O . . . . . 1 | — | 1 | | | | |
| | | | l 15 | T . . . . . 4 | 3 | 1 | 42 | 17 | | |
| | | | | H . . . . . 7 | 2 | 5 | | | | |
| | | | | R sp . . . . 3 | 3 | — | | | | |
| | | | | O . . . . . 1 | — | 1 | | | | |
| | | | ? 4 | T . . . . . 4 | 4 | — | | | | |
| | | weiblich 18 | r 11 | T . . . . . 2 | 2 | — | | | 57 | 20 |
| | | | | H . . . . . 8 | 7 | 1 | | | | |
| | | | | O . . . . . 1 | — | 1 | | | | |
| | | | l 6 | T . . . . . 2 | 2 | — | 15 | 3 | | |
| | | | | H . . . . . 4 | 3 | 1 | | | | |
| | | | ? 1 | T . . . . . 1 | 1 | | | | | |
| | | also in Sa. | r 51 | T 21 \| H 22 \| R sp 6 \| O 2 | 39 | 12 | | | | |
| | | | l 21 | T 6 \| H 11 \| R sp 3 \| O 1 | 13 | 8 | | | | |
| | | | ? 5 | T 5 \| — \| — \| — | 5 | — | | | | |
| | Herniae femorales 77 | männlich 5 | r 1 | H . . . . . 1 | 1 | — | | | | |
| | | | l 4 | T . . . . . 1 | — | 1 | 1 | 4 | | |
| | | | | H . . . . . 3 | — | 3 | | | | |
| | | weiblich 72 | r 43 | T . . . . . 7 | 6 | 1 | | | 51 | 26 |
| | | | | H . . . . . 34 | 23 | 11 | | | | |
| | | | | R sp . . . . 2 | 2 | — | | | | |
| | | | l 26 | T . . . . . 7 | 7 | — | 50 | 22 | | |
| | | | | H . . . . . 17 | 9 | 8 | | | | |
| | | | | R sp . . . . 1 | 1 | — | | | | |
| | | | | O . . . . . 1 | — | 1 | | | | |
| | | | ? 3 | T . . . . . 1 | 1 | — | | | | |
| | | | | H . . . . . 2 | 1 | 1 | | | | |
| | | also in Sa. | r 44 | T 7 \| H 35 \| R sp 2 \| O — | 32 | 12 | | | | |
| | | | l 30 | T 8 \| H 20 \| R sp 1 \| O 1 | 17 | 13 | | | | |
| | | | ? 3 | T 1 \| H 2 \| R sp — \| O — | 2 | 1 | | | | |
| | Herniae umbilicales 2 | weibl. 2 | — | H . . . . . 2 | 2 | — | 2 | — | 2 | — |
| | Herniae obturatoriae 2 | weibl. 2 | r 1 | H . . . . . 1 | — | 1 | — | 2 | — | 2 |
| | | | l 1 | H . . . . . 1 | — | 1 | | | | |
| | Hernia ventralis 1 | weibl. 1 | r 1 | H . . . . . 1 | — | 1 | — | 1 | — | 1 |
| | ? 1 | weibl. 1 | l 1 | H . . . . . 1 | — | 1 | — | 1 | — | 1 |
| | Totalsumme 160 | männlich 64 | r 97 | T 28 \| H 59 \| R sp 8 \| O 2 | 71 | 26 | | | | |
| | | | l 53 | T 14 \| H 33 \| R sp 4 \| O 2 | 30 | 23 | | | | |
| | | weiblich 96 | ? 8 | T 6 \| H 2 \| R sp — \| O — | 7 | 1 | | | | |
| | | | median 2 | — \| H 2 \| R sp — \| O — | 2 | — | | | | |
| | | | 100 | T 48 \| H 96 \| R sp 12 \| O 4 | 110 | 50 | | | | |

Tabelle II giebt eine gute Anschauung von dem Einfluss des Alters auf die Häufigkeit der Brucheinklemmung. Es fällt sofort auf, dass, während die Zahl der Hernien im Kindesalter, speciell im ersten Lebensjahr, bei weitem die in jedem andern Lebensalter übersteigt, die Einklemmung hier so äusserst selten ist. Unter 160 Fällen konnte ich nur 2 Kinder unter 10 Jahren, darunter 1 im ersten Jahr, auffinden. Dieser Fall ist auch deshalb interessant, weil sich bei dem erst 10 Wochen alten Kinde kurze Zeit nacheinander beide Leistenhernien einklemmten.

Beobachtung 1. Aug. Mackefeiel, 10 Wochen alt, an der Brust genährt, wurde am 20. December 1871 in die Klinik aufgenommen. Er hatte einen linksseitigen, angeblich angebornen Leistenbruch, der sich bisher stets leicht reponiren liess. Am 17. December trat derselbe, nachdem sich auch auf der rechten Seite eine sich bald wieder verlierende Geschwulst gezeigt hatte, hervor und liess sich nicht wieder zurückbringen. Der Leib trieb auf, Stuhl blieb aus, und es stellte sich Erbrechen, wenn auch nicht kothiger Massen, ein. Bei der Aufnahme am 20. war der Unterleib des nur mässig genährten Knaben stark aufgetrieben und man bemerkte in der linken Leistenbeuge einen birnförmigen, etwas über taubeneigrossen Tumor, der bis in das Skrotum reichte, tympanitisch und von weicher Consistenz war und sich nach dem Bauchringe des Leistenkanals zu verfolgen liess. Nach erfolgloser Taxis wurde sogleich zur Herniotomie geschritten. Der Bruchsack war von normaler Farbe, glatt, glänzend, doch mit den benachbarten Schichten mehrfach adhärent, enthielt eine mässige Menge Bruchwasser und liess eine mit etwas Koth gefüllte Darmschlinge als Inhalt erkennen. Nach Débridement der Bruchpforte ohne Eröffnung des Sackes gelang die Reposition leicht. Naht. Verband. — Weil noch an der Mutterbrust, wurde das Kind poliklinisch behandelt. Am 3. Januar 1872, also 14 Tage nach der Operation, brachte die Mutter das stark collabirte Kind abermals nach der Klinik; die Untersuchung ergab eine Einklemmung der am Abend vorher herausgetretenen rechten Leistenhernie. Hier gelang die Taxis. Am 10. Januar wurde Patient mit völlig geheilter Wunde aus der Behandlung entlassen.

Der zweite Fall von Einklemmung einer Hernie bei einem Kinde betraf einen 6jährigen Knaben und war durch einen Stoss erzeugt. Da der Fall wegen diagnostischer Schwierigkeiten Interesse bietet, soll er erst später näher erwähnt werden.

Vom Kindesalter an nimmt die Frequenz der Brucheinklemmung von Jahrzehnt zu Jahrzehnt stetig und zwar ziemlich rasch zu und erreicht ihre Höhe im Alter von 40 bis 50 Jahren; dann sinkt sie allmählich, doch langsamer, als die Zahl der Personen dieser Altersklasse; es nimmt somit die Disposition zur Incarceration mit dem Steigen des Alters zu. Nach Frickhöffer (l. c.) fällt

## Tabelle II.

### Vertheilung der beobachteten Fälle von Brucheinklemmung nach dem Alter der Patienten.

| Alter in Jahren | 0—10 | | 10—20 | | 20—30 | | 30—40 | | 40—50 | | 50—60 | | 60—70 | | 70 u. darüber | |
|---|---|---|---|---|---|---|---|---|---|---|---|---|---|---|---|---|
| Zahl der eingekl. Brüche | 2 | | 6 | | 19 | | 27 | | 36 | | 32 | | 26 | | 10 | |
| Geschlecht | Männer | Weiber | Männer | Weiber | Männer | Weiber | Männer | Weiber | Männer | Weiber | Männer | Weiber | Männer | Weiber | Männer | Weiber |
| | 2 | — | 4 | 2 | 19 | — | 12 | 15 | 6 | 30 | 13 | 19 | 8 | 18 | — | 10 |
| H. inguinal. | 2 | — | 4 | — | 18 | — | 12 | 5 | 6 | 7 | 11 | 1 | 6 | 3 | — | 2 |
| H. femoralis | — | — | — | 2 | 1 | — | .. | 10 | — | 22 | 2 | 17 | 2 | 13 | — | 6 |
| H. umbilic. | — | — | — | — | ı | — | — | — | — | — | — | — | — | — | — | 2 |
| H. obturat. | ? | — | — | — | — | — | — | — | — | 1 | — | — | — | 2 | — | — |
| H. ventralis | — | — | — | — | — | — | — | — | — | — | — | 1 | — | — | — | — |
| ? | — | — | — | — | — | — | — | — | — | — | — | — | — | — | — | — |

Art der un-geklemmt. Brüche

ein Fünftel der Brucheinklemmungen zwischen das 50. und 60. und beinahe zwei Drittheile aller Fälle zwischen das 30. und 70. Lebensjahr. Diese Zunahme der Incarceration mit steigendem Alter springt noch deutlicher in die Augen, wenn wir die Inguinal- und Femoralhernien gesondert betrachten. — Wernher[1]) giebt an, dass die absolute Frequenz der Inguinalhernien nach dem dem ersten Lebensjahre folgenden Abfalle bei Knaben vom 11., bei Mädchen vom 20. Jahre an wieder ansteigt und sich bis zum 42. Jahre ungefähr gleich bleibt. Die grösste absolute Höhe während dieser Periode erreicht sie zwischen dem 25. und 40. Jahre bei beiden Geschlechtern; noch genauer angegeben liegt die höchste Frequenzziffer zwischen dem 25. und 30. Jahre. Zwischen dem 40. und 50. Jahre bleibt die Zahl, wenn auch schon kleiner, ziemlich stationär, sinkt aber von da an rasch, natürlich mit der durch den Tod verminderten Anzahl der Individuen. Im Verhältniss zur Population nimmt die Disposition zu Leistenhernien vom 35. bis 40. Jahre bei beiden Geschlechtern sogar noch etwas zu, und zwar beim weiblichen noch beträchtlicher als beim männlichen. Entsprechend der höchsten Frequenz der Leistenhernien im Alter von 20 bis 30 Jahren finden wir im gleichen Alter auch die Zahl der Incarcerationen derselben am höchsten, nämlich 18, doch fällt sie dann langsamer, als die Ziffer der ersteren. Nach Wernher wurden beobachtet:

im Alter von 20 bis 30 Jahren 7966 Inguinalhernien
„     „      „   30  „  40   „   7199        „
„     „      „   40  „  50   „   5135        „
„     „      „   50  „  60   „   2992        „
„     „      „   60  „  70   „   1329        „

Die Abnahme dieser Zahlen erfolgt nach dem Verhältniss von 18 : 16 : 12 : 7 : 3; die incarcerirten Inguinalhernien nehmen hingegen in den entsprechenden Zeiträumen ab nach dem Verhältniss von 18 : 17 : 13 : 12 : 9, also bedeutend langsamer. Gleichzeitig fällt auf, dass, während bis zum 30. Jahre sich beim weiblichen Geschlechte keine Leistenhernien vorfanden, diese nach der angegebenen Zeit im Verhältniss zu denen beim männlichen einen relativ hohen Procentsatz einnehmen.

Noch eklatanter zeigt sich die Zunahme der Disposition zur Incarceration im höheren Alter bei den Schenkelbrüchen. Während dieselben bis zum 15. Jahre überhaupt sehr selten sind, nimmt ihre Zahl von da an plötzlich zu, noch mehr beim Weibe, als beim Manne und steigt rasch vom 25. bis 45. Jahre, erreicht ihr Maximum zwischen

---

[1]) Wernher, Zur Statistik der Hernien. Langenbeck's Archiv Bd. XI, p. 568.

dem 35. und 40. Jahre. Nach dem 45. Jahre sinkt sie beim weiblichen Geschlecht plötzlich, weit schneller, als die Bevölkerung sich vermindert, und zwar rascher als beim Manne, bei welchem sie erst nach dem 50. langsam zurückgeht. Benützen wir Wernher's Zahlenangaben genau wie oben, so finden wir

im Alter von 20 bis 30 Jahren 1102 Femoralhernien

„ „ „ 30 „ 40 „ 1266 „

„ „ „ 40 „ 50 „ 965 „

„ „ „ 50 „ 60 „ 509 „

„ „ „ 60 „ 70 „ 204 „

Benützen wir zur Aufstellung eines Verhältnisses als Ausgangspunkt wieder, wie oben, die grösste Ziffer der von uns beobachteten eingeklemmten Cruralhernien, also 22 im Alter von 40 bis 50 Jahren, so verhalten sich diese Zahlen zu einander ungefähr wie 25 : 29 : 22 : 12 : 5; die, welche wir hingegen bei incarcerirten Femoralhernien gefunden haben, stehen aber zu einander im Verhältniss von 1 : 10 : 22 : 19 : 15. Vor dem 30. Jahre klemmt sich somit eine Cruralhernie nur in sehr vereinzelten Fällen ein, absolut am häufigsten erfolgt die Incarceration zwischen dem 40. und 50. Jahre; mit der weiteren Alterszunahme findet sogar noch eine relative Steigerung ihrer Häufigkeit statt. — Höchst auffallend ist ferner, wie sehr die Einklemmung der Schenkelbrüche auch relativ beim weiblichen Geschlecht gegenüber dem männlichen überwiegt. Denn die Zahl der Cruralhernien überhaupt verhält sich ja bei beiden Geschlechtern vom 20. bis 45. Jahre durchschnittlich, wie 1 : 3, im späteren Alter sogar wie 1 : 2; in unserer Tabelle finden sich indess die Einklemmungen von Cruralbrüchen bei Männern nur ganz vereinzelt.

Wir beobachteten soeben, dass das Maximum der incarcerirten Leistenbrüche sich mit dem der einfachen ziemlich deckt, nämlich in die Altersperiode zwischen dem 20. und 30. Jahre fällt, dass hingegen das Maximum der eingeklemmten Cruralbrüche in eine spätere Periode als das der einfachen Schenkelhernien trifft. Diese sonderbare Differenz schwindet ziemlich, wenn wir — wie dies Wernher auch gethan — die Zahl der Cruralhernien nach der Zeit berechnen, in welcher zuerst Hilfe gegen dieselben gesucht wurde, nicht, wie oben, nach der, in welcher sie entstanden sind. Man findet dann, dass das Maximum der Zahl, in welcher Schenkelbruchbänder für Frauen verlangt werden, zwischen das 45. und 56. Jahr fällt, während das der früheren Tabelle zwischen das 25. und 30. Jahr fiel. Den Grund für diesen Unterschied sucht Wernher darin, dass sehr viele jüngere Frauen ihr Leiden dem Arzt aus Schamgefühl zu verheimlichen suchen. Dieser Grund dürfte indess nur zum kleinsten Theile zutreffen; denn wenn die Patienten auch einfache Brüche verbergen können, so können sie dies nicht mehr, sobald sie sich incarcerirt haben. Der Umstand, dass aber auch die eingeklemmten Cruralhernien am häufigsten zwischen dem 40. und 50. Jahre, nur halb so oft zwischen dem 30. und 40. zur Beobachtung gelangen, lässt es mir weit wahrscheinlicher erscheinen, dass die Frauen hauptsächlich deshalb erst so spät ein Bruchband verlangen, weil ihnen ihr Bruch erst im spätern Alter stärkere Beschwerden macht und öfter Einklemmungserscheinungen hervorruft. — Weshalb diese Disposition zur Incarceration mit dem Alter zunimmt, weshalb sie sich besonders beim Weibe weit rascher steigert, als beim Manne, vermag ich nicht anzugeben. Das Faktum aber, dass eine derartige Steigerung statthat, halte ich durch die angeführten Zahlen, sind dieselben auch klein, für erwiesen. Jedenfalls müssen die anatomischen Veränderungen, die der menschliche Organismus beim Eintritt in das höhere Alter erfährt, die besonders die Frau nach dem Aufhören der Menstruation und Conception erleidet, die Disposition zur Brucheinklemmung begünstigen; welche Veränderungen dies aber im Speciellen sind, ist uns noch unbekannt. Die grössere Schlaffheit und Verlängerung der Mesenterien kann es deshalb kaum sein, weil diese doch nur zur Hernienbildung überhaupt disponirt und somit die Zahl der freien Hernien im gleichen Verhältniss mit der der incarcerirten steigen müsste. Von grösserem Einflusse ist vielleicht die erheblichere Schlaffheit und Dehnbarkeit der Bruchsäcke, die dadurch ein plötzliches Hereintreten von mehr Inhalt, als sie vorher beherbergten, gestatten. Es ist dies freilich nur eine Hypothese, doch glaube ich später einige Gründe für ihre Berechtigung beibringen zu können.

Bei dieser Zunahme der Disposition zur Einklemmung im höheren Alter kann es fast auffallend erscheinen, dass wir nicht häufiger neben eingeklemmten Hernien das gleichzeitige Vorhandensein anderer mobiler Brüche verzeichnet finden, wissen wir doch, dass schon vom 20. Jahre ab das Verhältniss der doppelten zu den einfachen Brüchen zu steigen anfängt und sich zwischen dem 40. und 60. Jahre wie 1 : 6 stellt. In meinen Tabellen finde ich nur 14mal das gleichzeitige Vorkommen freier Hernien neben einer eingeklemmten notirt. Die Zahl ist viel zu klein, um irgend welche Schlüsse auf die Häufigkeit dieser Complikation zu gestatten; deshalb sollen die gefundenen Zahlen nur kurz angegeben werden. Neben 3 eingeklemmten rechtsseitigen Inguinalbrüchen fand sich zweimal gleichzeitig ein mobiler linksseitiger Leisten-, einmal ein freier Schenkelbruch; neben 2 eingeklemmten linksseitigen Leistenbrüchen beidemal gleichzeitig ein beweglicher rechter; 2 rechtsseitige eingeklemmte Schenkelbrüche waren durch 2 bewegliche linke Femoralhernien, 7 linksseitige incarcerirte Schenkelbrüche 6mal durch freie rechte, einmal durch einen freien linksseitigen Leistenbruch complicirt. In einem Falle fand sich neben einem linken eingeklemmten Schenkelbruch ausser einer beweglichen rechtsseitigen Schenkelhernie noch ein mobiler Nabelbruch.

Das gleichzeitige Vorkommen mehrfacher Brüche deutet offenbar auf eine anatomische Prädisposition, die wohl in einer abnormen Schlaffheit der Gewebe, insbesondere des subserösen Bindegewebes und übergrossen Dehnbarkeit der Mesenterien, wie der Pfeiler der Bruchpforten zu suchen ist. Daher findet man gerade in derartigen Fällen öfter eine auffallende Grösse und Form der Hernien; das häufige Vorfallen zahlreicher und längerer Darmschlingen in letztere und die dasselbe so oft complicirenden entzündlichen Processe, welche zu Verklebungen und Narbenbildungen führen, erklären auch die gerade von Patienten mit mehrfachen Hernien so häufig geäusserten Klagen über stärkere Verdauungsstörungen, anhaltende Obstipation, häufige Koliken, sowie das öftere Auftreten von Einklemmungserscheinungen zur Genüge. Hierfür bietet folgendes Beispiel eine hübsche Illustration:

Beobachtung 2. Amalie Göttlich, 60 Jahre alt, Arbeiterin, am 21. April 1877 in die Klinik aufgenommen, bemerkte seit bereits mehr als 10 Jahren in beiden Leistenbeugen einen Bruch, der durch ein Doppelbruchband nur ungenügend zurückgehalten wurde. An beiden war bereits mehrere Jahre zuvor wegen Incarceration die Herniotomie gemacht worden. Der rechtsseitige, ein Leistenbruch, trat bald tiefer in die grosse Schamlippe herab und erreichte hier Apfelgrösse. Bald entwickelte sich zwei Querfinger breit oberhalb des Ligamentum Pouparti noch eine zweite Geschwulst, die sich leicht unter gurrendem Geräusch reponiren liess. Diese verbreitete sich immer weiter unter die Bauchhaut und erlangte einen Durchmesser von 12 cm und eine Höhe von 3 cm. Bruchbänder und andere Bandagen konnten die weitere Entwicklung der Geschwulst nicht aufhalten. Der linksseitige Bruch war eine Femoralhernie. Von Zeit zu Zeit erlitt Patientin einen heftigen kolikartigen Anfall von mehrstündiger Dauer, dessen Schluss stets von einer gurrenden Bewegung in der Tiefe der rechten Darmbeingrube gebildet wurde, welche die Kranke mit dem Zuklappen eines Thürchens verglich. Eine durch den Druck des schlecht sitzenden Bruchbandes erzeugte Phlegmone in der rechten Schenkelgegend führte Patientin dem Hospitale zu, nach deren Heilung sie mit einer Leibbinde entlassen wurde. Am 18. Juni 1878 wurde sie mit Incarcerationssymptomen abermals auf die Klinik aufgenommen. Dieselben hatten sich bereits 3 Tage zuvor eingestellt und bestanden in heftigen Schmerzen, Erbrechen wässriger Massen und Irreponibilität des als Bauchbruch imponirenden rechtsseitigen Leistenbruches. Erbrechen und Schmerzen liessen in den folgenden Tagen etwas nach; auch erfolgten am 20. und 21. nach Klysmen mehrere wässrige Stuhlgänge; doch nahm die von Anfang an bestehende Schwäche von Tag zu Tag zu. Das stets etwas aufgetriebene Abdomen war nicht schmerzhaft, ebensowenig die Hernien selbst, welche sämmtlich weich, aber irreponibel waren; nur die im Labialbruch gelegenen Darmschlingen liessen sich durch Taxis zurückbringen. Am Nachmittage des 22. traten plötzlich unter Hartwerden der Brüche Ileuserscheinungen auf und binnen wenigen Minuten erfolgte der Tod. — Die Obduction ergab, dass der rechte Bruch im Leisten-, der linke im Schenkelkanal lag. Ersterer hatte durch eine zweifache Ausbuchtung des Bruchsackes eine eigenthümliche Form, die sich am ehesten der eines zweiblättrigen Kleeblattes vergleichen liess. Der kleinere, etwa hühnereigrosse Sack erstreckte sich in die rechte grosse Schamlippe, die etwa gänseeigrosse zweite Ausstülpung lag nach aussen von ihr über dem rechten Poupart'schen Bande. Dem rechten wie linken Bruchsacke adhärirte das in zwei Zipfel ausgezogene, sehr fettreiche Netz. Die Dünndarmschlingen waren stark ausgedehnt und injicirt, mehrfach mit kleinen Hämorrhagien bedeckt; sehr feste strangartige alte Adhäsionen verbanden sie untereinander, so dass an vielen Stellen der normale Ansatz des Mesenterium nicht mehr zu sehen war. Auch fanden sich auf letzterem, sowie an zahlreichen Stellen des übrigen Peritoneum alte schwarzgraue Pigmentflecke und hie und da weissliche, von alten Entzündungsprocessen herrührende Narben. Spuren frischerer Entzündung fehlten ganz. Der Herzmuskel war stark fettig degenerirt.

Der Fall bietet klinisch auch dadurch ein besonderes Interesse, als er einen Fall von reiner Kothstauung darstellt, der trotz des Fehlens irgendwie schwerer Cirkulationsstörungen im Darme und obwohl die Kothpassage wieder frei geworden war, infolge anderweitiger anatomischer Veränderungen, insbesondere des hochgradigen Fettherzes beim Auftreten neuer Einklemmungserscheinungen rasch zum Tode führte.

Wie aus Tabelle I ersichtlich, kamen auch in hiesiger Klinik die Inguinal- und Femoralhernien fast allein zur Behandlung; selbst die sonst nicht so seltenen Umbilicalhernien wurden nur zweimal im eingeklemmten Zustande bei alten Frauen beobachtet. Nur einmal gelangte eine eingeklemmte Ventralhernie bei einer 46jährigen Frau zur Operation. Für die Entstehung dieser so seltenen Bruchart musste in unserem Falle als wahrscheinlichste Ursache ein von aussen wirkender langdauernder Zug durch eine Narbe in Anspruch genommen werden, indem sich der Bruch genau an einer Stelle der Unterbauchgegend bildete, an welcher bei der Patientin einige Jahre zuvor eine längere Zeit anhaltende Ulceration stattgehabt hatte. Die Narbe war noch zur Zeit der Operation, 20 Jahre nach dem Entstehen der Hernie, auf ihrem Scheitel deutlich sichtbar. Freilich kann nicht geleugnet werden, dass durch die vorangegangene Eiterung in der Bauchwand vielleicht eine schwache Stelle gebildet wurde, die dem Druck von innen her nur ungenügenden Widerstand leistete und dadurch zur Bildung einer Hernie Anlass gab. — Einen ähnlichen Entstehungsmodus finden wir bei einer zweiten, von uns beobachteten, allerdings nicht eingeklemmten Ventralhernie:

Beobachtung 3. Anna Scholz, 29 Jahr alt, hatte vor 4 Jahren einen Stich in das rechte Hypogastrium erlitten, woran sie 5 Wochen laborirte. Einige Monate später bildete sich an der Stelle der Narbe eine kleine Geschwulst, die seitdem stetig wuchs und jetzt Kindskopfgrösse erlangt hat. Sie zeigt auf ihrer Höhe eine strahlige Narbe und ist mit Därmen, welche sich leicht reponiren lassen, gefüllt. Nach der Reposition kann man die für 2 Finger durchgängige Bruchpforte in der Bauchwand deutlich abtasten.

Ihrer Seltenheit wegen sei es gestattet, hier noch zwei weitere Fälle von Bauchhernien, obwohl nicht incarcerirt, anzureihen.

Beobachtung 4 betraf eine 49 Jahr alte Frau, Karoline Schumann, mit fast totaler Eventration. Dieselbe schien angeboren zu sein; eine genauere Anamnese war von der geistig gestörten Kranken nicht zu erheben; sie war nie verheirathet, hatte nie geboren. Bis über die Schamtheile herab hing ein über mannskopfgrosser Beutel, dessen Basis 1 Zoll unter dem Schwertfortsatz begann und sich nach unten bis 1½ Zoll oberhalb der Symphyse erstreckte, seitlich ungefähr je 3 Zoll über die Medianlinie hinausreichte. An seiner untern Fläche befand sich der Nabel. Der Sack war vollständig mit Därmen gefüllt, die sich in keiner Weise reponiren liessen. Auch gelang es nicht, einen scharf abgegrenzten Defect in der Bauchwandung zu constatiren. Der Stuhlgang war etwas retardirt, das Uriniren nicht erschwert.

Von Beobachtung 5 existirt nur das von Waldeyer diktirte Obductionsprotokoll:

Auf der rechten Bauchhälfte springt eine umfangreiche elliptische Geschwulst vor, an der sich einzelne, den Darmlinien entsprechende Contouren erkennen lassen. Die Geschwulst reicht vom Rippenbogen bis zum Schambein und misst in der Mitte quer 15 cm; die grösste Länge beträgt 30 cm. — Nach Eröffnung des Abdomens bemerkt man in der untern Bauchregion rechts eine umfangreiche Bruchpforte, durch welche ein grosser Theil des untern Dünndarmes, sowie ein Stück des Cöcum nach aussen getreten ist. Der obere Rand der Bruchpforte liegt ungefähr in der Höhe des Nabels, der untere 8 cm oberhalb der Symphyse; der mediane Rand befindet sich etwa 2 cm vom lateralen Rande des Rectus dexter. Man kann deutlich den Obliquus externus mit einem Theil seiner sehnigen Ausbreitung als äussere Hülle des Bruchsackes unterscheiden. Die Fascia transversa ist nicht durchbrochen, sondern vom Bruchsacke vorgestülpt worden.

Dagegen zeigt sich, dass der Bruch den M. obliquus internus durchbohrt hat, so dass er zwischen dem M. obliquus internus und externus, resp. deren Fascien mit seiner grössten Ausdehnung gelagert ist. Namentlich am obern Umfange des Bruches lässt sich deutlich constatiren, dass der

M. obliquus externus und dessen Aponeurose überall die äussere Bedeckung des Bruchsackes bilden, während der M. obliquus internus hinter dem Bruche liegt, indem seine Fasern im Umfange der Bruchpforte auseinander gedrängt sind. Ein Theil der Muskelfasern des Obl. internus umgiebt die Bruchpforte kreisförmig, und ist namentlich am medianen Rande derselben ein kleiner ringförmiger Muskelwulst deutlich wahrzunehmen. Ob diesen Fasern musculöse Elemente vom M. transversus beigemischt sind, lässt sich nicht sicher constatiren; doch scheint es, als ob der Bruch mehr unterhalb des untern Transversusrandes zu Tage getreten wäre. Der M. rectus abdominis kommt gar nicht in den Bereich der Bruchgeschwulst, wenigstens der Bruchpforte. Die letztere selbst zeigt sich im ganzen Umfange sehr nachgiebig; nirgends ist eine Verdickung; auch die innere Auskleidung des Bruchsackes ist glatt. Die Fascie und das subcutane Gewebe ist auf der Höhe der Hernie in hohem Grade atrophisch und verdünnt, letzteres fast ganz geschwunden. Nirgends finden sich feste Verwachsungen zwischen dem Bruchsacke und den bedeckenden Schichten, sowie zwischen den letzteren. Ueberall lassen sie sich leicht mit der Hand von einander trennen. Der Inhalt des Bruches wird mit Ausnahme von 4 Fuss des oberen Endes des Dünndarmes von diesem letzteren und dem Cöcum sammt dem Processus vermiformis gebildet. Die Darmschlingen sind untereinander nirgends verwachsen, zeigen auch keine Verdickungen oder sonstige Abweichungen. Im Cöcum breiige Kothmengen, im obern Abschnitt des Dünndarmes gallig gefärbte Fäkalmassen, im untern Dickdarme kleine feste Fäcesknollen. — An der linken Seite ist der Leistenkanal bis etwa 2 Zoll zum Hodensack nach abwärts durch einen ziemlich festen Pfropf zusammengedrehten Gewebes des grossen Netzes ausgefüllt, welcher sich ziemlich leicht aus dem fingerhutförmigen, etwas dickwandigen Bruchsack hervorziehen lässt. Dieses Netzstück bildet den einzigen Inhalt des Bruchsackes und füllt die Bruchpforte so aus, dass keine Darmschlinge nebenbei ohne grosse Schwierigkeit hätte hineingelangen können. Die Lage der übrigen Abdominalorgane zeigt sich nicht verändert. Die Mesenterien sind keineswegs lang, ziemlich fettreich. Das Peritoneum ist überall glatt und normal. — Der Tod war im vorstehenden Falle durch eine hämorrhagische Pachymeningitis herbeigeführt worden.

Ferner mögen hier noch ihres seltenen Vorkommens wegen die Krankengeschichten zweier Fälle von eingeklemmter Hernia obturatoria folgen, in denen beidemal die Diagnose vor der freilich erst spät möglichen Operation gestellt werden konnte.

Beobachtung 6. Theresia Hanke, 62 Jahr alt, wurde am 19. November 1872 Abends auf eine innere Abtheilung des Hospitals unter den Erscheinungen des Ileus aufgenommen und am folgenden Tage auf die chirurgische Klinik verlegt. Sie gab an, 8 Tage vorher mit Verstopfung. kolikartigen Schmerzen erkrankt zu sein, zu denen sich bald heftiges Erbrechen gesellte. Gleichzeitig hatten sich auch Schmerzen an der innern Seite des Oberschenkels eingestellt. Ohne Aufforderung sagte sie ferner aus, dass sie schon mehrfach an ähnlichen Anfällen gelitten habe, die stets mit heftigen reissenden Schmerzen an der innern Seite des Oberschenkels bis hinab zum Knie begonnen.

Bei der Aufnahme fand sich folgender Status: Patientin ist äusserst collabirt; Facies hippocratica; Puls fadenförmig, macht 60 Schläge pro Minute; beständiges Erbrechen fäkaler Massen. Leib aufgetrieben und gespannt; durch die Bauchdecken lassen sich die heftigen peristaltischen Bewegungen der Därme deutlich erkennen. Crural- und Inguinalpforten sind frei. Hingegen fühlt man bei der äusserst magern und mit schlaffer Muskulatur versehenen Patientin deutlich nach aussen vom rechten Adductor longus, etwa 1,5 cm nach innen von der Arteria femoralis, unterhalb des Ligamentum Pouparti, entsprechend dem äussern obern Umfange des Foramen ovale in der Tiefe eine etwa wallnussgrosse, elastisch weiche, auf Druck schmerzhafte Geschwulst.

Dieser Befund, sowie die charakteristischen Schmerzen an der innern · Seite des Oberschenkels liessen mit Sicherheit die Diagnose einer eingeklemmten Hernia obturatoria stellen. Daher wurde sogleich in Narkose zur Operation geschritten, und die Bruchgeschwulst durch einen 5 cm langen Schnitt blossgelegt. Der Bruchsack zeigte sich deutlich aus 2 Schichten bestehend; er enthielt keine Spur von Bruchwasser. Der in ihm vorliegende Bruch war dunkelroth gefärbt, von gutem, glänzenden Aussehen bis auf eine linsengrosse, schwärzlich verfärbte Stelle und schien nur aus einem Theil der Darmwand zu bestehen; wenigstens lag der Mesenterialansatz nicht ausserhalb der Bruchpforte. Die Spitze des Zeigefingers drang neben dem Darm in den Anfang eines sich trichterförmig nach innen verengenden, in der Richtung von innen unten nach aussen oben verlaufenden Kanales. Pulsation der Arteria obturatoria war nicht zu fühlen. Erst nach mehrfachen kleinen Einkerbungen nach unten und innen gelang die Reposition der Schlinge, worauf der Finger in der ganzen Länge des Kanales eingeführt werden konnte. — Bald darauf, während der Vereinigung der obern Wundhälfte, stürzte indess plötzlich flüssiger Koth in grosser Menge aus der Wunde hervor. Es gelang nicht, die Darmschlinge wieder herauszuziehen. Bald nach dem Erwachen aus der Narkose klagte Patientin über die heftigsten Schmerzen, erbrach mehrmals kothige Massen, collabirte schnell und starb 2 Stunden post operationem.

Von dem Obductionsbefunde sei nur erwähnt, dass der rechte Canalis obturatorius sich so weit offen fand, dass die Kuppe des Zeigefingers in seinen Eingang eingeführt werden konnte, der Musculus obturator externus selbst nicht incidirt erschien. Die 5 mm lange Rupturstelle fand sich circa 8 Fuss oberhalb der Ileocöcalklappe. Ober- und unterhalb von ihr markirte sich am Darm durch eine stark tiefbraune Injection die Einschnürungsstelle. Der zwischen beiden Schnürfurchen gelegene Darmtheil war etwa 6 cm lang. Die braune Verfärbung ging von dem Darm auf den anliegenden Mesenterialabschnitt etwa 2 cm breit über, so dass doch anzunehmen ist, dass die ganze Darmschlinge, nicht nur ein Theil ihrer Wand, im Bruchkanal gelegen war. Im kleinen Becken fanden sich dünnflüssige Kothmassen in mässiger Menge.

Reichel, Die Lehre von der Brucheinklemmung.

Beobachtung 7. Friederike Winkler, 67 Jahre alt, wurde am 3. März 1873 in einem höchst elenden Zustande auf die Klinik aufgenommen, so dass eine genauere Anamnese von ihr nicht mehr zu erheben war. Patientin war ein sehr decrepides, fettloses, muskelschwaches Individuum. Gesicht und Lippen leicht cyanotisch; Augen tiefliegend; Nase spitz und kalt. Puls klein, wenig gespannt, von einer Frequenz von 132 Schlägen pro Minute. Es bestand beständiger Singultus, doch zur Zeit kein Erbrechen; indess sollte vorher mehrfach fäculentes Erbrechen aufgetreten sein. Patientin war äusserst unruhig, warf sich beständig hin und her und machte über ihre gegenwärtigen Beschwerden und den Beginn derselben sehr ungenaue, sich widersprechende Angaben. Der Leib war aufgetrieben, mässig gespannt. Durch die dünnen Bauchdecken sah man deutlich die peristaltischen Bewegungen der sich steifenden Därme, die bei Berührung des Leibes noch stärker hervortraten. In der linken Regio subinguinalis präsentirte sich eine, dieselbe fast ganz einnehmende, etwa gänseeigrosse Geschwulst. Dieselbe lag nach innen von der leicht geschlängelt verlaufenden Arteria femoralis, wurde nach oben vom horizontalen Schambeinast begrenzt, reichte nach innen bis in das Niveau des Condylus femoris internus und blieb nach unten etwa 26 cm von letzterem entfernt. Die Geschwulst hatte eiförmige Gestalt, weich elastische Consistenz, war leicht tympanitisch; nach oben und aussen zur Gegend des Canalis obturatorius hin verschmälerte sie sich birnförmig. Bei der Palpation, welche starke Schmerzen verursachte, liess sich mit Sicherheit feststellen, dass die Fortsetzung der Geschwulst nicht zwischen Ligamentum Pouparti und horizontalem Schambeinast, sondern unterhalb des letzteren in die Tiefe ging. Die Bedeckung der Geschwulst schien aus der Haut und der Adductorenmuskulatur zu bestehen. Durch leichte Taxisversuche liess sich der Tumor nicht reponiren. Das linke Bein stand in leicht flektirter und adducirter Stellung. Bewegungen konnte die Kranke mit demselben nicht so leicht ausführen, wie mit dem rechten. Sensibilitätsuntersuchungen liessen sich bei dem Geisteszustande der Patientin nicht ausführen.

Die Bruchgeschwulst wurde als eingeklemmte Hernia obturatoria diagnosticirt, und in Anbetracht der jedenfalls schon seit längerer Zeit bestehenden Incarceration wurde sogleich zur Operation geschritten. Ein über den grössten Durchmesser der Geschwulst dem Poupart'schen Band parallel und 2 cm unter ihm geführter 6 cm langer Schnitt legte zunächst eine dünne, von dem darunterliegenden Bruch ausgedehnte, durch den M. pectineus und Adductor magnus gebildete Muskelschicht bloss, nach deren Spaltung der Bruchsack sofort zu Tage trat. Die Incision desselben entleerte nur wenig blutiges, mit Luftblasen gemischtes Bruchwasser. Der Bruchinhalt bestand aus einem kinderfaustgrossen, zu einem Klumpen zusammengeballten Netzstück und einer kleinen, von ersterem allseitig umhüllten Darmschlinge. Das Netz war von normalem Aussehn, nur etwas hyperämisch. Die Darmschlinge war etwa 9 cm lang, zeigte an zahlreichen Stellen scharf umgrenzte, eitrige Infiltrationen, war im übrigen dunkelroth bis schwarz verfärbt und an ihrem oberen Ende durch frische Adhäsionen mit dem Bruchsacke verklebt. Der eingeführte Finger gelangte in der Richtung nach innen und oben in den sich trichterförmig verengenden Canalis obturatorius. Nachdem derselbe durch Incisionen erweitert war, gelang es, beide Schenkel der Darmschlinge bis jenseits der Einschnürungsstellen hervorzuziehen; oberhalb dieser erwies sie sich als normal. Durch quere Durchschneidung des Darmes jenseits der Schnürfurchen wurde das brandige Darmstück nun resecirt und ein widernatürlicher After angelegt, indem die beiden Schenkel der Schlinge durch einige Nähte in der Bruchpforte fixirt wurden. Das vorliegende Netzstück wurde abgetragen. Bis dahin war gar kein Koth abgeflossen. Derselbe entleerte sich auch bei leichtem Druck auf den Leib noch nicht. Erst nach Einführung eines Schlundrohres in das medianwärts gelegene Darmende flossen reichliche Mengen flüssigen Darminhaltes ab. Aus der Chloroformnarkose erwacht, war Patientin furchtbar unruhig. Im Laufe des Tages floss kein Koth mehr ab; auch erfolgte kein Erbrechen, doch stellte sich ein sehr quälender häufiger Singultus ein. Dann trat Stoke'sches Athmen und starke Somnolenz auf und Nachts 2 Uhr erfolgte der Tod. — Ein Obductionsprotokoll ist leider nicht vorhanden.

In beiden angeführten Fällen liess sich die Diagnose bereits vor der Operation mit Sicherheit stellen. Charakteristisch für dieselbe waren der Sitz der Geschwulst nach innen und unten von dem Ligam. Pouparti, weit weiter median- und abwärts. wie die Femoralhernien zu sitzen pflegen, die tiefe Lage unter einer bedeckenden Muskelschicht, das Freisein der Inguinal- und Cruralbruchpforten, im ersten Falle auch die heftigen, wiederholt auch schon bei früheren „Kolikanfällen" aufgetretenen, reissenden Schmerzen an der Innenseite des Oberschenkels bis hinab zum Knie, entsprechend dem Verbreitungsgebiete des N. obturatorius, wie sie z. B. auch in dem einen der von Kocher [1]) geschilderten Fälle sehr deutlich ausgeprägt waren. — Die übrigen in Betracht kommenden, für die Theorie des Einklemmungsmechanismus und die Entstehung der Darmgangrän wichtigen Punkte beider Krankengeschichten sollen erst später an geeigneter Stelle näher im Zusammenhange gewürdigt werden.

Als Seltenheiten erwähnt Albert (l. c. p. 179) aus den Erfahrungen Linhart's 2 Fälle, in denen Brüche erst im späteren Alter entstanden, obwohl sie, wie der bei der Herniotomie frei im Bruchsack aufgefundene Hoden bewies, congenital angelegt waren. in denen also ein offener Peritonealfortsatz viele Jahre bestanden hatte, ohne dass eine Hernie in ihn vorfiel. Ich kann diese Fälle, ohne deshalb dem Schlusse Linhart's, dass die Entstehung der äussern Leistenhernien im späteren Alter sich meist durch den Fortbestand eines

---

[1]) Kocher, Zur Lehre der Brucheinklemmung. Deutsche Zeitschrift für Chirurgie Bd. 8.

offenen Peritonealfortsatzes erkläre, beizustimmen, um zwei Beispiele
vermehren. Der eine Fall, in welchem die Einklemmung im 35. Lebensjahre erfolgte, betraf einen Oekonomen (Beobachtung 30), einen intelli-
genten Patienten, der bestimmt versicherte, den Bruch erst wenige
Jahre zuvor bei einer militärischen Uebung plötzlich acquirirt zu haben;
der zweite Patient war ein 53 Jahre alter Arbeiter, der seinen Bruch
erst 20 Jahre zuvor, also auch erst im 3. Decennium seines Lebens,
während der Arbeit erworben hatte (Beobachtung 41).

Prädisponirend für eine Incarceration scheint mir eine häufige
Schwangerschaft zu sein; wenigstens finden sich in sehr zahlreichen
Fällen, von denen hierüber überhaupt Angaben vorhanden sind, eine
grosse Zahl vorausgegangener Entbindungen verzeichnet. Dafür, dass
die Gravidität resp. die Rückbildung der weiblichen Genitalorgane nach
der Geburt von Einfluss für die Entstehung der Brucheinklemmung
ist, spricht ja auch die oben bereits erwähnte auffällige Zunahme der
Incarcerationen im höheren Alter bei Frauen nach Aufhören der Con-
ceptionsfähigkeit. — Auch für die Entstehung der Hernien als solcher
finde ich die Gravidität resp. die Entbindung in mehreren Fällen positiv
angegeben und muss somit den Angaben Linhart's, „kein Geburts-
helfer habe beim Gebären eine Hernie entstehen sehen", entschieden
widersprechen.

In der überaus grossen Mehrzahl bestanden die Brüche bereits
längere Zeit vor ihrer Einklemmung. Unter 115 Fällen, in denen
darüber eine Notiz vorhanden, fand ich nur 9, in denen sich die Hernie
gleich beim Entstehen eingeklemmt haben soll. Auch diese Zahl wird
man noch für zu gross erachten, wenn man bedenkt, wie wenig Personen des niedern Standes — und diesen entstammt die Mehrzahl
meiner Patienten — sich selbst beobachten und erst durch das Auftreten von Incarcerationssymptomen überhaupt auf das Vorhandensein
ihres Bruches aufmerksam werden, wie schwer auch namentlich bei
Frauen mit reichlichem Fettpolster oft die Entdeckung eines nicht incarcerirten, kleinen Bruches ist. — In den übrigen 106 Fällen bestanden die Brüche verschieden lange Zeit, von mehreren Tagen bis
einigen 20 Jahren.

Nur in einer relativ kleinen Anzahl von Fällen ist die directe
Gelegenheitsursache zur Einklemmung angegeben, und zwar findet sich
in der Mehrzahl dieser eine heftige Wirkung der Bauchpresse, z. B.
beim Heben schwerer Lasten, Husten, Erbrechen, der Defäcation,
Treppensteigen etc., in einer kleineren Traumen, Schlag. gegen den
Bauch, notirt. Nur ein Patient gab als Ursache einen Diätfehler,
Genuss neuer Kartoffeln mit Gurkensalat, an. In wie weit auch bei
der erstgenannten Gruppe eine lebhaftere Peristaltik mit der Action

der Bauchpresse, z. B. bei der Defäcation concurrirt, ist nicht zu entscheiden. In sehr vielen Fällen war den Patienten keine Ursache für die Incarceration bekannt. — Da von den verschiedensten Autoren einer Steigerung der Peristaltik so häufig die Schuld an der Einklemmung beigemessen wird, man daher Diätfehler und dadurch erzeugte Darmkatarrhe als öftere Gelegenheitsursache derselben annehmen darf, erwartete ich ein Ueberwiegen der Zahl der Einklemmungen in der Jahreszeit, in welcher hierzu die meiste Gelegenheit geboten, zu finden, konnte indess ein solches Verhältniss nicht mit Sicherheit constatiren. Nach den einzelnen Monaten vertheilt kamen von den 160 Fällen zur Beobachtung: 17 im Januar, 12 im Februar, 15 im März, 11 im April, 12 im Mai, 20 im Juni, 13 im Juli, 12 im August, 10 im September, 13 im Oktober, 7 im November, 18 im December. Allerdings fällt die ziemlich erhebliche Zahl der Beobachtungen im Juni, also dem Monat, in welchem das erste, meist noch unreife Obst, sowie neue Kartoffeln genossen werden, und die geringe Zahl derselben im November auf; doch stimmt die Frequenz in den diesen direct vorangehenden resp. nachfolgenden Monaten so sehr mit der Durchschnittszahl 13 überein, dass jenes Missverhältniss auf Zufälligkeiten beruhen kann; die absolute Zahl der mir zur Verwerthung gebotenen Fälle ist ja viel zu klein, um diese auszuschliessen.

---

## II. Abschnitt.

# Mechanismus der Brucheinklemmung.

### Kapitel 2. Untersuchungen an todten Därmen.

Seitdem uns die pathologische Anatomie überhaupt einen exakteren Begriff von dem Wesen eines eingeklemmten Bruches lehrte, hat der physikalische Hergang bei der Incarceration von jeher das Interesse der Chirurgen und Pathologen erregt, und hat man sich bemüht, für die 3 wichtigsten Punkte derselben, die Aufhebung der Kothpassage, die Irreponibilität des Bruches und die meist ziemlich rasch auftretenden Circulationsstörungen in der vorgefallenen Schlinge eine richtige Theorie aufzustellen. Wir können über die früheren höchst unbestimmten und unklaren Anschauungen, welche die Begriffe der Kothstauung und Entzündung, Ursache und Wirkung beständig mit einander verwechselten, die

Goursaud'schen Formen der Einklemmung durch Kothstauung und die mit Entzünduug, die Richter'sche kothige, entzündliche und krampfige Form, das Malgaigne'sche étranglement und pseudo-étranglement stillschweigend hinweggehen. Zwei Formen nur sind es, wenn wir die Begriffe der Entzündung einer Hernie streng von dem ihrer Einklemmung auseinander halten und nur letztere berücksichtigen, welche heut wohl ziemlich allgemein anerkannt sind; die elastische und die Kotheinklemmung. Durch eine plötzliche Wirkung der Bauch-presse wird ein Eingeweide, in specie eine Darmschlinge in einen Bruch-sack gewaltsam durch den engen, jedoch dehnbaren Bruchring gleich einem zwischen den Fingern gekneteten Teige vorgetrieben; mit dem Aufhören der Kraft zieht sich der gedehnte Bruchring wieder zu-sammen und die Schlinge ist fest eingeschnürt. Das Zustandekommen der eben angeführten Hauptcharakteristica der Einklemmung versteht sich hier bei der elastischen Incarceration von selbst; das Volumen der vorgepressten Schlinge ist an sich grösser, als der enge Bruchring, ihre Wände werden durch denselben fest aneinander gedrückt, und der Darmverschluss hat demnach bereits am Eingang in die Bruchpforte statt; der gleichzeitig auf die mit eingeschnürten Gefässe ausgeübte Druck bedingt die Stauungserscheinungen in der Schlinge. — Grössere Schwierigkeiten bietet der Erklärung der physikalische Vorgang bei der Kotheinklemmung: Gleichfalls durch die Wirkung der Bauchpresse oder durch eine heftige Peristaltik wird in eine bereits in einem Bruch-sack vorliegende oder auch erst im Moment der Einklemmung in den-selben vorgetriebene Darmschlinge Darminhalt hineingeschleudert und sofort, obwohl das zuführende Darmende soeben noch passirbar war, in ihr und die Schlinge im Ringe abgesperrt. Der wesentliche Unter-schied beider Formen besteht somit darin, dass dort von vornherein ein Missverhältniss zwischen dem Volumen der Schlinge uud der Enge des Bruchringes bestand, das nur vorübergehend durch die Gewalt der Bauchmuskeln aufgehoben wurde, hier hingegen ein solches Missver-hältniss zwischen Bruchring und Inhalt erst durch den in die Schlinge getriebenen Koth (im weitesten Sinne des Wortes) geschaffen wurde.

Die Discussion über das Zustandekommen der letzteren Ein-klemmungsform, von Lossen bei Gelegenheit des 3. Chirurgencongresses 1874 von neuem angeregt, wurde namentlich von Busch, Lossen, Roser, Kocher u. a. in den 70er Jahren wieder aufge-nommen und mit grosser Lebhaftigkeit geführt. Durch die eingehende, schöne Arbeit Kocher's, „die Lehre von der Brucheinklemmung", wurde sie im Jahre 1877 ziemlich zum Abschluss gebracht, wenn auch der Streit nicht endgiltig erledigt wurde. Zwar sind später noch mehrere kleine Beiträge zu dieser Frage erschienen, doch brachten sie nichts wesentlich Neues. Kocher gebührt das grosse Verdienst der Lösung der Frage durch das Thierexperiment näher getreten zu sein und die auf experimentellem Wege, sei es an todten Därmen, sei es am lebenden Thiere gewonnenen Anschauungen an einer grossen Zahl von klinisch gut beobachteten Krankheitsfällen auf ihren Werth geprüft und kritisch gesichtet zu haben. — Seit ihm sind indess meines Wissens nach weder seine Thierexperimente, noch seine Angaben über die klinische Erfahrung an der Hand eines grösseren Materials wieder controllirt worden. Da mir letzteres zur Verfügung stand, glaubte ich dieser Frage meine Aufmerksamkeit besonders zuwenden und auch die Thierversuche wiederholen zu müssen. Ich bin dabei in manchen Punkten zu etwas von Kocher abweichenden Anschauungen gekommen und will mich im Folgenden bemühen, die mir zweifelhaft erscheinenden Momente klar zu legen. Dazu ist es jedoch unerlässlich, auf die verschiedenen sich gegenüberstehenden Theorien über die Entstehung der Kotheinklemmung etwas näher einzugehen.

Die experimentelle Basis für dieselbe bildet der bekannte Roser'sche Versuch [1]), und man kann Roser nicht Unrecht geben, wenn er sagt: „Wer den Mechanismus der Brucheinklemmung begreifen will, der muss mein Experiment machen." Durch einen Draht- oder Holzring von circa 1 cm Durchmesser zieht er, am besten nach vorausgegangener Füllung der Gekrösarterie mit Wasser, um den Darm turgider zu machen, eine Dünndarmschlinge. „Treibt man nun Darminhalt in dieselbe und sucht sie sofort durch Compression von ihrer Spitze her wieder zu entleeren, so sieht man eine Spannung des Darminhaltes gegen den beengenden Ring eintreten; der entsprechende Darmtheil wird prall angefüllt; es entleert sich aber nichts durch den Ring durch, sondern, je mehr man drückt, desto praller wird der vor dem Ring befindliche Darmtheil. Der Darminhalt ist also in der Schlinge abgesperrt, und der Grund der Absperrung liegt nicht in der Enge des Ringes, denn dieser ist gross genug, um noch der Fingerspitze neben dem Darm Raum zu gewähren, sondern der Grund muss in einer Ventilwirkung gesucht werden, in der Formation von Faltenklappen, die man auch zu Gesicht bekommt, wenn man die Darmschlinge aufschneidet und mit klarem Wasser erfüllt." — Das Experiment ist sehr häufig wiederholt und sein Gelingen ebenso oft bestätigt, die Richtigkeit der Roser'schen Erklärung indess vielfach bestritten worden. Er sieht den Grund für die Absperrung des Darminhaltes in einem klappenartigen Zusammenlegen der Darmfalten nach Art der Aortenklappen.

---

[1]) Roser, Die Brucheinklemmungsklappen. Archiv für physiol. Heilkunde 1856. — Archiv für Heilkunde 1860, p. 183. — Centralbl. f. Chir. 1874, p. 562.

Jedoch gelingt der Versuch auch, wenn man faltenlose Därme benützt oder den Darm umstülpt, so dass die glatte Serosa nach innen kommt. Auch ist von verschiedenen Autoren geltend gemacht worden — und ich kann diese Beobachtung nur bestätigen — dass man beim Aufschneiden der eingeklemmten Schlinge die Darmwand wohl in Längsfalten im Bruchringe gelegt findet, nie aber quere Falten nach Art der Aortaklappen wahrnimmt. Ferner ist hervorzuheben, dass der Versuch eigentlich nur die Irreponibilität des Bruches zu erklären sucht, weniger aber den Hergang des Zustandekommens der Incarceration, die Aufhebung der Kothpassage auch für die Kraft der Peristaltik, sowie die Circulationsstörungen.

Dieser Frage ist besser die zuerst von Busch, später von Lossen benützte Versuchsanordnung angepasst. Man zieht eine Darmschlinge durch einen mässig engen Ring und spritzt in dieselbe plötzlich von dem einen Ende her Luft oder Wasser mit einiger Gewalt ein. Die Schlinge bläht sich, zieht von dem abführenden Ende noch ein Stück durch die Pforte hindurch und füllt sich prall bis zum Platzen an; keine Luft, kein Tropfen Wasser fliesst zum abführenden Schenkel ab. Busch[1] lässt den Verschluss an letzterem durch eine Abknickung der Schlinge zu Stande kommen, bedingt durch den Ueberdruck, der auf der convexen Wand der Schlinge lastet. Seine Theorie erscheint physikalisch gut gestützt und hat viel Bestechendes an sich. Nach hydrostatischen Gesetzen übt die in die Schlinge injicirte Luft oder Flüssigkeit auf alle Oberflächeneinheiten ihrer Wand einen gleich hohen Druck aus. Da nun die convexe Wand der Schlinge grösser als die concave ist, lastet auf ihr auch ein höherer Druck, der die Schlinge gerade zu strecken sucht und einen Zug nach aussen auf sie ausübt. In gleicher Weise, wie sich bei einem Kautschukrohr, das über eine Kante angezogen wird, die Wände einander nähern und schliesslich eng aneinander legen, soll nach Busch nun auch bei seinem Experiment der durch den Ueberdruck auf der convexen Seite auf die Schlinge ausgeübte Zug ein Aneinanderlegen der beiden Darmwände im Bruchringe, ja eine „Abknickung" des Darmrohres und damit einen festen Verschluss zu Stande bringen, der mit der Zunahme des Druckes natürlich immer fester werden müsse. Auf gleiche Weise entstünde der Abschluss am zuführenden Ende, sowie der Druck in der Schlinge eine gewisse Höhe erreicht habe und der Druck oberhalb der Bruchpforte nachlasse.

Lossen[2] bekämpft diese Anschauung energisch, giebt das Vor-

<hr>

[1] Busch, Ueber den Mechanismus der Brucheinklemmung. Verhandl. d. deutsch. Ges. f. Chir. IV. Congress 1875. — Langenbeck's Archiv Bd. 19.

[2] Lossen, Studien und Experimente über den Mechanismus der Bruch-

handeusein einer Abknickung der Schlinge zwar zu, sieht in ihr indess nicht das Primäre, die Ursache des Verschlusses, sondern die Folge des letzteren. Die Obturation selbst aber werde bedingt durch eine Compression des abführenden Schenkels im Bruchringe durch den geblähten zuführenden. An einer Reihe von Schnitten durch Dauerpräparate, die er durch Injection erhärtender Massen, z. B. flüssiges Wachs in die Schlinge und sofortiges Zubinden des zuführenden Endes gewonnen, oder durch Trockenpräparate, die er durch Einspritzen von Luft und nachheriges Trocknenlassen hergestellt hatte, suchte er die Richtigkeit der von ihm behaupteten Thatsachen auch einem grösseren ärztlichen Publikum auf dem IV. Chirurgencongresse zu demonstriren und seine Theorie zu beweisen. Er kommt nämlich auf Grund seiner Versuche zu dem Schlusse, dass es auch bei der wahren Kotheinklemmung sich stets nur um einen Verschluss am abführenden Schenkel, bedingt durch den Druck des geblähten zuführenden handle, letzterer selbst aber stets offen bleibe, also stets eine freie, wenn auch enge Communication zwischen der Schlinge und dem oberhalb der Bruchpforte geblähten Darme bestünde.

Soviel Beifall seine Experimente und Präparate auch fanden, so wenig konnte man sich entschliessen, Lossen's Deutung auch auf die thatsächlichen Verhältnisse der Brucheinklemmung zu übertragen und ihm das Offenbleiben des oberen Endes zuzugestehen. Die Thatsache der Irreponibilität des Bruchinhaltes blieb eben dann nahezu unerklärt. Lossen selbst schreckte freilich vor der Schwierigkeit einer Erklärung derselben nicht zurück und suchte letztere in den enormen Reibungswiderständen, welche der viscöse Darminhalt in der Schlinge selbst und die gestauten Kothmassen in den Därmen oberhalb des Bruchringes, namentlich in Anbetracht der Enge desselben, bei dem Versuche sie aufwärts zu schieben, finden müssten, vermochte indess nicht zu überzeugen.

Ich will jedoch auf diesen Punkt, auf die Frage, ob Lossen's Theorie über den Mechanismus der wahren Brucheinklemmung berechtigt ist, vorläufig nicht weiter eingehen, sondern mich zunächst nur mit der Frage beschäftigen: „Ist seine Erklärung für das Zustandekommen des Verschlusses des abführenden Schenkels in seinem Experiment richtig?" Ich theile nämlich mit Korteweg [1]) und wohl

---

einklemmung. Verh. d. deutsch. Ges. f. Chir. III. Congress 1874. — Langenbeck's Archiv Bd. 17.

Lossen, Die elastische und die Kotheinklemmung. Verh. d. deutsch. Ges. f. Chir. IV. Congress 1875.

[1]) Korteweg, Zur Frage der Brucheinklemmung. Centralbl. f. Chir. 1878. p. 698.

der Mehrzahl der Autoren die Anschauung, dass die Art des Zustandekommens des Verschlusses an beiden Schenkeln der Bruchschlinge genau die gleiche ist. Kennen wir somit den Mechanismus desselben an einem Schenkel, so können wir ihn mutatis mutandis auch auf den andern übertragen. Der Kernpunkt der Frage ist nun der:

1) Wird der Verschluss des abführenden Schenkels durch Compression von aussen bedingt und ist die Abknickung der Schlinge erst die Folge? (Lossen) oder

2) ist die Abknickung das Primäre, der Verschluss durch sie bedingt? (Busch) oder

3) sind beide Erklärungsversuche unrichtig oder unzureichend und müssen wir demnach überhaupt nach einer andern Erklärung suchen?

Lossen selbst hat die von Busch auf dem IV. Congress der deutschen Gesellschaft für Chirurgie gegen seine Theorie erhobenen Einwände in ziemlich ausführlicher Weise in einem Aufsatz „Die Taxis des seitlichen Abbiegens und der Mechanismus der Kotheinklemmung“ [1] einer eingehenden Besprechung unterzogen und zu widerlegen gesucht. Es ist mir nicht bekannt, dass die hier von ihm beigebrachten Gründe zur Vertheidigung der Erklärung seines Experimentes — ich rede nur von diesem — seitdem eine Anfechtung erfahren hätten und gestehe meinerseits, dass ich seinen Ausführungen im Grossen und Ganzen vollständig beipflichte.

Von geringer Bedeutung ist der von Busch und Kocher gemachte Einwurf, dass — falls wirklich der Verschluss des abführenden Schenkels durch den Druck im zuführenden bedingt würde — „es auffallen muss, dass anfänglich noch Darm von unten in den Bruch hinein nachgezogen wird, was erst mit stärkerer Blähung des zuführenden Schenkels aufhört“ [2]. Ich würde es für weit auffälliger finden, wenn dies nicht der Fall wäre. Eine Fixation der Schlinge kann doch erst dann eintreten, wenn die Reibungswiderstände, welche sie an dem Bruchringe findet, dem durch die Blähung auf die Schlinge ausgeübten Zuge das Gleichgewicht halten, also erst, wenn der Druck im zuführenden Ende so weit gestiegen, dass er die Schlinge fester gegen den Ring andrückt; gleichwohl kann der Druck, ehe er diese Höhe erreicht, doch gross genug sein, um ein Auseinanderfalten der an einander gelegten Wände des abführenden Darmschenkels zu verhindern und hierdurch einen Verschluss desselben zu bedingen, ohne doch ein sich selbst paralleles Verschieben des abführenden Rohres unmöglich zu machen.

---

[1] Centralbl. f. Chir. 1877, Nr. 21—24.
[2] Kocher l. c. p. 335.

Wichtiger ist folgender Einwand Busch's [1]): „Wenn die eindringende Masse die zuführenden Schenkel im Bruchringe gebläht hat und hierauf weiter abwärts steigend den aufsteigenden Schenkel erreicht, so würde sie hier denselben Seitendruck gegen die Wände üben, wie in dem zuführenden Schenkel. Wenn dann die Masse in dem ausführenden Schenkel bis in die Ebene des Bruchringes gelangt sein würde, so würde sie hier also annähernd mit derselben Kraft wie in dem zuführenden die mesenteriale Wand des Darmrohres von der gegenüberliegenden abdrücken, und das Lumen des ausführenden Rohres würde dem des einführenden annähernd gleich sein, wenn nicht, wie es in der That der Fall ist, eine andere Ursache, nämlich die Abknickung des Rohres, den Verschluss am ausführenden Schenkel hervorbrächte. Es würde dann also dem Abströmen der Flüssigkeit oder der Luft kein Hinderniss entgegentreten."

Gewiss ist der Seitendruck in der Schlinge vom Stempel der Spritze bis zur Verschlussstelle am abführenden Rohre überall gleich hoch; doch gerade deshalb ist ein Verdrängen der beiden an einander liegenden mesenterialen Wände im Bereiche der Pforte aus der von ihnen einmal angenommenen, durch den Seitendruck im geblähten zuführenden Rohre bedingten Stellung unmöglich. Ein solches Verschieben aus dieser zuerst innegehabten Position kann eben nur durch einen einseitigen höheren Druck, nie durch einen auf beiden Seiten gleichen veranlasst werden. Lossen (l. c.) zieht zum Vergleich das Beispiel des Ventils eines Dampfkessels heran, das sich erst dann öffnet, sowie die Spannung des Dampfes seine Kraft übersteigt, und, einmal geöffnet, erst dann wieder schliesst, wenn die Dampfspannung unter die Belastung des Ventils heruntergeht. Dass in der ausserhalb der Bruchpforte gelegenen Schlinge die durch beide an einander liegenden mesenterialen Wände und das dazwischen gelegene Mesenterium gebildete Scheidewand gleichwohl nicht eine nach dem abführenden Rohre zu gerichtete Lage, sondern mehr eine Mittelstellung einnimmt und beide Schenkel ein gleich weites Lumen haben, hängt einerseits von der freien Beweglichkeit der Schlinge, andererseits von der Elasticität der Darmwand ab. Erstere ermöglicht eine Lage- und Formveränderung, sowie unbeschränkte Grössenzunahme der Schlinge, letztere bedingt eine Ausgleichung des Druckes an den verschiedenen Abschnitten des Rohres. Eine seitliche Stellung der medianen Scheidewand wäre nur bei einer ungleichmässigen Ausdehnung des zu- und abführenden Theiles der Schlinge denkbar, eine solche würde aber eine Spannungsdifferenz in beiden Theilen hervorrufen, die nach hydro-

---

[1]) Busch l. c. p. 80.

statischen Gesetzen unmöglich ist. Letztere fordern eine völlig gleiche Druckhöhe in allen Abschnitten der Schlinge und bedingen dadurch ihre Kugelgestalt, diese wiederum zwingt sie zur Einnahme einer tangentialen Stellung zur Ebene der Bruchpforte und veranlasst dadurch eine Bewegung der Schlinge nach der Seite des zuführenden Schenkels; nicht derart, dass die mediane Scheidewand mit dem Ein-

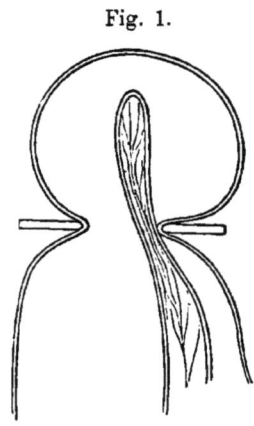

Fig. 1.

strömen der Flüssigkeit aus der zuführenden Hälfte der Schlinge in die abführende in das Lumen der ersteren hineingedrängt würde — dies wäre nur der Fall, wenn der die Flüssigkeit vorwärts treibende Druck plötzlich aufhörte, ehe dieselbe die ganze Schlinge erfüllte —, sondern so, dass sie mit dieser nach ihrer Richtung hin verschoben wird. Damit erhält aber das Septum eine mediane, sogar wegen der Fixation seiner Basis an der abführenden Seite des Ringes eine mit seinem Scheitel etwas nach der zuführenden Seite geneigte Richtung. Diese Stellung lässt sich somit theoretisch vorausbestimmen; auch findet sie sich in der That auf Längsschnitten durch in oben geschilderter Weise hergestellte Wachspräparate (Fig. 1). Einer derartigen Seitenbewegung der Schlinge als Ganzes steht ein äusserer Widerstand nicht entgegen, ein Hineindrängen der Scheidewand in das Lumen der zuführenden Schlingenhälfte würde hingegen der auf beiden Seiten gleiche Druck nicht zulassen. Innerhalb des Bruchringes ist aber eine derartige Verschiebung wegen des Mangels einer freien Beweglichkeit unmöglich.

Die durch die Kugelgestalt der Schlinge bedingte Verschiebung derselben nach der zuführenden Seite zu muss nun schon, sieht man von den geringen Reibungswiderständen der Flüssigkeit in der Schlinge ab, vor Eintritt der Dehnung ihrer Wand beginnen und ist mit der vollen Entfaltung der Schlinge beendet. Denn schon die geringste Dehnung eines Abschnittes würde eine Spannungsdifferenz erzeugen und die in ihm enthaltene Flüssigkeit nach den nicht gedehnten Theilen der Schlinge treiben, in denen ja bis zur beendeten Entfaltung kein Druck herrscht. Dadurch erklärt sich aber auch leicht, weshalb der Versuch stets um so schwerer gelingt, je weiter die Bruchpforte ist und bei einer gewissen Weite derselben überhaupt nicht mehr glückt. Ist diese nämlich grösser als der Umfang des nicht gedehnten, doch völlig entfalteten zuführenden Schenkels plus dem des mit seinen Wandungen an einandergelegten abführenden, so wird die in ersteren durch den Spritzendruck getriebene Flüssigkeit eher das abführende Ende im Bruchringe erreichen, ehe das zuführende Ende überhaupt oder doch in nennenswerther Weise gedehnt wird, ehe also das abführende Ende im Ringe eine Compression von ersterem erfährt. Strömt aber einmal Flüssigkeit durch letzteres durch, so kann auch die bedeutendste Steigerung des Druckes — wie ja auch das Experiment lehrt — den zuführenden Schenkel im Ringe nicht weiter dehnen, somit den abführenden nicht mehr schliessen. Es ist somit der Einwand Kocher's [1]), dass das seltenere Zustandekommen der Einklemmung bei weiterer Bruchpforte gegen Lossen's Theorie spräche, als hinfällig zu betrachten.

Busch behauptet nun die Beobachtung gemacht zu haben, dass mit einer Zunahme des Injectionsdruckes der zuführende Schenkel sich im Bruchringe nach seiner Seite hin verschiebe, und schliesst daraus, dass bei Erhöhung des Druckes eine eventuelle Compression des abführenden Rohres durch das zuführende und damit, wenn eben nicht andere Umstände die Absperrung bedingten, auch letztere aufhören müsse, was in Wirklichkeit nicht statt habe. Diese Beobachtung Busch's ist, freilich auch nur in sehr eingeschränktem Maasse, richtig, falls das Mesenterium der Schlinge erhalten bleibt. Löst man dieses ab, so tritt niemals ein Seitwärtsrücken des zuführenden Rohres nach seiner Seite hin ein; erhält man es, so sieht man wohl die Abbiegung der Schlinge auch am zuführenden Ende stärker werden und die erwähnte Bewegung hin und wieder eintreten; doch geschieht sie nicht dadurch, dass das zuführende Rohr durch die Tendenz der Schlinge, sich gerade zu strecken, nach seiner Seite hingezogen, sondern dadurch, dass es durch das in den Bruchring nachgezogene und ihn verengende Mesenterium nach dieser Seite hin gedrückt wird. Nie sieht man — und ich habe bei meinen zahlreichen Versuchen stets hierauf geachtet — bei einer Steigerung des Druckes eine freie Lücke im Bruchringe auftreten. Dem widerspricht nicht, dass man neben der Schlinge ohne Schwierigkeit noch ein Stäbchen durch die Pforte hindurchschieben kann. Dies beweist doch nur, dass die Schlinge nie eine so bedeutende Spannung erfährt, dass sie nicht noch etwas comprimirt werden könne, was ja Busch und Kocher selbst gegen Lossen's Theorie der Brucheinklemmung geltend machen. Uebrigens will ich bald hier erwähnen, dass das Einschieben eines solchen Stäbchens stets leichter zwischen dem Mesenterium und dem Ringe, als zwischen letzterem und der convexen Seite des Darmrohres gelingt. Die im Bruchringe liegenden Gewebe sind eben elastisch und compressibel, verhalten sich also nicht wie incomprimirbare Flüssigkeiten,

---

[1]) l. c. p. 335.

unterliegen daher auch den hydrostatischen Gesetzen nur in beschränktem Maasse. Es ist demnach schon von vornherein anzunehmen, wie wir dies später durch das Experiment und die klinische Erfahrung werden bestätigt sehen, dass der Druck, den die verschiedenen im Bruchring liegenden Theile erleiden, nicht an allen Stellen ein gleicher ist, sondern sehr wechseln kann.

Auf die gleiche Weise widerlegt sich auch der weitere Einwurf Busch's, dass es bei einigermassen enger Bruchpforte auch zur Einklemmung kommt, wenn man die Compression des abführenden Schenkels von Seiten des zuführenden dadurch ausschliesst, dass man die Canüle der Spritze in letzteres im Bruchringe selbst einbindet. Auch bei dieser Versuchsanordnung kommt es, wie Lossen sehr richtig hervorhebt, falls nicht der Ring von vornherein zu eng ist, eben nur dadurch zum Verschluss, dass das Mesenterium nachrückt und die Pforte verengt. Trennt man es vom Darmrohre ab, so zieht sich der abführende Schenkel durch den Ring durch. Hindert man dies durch eine Fixation diesseits der Pforte, so erfolgt nach Lossen [1] die Absperrung nur dann, wenn man beide Wände des abführenden Rohres oder die mesenteriale allein fixirt und zwar unter einem Winkel von mehr als 45 ⁰ zur Achse der Bruchpforte, nicht aber, wenn man, selbst bei stärkster Winkelstellung, nur die freie convexe Wand festhält. Dürfte bei der Brucheinklemmung beim Lebenden schon eine so erhebliche Winkelstellung des abführenden Rohres selten sein, so fehlt doch sicher die geforderte straffe Fixation des abführenden Schenkels, wenn man von der eben durch Compression von aussen im Bruchringe bewirkten absieht. Ich selbst sah übrigens bei meinen Versuchen auch bei rechtwinkligem Abknicken des abführenden Schenkels gegen die Achse der Bruchpforte den Verschluss sich stets wieder lösen, sowie ich den durch das zuführende Ende auf das abführende ausgeübten Druck durch geringen Zug des ersteren nach seiner Seite hin aufhob.

Dasselbe gilt für das Zustandekommen des Kocher'schen Versuches, der einen Druck auf das abführende Rohr dadurch zu vermeiden suchte, dass er die Bruchpforte durch eine mediane Scheidewand in zwei Theile theilte. Auch hier tritt der Verschluss nach Entfernung des Mesenterium nur dann ein, — und zwar gleichfalls nur bei enger Bruchpforte — wenn das vor der letzteren stark gedehnte zuführende Rohr das abführende bei Seite schiebt, löst sich aber sogleich, sowie man das zuführende Ende etwas nach seiner Seite zieht oder von der abführenden Seite her abdrängt. Die Nothwendigkeit einer derartigen Dehnung des zuführenden Darmes diesseits der Pforte geben auch

---

[1] Centralbl. f. Chir. 1877, p. 341.

Busch und Kocher zu, sehen indess ihre Wirkung nur in der dadurch begünstigten Winkelstellung des abführenden Rohres, die das Zustandekommen einer totalen Abknickung erleichtert. Warum gelingt indess die Abknickung selbst bei stärkster Winkelstellung nur bei enger Pforte? warum wird sie, einmal zu Stande gekommen, selbst bei Beibehaltung der letzteren, sogleich aufgehoben, sowie man die Pforte erweitert oder auch nur den gedehnten zuführenden Schenkel diesseits der Pforte etwas nach seiner Seite hin zieht? — Schon Bidder[1]) zeigte, dass selbst die grösstmöglichste Winkelstellung allein nie zum Zustandekommen eines Verschlusses ausreicht. „Legt man eine Fadenschlinge, deren Lumen einen Durchmesser von etwa 1 cm hat, um eine Darmschlinge, und spritzt nun in eines der vertikal herabhängenden Darmenden, also bei colossal stark geknicktem Darme" — richtiger bei enorm starker Winkelstellung des Darmes — „Wasser ein, so werden die in der Stenose an einander liegenden Darmwände durch die Flüssigkeit von einander gehoben und das Wasser läuft trotz der Abknickung durch die verengte Stelle zum andern Darmende ab." Kocher (l. c. p. 338) wirft Bidder vor, Busch missverstanden und Winkelstellung mit Abknickung verwechselt zu haben. In der That wirkt der Druck in dem Bidder'schen Versuche unter wesentlich anderen Bedingungen, als in dem Busch'schen, denn er vermeidet den in letzterem von der injicirten Masse auf die Schlinge ausgeübten Zug, welcher in einer Richtung wirkt, die derjenigen entspricht, welche man zur Abknickung eines Kautschukrohres über eine scharfe Kante in Anwendung bringt, trifft vielmehr die der concaven aufliegende convexe Darmwand in einer Richtung, die der Abhebung letzterer von ersterer am günstigsten ist. Aber selbst wenn man diesen Fehler vermeidet und den Versuch derart anstellt (Fig. 2), dass man das eine Ende des stark über einer scharfen Kante gebogenen Darmrohres Sförmig umbiegt und nun den Druck der in letzteres Ende gebundenen Spritze wirken lässt, also in einer der Abknickung günstigsten Richtung, somit jenen Zug der Schlinge gegen die Kante hin genau nachahmt, so kommt es doch nicht zu einem Verschluss an dieser Stelle, sondern auch dann hebt das Wasser die Darmwände von einander. Warum hindert hier der auf der convexen Wand a lastende Ueberdruck nicht das Abheben der minder belasteten Wand b? Der von Busch zur Erklärung seines Versuches herbeigezogene Vergleich der Abknickung eines Kautschukschlauches über einer scharfen Kante durch Zug an seinen beiden Enden entspricht eben nicht völlig seiner Versuchsan-

---

[1]) Bidder, Experimentelles über den Mechanismus der Brucheinklemmung. Langenbeck's Archiv Bd. 18, p. 293.

ordnung. Busch vergisst, dass bei letzterer dem auf die Schlinge als Ganzes in der Richtung gegen den Bruchring wirkenden Zuge der von innen aus gegen die convexe Wand des Schlauches an der Knickungsstelle wirkende Druck entgegenarbeitet. Kocher selbst sah sich später genöthigt, zuzugeben, „dass die Winkelstellung des abführenden Schenkels auf der abdominalen Seite der Bruchpforte ebenfalls nur einen Beitrag leistet zur Summe der Hindernisse für Fortbewegung des Darminhaltes, aber keineswegs das Haupt- oder gar einzige Moment bildet

Fig. 2.

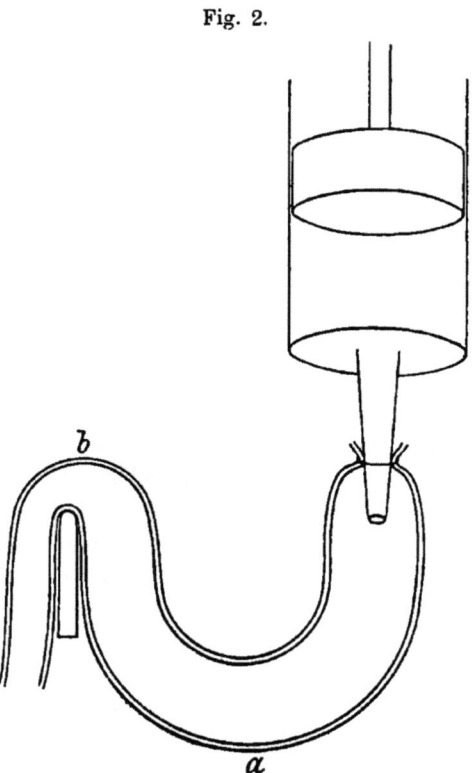

für den Abschluss des Darmes am abführenden Schenkel" (l. c. p. 337), und dass „die Abknickung für die Brucheinklemmung eine untergeordnete Rolle spielt, da sie an und für sich es nicht bis zu einem völligen Verschluss des Darmlumens zu bringen vermag" (l. c. p. 339, 349). Er sowohl (p. 335), wie Busch (Langenb. Archiv, Bd. 19, p. 74) gestehen zu, dass die Raumbeengung durch Blähung des zuführenden Schenkels bei einiger Weite des Ringes zum Zustandekommen des Verschlusses durchaus erforderlich ist. Freilich erklärt Kocher (l. c. p. 337) den Druck des gefüllten zuführenden Schenkels nicht für die Ursache der Einklemmung, „da die geringste Druckvermehrung durch Compression der Schlinge genügt, um denselben zu überwinden.“ Diese Beobachtung kann ich indess nicht bestätigen. Nur dann löst eine derartige Compression die Absperrung, wenn man die Schlinge gleichzeitig nach der zuführenden Seite hin bewegt; eine solche Seitenbewegung bewirkt aber eine Abplattung des zuführenden Schenkels im Bruchringe selbst. Vielleicht ist Kocher dieser leicht übersehbare Fehler bei seinem Versuche passirt.

Auch der von Busch angestellte Versuch mittelst zweier dünnwandigen, doch verschieden dicken und dehnbaren Kautschukschläuchen beweist nichts für die Richtigkeit seiner Theorie oder gegen Lossen. Busch zieht beide Schläuche durch zwar absolut verschiedene, doch entsprechend der verschiedenen Dicke der Schläuche verhältnissmässig gleich enge Bruchpforten und bläht nun das eine Ende derselben rasch auf. Nur bei Anwendung des dehnbareren, dünnwandigeren Schlauches gelang die Einklemmung. Busch vergisst indess, wenn er behauptet, die in beiden Versuchen vom geblähten zuführenden auf das abführende Rohr ausgeübte Compression sei beidemal gleich gross, dass, je dünner und dehnbarer ein Schlauch ist, er auch um so leichter comprimirbar ist und sich andererseits auch im geblähten Zustande um so rascher jeder Form eines ihn einengenden unregelmässigen Ringes anpasst und seiner Wandung anschmiegt. Zur völligen Ausfüllung der kreisförmigen Bruchpforte müssen die Schläuche ihre normale Cylinderform aufgeben — zwei neben einander liegende Cylinder bilden eben keinen Kreis — der geblähte dünnere, leichter dehnbare Schlauch wird aber rascher die Formveränderung erleiden und schneller das nicht geblähte, leichter compressibele abführende Ende gegen die Wand der Bruchpforte allseitig andrängen, als der dickere, minder dehnbare, zumal der grössere Widerstand, den die Wand des letzteren der Dehnung entgegensetzt, ein rascheres Durchfliessen der injicirten Luft oder Flüssigkeit bedingt. Das kleinste noch vorhandene Lumen im abführenden Rohre bei Ankunft der andrängenden Flüssigkeit genügt aber, den Verschluss unmöglich zu machen.

Dass es die Abknickung nicht sein kann, welche in dem Busch-Lossen'schen Experiment den Verschluss bewirkt, wird auch dadurch bewiesen, dass letzterer nicht mehr eintritt, selbst bei stärkster Drucksteigerung, sowie einmal Flüssigkeit das abführende Rohr im Bruchringe passirt hat und in den intraabdominalen Theil desselben vorgedrungen ist, und dass die Absperrung des Schlingeninhalts andererseits auch dadurch wieder aufgehoben werden kann, dass man das abführende Rohr von der Bauchseite her aufbläht. In beiden Fällen müsste, hätte

Busch Recht, der nun auch auf der convexen Seite des intraabdominalen Theiles des abführenden Schenkels lastende Ueberdruck über den auf die mesenteriale Wand geübten Druck die Abknickung und damit den Verschluss verstärken, anstatt ihn zu lösen. — Auch gelingt schliesslich der Versuch, und es kommt zu einem totalen Verschluss des abführenden Rohres im Bruchringe, wenn man, wie Hofmokl[1]) gezeigt hat, die Abknickung der Schlinge dadurch aufhebt, dass man dieselbe in einen Glastrichter einzieht.

Die Unhaltbarkeit der Busch'schen Theorie glaube ich hiermit genügend nachgewiesen zu haben; hingegen wurden bisher keine stringenten Beweise gegen die Richtigkeit der Lossen'schen Erklärung seines Experimentes — wohlverstanden nur dieses — gefunden; alle gegen dasselbe bis jetzt angeführten Einwände liessen sich widerlegen, und ich verstehe nicht recht, durch welche Beweise Kocher, wie er Seite 338 seiner bereits mehrfach citirten Arbeit sagt, die Lossen'sche Theorie in dem vorangegangenen Theile seiner Abhandlung glaubt zurückgewiesen zu haben. Er selbst giebt zu, dass das hauptsächlich wirksame Moment der durchaus bei einiger Weite des Ringes zum Gelingen der Abklemmung nothwendigen Dehnung des zuführenden Endes in der durch dieselbe bedingten Raumbeengung zu suchen ist; auch die von ihm urgirte, eine Einklemmung begünstigende Winkelstellung des abführenden Endes innerhalb des Abdomen wirkt doch gleichfalls, da ja, wie Kocher selbst zugiebt, die Abknickungstheorie unrichtig ist, wesentlich durch die durch sie bewirkte Verengung resp. Aufhebung des Lumens des abführenden Schenkels durch Compression. Somit besteht der wesentliche Unterschied zwischen Lossen und Kocher nur darin, dass ersterer die vollständige Aufhebung des Lumens des abführenden Schenkels durch Compression von aussen, sei es durch den geblähten zuführenden Schenkel, sei es durch das Mesenterium verlangt, letzterer hingegen durch den äussern Druck nur eine Stenose des abführenden Rohres zu Stande kommen lässt und den definitiven Verschluss dieser durch einen andern, gleich zu besprechenden Mechanismus erklärt. — Hofmokl (l. c.) behauptet auch eine totale Compression des abführenden Endes, jedoch nicht, wie Lossen, im ganzen Verlaufe des Bruchkanales, sondern nur an seinem innern, d. h. abdominellen Bruchringe. Zu dem gleichen Ergebnisse gelangte auch Bellien (Centralbl. für Chir. 1875. p. 230).

Zum Entscheide dieser Frage dient der von Busch angegebene und seit ihm häufig wiederholte sog. Stenosenversuch. Ich schildere ihn nach Busch's eigenen Worten: „Ich führe in das Darmrohr einen

[1]) Hofmokl, Centralbl. f. Chir. 1876, Nr. 22.

weiblichen Katheter und darauf durch das Gekröse ein Band oder einen Faden und binde mit diesem das Darmrohr über dem Katheter zusammen. Wenn nun der fremde Körper herausgezogen wird, so ist der Darm dem Faden gegenüber stark verengt, aber sein Lumen existirt noch; denn ich kann mich davon überzeugen, indem ich von der peripheren Seite den Katheter wieder durch die enge Stelle hindurch führen kann. Wird nun Flüssigkeit oder Luft etwas weit oberhalb der Stenose mit solcher Gewalt eingetrieben, dass sich das Rohr schnell füllt, so passirt nicht ein Tropfen oder eine Luftblase die Stenose. Es findet hier ein vollständiger Abschluss statt. Wenn der Druck sich steigert, so platzt der Darm, aber nichts passirt den Verschluss an der stenosirten Stelle. Während aber der Druck von der centralen Seite her die Circulation im Darme nicht herstellt, so kann ich von der peripheren, unterhalb der Stenose gelegenen Seite her mit leichter Mühe einen feinen Katheter durch die Stenosirung hindurchführen; Wasser oder Luft gehen ab, das vollgefüllte Darmrohr fällt zusammen [1].‟ Der Versuch gelingt sehr leicht, ist zum Verständniss des Mechanismus der Brucheinklemmung ebenso wichtig, wie das Roser'sche und Busch-Lossen'sche Experiment und darf ebenso wie diese als Fundamentalversuch gelten. Je öfter man ihn wiederholt, um so mehr gewinnt man den Eindruck, dass der Verschluss des Darmlumens an der verengten Stelle genau auf die gleiche Weise zu Stande kommt, wie bei den erstgenannten Versuchen und wie bei der wirklichen Brucheinklemmung. Auf seiner richtigen Deutung beruht somit die richtige Erklärung des Mechanismus der letzteren. Dies ist auch von Busch, Kocher, Korteweg u. a. vielfach betont und darum diesem Versuche eine so grosse Wichtigkeit beigemessen worden. — Indess so leicht der Versuch sich anstellen lässt, so schwer ist seine Erklärung und hat zu ganz verschiedenen Auslegungen Anlass gegeben. Die Ursache hierfür ist wohl hauptsächlich darin zu suchen, dass die directe Beobachtung des Zustandekommens des Verschlusses von der innern Seite des Darmes aus nach den bisherigen Methoden theils unmöglich war, theils grosse Schwierigkeiten bot.

Busch suchte auch zur Erklärung des Gelingens seines Stenosenversuches die Abknickungstheorie aufrecht zu erhalten: „Es lastet ein grösserer Druck auf der convexen Seite der Darmwand, als auf der concaven oder mesenterialen, der Darm sucht sich nach der convexen Seite hin zu strecken und in der Bewegung, welche die letzten Darmtheile vor dem Hindernisse in dieser Richtung machen, ziehen sie das Darmrohr in dem stenosirenden Ringe in dieser Richtung an und pressen

---

[1] Busch, Verh. d. deutsch. Gesellsch. f. Chir. 1875. IV. Congr. Th. II. p. 85.

seine Wände dadurch an einander" [1]). Mit Recht wendet Kocher gegen Busch ein, dass hier die künstliche Bruchpforte beweglich ist, also eine Abknickung über deren Rand jedweden festen Hypomochliums entbehrt, dass ferner ein Zug am peripheren Abschnitt des Darmes nach jeder beliebigen, auch nach einer der Abknickung günstigsten Richtung hin, den Verschluss löst, während eine einfache Lageverän-derung, wie Busch behauptet, dies nicht thut, dass schliesslich auch eine Aufblähung dieses peripheren Abschnittes mit Luft oder Wasser sofort die Stenose durchgängig macht [2]).

Um jede Abknickung unmöglich zu machen, die Wirkung des Druckes von der der Dehnung des Darmes aus einander halten zu können und die directe Beobachtung des Vorganges von der Innenseite des Rohres aus zu ermöglichen, modificirte Kocher den Busch'schen Versuch derart, dass er in das eine Ende eines durch eine Faden-schlinge stenosirten Darmstückes einen Glascylinder einführte. Füllte er dies Ende vorher mit Wasser, so floss dasselbe bei vertikaler Hal-tung des Darmes durch die Stenose langsam ab; schob er nun den Glascylinder vor und dehnte dadurch den Darm oberhalb derselben, so hörte der Abfluss des Wassers auf einmal auf. Dabei sah er, dass der Trichter kürzer und flacher wurde, und dass aus dem Bruchringe Schleimhaut aufwärts gezogen wurde. Kocher erklärt den Vorgang hierbei folgendermassen: Die in dem centralen Ende befindliche, sich nach der Stenose zu trichterförmig verjüngende Flüssigkeitssäule bildet mit der auf ihrer Unterlage verschieblichen Schleimhaut der Darm-wand einen beweglichen, incompressibeln Keil, der durch seine eigene Schwere, eventuell den Druck der Spritze in den Bruchring hinein vorgetrieben wird. Sowie seine Spitze bis in den untern Darmtheil vorzudringen vermag, fliesst das Wasser ungehindert durch die Stenose ab. Eine Dehnung des Darmes oberhalb der Stenose macht indess diese Keilwirkung unmöglich. „Wie man sich durch den Augenschein überzeugen kann bei unserem Glascylinder-Experiment, flacht sich der Trichter bei der Dehnung ab; es wird also der Wasserkeil (mit seiner Schleimhauthülle) viel breiter und wird demnach bei gleicher Druck-wirkung von hinten her, bei gleicher Compressibilität der Darmwand an der Bruchpforte, und obschon selbst bei sehr starker Dehnung die Schleimhaut verschieblich bleibt auf der Muscularis, die Spitze des Keiles nicht bis in den Anfangstheil des unteren Darmstückes gelangen können."

Die Beobachtung und die darauf gestützte Theorie Kocher's ist

[1]) l. c. p. 86.
[2]) l. c. p. 341.

wohl im grossen Ganzen richtig, doch im Detail nicht präcis genug. Er selbst betont (l. c. p. 346), dass es nicht genüge, zu sagen, „die Blähung zieht die Falten in der Bruchpforte an einander; denn gewiss würde man eher erwarten, dass die Dehnung die Falten aus einander zieht und durch den Zug über den Rand der Bruchpforte dieselben abflacht". Diese Erwartung scheint er indess, wie schon aus dieser Formulation des Satzes und aus seinen Abbildungen (Fig. 4, p. 347) hervorgeht, nicht bestätigt gefunden zu haben; wenigstens ist in letzteren von einer derartigen Abflachung absolut nichts zu sehen. Ich selbst habe hingegen in einer Reihe von Wiederholungen des Versuches regelmässig diese theoretisch zu fordernde Abplattung wahrgenommen. Liess ich die in das centrale Ende gefüllte Flüssigkeit durch die stenosirte Stelle abfliessen und schob dann den Cylinder nach der Stenose zu vor, so beobachtete ich

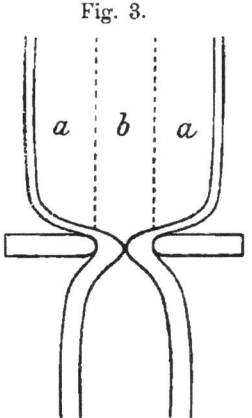

Fig. 3.

regelmässig ein Weiterwerden der vorhandenen Oeffnung am oberen Rande des kurzen, durch einen Holzring gebildeten Bruchkanales und sah den Verschluss stets erst ungefähr in der Mitte des letzteren resp. nach seinem unteren Rande zu zu Stande kommen. Es setzt sich der Mitte der cylinderförmigen oder, wenn man lieber will, stumpfkegelförmigen Flüssigkeitssäule des centralen Endes ein kleiner spitzer Kegel auf, der mit seiner Spitze in den Bruchkanal hineinragt. Auch an Längsschnitten durch Wachsinjectionspräparate konnte ich diesen kleinen Kegel deutlich wahrnehmen.

Es kann ja aber auch gar nicht anders sein, und es ist die Kocher'sche Behauptung, dass die Spitze des Wasserkeiles überhaupt nicht in den Ring einträte, von vornherein theoretisch unhaltbar. Handelte es sich um einen starren Holzkeil, so hätte Kocher Recht, nicht aber für einen in seinen einzelnen Theilchen verschieblichen, sich jeder Formänderung seiner Umgebung sofort anpassenden Wasserkeil. Der periphere Cylindermantel a (Fig. 3) der im gedehnten centralen Rohr befindlichen Flüssigkeitssäule ist in seiner Fortbewegung durch den Bruchring gehindert, hilft somit bei Zunahme des Druckes nur die Wandung stärker dehnen und übt dadurch einen Zug auf die Wand des im Bruchringe resp. unterhalb desselben gelegenen Darmrohres aus, der diese bei dem Widerstand, den die Reibung dem Folgen des Zuges entgegensetzt, über den obern Rand des Ringes nothwendigerweise dehnen und abplatten muss. Gleichzeitig dringt aber auch der centrale Kegel der Flüssigkeitssäule vor und sucht die Darmwände aus einander zu falten. Der von ihr auf die sich ihm im Ringe entgegenstellende Darmwand ausgeübte Druck theilt sich in zwei Componenten. Die eine wirkt parallel der Achse des Bruchkanales und sucht die Darmwand nach dem peripheren Ende zu schieben. Ihr wirkt die Dehnung des centralen Abschnittes, die auf eine weit grössere Flächeneinheit wirkt und einen Zug in entgegengesetzter Richtung erstrebt, mit Erfolg entgegen und hebt sie auf. Die zweite Componente wirkt senkrecht auf die Wand des Bruchringes, presst die Darmwand gegen letztere an und plattet sie ab, so weit, als der Wasserkeil selbst einzudringen im Stande ist. Weshalb, so wird man mit Recht fragen, schiebt nun aber der Druck der nachfolgenden Flüssigkeit den Keil nicht durch den Kanal vollends in das abführende Ende hindurch? Worin liegt das Hinderniss, das sich einer weiteren Vorwärtsbewegung in der unteren Hälfte des Ringes entgegenstellt?

Kocher stellte sich diese Schwierigkeit der Erklärung nicht entgegen. Nach ihm war, da der Wasserkeil überhaupt nicht in den Kanal eindrang, eben keine Kraft vorhanden, die die im Bruchringe nur locker an einander gelegenen Wände des Darmrohres zu entfalten vermochte. Denn dass er nicht ein inniges Aneinandergedrücktsein derselben voraussetzt, ergiebt sich aus seinen eigenen Worten und Zeichnungen; in letzteren sieht man sogar — was beim Experiment nie der Fall ist — stets einen kleinen offenen Zwischenraum zwischen dem Darmrohre und dem Bruchringe — wahrscheinlich wohl nur ein Fehler des Zeichners. Da wir indess gesehen, dass seine Beobachtung nicht vollständig den Thatsachen entspricht, müssen wir eine andere Erklärung suchen und werden von vornherein zu der Annahme gedrängt, dass das Lumen des Darmrohres, da ja von einem Klappenmechanismus, wie Kocher selbst sagt, nichts zu sehen ist, nur dadurch geschlossen werden kann, dass dasjenige des Bruchringes an irgend einer Stelle, ehe das Wasser bis zu dieser vordringen kann, vollständig ausgefüllt wird. Wodurch geschieht dies aber? Es könnte scheinen, dass bei genügender Enge des Kanales schon die Dicke der Darmwand allein hierzu hinreichen würde. Denn der Einwand, dass man ja neben derselben noch einen Katheter durch den Ring schieben könne, wäre aus folgenden Gründen nicht stichhaltig. Es gelingt — dies will ich gleich von vornherein betonen — der Versuch überhaupt nur bei einer recht beträchtlichen Enge des Ringes resp. der umschnürenden Fadenschlinge. (Ein grosser Uebelstand der Versuchsanordnung liegt, wie ich hier hervorheben will, darin, dass die Festigkeit des Zusammenschnürens um den Katheter ganz von dem subjectiven Ermessen des Experimentators abhängt, daher bei Anwendung eines gleich dicken Katheters, um den das Darmrohr festgebunden ist, die Stenose in Wahrheit sehr verschieden eng sein kann.) Mir selbst gelang der Versuch bei Hundedärmen nicht mehr, sowie der Durchmesser des Katheters 5 mm erreichte, und selbst bei einem solchen von 4 mm nur bei festem Zuschnüren der Fadenschlinge. Ein solches plattet aber den im Ringe gelegenen Darmtheil ab. Sowie nun die Dehnung des centralen Darmabschnittes diesen aus der Bruchpforte herauszieht, tritt an Stelle der verdünnten eine normal dicke Darmwand und das Lumen des Ringes ist allein schon durch diese ausgefüllt. Soll das Lumen des im Ringe gelegenen Rohres nun geöffnet werden, so muss der von dem vordringenden Wasserkeil ausgeübte Seitendruck schon so bedeutend sein, um nicht nur die Darmwände aus einander zu halten, sondern auch sie abzuplatten. Eine Drucksteigerung müsste demnach den Verschluss lösen. Dies ist indess thatsächlich nicht der Fall, sie macht ihn nur fester. Daraus folgt, dass das Lumen des Ringes noch auf andere Weise ausgefüllt werden muss.

Für die Versuchsanordnung von B u s c h könnte man sich den Vorgang derart denken, dass, während ein Verschieben der Fadenschlinge nach dem unteren Darmende zu auf der concaven Seite durch das Mesenterium verhindert ist, die convexe Wand allein weiter durch die Dehnung des centralen Endes vorgezogen wird, wodurch ja auch thatsächlich die eigenthümliche Form des Darmrohres im B u s c h'schen Versuch, die starke Vorwölbung der convexen Seite dicht oberhalb des Bruchringes entsteht. Durch eine derartige Verschiebung würde der Bruchring schräg zur Achse des Darmrohres zu stehen kommen, also an Stelle eines runden Querschnittes des letzteren ein natürlich umfangreicherer, ovaler Schrägschnitt in den Ring eintreten, der bei einiger Enge des Kanales ihn völlig obturiren kann. — Da der Versuch indess auch bei der K o c h e r'schen Modification, bei völlig gleichmässiger Dehnung des centralen Endes gelingt, muss der Verschluss auch noch auf andere Weise zu Stande kommen können.

Das wirksame Moment erkennt man nun sehr gut bei Betrachtung des Darmrohres von der peripheren Seite. Schneidet man den Darm, etwa 1 cm peripher von der Bruchpforte [1]), quer durch und faltet seine Wandungen etwas aus einander, so sieht man das offene enge Lumen des im Ringe gelegenen Rohres, durch welches die das centrale Darmstück füllende Flüssigkeit langsam abfliesst. Schiebt man nun in letzterem den Cylinder vor, so bemerkt man, wie die Schleimhaut der stenosirten Stelle aufwärts rückt und die des darunter gelegenen Darmringes nach sich zieht, während die Serosa nur langsam

---

[1]) So bezeichne ich der Kürze wegen den stenosirenden Ring.

oder gar nicht folgt; gleichzeitig aber gewahrt man, dass der unmittelbar peripher vom Bruchring gelegene Querschnitt des Darmes medianwärts gezogen wird, bis sich seine Wandungen an einander legen und, während sie durch die Schleimhaut in den untern Ring des Bruchkanales gezogen werden, immer fester an einander gepresst werden. Von der centralen Seite sieht man durch den Glascylinder gleichfalls während des Weiterwerdens des oberen Ringes die in Längsfalten gelegte Schleimhaut etwas aufwärts rücken und im unteren Ringe des kurzen Kanales die Darmwände sich eng an einander schmiegen. Noch leichter dem Auge zugänglich macht man sich den Vorgang, wenn man, anstatt das Darmrohr durch einen Glascylinder zu dehnen, seine Wand der Länge nach in vier gegenüber liegenden Linien bis in die Nähe des Bruchringes spaltet und nun die 4 Stücke der Darmwand nach vier entgegengesetzten Richtungen anzieht; der Zug ist zwar dann kein allseitiger, wie beim Kocher'schen Versuche, aber doch ein nach den vier Hauptrichtungen gleichmässig gerichteter. Sehr deutlich sieht man dann auch den kleinen Trichter, der von dem obern Ringe des Kanales sich in letzteren senkt und seine Spitze in seiner Mitte resp. dicht über seinem untern Ringe findet. Klarer wird freilich der Vorgang bei Besichtigung vom peripheren als vom centralen Ende aus. Es handelt sich somit um ein Hineinschieben des unter dem Ringe gelegenen Darmquerschnittes in ihn hinein, während der äussere aus Serosa und Muscularis bestehende Cylinder des darüber gelegenen Querschnittes infolge der Reibung an der Wand des Ringes noch in ihm fixirt ist, also um eine Art Invagination oder wenigstens die Tendenz zu einer solchen. Es beginnt der Verschluss also stets am unteren Ringe des Bruchkanales.

Je kürzer man den Bruchkanal wählt, je dünner also der den Bruchring darstellende Holzring ist, um so kürzer muss natürlich auch der noch in den Kanal hineinragende Wasserkeil werden und muss ganz verschwinden, sowie man als Bruchring eine Fadenschlinge benützt. Das Zustandekommen des Verschlusses geschieht indess auch dann auf die gleiche Weise, durch Hineinziehen der unmittelbar unterhalb der Fadenschlinge gelegenen Darmwand in die Stenose.

Lange nachdem ich diese Anschauung gewonnen hatte und begann die Literatur sorgfältiger durchzusehen, entdeckte ich, dass bereits Korteweg [1]) zu fast derselben Erklärung gekommen ist; ihm muss ich daher das Verdienst zusprechen, zuerst auf diesen Vorgang auf-

---

[1]) Korteweg, Zur Frage der Brucheinklemmung. Centralbl. f. Chir. 1878, Nr. 42 und Langenbeck's Archiv f. Chir. Bd. 22, p. 429.

merksam gemacht zu haben. Dass seine Theorie anscheinend so wenig
Anklang gefunden hat — wenigstens fand ich sie sonst nirgends erwähnt — erkläre ich mir daraus, dass er, wie ich später zeigen werde,
aus ihr, meiner Ansicht nach, falsche Schlüsse für den Mechanismus
der Brucheinklemmung gezogen hat. Auch sonst weiche ich in neben-
sächlichen Punkten von ihm ab. Korteweg nimmt an, dass die Darmwand in der Fadenschlinge oder jedem engen Bruchringe in starken
Längsfalten angeordnet ist und nur ein Theil derselben mit ihm in
Berührung kommt. Diese Falten sind gegenüber den frei in das Darmlumen vorspringenden Falten durch die Reibung an der Schlinge fixirt
und können einem auf sie ausgeübten Zug nicht so frei folgen wie
diese. Letztere werden daher durch die Dehnung des Darmes oberhalb weiter heraufgezogen, bis die organische Verbindung zwischen
fixirten und nicht fixirten Längsfalten sich einer weiteren Verschiebung
der letzteren widersetzt. Mit ihrem Heraufrücken ziehen sie aber auch
diejenigen Darmtheile nach sich, welche, gerade unter der fixirten
Stelle gelegen, mit ihnen gemeinsame Querschnitte haben. Korteweg
sagt deshalb: „Die ungleichmässige Fixirung und die ungleichmässige
Dehnung und Durchwanderung der Darmwände ist Ursache der Absperrung." Diesen Satz kann ich indess nicht unterschreiben. Denn
der in dem centralen Darmende vorgeschobene Cylinder bewirkt eine
an allen Punkten der Peripherie seines unteren Randes vollständig
gleichmässige Dehnung und schliesst dadurch ein ungleichmässiges
Vorziehen der Längsfalten desselben Darmquerschnittes völlig aus. Ist
die Fixation eines Theiles dieser Falten so bedeutend, dass sie dem
Zuge nicht mehr folgen können, so erreicht damit die Möglichkeit
eines weiteren Vorschiebens des Cylinders, einer weiteren Dehnung
überhaupt ein Ende. Meiner Ansicht nach findet die Verschiebung
des Darmes im ganzen Umfang der Fadenschlinge ganz gleichmässig
statt resp. wird gleichmässig gehemmt; der Zug auf den unterhalb
des Ringes liegenden Darmquerschnitt wird lediglich durch die auf der
Serosamuscularis zwar verschiebliche, aber doch nur in gewissen
Grenzen bewegliche, zuerst in den Ring vorgezogene Schleimhaut
ausgeübt und zwar im ganzen Umfange gleichmässig. — Ist freilich,
wie in der Busch'schen Versuchsanordnung eine ungleichmässige Dehnung des Darmes möglich und sind einzelne Theile im Bruchringe.
z. B. durch Fettklümpchen im Mesenterium besonders fixirt, dann halte
auch ich ein ungleichmässiges Vorziehen des unter dem Ringe gelegenen Querschnittes für möglich und verstehe das Zustandekommen
einer queren Faltenbildung, wie sie Korteweg dadurch erzeugte,
dass er eine Nadel durch die äussersten oberflächlichen Lagen der
unterhalb des Ringes gelegenen Darmwand quer durchstach, sehr gut.

Eine derartige einseitige Fixation und klappenartige Faltenbildung, wie sie Korteweg nun auch für die Bruchschlinge annimmt und durch die Spannung des Mesenteriums bedingt sein lässt, kommt indess — wie ich bald nachweisen werde — nicht vor.

Hält nun die soeben für das Zustandekommen des Verschlusses im Busch'schen Stenosenversuch gegebene Erklärung allen Einwendungen Stand? Von vornherein ist ersichtlich, dass die einfache Seitenbewegung des peripheren Darmabschnittes, gleichviel nach welcher Richtung hin ausgeführt, den Verschluss nicht wird lösen können, da ja die in den Ring hineingezogenen Darmabschnitte durch den Zug des gedehnten centralen Rohres in ihm fixirt sind. Hingegen muss ein Zug am peripheren Theile, der letzterem entgegenwirkt, natürlich die Absperrung wieder aufheben. In gleicher Weise, wie ein solcher, wirkt aber auch die Dehnung des peripheren Abschnittes durch Aufblähung mit Wasser oder Luft; sie wird ebenso, wie der Zug der Finger die invaginirten Darmtheile aus dem Ringe herauszichen, und der nun zu beiden Seiten des letzteren wirkende Zug wird die Darmwand innerhalb desselben abplatten und ein offenes Lumen wiederherstellen. Kocher's Theorie giebt eigentlich für das Aufheben des Verschlusses durch Blähung des peripheren Darmrohres keine genügende Erklärung. Denn nach seiner Ansicht würde auch hier der gebildete stumpfe Wasserkeil nur bis an den untern Ring hinan, nicht aber in den Kanal hineinreichen können; es müsste demnach zwischen beiden Wasserkegeln die Darmwand unberührt im Bruchringe liegen bleiben. Indem er selbst sagt, „durch die starke Füllung — nämlich des peripheren Abschnittes — wird ein Schleimhauttrichter dem andern entgegengeschoben, bis sie sich an ihren Spitzen im Niveau der Bruchpforte treffen und die Wasserkegel verschmelzen," widerspricht er seiner eigenen früher gegebenen Erklärung. Dass sich trotz des Verschlusses noch ein Katheter leicht durchschieben lässt, ist unschwer verständlich. Er wirkt eben anders, als die einen allseitigen Druck ausübende Wassersäule; er drängt, vom centralen Ende eingeführt, einfach die in den Ring hineingezogenen Darmabschnitte nach dem peripheren Ende zurück; der in gleicher Richtung wirkende Druck der centralen Achse der Flüssigkeitssäule wird hingegen compensirt durch den auf eine weit grössere Fläche wirkenden und darum ungleich grösseren Druck auf die gedehnten Seitenwände des centralen Rohres. Von der peripheren Seite vorgeschoben, bahnt er sich einen leichten Zugang durch Abplattung der in den Ring gezerrten Darmwand; der vom centralen Ende aus wirkenden Wassersäule fehlt es indess an einer seitwärts auf die invaginirten Darmabschnitte wirkenden, sie aus einander faltenden und abflachenden Kraft, da sie ja nicht zwischen sie eindringen kann.

— Da schliesslich die Dehnung des centralen Darmrohres das wirksame Agens für das Zustandekommen des Verschlusses auch bei unserer Erklärung ist, so versteht es sich von selbst, dass der Stenosenversuch nicht gelingen kann, sowie man diese Dehnung durch Ueberziehen eines unelastischen Schlauches verhindert.

Lossen wie Bidder haben den Vorgang des Verschlusses wahrscheinlich auch gesehen, ihn indess unrichtig gedeutet; beide nehmen an, dass zum Gelingen des Versuches die absolute Enge des Ringes, die ein Aneinanderlegen der Darmwände bedingt, erforderlich sei, aber auch genüge. Ersterer sagt: „Durch den einschnürenden Faden werden die faltenreichen, mit Schleim bedeckten Darmwände in engste Berührung gebracht, die zahlreichen Erhebungen und Vertiefungen der Schleimhaut greifen in einander und verfilzen sich derart, dass selbst der stärkste von oben wirkende Druck ihre innige Verklebung nicht lösen kann. Die Reibungswiderstände sind eben zu erheblich." Ich habe oben gezeigt, dass das blosse Aneinanderliegen der Darmwände im Ringe, sofern sie nicht bei allzu grosser Enge desselben an einander gepresst werden, für sich allein einen Verschluss noch nicht bedingt, da die seitlich wirkende Druckcomponente des in den Kanal sich vorschiebenden Wasserkeiles die Wände abplattet und dadurch aus einander faltet. Deshalb hat Lossen Unrecht, nicht aber wegen des von Kocher gegen Lossen erhobenen Einwandes, dass — wäre die Verfilzung der Darmwände im Ringe die Ursache des Verschlusses — „nicht abzusehen wäre, warum dieses Verhältniss nun beim Einspritzen von der andern Seite nicht genau dasselbe sein sollte" [1]). Im ersten Falle wirkt auf den im Bruchkanal gelegenen Darmabschnitt ein einseitiger Zug; ein solcher kann eine Dehnung und Abplattung der Darmwand innerhalb des Kanales nicht zur Folge haben; wohl aber muss, bei einer Blähung des Darmes von beiden Seiten her, der nach entgegengesetzten Richtungen aus einander gezogene Darm sich auch im Ringe abflachen, und hierdurch könnte allerdings eine etwaige Verfilzung beseitigt werden.

Auch Bidder [2]) hebt die Nothwendigkeit einer recht beträchtlichen Enge der Bruchpforte zum Gelingen des Busch'schen Stenosenversuches hervor und erklärt die Absperrung dadurch, dass die Flüssigkeitssäule, welche auf die Wand des oberhalb der Verengung gelegenen Darmrohres drückt, eine viel breitere Basis als jene „ideal dünne" Säule besitzt, welche grade auf die Stelle drückt, wo das Lumen des Darmes in der engen Bruchpforte sich befinden sollte, daher auch das

---

[1]) l. c. p. 341.
[2]) l. c. p. 287.

Uebergewicht über letztere habe. „Die angespannte Darmwand sucht den in der Stenose liegenden Theil mehr vor- und herabzuziehen. Durch diesen Zug werden aber, da die Bruchpforte nicht nachgiebt, die Falten der Darmwand in der Bruchpforte nur fester an einander gedrückt, und es ist daher ganz gewiss berechtigt, einen solchen Verschluss einen klappenartigen zu nennen, wie Roser es thut." Worin Bidder die „Klappe" sucht, ist mir nicht recht verständlich. Uebrigens vergisst er, dass von dem Druck der „ideal dünnen" Säule, welche auf die Stelle des Lumens drückt, durch den überwiegenden Seitendruck auf die oberhalb der Stenose gelegene Darmwand nur diejenige Componente aufgehoben wird, welche die in der Pforte an einander liegenden Darmfalten nach abwärts zu drängen sucht, nicht aber der Theil ihrer Kraft, der sie seitwärts an die Wand des Ringes drückt und abflacht.

Darin stimme ich jedoch mit Bidder und Lossen vollständig überein und glaube dies besonders betonen zu müssen, dass die Stenose zum Gelingen des Versuches sehr beträchtlich sein muss. Schon oben erwähnte ich, dass mir die Versuche nicht mehr glückten, sowie der Dickendurchmesser des eingebundenen Katheters 4 mm übertraf, und dass ich selbst bei Anwendung eines solchen den umschnürenden Faden resp. das Band recht fest zuziehen musste, oft so fest, dass die Serosa einriss und die Schleimhaut an der betreffenden Stelle beträchtliche Druckspuren zeigte. Wie eng die Pforte mindestens sein muss, lässt sich deshalb nicht genau bestimmen, weil wir das Volumen des in den Ring mit hineingezogenen „invaginirten" Darmabschnittes nie genau bestimmen können. Ich habe indess den Eindruck gewonnen, dass der Versuch nur dann gelingt, wenn bereits von vornherein die Darmwände im Bruchring allseitig an einander liegen — nicht an einander gepresst werden — und, ohne abgeplattet zu sein, das ganze Lumen des Bruchringes ausfüllen. Auch Kocher gesteht eine solche Enge der Bruchpforte zu, denn er selbst sagt: „Es ist ziemlich selbstverständlich, dass, wenn Wasser (oder Luft) an einer verengten Stelle plötzlich in seiner Vorwärtsbewegung Halt macht, hier kein klaffendes Lumen vorhanden war bei der Ankunft des Wassers, dass also mit kürzeren Worten die Wände des Darmes an einander liegen mussten" [1]).

In einer Anzahl wichtiger Punkte weiche ich demnach, wie sich aus vorstehenden Ausführungen ergiebt, von Kocher ab, stimme indess mit ihm darin überein, dass das hauptsächliche, den Verschluss bedingende Moment in der Dehnung des centralen Darmabschnittes als wirksames Agens zu suchen ist. Das Verdienst, hierauf zuerst besonderen Nachdruck gelegt zu haben, gebührt unstreitig ihm. Allerdings

---

[1]) l. c. p. 346.

hat auch Busch bereits die Blähung des Darmrohres vor der Stenose betont, ihr indess nur einen untergeordneten Werth beigemessen, den Hauptwerth auf den Ueberdruck, welcher auf der convexen grösseren Darmwand lastet, gelegt.

Uebertragen wir nun die an dem Busch'schen Stenosenversuch gewonnenen Resultate zunächst auf das Busch-Lossen'sche Einklemmungsexperiment, so finden wir für das Gelingen beider als Haupterforderniss eine erhebliche Raumbeschränkung des Darmrohres resp. nur des abführenden Endes der Schlinge durch Compression von aussen, sei es primär durch eine überhaupt zu enge Bruchpforte, sei es secundär durch eine Verengung des Ringes infolge der Blähung des zuführenden Darmrohres oder infolge Hineinziehens von Mesenterium in den Ring. Die Absperrung kommt nur zu Stande bei völliger Ausfüllung des Lumens der Bruchpforte, nicht aber durch einen Klappenmechanismus im Roser'schen Sinne oder jene von Busch angenommene Abknickung ohne völlige Obturation des Bruchringes. — Lossen lässt diese Ausfüllung lediglich durch Ausweitung des zuführenden Schenkels oder Nachrücken von Mesenterium zu Stande kommen, das abführende Rohr sich völlig passiv verhalten. Wir haben am Busch'schen Stenosenversuch kennen gelernt, dass auch letzteres sich an der Obturation betheiligen kann, dadurch, dass der unterhalb der stenosirten Stelle gelegene Darmabschnitt in den Ring mit hineingezogen wird, während der periphere Cylinderabschnitt des darübergelegenen Querschnittes noch im Ringe liegt. Dieser Versuch beweist also, dass eine so bedeutende Compression von aussen, wie sie Lossen verlangt, zur Einklemmung nicht absolut erforderlich ist, macht demnach die von ihm gegebene Erklärung des Zustandekommens der Absperrung in seinem Experiment zweifelhaft, widerlegt sie freilich nicht völlig, da es unentschieden bleiben muss, ob der erwähnte Mechanismus einer Invagination bei der von Lossen benützten Versuchsanordnung auch jedesmal in Wirksamkeit tritt. Denn, dass ein Druck von aussen auch für sich allein schon die Wände des abführenden Schenkels an einander pressen und einen totalen Verschluss erzeugen kann, lässt sich natürlich nicht in Abrede stellen. — Ziehen wir aber in Betracht, dass die Obturation beim Lossen'schen Versuch, wie Hofmokl nachgewiesen hat und wie auch Lossen zugiebt, nicht in der ganzen Länge des Bruchkanales besteht, sondern nur an dem innern, der Bauchhöhle zugekehrten Ringe desselben statt hat, dass aber auch beim Stenosenversuch die Obturation stets am peripheren Ringe des Kanales zu Stande kommt, so wird es mehr wie wahrscheinlich, dass es eben nicht nur der Druck von aussen, sondern neben diesem wesentlich der von uns geschilderte Mechanismus einer Invagination ist, der die Einklemmung bedingt. Mit Sicherheit ist dieselbe für diejenige Anordnung des Versuches anzunehmen, bei welcher eine Dehnung des zuführenden Endes durch Einbinden der Injectionscanüle in dasselbe innerhalb des Bruchringes selbst unmöglich gemacht wird. Will man die durch die erstrebte Invagination erzeugte Wulstung der Darmwand am untern Rande des Bruchkanales als Klappe bezeichnen und deshalb den Mechanismus einen klappenartigen nennen, so mag man dies thun. Jedenfalls hätte aber diese „Klappe" mit den von Roser zum Vergleich herangezogenen Aortenklappen absolut keine. Aehnlichkeit und der Mechanismus mit dem von Roser geschilderten Klappenmechanismus nichts anderes gemein, als den Namen; deshalb ist es besser, diesen Namen überhaupt fallen zu lassen.

Noch eines Punktes hätte ich, ehe ich weitergehe, zu gedenken, der es zweifelhaft erscheinen lassen könnte, ob man berechtigt ist, die an dem Stenosenversuche gewonnenen Resultate ohne weiteres auf das Lossen'sche Einklemmungsexperiment zu übertragen. Ich habe nämlich oben in Uebereinstimmung mit allen andern Autoren erwähnt, dass der Verschluss in letzterem auch durch die grösste Drucksteigerung nicht mehr zu Stande kommt, sowie einmal Wasser den abführenden Schenkel im Bruchringe passirt hat. Nun hat Kocher bei engen Stenosen die Beobachtung gemacht, „dass, wenn man bei vollständigem Verschluss durch Einführen eines Katheters die Stenose wieder permeabel gemacht hat, und nun Wasser im continuirlichen Strahle ausfliesst, ein rascheres Zufliessen von Wasser in den geblähten oberen Darm wiederum den Verschluss herzustellen vermag" (l. c. p. 342). Ferner giebt Busch an, dass, wenn man eine durch Blähung des obern Darmabschnittes geschlossene enge Stenose durch folgende Ausdehnung auch des peripheren Darmrohres wieder durchgängig gemacht hat, man die Obturation sofort wiederherstellen kann, wenn man in das eine Ende ein Loch schneidet und das Wasser plötzlich aus ihm vorstürzen lässt [1]. — Diese scheinbare Differenz zwischen dem Stenosen- und Einklemmungsversuche erklärt sich indess zur Genüge daraus, dass der bei letzterem in Anwendung gebrachte Druck ein völlig gleichmässiger ist, bei ersterem indess grelle Druckschwankungen in Anwendung gebracht wurden. Ahmt man diese beim Einklemmungsversuch nach, erzeugt man durch plötzliche rasche Drucksteigerung eine wenn auch nur momentane erhebliche Zunahme des Druckes im zuführenden Rohr und in der Schlinge, so kommt es auch hier zum Verschluss.

Auch der Roser'sche Versuch erklärt sich ohne jeden Zwang auf die angegebene Weise. Comprimirt man die mässig gefüllte Schlinge plötzlich an ihrem Scheitel, so dehnen sich ihre beiden

---

[1] Busch, Verh. d. deutsch. Gesellsch. f. Chirurg. IV. Congress. 1875. p. 94.

Schenkel unterhalb der Bruchpforte und ziehen einerseits, wie dies Lossen zeigte, Mesenterium nach, wodurch die Bruchpforte noch um ein Beträchtliches verengt wird, andrerseits erstrebt die Dehnung des Darmes an beiden Schenkeln eine Invagination der bauchwärts gelegenen Darmabschnitte nach dem Ringe zu, und der Verschluss ist perfect.

Gegen die Richtigkeit der Lossen'schen Erklärung für das Zustandekommen der Obturation in seinem Experiment können wir nach den vorstehenden Ausführungen somit nur den Einwand aufrecht erhalten, dass eine so bedeutende Compression des abführenden Schenkels, wie er sie fordert, zum Verschlusse nicht nothwendig ist. da eben noch ein zweites Moment, die Dehnung der Schlinge und die durch sie erstrebte Invagination zur Vervollständigung desselben beiträgt.

Lässt sich nun aber seine Erklärung ohne weiteres auf die wirkliche Brucheinklemmung übertragen? Bietet seine Theorie des Mechanismus der letzteren ebensowenig Angriffspunkte? Die Hemmung der Kothpassage erklärt sie vollständig, ungezwungen. Erklärt sie aber auch die Irreponibilität des Bruches? Sollte wirklich der Inhalt der Schlinge irreponibel sein, so lange ihr Lumen mit dem der geblähten Darmschlinge oberhalb der Pforte in offener Communication steht? Diese Frage muss ich verneinen und damit die Lossen'sche Theorie des Mechanismus der Incarceration der Hernien entschieden zurückweisen. Lossen sucht freilich die Irreponibilität durch die bedeutenden Reibungswiderstände, die sich dem Fortbewegen des Darminhaltes nach den oberen Schlingen entgegensetzen, verständlich zu machen. Durch seine Wachspräparate, die ihm stets ein Offenbleiben des zuführenden Rohres zeigten, verleitet, glaubte er ein solches auch für die wahre Incarceration annehmen zu dürfen; und da er den Verschluss des zuführenden Endes durch seine Theorie nicht erklären kann. so leugnet er ihn einfach. Die Anordnung seines Versuches entspricht aber durchaus nicht den thatsächlichen Verhältnissen bei der Einklemmung. Durch das Zubinden des zuführenden Darmrohres oberhalb der Bruchpforte erhält er den Druck in ihm und in der Schlinge auf gleicher, constanter Höhe. Die durch die Bauchpresse oder Peristaltik verursachte plötzliche Drucksteigerung, welche den Darminhalt in die Bruchschlinge treibt, lässt aber im nächsten Moment wieder nach; demnach müsste der Inhalt bei offener Communication aus der Schlinge in gleicher Weise wieder zurückstauen, wie die in dieselbe injicirte Luft oder Flüssigkeit beim Zurückziehen des Spritzenstempels wenigstens theilweise zurückfliesst und die Schlinge wieder etwas zusammenfallen lässt. Seine Berechnung der Höhe der Reibungswiderstände in einem mit breiigem Inhalt gefüllten Schweinsdarm stimmt nicht für die natürlichen Verhältnisse. Nur allmählich füllen sich die Därme oberhalb einer eingeklemmten Hernie bis zu einiger Spannung und selbst nach langer, mehrtägiger Dauer sind sie nicht so gleichmässig auf eine lange Strecke gefüllt, wie die Schweinsdärme bei Lossen's Versuch. Auch ist ihr Inhalt keine incompressible Flüssigkeit oder dicker Brei, sondern setzt sich aus flüssigen Massen und Gasen zusammen, welche letztere doch compressibel sind. Selbst in den höchsten Graden der Darmblähung erreicht die Spannung in den Darmschlingen oberhalb eines Darmverschlusses nie eine derartige Höhe, dass diese nicht comprimirbar wären. Wir sehen dies deutlich bei Laparotomien wegen innerer Einklemmung. Ist die Bruchschlinge aber comprimirbar, dann ist sie bei offenem Lumen des zuführenden Rohres auch durch einfachen Fingerdruck entleerbar. — Diese Einwände sind Lossen auch stets von seinen Gegnern gemacht worden, und alle von ihm angeführten Berechnungen haben sie nicht widerlegen können.

Von jeher nahmen seine Gegner für die wahre Kotheinklemmung einen Verschluss beider Schenkel der Schlinge im Bruchringe an und liessen den Verschluss des zuführenden Endes auf die gleiche Weise entstehen wie die des abführenden. Busch hielt seine Abknickungstheorie zur Erklärung der Brucheinklemmung für völlig ausreichend; indess, mussten wir ihm ihre Richtigkeit schon für die Obturation des abführenden Schenkels bestreiten, um wie viel mehr für die des zuführenden. Uebrigens gelang es Busch selbst nie experimentell einen Abschluss an letzterem zu erzielen, und musste er Lossen die Concession machen, dass sich derselbe, falls nicht die inzwischen eingetretenen Stauungsveränderungen den Verschluss festigten, mit der Zunahme der Spannung des Darmes oberhalb der Pforte wieder öffnen müsse.

Eine ganz andere Erklärung gab Korteweg [1]). Er lässt die Brucheinklemmung ausschliesslich durch eine plötzliche Erhöhung des intraabdominalen Druckes durch Action der Bauchpresse zu Stande kommen. Diese beträfe aber alle Eingeweide, somit auch beide Schenkel der Bruchschlinge völlig gleichmässig, müsse somit auch von beiden Enden her Darminhalt in die, weil ausserhalb der Bauchhöhle gelegen, unter geringerem Drucke stehende Schlinge treiben. Ein Zustandekommen der Incarceration durch eine gesteigerte Peristaltik, eine Steigerung, nicht des intraabdominalen, sondern nur des intraintestinalen Druckes, durch welche die Schlinge also nur von einem Ende her gefüllt würde, erwähnt er überhaupt nicht. — Von der Voraussetzung ausgehend, dass eine ungleichmässige Fixation der Darmwand in einem stenosirenden Ringe die Grundbedingung für einen definitiven

---

[1]) l. c.

totalen Verschluss sei, zu welcher Annahme ihn seine Betrachtung des
Busch'schen Stenosenversuches leitete und für welche ihm, wie oben
nachgewiesen, auch eine gewisse Berechtigung nicht abzusprechen ist,
sucht er nun die Brucheinklemmung durch eine einseitige Fixation der
mesenterialen Wand der Schlinge infolge zu beträchtlicher Spannung
des Mesenteriums zu erklären. Während die freie convexe Wand der
Schlinge dem durch die Dehnung derselben auf sie ausgeübten Zuge
leicht folgen könne, würde die mesenteriale durch das gespannte Gekröse zurückgehalten. Infolge dessen bilde sich unterhalb der Fixationsstelle der concaven Wand eine quere Darmfalte, die durch die dem
gleichen Darmquerschnitt angehörigen Muskelfasern der convexen Seite
(welche, weil frei beweglich, den Bruchring ungehindert passirt hätten)
in letzteren hineingezogen werde und klappenförmig den Schlingeninhalt absperre.

Wer berücksichtigt, dass Bruchkranke für gewöhnlich gerade ein
abnorm langes und schlaffes Mesenterium besitzen, wird diesem Entstehungsmodus der Einklemmung durch eine zu bedeutende Spannung
des Gekröses von vornherein wenig Glauben entgegenbringen. Weshalb sollten auch die Fasern des Mesenteriums, welche den beiden im
Bruchring gelegenen Darmquerschnitten des zu- und abführenden
Schenkels angehören, ein weiteres Durchtreten derselben bereits verhindern, während doch die dem Scheitel der Schlinge angehörigen
Fasern eine weit beträchtlichere Spannung erlitten? Auch wäre es
doch zu auffällig, dass sich die Spannung des Gekröses ausschliesslich
auf den der eingeklemmten Schlinge angehörigen Abschnitt beschränkte,
die unmittelbar benachbarten Fasern indess, welche den dicht bauchwärts der Bruchpforte gelegenen Darmquerschnitten angehören, nicht
mehr beträfe; denn wären auch letztere gespannt, so wäre ja eine
derartige Faltenbildung der mesenterialen Wand, wie sie Korteweg
beschreibt, unmöglich. Oder sollte etwa das Mesenterium gerade eine
solche Länge besitzen, um ohne Spannung bis an eine der natürlichen
Bruchpforten heranzureichen, weiter hinaus aber nicht? Sollte die
Grösse der Bruchschlinge vielleicht nur von der Länge des Mesenterium
abhängen, sie nur soweit vortreten können, bis letzteres sich anspannt?
Wie würde es sich dann erklären und mit der angenommenen hochgradigen Spannung vereinen lassen, dass nach der Spaltung des Bruchringes durch Herniotomie die Schlinge sich in der Regel ohne weiteres
noch ein ganzes Stück weit vorziehen lässt. Warum stellt sich dann
die Spannung nicht mehr hindernd in den Weg? — Man sieht, eine
derartige einseitige Fixation der Bruchschlinge an ihrer concaven Seite
durch das gespannte Gekröse existirt nicht. Die Abklemmung in

Korteweg's Versuche [1] — er fixirte das Mesenterium einer durch einen Ring gezogenen Schlinge mittelst Nadeln an einem Holzkästchen, blähte dieselbe von ihrem Scheitel aus durch eine seitwärts eingebundene Spritze auf und sah nun Absperrung des Inhaltes eintreten — erklärt sich durch Nachrücken von Gekröse in den Ring; Beweis dafür ist, dass die Nadeln hier und da einzureissen anfingen. Die von ihm gegebene Abbildung 12 eines Durchschnittes durch ein Wachspräparat dieses Versuches ist sicherlich viel zu schematisch gehalten; bestünde wirklich ein derartiger Zwischenraum zwischen beiden Schenkeln im Bruchringe, so müsste der auf der mesenterialen Wand lastende Innendruck sie nach der Mitte zu drängen und damit den Verschluss beseitigen. Ich selbst konnte eine derartige Querfalte, wie er sie zeichnet, bei der gewöhnlichen Einklemmung auch nie beobachten; auch andere Autoren haben sie nie wahrgenommen. Im Gegentheil zeichnet Roser [2] seine bekannte Klappe gerade auf der convexen Seite der Darmwand, nicht an der mesenterialen.

Berger's [3] Versuch, die Abklemmung gleichfalls durch die Spannung des Mesenteriums zu erklären, dadurch dass dieselbe den ausserhalb der Bruchpforte gelegenen breiteren Theil des Gekröses in sie hineinzuziehen suche, ist ebenso hinfällig und bereits durch Lossen [4] völlig widerlegt.

Auch Kocher lässt den Verschluss bei der Kotheinklemmung von vornherein an beiden Enden zugleich zu Stande kommen und denkt sich, falls ich ihn recht verstanden habe, den Vorgang ungefähr folgendermassen: Durch eine Action der Bauchpresse oder durch die Peristaltik wird in eine vorliegende Bruchschlinge plötzlich vom zuführenden Ende her mehr Inhalt eingetrieben. Dieser bläht die Schlinge, zieht das abführende Ende noch weiter heraus und Mesenterium in die Bruchpforte herein, so dass letztere noch erheblicher verengt wird. Als Ursache der Absperrung des Schlingeninhaltes schuldigt er nun ganz allgemein die Dehnung an, schildert aber nirgends mit präcisen Worten, wie er sich dieselbe am zuführenden Ende wirksam denkt. Er unterscheidet drei Grade der Einklemmung (l. c. p. 435—437): Die einfache Kothstauung mit Verschluss nur des abführenden Schenkels, die Kotheinklemmung mit Verschluss beider Enden bei resp. durch Anfüllung der Schlinge mit Darminhalt, und die elastische Einklemmung, bei welcher die Schlinge durch die an sich zu enge Pforte gewaltsam

---

[1] Korteweg, Zur Frage der Brucheinklemmung. v. Langenbeck's Archiv f. Chirurg. Bd. 22.

[2] Roser, Handbuch der anatomischen Chirurgie.

[3] Archives générales de médecine 1876 (August- und Oktoberheft).

[4] Centralbl. f. Chir. 1877, p. 374.

gezwängt und eingeklemmt, dabei aber von ihrem Inhalt entleert sei. Zwischen diesen drei Graden existiren die verschiedensten Abstufungen, sie gehen allmählich in einander über. Die Hemmung der Kothpassage bei der einfachen Kothstauung erklärt Kocher nun dadurch, dass die Peristaltik der Schlinge durch die Dehnung der letzteren rasch erlahme, die Peristaltik des oberhalb der Pforte gelegenen Darmes somit durch den offenen zuführenden Schenkel hindurch nur durch eine Steigerung des Druckes wirke; diese aber vermehre noch die schon bestehende Dehnung der Schlinge und bewirke so den definitiven Verschluss am abführenden Ende. Irreponibel aber sei die Schlinge deshalb, „weil der Fingerdruck des Chirurgen die Dehnung des Darmes am abführenden Schenkel nicht vermeidet und am zuführenden Schenkel ein Hinderniss — eben durch die Dehnung — neu schafft, welches für die Peristaltik nicht bestand". — Kocher fährt darauf fort: „Wenn wir nun schon bei der Kothstauung in der Dehnung des Darmes durch die Taxisversuche eine hinreichende Erklärung finden für die gelegentliche vollständige Verschliessung auch des zuführenden Schenkels an der hier doch nur mässig verengten Bruchpforte, so werden wir um so mehr diese Annahme für vollkommen zureichend halten bei allen engeren Bruchpforten, bei denen selbst die Peristaltik den Durchgang nicht zu erzwingen vermag."

Gewiss kann eine derartige Dehnung dadurch, dass sie, wie ich in weiterer Auseinandersetzung der Kocher'schen Theorie früher dargelegt habe, eine Invagination der unmittelbar bauchwärts von der Bruchpforte gelegenen Darmquerschnitte erstrebt, die Irreponibilität eines Bruches bedingen; jedoch eben nur so lange, bis sich das zuführende Ende oberhalb der Pforte wieder mehr gefüllt hat und der Druck in ihm steigt. Sowie nämlich der Druck in letzterem dem der Schlinge gleichkommt, muss jener Mechanismus in Function treten, den wir bei dem Stenosenversuch bei Aufblähung auch des peripheren Abschnittes kennen gelernt haben, die Invagination muss rückgängig werden und die offene Communication zwischen Schlinge und zuführendem Ende damit hergestellt sein. Oder umgekehrt, sollte Kocher — was ich freilich aus seiner Darlegung nicht entnehmen kann — etwa annehmen, dass die Spannung in der Schlinge selbst von vornherein gering, geringer als in dem zuführenden Darme oberhalb der Pforte sei und die Hemmung der Kothpassage nur dadurch zu Stande komme, dass der Inhalt des letzteren an der durch hineingezogenes Mesenterium verengten Pforte ein Hinderniss fände und durch Dehnung des Darmes die Stenose fest verschlösse; weshalb, frage ich, stellt dann ein einfacher Druck auf den Scheitel der Schlinge nicht gerade durch die Dehnung der letzteren die Passage wieder her, analog der Injection in das periphere Ende beim Stenosenversuch? Auf die Erklärung dieses Punktes geht Kocher mit keinem Worte ein, scheint ihn überhaupt nicht bemerkt zu haben. Die Frage muss aber unter allen Umständen beantwortet werden, denn auch bei meiner Annahme, die doch nur eine Erweiterung der Kocher'schen Theorie ist, dass die Dehnung nur durch Erzeugung einer Invagination wirke, bieten sich der Erklärung die gleichen Schwierigkeiten.

Bereits früher erwähnte ich, dass die Bedingungen, welche den Verschluss erzeugten, für beide Schenkel die gleichen sein müssten, und verweilte deshalb eingehender bei der Erklärung des Zustandekommens der Obturation des abführenden Schenkels im Busch-Lossen-schen Einklemmungsexperiment. Als Haupterforderniss verlangten wir eine ziemlich beträchtliche Raumbeschränkung durch Compression von aussen, die wahrscheinlich so bedeutend sein muss, dass die Wände des Darmrohres bereits vor dem Andrängen der Flüssigkeit an einander liegen, ohne deshalb nothwendigerweise an einander gepresst zu sein. Die gleiche Forderung müssen wir nun auch für das Gelingen des Verschlusses am zuführenden Schenkel stellen. Wie kommt dieselbe aber zu Stande, nachdem den letzteren doch eben noch Koth passirt hat? Ich stelle mir den Vorgang in folgender Weise vor:

Durch die Bauchpresse oder durch die Peristaltik wird plötzlich ein gewisses Quantum Darminhalt in eine bereits in einem Bruchsacke liegende oder erst durch die gleiche Kraft in denselben vorgetriebene Darmschlinge mit einiger Gewalt geschleudert; sie trifft die Schlinge an ihrer Convexität und sucht sie, während sie sie gleichzeitig etwas bläht, noch weiter peripher vorzuschieben. Dadurch zieht sie Darm und Mesenterium nach sich in die Bruchpforte und verengt dieselbe so, dass ihr Lumen nun völlig von den Wandungen beider Schenkel und dem Mesenterium ausgefüllt wird. Eine pralle Füllung der Schlinge ist dabei gar nicht erforderlich; denn, indem mit dem Inhalt gleichzeitig noch Darm in den Bruchring nachgezogen oder vorgetrieben wird, vertheilt sich die anfangs unter einer gewissen Spannung stehende Flüssigkeit nun auf eine grössere Schlinge; es kann somit jede Dehnung derselben unterbleiben, jeder Seitendruck in ihr fehlen; die Schlinge ist eben nur entfaltet. Ja es ist durchaus nicht nothwendig, dass gerade ein, ich möchte sagen so genau abgemessenes Quantum von Darminhalt in dieselbe getrieben wird, als sie zu fassen im Stande ist; sie braucht nur theilweis, vielleicht nur zur Hälfte gefüllt zu sein, denn dieselbe Kraft, welche den Inhalt in die Schlinge treibt, kann, analog dem Vorgang bei der elastischen Einklemmung, gleichzeitig Darm und Mesenterium mit vordrängen. In diesem Falle unterschiede sich der Vorgang der Kotheinklemmung von letzterer also nur dadurch,

dass, während hier die Bruchpforte von vornherein so eng ist, dass
sich der Inhalt aus der durch sie gezwängten Schlinge während des
Vorwärtsschiebens zurückstreifen muss, sie dort weit genug ist, um
neben dem Darm noch Darminhalt durchtreten zu lassen und erst
secundär durch Nachrücken von Mesenterium zu eng wird. Ich betone
nochmals, dass dabei eine Constriction der nunmehr im Ring gelegener
Gewebe durchaus nicht nothwendig ist, somit auch die bei der elastischen Einklemmung meist rasch auftretenden Circulationsstörungen der
Schlinge fehlen oder doch nur langsam sich einstellen können. Treibt
jetzt eine neue peristaltische Welle Darminhalt vor, so findet dieser
eine erhebliche Stenose bereits am zuführenden Schenkel an der Eintrittsstelle in den Bruchkanal vor, dehnt den Darm vor der Bruchpforte und sucht die Schlinge aus letzterer herauszuziehen. In Fällen
geringgradiger Einklemmung kann ihm dies wohl auch gelingen, und
es dürften sich so die immerhin seltenen Spontanrepositionen auf Darreichung von Ricinusöl erklären. Bei einigermassen grösserer Raumbeschränkung in der Pforte wird die Dehnung indess nur zu einem
Hereinziehen des jenseits der Pforte gelegenen Querschnittes in den
Bruchring führen und den Verschluss vollständig machen. Die augenblickliche Dehnung vor der Bruchpforte bleibt aber nicht bestehen;
mit dem Nachlassen der peristaltischen Contraction staut der Inhalt
wieder in den oberen nicht gedehnten Darmabschnitt zurück; eine neue
peristaltische Welle beginnt das Spiel von neuem, und erst nach einiger
Zeit kommt es zu einer dauernden Dehnung und Spannung des Darmes
vor der Pforte. Zwischen dem natürlichen Vorgange der Einklemmung
und dem Lossen'schen Experiment besteht eben der enorm wichtige
Unterschied, dass dort ein steter Druckwechsel, ein Anschwellen und
Nachlassen der Spannung statt hat, hier hingegen der durch Vor-
stossen des Spritzenstempels einmal erzeugte Druck constant und vor
wie in der Schlinge gleich hoch bleibt. Dadurch werden bei diesem
Versuch die Wände des zuführenden Rohres von Anfang an bleibend
aus einander gehalten und ein Wiederzusammenfallen unmöglich gemacht; bei der natürlichen Einklemmung hingegen kann ein solches
sehr wohl stattfinden.

Wirkt die Taxis nun, ehe es zu einer Aufblähung des Darmes
vor der Pforte gekommen ist, bedingt also nun in der Schlinge einen
positiven Druck, so findet sie ebenfalls die Darmwände in beiden
Schenkeln an einander liegen und verstärkt den Verschluss durch Invagination der bauchwärts von der Pforte gelegenen Darmabschnitte
und durch gleichzeitiges Hineinziehen von Mesenterium in die Pforte,
genau wie beim Roser'schen Versuch. Wendet man sie indess erst
nach eingetretener Blähung und Drucksteigerung im zuführenden Darm

oberhalb des Bruchringes an, so müsste der Verschluss eigentlich gelöst werden, sowie der Druck in der Schlinge nun dem im zuführenden
Darm gleich wird. Die Dehnung der Schlinge wirkt indess hier deshalb anders als im Busch'schen Stenosenversuch, weil sie gleichzeitig
mit der Aufhebung der Invagination mehr Mesenterium in die Bruchpforte hineinzieht, also das erstere Moment compensirt. Dazu kommt
aber noch, dass die, selbst bei geringer Circulationsstörung, zu dieser
Zeit doch bereits vorhandene Transsudation sowohl in das Lumen der
Schlinge, wie in ihre Wandung und in das Mesenterium die Raumbeengung im Ringe gesteigert und den Verschluss noch fester gemacht
hat. Auf dies Moment machte bereits Busch aufmerksam und ver-
werthete es in gleicher Weise zur Erklärung des Bestehenbleibens
des nach seiner Ansicht durch Abknickung zu Stande gekommenen
Verschlusses auch am zuführenden Schenkel bei erneutem Anrücken
von Koth. Weshalb gleichwohl seine Theorie unhaltbar ist, habe ich
oben nachgewiesen.

Setzt man voraus, dass infolge Hineinschleuderns einer sehr reichlichen Menge von Darminhalt in die Schlinge in letzterer von Anfang
an eine bedeutende Spannung und Dehnung besteht, dann muss jede
Drucksteigerung im zuführenden Darmrohre, sowie sie dem Druck in
der Schlinge gleichkommt, den Verschluss lösen und die Communication mit der Schlinge wieder herstellen, wofern nicht eine rasch auftretende Stauung den Verschluss festigt.

Darf ich nun nochmals kurz meinen Standpunkt gegenüber den
verschiedenen sich einander entgegenstehenden Theorien des Mechanismus der Brucheinklemmung präcisiren, so halte ich, entgegen der Ansicht von Busch mit Lossen die Abknickung der Schlinge nicht für
die Ursache, sondern für die Folge des Verschlusses, gebe Lossen
darin Recht, dass zum Zustandekommen des letzteren eine durch Compression von aussen gesetzte Raumbeengung absolut erforderlich ist,
halte indess eine wahre Brucheinklemmung bei Offenbleiben des zuführenden Schenkels für unmöglich und nehme einen Verschluss beider
Schenkel der Schlinge als sicher an. — Mit Korteweg stimme ich
in der Erklärung des Stenosenversuches ziemlich überein, indem ich
den durch Dehnung des oberen Darmrohres verursachten Verschluss
auch durch eine Art Invagination des peripheren Abschnittes zu Stande
kommen lasse, weiche indess in Einzelheiten von ihm ab und halte
seine Verwerthung dieser Anschauung zur Erklärung der Brucheinklemmung für völlig verfehlt, eine derartige einseitige Fixation der
mesenterialen Wand in der Bruchpforte und dadurch bedingte klappenartige Faltenbildung derselben für ganz unhaltbar, behaupte vielmehr,
dass die Schenkel der Schlinge in ihrem ganzen Umfange fixirt werden,

am stärksten aber, infolge der bedeutenden Reibungswiderstände an der Wand des Bruchringes, an ihrer convexen Seite. — Sämmtliche dieser bisher genannten Autoren sind gezwungen, zum Zustandekommen des Verschlusses eine starke Dehnung und Spannung der eingeklemmten Schlinge als unabweisliche Forderung vorauszusetzen; meiner Ansicht nach, welche ich bald durch zahlreiche experimentelle und klinische Beobachtungen beweisen zu können hoffe, existirt eine derartige Dehnung höchstens in der Minderheit der Fälle, wenn man von der nachträglichen, durch Transsudation in das Lumen stattfindenden Füllung der Schlinge absieht. Hierauf lenkte bereits Kocher unsere Aufmerksamkeit in dem klinischen Theil seiner Mittheilung, obschon er in dem experimentellen und späteren kritischen Abschnitt häufig auch von starker Dehnung der Schlinge spricht. — Bidder's Anschauung, dass „die relative Weite und Enge der Bruchpforte die Hauptrolle spielt“, und „dass die Enge oder Verengerung der Bruchpforte und damit die Compression oder Stenose beider durch die Bruchpforte tretenden Darmschenkel die Brucheinklemmungen herbeiführt“, trete ich aus voller Ueberzeugung bei, muss indess den von ihm angenommenen Klappenmechanismus als nicht bestehend zurückweisen; er müsste denn unter diesem den von mir geschilderten Mechanismus einer Art Invagination verstehen; dies ginge aber aus seiner Mittheilung nicht hervor. — Kocher's Theorie des Mechanismus der Incarceration nähere ich mich am meisten; auch ich sehe in der Dehnung bei einmal vorhandener Raumbeschränkung des Darmrohres das hauptsächlich wirksame Agens, erkenne ihre Wirkung indess darin, dass sie eine Invagination des jenseits der Stenose liegenden Darmquerschnittes erstrebt, nicht darin, dass sie die Spitze des stumpfen Flüssigkeitskeiles überhaupt nicht in den Bruchkanal eindringen lässt.

## Kapitel 3. **Prüfung der verschiedenen Theorien am Thierexperiment.**

Eine grössere Reihe von Thierversuchen zur Feststellung des Mechanismus der Brucheinklemmung ist meines Wissens nach nur von Kocher veröffentlicht worden. Allerdings stellte auch Schweninger[1]) eine Serie von Experimenten am Hunde an; dieselben beziehen sich indess weniger auf den Mechanismus der Einklemmung, als auf die Untersuchung der durch die letztere bedingten Circulationsstörungen der incarcerirten Schlinge, sollen daher erst in einem späteren Abschnitt Berücksichtigung finden. Ich setzte mir zur Aufgabe, die Er-

---

[1]) Schweninger, Archiv für Heilkunde Bd. 14.

gebnisse Kocher's zu kontrolliren und seine Versuche zu erweitern, bediente mich als Versuchsobjekt indess nicht, wie er, des Kaninchens, sondern des Hundes. Der Darm des letzteren ist verhältnissmässig allerdings etwas dickwandiger und enger, als der des Menschen, ähnelt dem letzteren indess doch weit mehr, als der des Kaninchens, welches einen ebenso engen — abgesehen vom Blinddarm — wie überaus dünnwandigen Darm besitzt. Auch entspricht die Nahrung und daher der Darminhalt des Hundes mehr als der des Kaninchens der des Menschen; beim Kaninchen finden sich bereits im Dünndarm eine grosse Menge ziemlich derber, aus den genossenen Kräutern bestehender Kothballen von der Consistenz leicht knetbaren Wachses, welche demnach schon bei minder hochgradiger Stenose zu einer Verstopfung des Darmlumens Anlass geben und eine Brucheinklemmung erzeugen können, wo eine solche wegen der flüssigen resp. dünnbreiigen Beschaffenheit ihres Darminhaltes beim Menschen oder Hunde noch nicht eingetreten wäre. Allerdings stören bei letzterem hingegen hin und wieder verschluckte Knochenstückchen das Resultat. — Uebrigens habe ich die am Kaninchen gewonnenen Angaben Kocher's stets zum Vergleich mit herangezogen.

Ich benützte zum Versuche fast regelmässig die combinirte Morphium-Chloroformnarkose. Den Hunden wurden ungefähr 10 Minuten vor Einleitung der Narkose je nach ihrer Grösse 0,02 bis 0,05 Morphium subcutan injicirt, worauf fast stets nach wenigen Minuten Erbrechen und Defäcation erfolgte; es bot dies den grossen Vortheil, dass der Darm vor dem Versuche möglichst entleert wurde; auch war die Narkose dann eine ungleich ruhigere, als bei der alleinigen Anwendung von Chloroform. Vor dem Versuche wurde die Bauchhaut abgeseift, abrasirt und, ebenso wie die Instrumente, Bruchringe etc. desinficirt; freilich liess sich eine strenge Antisepsis wegen ungünstiger äusserer Verhältnisse nicht vollständig durchführen, erwies sich indess auch bald als nicht so nothwendig, wie bei Laparotomien beim Menschen. Hunde vertragen derartige Eingriffe sehr gut; nur selten, z. B. bei Gangrän des Darmes, kommt es zur Bildung flüssiger Exsudate. Hingegen besitzt das Peritoneum grosse Neigung zur circumscripten adhäsiven Entzündung, die rasch zur Abkapselung der in das Abdomen gebrachten Fremdkörper führt. Diese Tendenz zur raschen Verklebung geht sogar so weit, dass ich in einigen Fällen, in welchen circumscripte Darmgangrän zur Perforation geführt hatte, eine Abkapselung der in die Bauchhöhle ergossenen Kothmassen und spontane Heilung erfolgen sah. Auch das Peritoneum des Kaninchens besitzt dieselbe Neigung zur adhäsiven Entzündung; doch tendiren diese kleinen entzündlichen Herde sehr zur Verkäsung, was beim Hunde nicht der Fall ist.

Die Schwierigkeiten, die Versuchsbedingungen denen der wahren Brucheinklemmung beim Menschen möglichst genau anzupassen, sind enorm gross, ja theilweis unüberwindlich; daher bleiben alle am Thierexperiment gewonnenen Resultate unzulänglich und unvollkommen und bedürfen der Controlle der klinischen Beobachtung. Zunächst wirkt jeder in das Abdomen gebrachte Bruchring als Fremdkörper und führt rasch zur Bildung fibrinöser Pseudomembranen ringsum, welche zu Verklebungen mit der Bruchschlinge, zur Adhäsion ihrer beiden Schenkel unter einander und mit andern Eingeweiden Anlass geben und leicht für sich eine Ursache zur Incarceration bilden können; wir sehen daher manchmal die Einklemmung sogleich behoben, sowie die fixirenden Adhäsionen durchtrennt sind. Derartige Verklebungen bilden aber bei der Brucheinklemmung des Menschen die Ausnahme, fixiren wohl hin und wieder die eingeklemmte Schlinge, sind indess für den Mechanismus der Einklemmung als solcher für gewöhnlich irrelevant; höchstens bilden sie bei einfacher Kothstauung in grossen alten Hernien ein häufigeres Repositionshinderniss.

Während ferner die natürlichen Bruchpforten den beweglichen Därmen gegenüber fixirt sind, ermöglichen und erleiden die in die Bauchhöhle mit der eingeklemmten Schlinge reponirten Bruchringe bei der Versuchsanordnung Kocher's und Schweninger's, sowie in dem grössten Theile meiner Versuche bis zur Fixation durch adhäsive Peritonitis einen häufigen Lagewechsel und machen alle durch die Peristaltik erzeugten Lageveränderungen der Darmschlingen mit. Dass dies aber für das Resultat nicht ohne Bedeutung ist, werde ich bald an einigen Versuchen mit Fixirung des Bruchringes zu zeigen Gelegenheit haben. — Es stehen sodann beim Experiment die Bruchschlingen, weil mit dem Bruchringe in das Abdomen zurückgebracht, stets unter dem gleichen Druck, wie alle übrigen Bauchorgane, bei der natürlichen Incarceration indess, weil extraabdominal gelegen, unter einem geringeren Druck, nur unter dem der Elasticität der darüber gelegenen Weichtheile. Sie nehmen daher an den plötzlichen, durch Action der Bauchpresse, z. B. durch Erbrechen etc. erzeugten intraabdominalen Druckschwankungen nicht Theil, erleiden nur den constant langsam zunehmenden Druck des durch das transsudirte Bruchwasser gespannten Bruchsackes; der auf sie ausgeübte Druck kann daher den, unter welchem die Transsudation vor sich geht, nicht übersteigen. Für die Grössenzunahme und die Circulationsstörungen der eingeklemmten Schlinge halte ich auch dies Moment für bedeutsam. — Einer der grössten Mängel jeder Versuchsanordnung liegt in dem Fehlen eines durch eine seröse Haut gebildeten Bruchsackes. Wegen der überall straffen Fixirung des Peritoneums an der Bauchwand sowohl, wie an den Eingeweiden ist es unmöglich, aus ihm einen Bruchsack zu bilden; allen künstlichen Bruchsäcken, wie ich sie z. B. in einem Theil meiner Versuche in Anwendung brachte, haftet aber der Nachtheil an, dass sie wieder als Fremdkörper wirken und entzündliche Erscheinungen bedingen. Gerade dieser Uebelstand veranlasste mich und andere Experimentatoren zur Reposition der eingeklemmten Schlinge ohne Bruchsack in die grosse seröse Bauchhöhle. Damit erzeugen wir aber stets nur Versuchsbedingungen, wie sie mehr einer inneren Einklemmung in einer Lücke des Mesenteriums oder unter Pseudoligamente oder durch Divertikelbildungen etc., als der äusserer Hernien zukommen. Da indess der eigentliche Mechanismus der Einklemmung für beide Arten der Hauptsache nach derselbe ist, die wesentlichste Bedingung, die einer mehr weniger engen Umschnürung einer Darmschlinge durch einen Bruchring, im Versuch gegeben ist, können wir die Resultate einer grösseren Reihe von Experimenten, allerdings unter steter Berücksichtigung der genannten Fehlerquellen, trotz ihrer angeführten Unvollkommenheit gleichwohl auf die natürlich vorkommende Brucheinklemmung übertragen.

Wir können des Experimentes um so weniger zur Entscheidung gewisser Fragen entbehren, als die klinische Beobachtung zu ihrer Beantwortung nicht ausreicht. Der Versuch bietet uns den grossen Vortheil der steten Möglichkeit der Autopsie und directen Untersuchung; die Versuchsbedingungen sind bekannt, das Experiment kann jederzeit unterbrochen, das Thier getödtet und obducirt werden; man hat also Gelegenheit, die verschiedenen Stadien der Einklemmung kennen zu lernen. Die Gelegenheit der Autopsie einer eingeklemmten Hernie durch Nekroskopie bietet sich beim Menschen nur selten, und bei der durch die Herniotomie gebotenen reicht die Zeit zu einer genügenden aufmerksamen Betrachtung und Würdigung aller in Betracht kommenden Momente meist nicht aus; auch wird das Interesse des Chirurgen dabei allzusehr durch die Therapie, die Operation selbst in Anspruch genommen. Daher kommt es denn auch, dass die Krankengeschichten uns so häufig über viele wichtige Punkte, die bei der Herniotomie zu sehen zwar Gelegenheit war, die aber unbeachtet blieben, keinen oder nur ungenügenden Aufschluss ertheilen. Experiment und klinische Beobachtung müssen zur Gewinnung eines sicheren Urtheiles Hand in Hand gehen.

Die Anordnung meiner Experimente war verschiedenartig. Zu Bruchringen benützte ich Ringe aus dünnem Holz von Cigarrenkisten, aus Gummi, Hartgummi, Glas von verschiedener Weite. Letztere wurde je nach der Grösse des Versuchsthieres, der Dicke seiner Därme und dem grösseren oder geringeren Fettgehalt seines Mesenterium bemessen und je nach dem beabsichtigten Resultat bald so eng gewählt, dass der Ring die eingeklemmte Darmschlinge von vornherein mässig einschnürte, bald so weit, dass letztere in ihm noch mehr oder minder leicht hin- und hergeschoben werden konnte. Die meist leeren Darmschlingen wurden nun entweder nur durch den Ring hindurchgezogen oder mittelst der Canüle eines dünnen durch die Wand eines der freien Darmenden eingestossenen Trokars mit Luft oder Wasser aufgeblasen. Die Canüle wurde bald nur in den Darm vor der Bruchpforte geführt, bald bis in die Schlinge vorgeschoben. Für das Resultat stellte sich dies bald als ziemlich gleichgiltig heraus, indem auch in letzterem Falle stets ein Theil des injicirten Inhaltes neben der Canüle zurückfloss und das betreffende Darmrohr auch vor der Pforte füllte; die geblähte Schlinge fiel daher beim Rückziehen der Canüle fast stets wieder etwas zusammen, behielt indess trotzdessen immer noch eine gewisse Blähung bei. Nun wurde die „eingeklemmte“ Schlinge sammt dem Bruchring gewöhnlich in das Abdomen reponirt, die Bauchwunde genäht, und nun entweder der Tod des Thieres abgewartet oder absichtlich vorzeitig herbeigeführt. In einigen Fällen resecirte ich auch nach einigen Tagen das eingeklemmte Darmstück und stellte durch primäre circuläre Darmnaht die Continuität des Darmrohres wieder her, so dass ich den Hund später zu einem neuen Versuch benützen konnte.

Zur Herstellung künstlicher Bruchsäcke bediente ich mich theils dünner dehnbarer Gummisäcke, wie sie zu einem bekannten Kinderspielzeug, den sog. Victoriablasen, benutzt werden, die ich um einen dünnen Holzring fixirte, theils hohler Glasgefässe von kugliger Form mit enger runder, doch völlig glattwandiger Oeffnung. Um den Bruchring zu fixiren und bei gleichzeitiger Anwendung eines künstlichen Bruchsackes den Vorgang der directen fortgesetzten Beobachtung zugängig zu machen, verfuhr ich in einigen Versuchen folgendermassen: Ich liess in cylinderförmige Glasgefässe von etwa 20 bis 40 ccm Inhalt einen ca. 1 cm dicken Hartgummiboden, in dessen Mitte sich eine mässig scharfrandige, kreisrunde, verschieden grosse Oeffnung als Bruchpforte befand, derart einfügen, dass der Boden zum grössten Theil aus dem Gefässe hervorragte. In den vorstehenden Rand des Hartgummibodens war eine tiefe, bis fast an den Bruchring reichende, breite, hohlkehlenartige Furche eingegraben; oben wurde das Gefäss durch eine dünne Gummiplatte, die an einem schmalen Hartgummirande des Glascylinders fest ringsum fixirt wurde, geschlossen; das Innere des Gefässes war demnach durch die Glaswandungen deutlich sichtbar. Durch das Loch im Boden dieser Gefässe wurde nun eine Darmschlinge in diese gebracht und meist aufgebläht. Darauf wurde dasselbe derart in der Bauchwand fixirt, dass die Wundränder der letzteren gerade in die Hohlkehle des Randes des Hartgummibodens eingriffen; durch straffes Anziehen der sie vereinigenden Nähte wurde somit die Bauchwunde über den vorspringenden, innerhalb der Bauchhöhle zu liegen kommenden untern Rand der Hohlkehle geschlossen und das Abdomen von aussen abgesperrt. Die Bruchschlinge lag somit

Fig. 4.

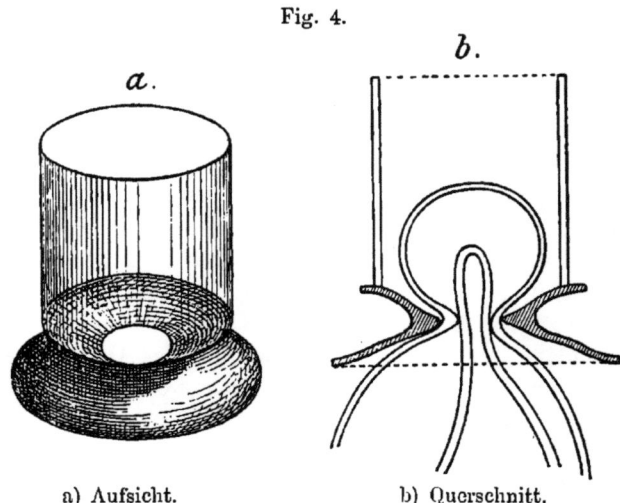

a) Aufsicht.　　　　　　　b) Querschnitt.

extraabdominal, stand nicht unter dem Bauchpressendruck. Geschützt wurde das vor die Bauchwand vorragende Gefäss, nachdem es durch dicke Umhüllung mit Watte und Gummipapier vor zu grossem Wärmeverlust bewahrt war, durch einen kleinen Drahtkorb, der so befestigt wurde, dass er sich nicht verschieben konnte.

Es mögen die auf die zuletzt angegebene Art angestellten Versuche hier an erster Stelle angeführt werden, da sie sich durch gewisse Eigenthümlichkeiten von den andern unterscheiden.

Versuch I. 27. IX. 1884. Mittags 1¼ Uhr. Grosser, sehr gut genährter Pudel. Morphium-Chloroformnarkose. 10 cm langer Schnitt in der Medianlinie. Umsäumung der Bauchdeckenwunde mit Mesenterium. Dieselbe gelingt nur im untern Abschnitt, da in dem obern das subseröse Fettgewebe als breite Falte in das Abdomen vorspringt und durch Adhärenzen mit dem Netz und Mesenterium fixirt ist. Bei dem Versuch, diese mit der Scheere zu lösen, findet eine nicht unbeträchtliche Blutung statt, die durch eine Massenligatur gestillt wird. Eine ziemlich leere Dünndarmschlinge wird vorgezogen und durch einen 14 mm im Durchmesser haltenden, scharfrandigen Bruchring im Boden eines der oben beschriebenen Glasgefässe durchgeführt; mittelst einer feinen Trokarcanüle wird sie aufgeblasen. Sie bläht sich stark, wird rosaroth, ist nach der Aufblähung etwa 6 cm lang, fällt indess nach dem Herausziehen der Canüle wieder etwas zusammen; zwischen ihrem Mesenterium und dem Bruchringe bleibt jederseits noch ein circa 3 mm breiter klaffender Spalt. Stauungserscheinungen sind an der Schlinge nicht wahrzunehmen. Nun wird der Boden des Glasgefässes in die Bauchwunde so eingefügt, dass die Ränder der letzteren in die Kehle des Bodens zu liegen kommen. Dadurch, dass die Bauchdecken etwas dicker sind, als die Rinne, ist diese Einfügung in diesem Falle etwas erschwert, gelingt jedoch vollständig. Durch tiefe und oberflächliche Nähte wird die Wunde geschlossen und dann dick mit Jodoformcollodium bestrichen. Das Glasgefäss wird durch ein dick mit Watte und Gummipapier ausgepolstertes Messingkorbgeflecht geschützt. Die Schlinge hatte sich inzwischen etwas vergrössert, zeigte jedoch keine Circulationsstörungen.

Abends 6¼ Uhr. Das Thier verhält sich noch sehr still, ist recht matt, steht indess schon auf. In das Glas haben sich so viel Darmschlingen nachgezogen, dass es fast ganz gefüllt ist; die als Deckel dienende Gummiplatte wölbt sich, mässig gespannt, etwas convex vor. Die Schlingen umgiebt eine geringe Menge gelblichen, klaren, serösen Bruchwassers; sie selbst zeigen sehr deutliche Peristaltik.

28. IX. 1884. Heute früh 10 Uhr lebte der Hund noch, sah indess sehr krank aus, war äusserst matt, frass nicht. Ob Erbrechen aufgetreten war, ist fraglich. Um 12 Uhr behufs Revision aus dem Stall geholt, wurde er todt in demselben vorgefunden.

Obductionsbefund. Todtenstarre. Das Glasgefäss ist von Darmschlingen ausgefüllt; es lässt sich nach Entfernung der Nähte der Bauchdeckenwunde leicht vorziehen; die Ränder der letzteren sind nicht unbeträchtlich gequetscht. Der Darm ist in der Bruchpforte fest eingeklemmt, füllt mit seinem Mesenterium dieselbe völlig aus und lässt sich aus ihr, wenigstens nicht ohne Gewalt, bauchwärts nicht vorziehen. Die eingeklemmte Darmschlinge ist im Bruchring um circa 180° um die Achse ihres Mesenteriums gedreht, ist mässig gebläht, dunkelroth hämorrhagisch infarcirt, doch nirgends blau- oder schwarzroth verfärbt, zeigt an mehreren Stellen einen fibrinösen Belag; an den Schnürfurchen, besonders der mesenterialen Hälfte derselben, ist die Färbung blasser. Letztere sind beide scharf ausgeprägt, schärfer noch am abführenden, als am zuführenden Schenkel, ihre Wände liegen eng einander an; Inhalt lässt sich aus der Schlinge auf keine Weise in die vor der Bruchpforte gelegenen Darmabschnitte pressen. Die Menge des nur mässig blutig gefärbten Bruchwassers beträgt circa 5 ccm. Das Mesenterium der Bruchschlinge zeigt eine Anzahl kleinster, dem Verlaufe der Gefässe entsprechender Hämorrhagien. Die Länge der eingeklemmten Schlinge beträgt 18 cm, ihre Breite nach dem Aufschneiden an der obern Schnürfurche 17 mm, an der untern 15 mm, in ihrer obern Hälfte 23 mm, in ihrer untern 35 mm. Sie ist somit am stärksten unmittelbar oberhalb der untern Schnürfurche gebläht; demgemäss vertheilt sich auch die mässige Menge des die Schlinge füllenden, dünnbreiigen, fast flüssigen Darminhaltes so, dass der grössere Theil in der untern, der kleinere in der obern Hälfte liegt.

Die Schleimhaut der Bruchschlinge ist stark geröthet, gleichfalls hämorrhagisch infarcirt; ihre Wandung in ganzer Dicke ödematös geschwellt. Die Einklemmung sitzt 134 cm unterhalb des Magens, 25 cm oberhalb des Dickdarmes. — Das zuführende Darmrohr ist nur mässig gebläht; sein Inhalt besitzt dieselbe Beschaffenheit, wie der der Bruchschlinge; seine Schleimhaut lässt dicht oberhalb der Einschnürung an zwei circumscripten, 20pfennigstückgrossen Stellen eine stärkere Gefässinjection wahrnehmen, ist indess sonst von normaler Beschaffenheit; auch die Serosa des Darmes zeigt einige Centimeter aufwärts von der Einklemmung eine stärkere Hyperämie, bietet indess höher oben keine Besonderheiten. — Das abführende Darmrohr ist nur wenig gefüllt, doch auch nicht auffallend contrahirt, enthält neben wenig Koth namentlich Gase; im Dickdarm finden sich einzelne eingedickte Kothballen; Schleimhaut und Serosa der unterhalb der Einklemmung gelegenen Darmtheile sind normal. — In der Bauchhöhle finden sich einige Esslöffel voll blutig gefärbter seröser Flüssigkeit; nirgends bestehen Fibrinbeschläge, nur hie und da eine etwas stärkere Gefässinjection der Serosa. — Das Netz ist theilweis exstirpirt; der stehen gebliebene Stumpf ist peripher der Massenligatur blutig suffundirt. Die Ligatur umgriff gleichzeitig einige Gefässe der Milz. Die von diesen versorgten Stellen der letzteren sind hämorrhagisch infarcirt, dunkelblauroth, derb, auf dem Durchschnitt von ganz gleichmässigem Gefüge; die Malpighi'schen Körper sind daselbst nicht mehr zu erkennen; der übrige Theil der Milz ist von normaler Structur. — Der Magen ist stark mit galliger Flüssigkeit gefüllt. — Brustorgane normal.

Der Bruchring war im vorstehenden Experiment verhältnissmässig weit gewählt worden und wurde durch die Bruchschlinge anfangs durchaus nicht völlig ausgefüllt. Durch die primäre Aufblähung mit Luft wurde zuerst eine „Einklemmung" im Lossen'schen Sinne bedingt, d. h. die Schlinge stand mit dem Darmrohr, von welchem aus sie aufgebläht worden war, in offener Communication, während der andere Schlingenschenkel im Bruchring verschlossen war. Dass damit noch keine wirkliche Einklemmung erzielt war, zeigt sich schon darin, dass mit dem Nachlassen der Injection ein Theil der eingespritzten Luft wieder aus der Schlinge entwich, sodann in dem erwähnten theilweisen Offensein des Bruchringes. In diesem Stadium lässt sich, wie ich mich häufig bei in gleicher Weise angestellten Versuchen überzeugte, der Schlingeninhalt stets mit Leichtigkeit durch eine geringe Compression wieder hinausdrücken. Dass die Schlinge nicht auch spontan wieder völlig zusammenfällt, sondern nur einen Theil des injicirten Inhaltes entweichen lässt, wird durch das wenn auch lockere Wiederaneinanderlegen der Darmwände in der Pforte und die dadurch erzeugten geringen Reibungswiderstände verhindert. Eine Kraft, welche letztere überwindet, fehlt ja, da eine eigentliche Dehnung der Schlinge nicht mehr statthat und es sich nur um eine Entfaltung derselben handelt;

die Peristaltik ist aber, wie schon Kocher zeigte, in einer, auch nur momentan, stärker geblähten Schlinge für eine kurze Zeit aufgehoben. Uebrigens liess sich ebensowenig im angeführten Versuch, wie überhaupt bei der Mehrzahl der noch folgenden Experimente entscheiden, welches das zu- und welches das abführende Darmrohr ist, ob es also wirklich das zuführende Ende war, mit welchem die Schlinge anfangs offen communicirte; um dies festzustellen, müsste man den Darm sehr weit aus der Bruchhöhle herausziehen und ihn entweder bis zum Magen oder bis zum Dickdarm hin verfolgen, was als unnöthige Complication natürlich besser unterbleibt. Jedenfalls aber stellte sich in unserem Versuche, falls sie nicht von Anfang an bestanden, sehr bald eine Communication zwischen zuführendem Darmrohr und der Schlinge her; dies beweist die bei der Obduction in letzterer vorgefundene Kothansammlung. Der Abfluss des Schlingeninhaltes in das abführende Darmende scheint bald aufgehört zu haben, denn in letzterem fanden sich fast nur Gase, nur wenige Kothmengen. Demnach bestand in der ersten Zeit eine einfache Kothstauung, keine wahre Incarceration, war doch auch die Peristaltik in der Bruchschlinge 5 Stunden nach Beginn des Versuches noch völlig erhalten, obwohl sie sich bereits bedeutend vergrössert hatte. Erst mit dem weiteren Vorfall von Darm und Mesenterium und der eintretenden ödematösen Schwellung derselben kam es zur völligen Kotheinklemmung, zum Verschluss auch des zuführenden Schenkels und zur Kothstauung vor der Bruchpforte. Letztere wurde, wohl wegen der Kürze der Zeit, binnen der der Tod erfolgte, nicht sehr bedeutend; daher sind auch die im zuführenden Rohre vorhandenen Circulationsstörungen nur gering. Auch die der eingeklemmten Schlinge sind nicht erheblich, bestehen nur in venöser Stauung, die freilich bereits zur beginnenden hämorrhagischen Infarcirung führte. — Die eigentliche Todesursache ist nicht ganz aufgeklärt; wahrscheinlich bewirkten beide Momente: die schliesslich totale Darmeinklemmung und der ausgedehnte, durch die zufällige Unterbindung zahlreicher Milzvenen erzeugte hämorrhagische Milzinfarct zusammen das rasche Ende.

Versuch 2. 13. IX. 1884. Mittags 1 Uhr. Dieselbe Versuchsanordnung wie bei Versuch 1; nur diente als Bruchsack an Stelle der geschilderten präparirten Gefässe eine einfache Glashohlkugel, deren kurzer Hals in einen etwas vorspringenden stumpfen Rand umbog, wodurch eine ähnliche hohlkehlenartige Rinne erzeugt wurde, als wie im Boden jener Gefässe. Da der als Bruchring dienende Hals des Glases etwas zu weit war, wurde er durch Siegellack eingeengt; der Durchmesser der nicht ganz kreisrunden Oeffnung betrug 14 bis 16 mm. Versuchsthier war ein mittelgrosser Spitz. Die durch den Bruchring gezogene, mässig mit Darminhalt gefüllte, mit Luft aufgeblasene Darmschlinge, deren Mesenterium ziemlich fettreich war, blieb auch nach Zurückziehen der Canüle ziemlich gebläht. Die Einfügung des Glashalses in die Bauchdeckenwunde war recht mühsam.

Abends 6¾ Uhr. Der Hund lag den Nachmittag über ruhig im Stall, meist auf dem Rücken oder der Seite. Die Bruchschlinge ist prall gebläht, stark geröthet, doch hellroth. Im Verlauf der feineren Mesenterialgefässe sieht man strichförmige kleine Blutungen; die Mesenterialarterien lassen deutliche Pulsation wahrnehmen. Wenig blutig seröses Bruchwasser.

14. IX. 1884. Vormittag 11¾ Uhr. Das Thier frisst nicht. Erbrechen wurde nicht bemerkt. Neben der eingeklemmten Schlinge, welche wie am Tage zuvor der Seitenwand des Glases anliegt, ist eine zweite mindestens gleich grosse Schlinge vorgefallen. Beide sind mässig gebläht; an ersterer sind gar keine, an letzterer schwache, regelmässige Bewegungen wahrzunehmen, die anscheinend durch die Athmung bedingt sind; zeitweise scheint auch eine ganz geringe peristaltische Contraction stattzufinden; doch ist dies nicht ganz deutlich. Beide Darmschlingen sind stark dunkelgeröthet und mit äusserst zahlreichen kleinsten Ecchymosen wie gesprenkelt. An einzelnen Stellen zeigen sich fibrinöse Beschläge, die auch beide Schlingen hie und da mit einander verkleben. Das Bruchwasser ist vermehrt, stark blutig tingirt und lässt daher die Beschaffenheit einzelner Theile der Schlingen, die es bedeckt, nicht deutlich erkennen. Die Wunde sieht gut aus.

15. IX. 1884. Vormittags 7¾ Uhr. Die das Glasgefäss umhüllenden Wattebäusche sind stark mit röthlichgelber seröser Flüssigkeit durchfeuchtet. Das Glas ist fast ganz mit Darmschlingen und Bruchwasser erfüllt, so dass nur noch ein sehr kleiner luftgefüllter Raum übrig bleibt. Es ist noch mehr Darm vorgefallen; die neu vorgetretene Schlinge ist stark geröthet, zeigt deutliche, doch schwache peristaltische Bewegung. Der starke Blutgehalt des Bruchwassers lässt den grössten Theil der Bruchschlingen nicht näher erkennen.

Abends 6½ Uhr. Die Bauchdeckennähte reissen rings um das Glasgefäss ein, so dass die Wundränder hier etwas klaffen; ihre Umgebung ist entzündet. Das Glas ist noch etwas stärker gefüllt. Die sichtbaren Darmschlingen zeigen lebhafte peristaltische Bewegung, sind nicht besonders gebläht, stark geröthet. Etwas Bruchwasser scheint aus dem Bruchring neben der Bruchschlinge in das Abdomen abgeflossen zu sein. — Der Hund frass heut etwas, musste das Genossene indess bald wieder erbrechen.

16. IX. 1884. Heut früh wurde der Hund todt aufgefunden.

Obductionsbefund. Todtenstarre. Die Wunde klafft noch etwas mehr als gestern; aus ihr fliesst blutige Flüssigkeit. Das Glas ist weniger mit Bruchwasser gefüllt, als vordem; offenbar hat sich solches theilweis in das Abdomen entleert. Das Netz ist mit der Wunde verklebt und schliesst sie theilweis ab. Netz, Darm, Mesenterium, sowie auch das parietale Blatt des Peritoneum zeigen starke Gefässinjection, zahlreiche kleinste Ecchymosen, viel Fibrinbeschläge. — Der Bruchring ist dadurch, dass der Siegellack etwas erweicht ist, ein wenig weiter geworden, als er bei Beginn des Versuches war. Er wird durch Darm und Mesenterium völlig ausgefüllt, doch kann man ohne die mindeste Schwierigkeit noch ein dünnes Stäbchen neben letzterem iu das Glas einführen. Die Darmlumina beider Schenkel der Bruchschlinge sind an der Einklemmungsstelle gleich weit, die Schnürfurche indess am zuführenden Schenkel weit stärker ausgeprägt, als am abführenden. Ohne Mühe lässt sich die Schlinge aus dem Glase herausziehen und auseinanderfalten; in letzterem bleiben noch circa 40 ccm blutiges, sehr übelriechendes Bruchwasser zurück. Das Mesenterium der Bruchschlinge ist blutig suffundirt, partiell eitrig infiltrirt. Die Serosa der Schlinge ist sehr stark injicirt, zeigt zahlreiche Ecchymosen, vielfache Fibrinbeschläge. In der obern Hälfte des eingeklemmten Darmes, welche weiter ist, als die untere, ist die Wand dunkelgrauroth verfärbt und lässt mehrfach Ablagerungen von Blutpigment erkennen; die untere Hälfte ist mehr hellroth; nirgends ist die Verfärbung dunkelblauroth oder gar schwarz. Die Veränderungen der Darmwand, bestehend in theils hochgradiger Röthung und Ecchymosirung, theils eitriger Infiltration der Serosa und Fibrinbeschlägen, erstrecken sich am zuführenden Darmrohr noch circa 20 cm aufwärts von der obern Schnürfurche; das abführende Ende ist nur wenige Centimeter weit in geringem Grade geröthet. Die obere Schnürfurche ist ziemlich tief und stark geröthet, die untere nur sehr wenig ausgeprägt und unterscheidet sich in ihrer Beschaffenheit fast gar nicht von ihrer unmittelbaren Umgebung. — Die Länge der eingeklemmten Schlinge beträgt 45 cm; die untere Schnürfurche ist noch 10 cm von der Valvula Bauhini entfernt. Das zuführende Darmrohr ist mit einer viscösen, graugelblichen, schleimigen Flüssigkeit bis zum Pylorus hin erfüllt; der gleiche Inhalt findet sich noch in grösserer Menge in der obern Hälfte der Bruchschlinge, in geringerer in der untern. Der Darm unterhalb der untern Schnürfurche enthält nur Gase. Blut ist dem Darminhalt nirgends beigemengt. — Die Darmwandung der eingeklemmten Schlinge, insbesondere ihrer obern Hälfte, ist verdickt, die Schleimhaut stark geschwellt und injicirt, doch nicht ecchymosirt. Die Schleimhaut der untern Hälfte der Schlinge und des abführenden Endes ist nur sehr wenig, die des zuführenden Darmrohres indess auf eine Strecke von 30 cm aufwärts der obern Schnürfurche sehr stark geröthet. — Auch das Mesenterium der nicht eingeklemmten Darmschlingen und die Serosa der Harnblase sind stark injicirt und fibrinös belegt. — Freie Flüssigkeit ist in der Bauchhöhle nicht vorhanden.

Die Weite des Bruchringes, welche in diesem Versuch sowohl absolut, als namentlich im Verhältniss zur Grösse des Thieres noch beträchtlicher war, als im ersten Experiment, liess es auch trotz des secundären Darmvorfalles zu einer eigentlichen Kotheinklemmung überhaupt nicht kommen. Die Schlinge blieb zwar nach ihrer Aufblähung mit Luft ziemlich gefüllt, doch liess sich mit Leichtigkeit noch Inhalt aus dem Darm in sie hineindrücken. Sie vergrösserte sich wohl ausschliesslich, mindestens aber zum grösseren Theil auf Kosten des abführenden Endes. Dafür sprechen das fast völlige Fehlen einer untern Schnürfurche, während die obere deutlich ausgeprägt war, die weit geringeren Circulationsstörungen in der untern Hälfte der Bruchschlinge und ihre weit geringere Füllung mit Darminhalt gegenüber der obern Hälfte. Letztere deutet auch darauf hin, dass der abführende Schenkel von Anfang an verschlossen war; jedenfalls war er es in der späteren Zeit, da das abführende Rohr und der Dickdarm nur Gase enthielten. Die völlig gleiche Beschaffenheit des Inhaltes des zuführenden Rohres und der obern Hälfte der Bruchschlinge lässt mit grösster Wahrscheinlichkeit eine offene Communication zwischen beiden annehmen. Es handelt sich demnach nur um eine Kothstauung, keine Einklemmung. Dem entsprechen auch die relativ geringen Stauungserscheinungen. Die Darmwand der Bruchschlinge war zwar ödematös infiltrirt, ihre Schleimhaut stärker injicirt, doch nicht infarcirt. Die kleinen zahlreichen Hämorrhagien der Serosa sind sicher mehr entzündliche als Stauungssymptome. — Auffallend ist die bedeutende Transsudation nicht nur in die Bruchschlinge, sondern auch in das zuführende Darmrohr. Der Inhalt desselben war fast gar nicht kothig, sondern bestand wesentlich aus den Secreten der Darmdrüsen, vermischt mit transsudirter Lymphe. — Das in den Bruchsack in sehr reichlicher Menge abgesonderte Bruchwasser ist, wie die verschiedene Füllung des Glases mit ihm zu den verschiedenen Zeiten lehrt, sicher zum grossen Theil neben den Darmschlingen zur Bruchpforte in das Abdomen wieder abgeflossen und dürfte zu der raschen Verbreitung der diffusen Peritonitis — denn eine solche war die Todesursache — wesentlich beigetragen haben. An Ursachen zu ihrer Entstehung fehlte es freilich nicht, da ja die Bauchwundränder etwas aus einander platzten und das Glasgefäss nicht mehr so vollständig umschlossen, um eine Communication der Abdominalhöhle mit der Aussenwelt sicher zu verhüten.

Versuch 3. 16. X. 1884. Mittags 1 Uhr. Versuchsthier ist ein gut genährter, mittelgrosser Hund. Versuchsanordnung wie in Versuch 1. Der Durchmesser des ziemlich scharfrandigen Bruchringes beträgt 12 mm, das Volumen des Glasgefässes 40 ccm. Nach dem Aufblähen der Schlinge mit Luft entweicht beim Zurückziehen der Canüle wieder ein Theil derselben aus ihr; doch bleibt die Schlinge in vertikaler Stellung mässig gebläht stehen; sie ist circa 5 cm lang. Neben ihr kann man noch bequem eine Pincette durch die Bruchpforte durchschieben; auch liess sie sich sehr leicht in den Ring einziehen. Fixation des Gefässes in der Bauchdeckenwunde.

Abends 5 Uhr. Der Hund liegt ruhig, wimmernd auf seinem Lager, hat bis jetzt nicht erbrochen. Das Glas hat sich mit Darmschlingen voll gefüllt; dieselben besitzen normale Weite, sind mässig stark injicirt, lassen im Verlauf der Gefässe einzelne kleine Blutungen wahrnehmen, zeigen deutliche Peristaltik. Die geringe Menge des Bruchwassers ist blutig gefärbt.

Der Gummideckel des Gefässes wird durch den Inhalt etwas vorgewölbt; doch ist seine Spannung gering.

17. X. 1884. Nachmittags 4½ Uhr. Das Glas ist noch stärker gefüllt, so dass der Gummideckel weiter vorgewölbt und praller gespannt ist. Das blutige Bruchwasser hindert einen genauen Einblick. Die Injection der Darmschlingen erscheint stärker. Peristaltik ist heut nicht wahrzunehmen. Das Aussehen der Wunde ist ein gutes.

18. X. 1884. Mittags 12½ Uhr. Der Hund macht zwar einen sehr kranken Eindruck, läuft indess einige Schritte umher; er trank und frass etwas, musste indess bald darauf erbrechen. — Die Spannung des Gummideckels hat noch zugenommen. Zwischen ihm und dem Glas quillt indess tropfenweis etwas Bruchwasser vor und durchnässt die umhüllende Watte. Das Bruchwasser ist stark blutig. An einzelnen der stark gerötheten Darmschlingen ist hin und wieder noch eine schwache peristaltische Contraction sichtbar; die genauere Beschaffenheit des Darmes ist nicht deutlich zu erkennen. Die Schlingen scheinen durch Pseudomembranen einander zu adhäriren.

19. X. 1884. Vormittags 11 Uhr. Befinden des Thieres wie gestern. Kräftezustand noch leidlich. Abermals Erbrechen der genossenen Nahrung. Galliges Erbrechen wurde nicht beobachtet. — Der Gummideckel des Glases ist zwar noch etwas vorgewölbt, doch nicht mehr so prall wie gestern. Die starke Durchnässung der Watteschichten ringsum beweist, dass Bruchwasser nach aussen abgeflossen ist. Sonst Status idem; nur ist heute keine Peristaltik mehr wahrzunehmen. Die Wundränder sind etwas entzündet.

20. X. 1884. Der Hund ist sehr matt; das Erbrechen hält an. Die Hautwundränder scheinen nekrotisch zu werden; geringe Wundsecretion. Einzelne der sichtbaren Darmschlingen sind fibrinös belegt, graugelblich.

21. X. 1884. Status idem.

23. X. 1884. In der Nacht von gestern auf heut, also nach fast 7tägigem Bestehen der Einklemmung, starb der Hund.

Obductionsbefund. Die Ränder der Bauchdeckenwunde sind partiell nekrotisch geworden und klaffen infolge Durchschneidens einzelner Nähte etwas; indess ist die Abdominalhöhle durch Verklebung des Netzes mit der Bauchwand leidlich abgeschlossen. Nach ihrer Eröffnung zeigen sich das Netz und die vorliegenden Darmschlingen stark injicirt, theilweis einander adhärent; insbesondere ist das Netz mit dem Mesenterium des Darmes oberhalb der Einklemmungsstelle fest verklebt und hilft hier mit demselben einen taubeneigrossen Wulst umkleiden, der sich beim Einschneiden als ein kleiner, bei der Operation aus Versehen in der Bauchhöhle zurückgelassener, nun in dicke Pseudomembranen eingehüllter Schwamm herausstellt. — Die Darmschlinge dicht oberhalb der Einklemmung ist enorm stark gebläht, in einer Ausdehnung von 10 cm dunkelblau, fast schwärzlich verfärbt, weiter aufwärts zwar auch noch stark dilatirt, doch von normaler Färbung. Die Erweiterung erstreckt sich 23 cm weit nach aufwärts von der Bruchpforte, um dann ganz scharf aufzuhören, indem der höher gelegene Darmabschnitt mässig contrahirt ist; an der Uebergangsstelle ist der Darm um seine Längsachse um circa 45° gedreht. — Das abführende Darmrohr unterhalb der Einklemmung, dessen Länge bis zum Dickdarm noch 46 cm beträgt, ist stark contrahirt. Unmittelbar vor der Bruchpforte sind die Schenkel des zu- und abführenden Darmrohres mit einander durch Pseudomembranen verklebt. — Der Gummideckel des Glasgefässes ist gar nicht mehr gespannt; aus dem capillaren Spalt zwischen ihm und dem Glase und zwischen letzterem und dem Hartgummiboden ist viel Bruchwasser allmählich durchgesickert, so dass sich seine eigentliche Menge nicht mehr bestimmen lässt. Die Darmschlingen im Glasgefäss sind durch dicke Fibrinmassen unter einander so verklebt, dass sie eine einzige cylindrische Masse bilden, die sich nur mit grosser Mühe durch vorsichtiges Zerreissen der ziemlich festen Adhäsionen in ihre Schlingen entwickeln lässt. Die Wandung derselben ist an zahlreichen Stellen graugelb verfärbt, an andern mehr blauroth. — Die Länge der entfalteten Bruchschlinge beträgt 18 cm. Ihr Mesenterium ist in sich, wie mit den Darmschlingen, vielfach verklebt und mit Fibrin bedeckt; seine Gefässe sind stark injicirt, und in ihrem Verlaufe sind kleine Hämorrhagien erkennbar. — Die Abklemmung ist eine totale, die Bruchpforte völlig ausgefüllt und die Darmschlingen in ihr stark eingeschnürt. Beide Schnürfurchen sind scharf ausgeprägt, doch die obere noch stärker, als die untere; es liegt ihnen ein dünner fibrinös eitriger Belag auf. — Die Schlinge zeigt sich nach dem Aufschneiden mit sehr reichlichem, nicht blutig gefärbtem, absolut kothfreiem Schleim erfüllt; die Darmwandung ist überall ödematös geschwellt und verdickt; an mehreren Stellen lässt sie auf der Schnittfläche kleine Sugillate wahrnehmen. Dieselben sitzen meist subserös resp. reichen nur in die Muscularis hinein, lassen indess die Mucosa meist frei; nur an einzelnen Stellen ist auch letztere suffundirt. Die Schleimhaut der Schlinge, der der erwähnte Schleim so fest anhaftet, dass er sich kaum abstreifen lässt, ist überall blaugrau, schiefergrau verfärbt, lässt indess nirgends frischere Blutungen erkennen. — Der gleiche schleimige Inhalt findet sich in dem eng contrahirten abführenden Darmrohr bis zum Dickdarme hin; erst in letzterem zeigten sich geringe bräunliche, theils flüssige, theils festere Kothmengen. — Das zuführende Darmrohr ist bis hinauf zum Magen, besonders aber in dem geblähten Abschnitt oberhalb der Einklemmung, mit dünnflüssigem, bräunlichem Koth gefüllt; seine Wand ist, soweit die Blähung reicht, verdünnt. Die Schleimhaut der so enorm gedehnten Partie ist an der dem Mesenterialansatz gegenüberliegenden Wandung, entsprechend der blauschwarzen Verfärbung der Serosa, schwarzroth gefärbt, sicher der Gangrän verfallen, wenngleich dieselbe noch nicht völlig eingetreten ist. Die verfärbte, infarcirte Partie ist 8 cm lang, 2 cm breit und beginnt etwa 1 cm oberhalb der obern Schnürfurche. — Die Schleimhaut des übrigen Darmes ist blass, doch normal. — Die Breite des geblähten Darmes oberhalb der Einklemmung beträgt nach dem Aufschneiden 80 mm; die der obern Schnürfurche 13 mm, der eingeklemmten Schlinge 30 mm, der untern Schnürfurche 20 mm, des abführenden Darmrohres 23 mm. — Die übrigen Bauchorgane zeigen die Erscheinungen einer beginnenden

Peritonitis. — Ein freier Flüssigkeitserguss in der Bauchhöhle ist nicht vorhanden.

Obwohl der Bruchring nur mässig eng war, die Darmschlinge sich leicht durch ihn hindurchziehen liess, auch ein Theil der injicirten Luft sich sogleich wieder aus ihr entleerte, kam es doch sehr rasch zu einem totalen Verschluss beider Schlingenschenkel, so dass kein Koth in die Bruchschlinge gelangte. Bedingt wurde dieser Verschluss durch das sehr zeitige Vorfallen weiterer Darmschlingen; die Luft in der Schlinge wurde resorbirt und durch eine reichliche Schleimsecretion ersetzt. Auch die Absonderung des Bruchwassers war eine sehr erhebliche und begann frühzeitig; seine blutige Beschaffenheit deutet auf die beträchtliche Constriction der Gefässe im Bruchringe; seine Menge muss sehr gross gewesen sein und lässt sich nach der bereits wenige Stunden nach Beginn des Versuches vorhandenen, in der Folgezeit rapid zunehmenden Spannung des Gummideckels des Glasgefässes, sowie der starken Durchnässung der das Glas umhüllenden Wattezchichten ungefähr abschätzen. Der ungenügende Verschluss des letzteren erlaubte leider ein Abfliessen des Bruchwassers und verhinderte eine genaue Messung. Auch wurde hierdurch eine der fortdauernden Transsudation entsprechende Zunahme des Druckes im Bruchsacke, wie sie unter den natürlichen Verhältnissen stattfindet, unmöglich gemacht. — Wie ungleich der auf die im Bruchring gelegenen Gewebe ausgeübte Druck ist, zeigt die verschiedene Breite und Ausprägung der beiden Schnürfurchen; am schärfsten war sie an der Convexität des zuführenden Schenkels; augenscheinlich wird diese Stelle durch den Zug des geblähten zuführenden Darmrohres und die Tendenz desselben, sich gerade zu strecken, sehr fest gegen den Bruchring angepresst. — Die Dehnung des Darmrohres oberhalb der Einklemmung erreichte im vorstehenden Versuche einen sehr bedeutenden Grad und verursachte schwere Circulationsstörungen ihrer Wand bis zur Gangränescenz derselben. — In der Schlinge selbst ist es trotz der erheblichen Stenosirung nicht zur Gangrän, sondern nur zur hämorrhagischen Infarcirung gekommen, welche sogar nur die oberflächlichen Schichten betraf, die Mucosa fast überall frei liess. In Anbetracht der Vulnerabilität der Schleimhaut kann demnach die arterielle Blutzufuhr trotz der Constriction nicht allzuschwer beeinträchtigt, jedenfalls nie ganz aufgehoben gewesen sein. — Hervorzuheben ist noch die starke Schleimsecretion auch im abführenden, contrahirten und völlig kothfreien Darmrohr. — Auch in diesem Experiment bildete sich allmählich entwickelnde diffuse Peritonitis, wahrscheinlich ausgehend von der Nekrose der Bauchwundränder und der Gangrän des zuführenden Darmrohres, die directe Todesursache.

Versuch 4. 2. X. 1884. Mittags 12 Uhr. Die Versuchsanordnung ist die gleiche; Versuchsthier ist ein kräftiger, mittelgrosser Hund. Der Durchmesser des Bruchringes beträgt 10 mm. Die Darmschlinge lässt sich durch denselben zwar ohne Quetschung, doch nur mit grosser Mühe hindurchziehen. Ein Theil der in die Schlinge injicirten Luft entleert sich auch wieder beim Zurückziehen der Canüle, so dass die Blähung der Schlinge etwas abnimmt; ihre Länge beträgt 5 bis 6 cm. Sie scheint die Bruchpforte vollständig auszufüllen.

Abends 5 1/4 Uhr. Die Schlinge hat sich kaum vergrössert, ist stark injicirt, lässt indess keine Hämorrhagien wahrnehmen. Ihr anscheinend zuführender Abschnitt zeigt deutlich peristaltische Bewegungen. Die Blähung der Schlinge erscheint etwas geringer, als direct nach Anstellung des Versuches. Bruchwasser wurde nur in wenigen Tropfen abgesondert; es ist blutig serös.

3. X. 1884. Mittags 1 Uhr. Der Hund war äusserst unruhig und hat sich den Verband, den schützenden Messingkorb, stark gelockert. Die Watteschichten sind stark durchblutet. Nach ihrer Abnahme sieht man, dass sich das Glas von seinem in der Bauchdeckenwunde fixirten Hartgummiboden losgelöthet hat und frei in den Verbandstücken liegt. Durch die Bruchpforte ist die Bruchschlinge weit vorgefallen; die einander zugekehrten Wände ihrer Schenkel sind locker mit einander verklebt. Die Schlinge ist ganz schwarz verfärbt, ihre Oberfläche matt, kaum glänzend, ihre Gefässe sind nicht mehr zu erkennen; ihr mit eingeklemmter Mesenterialtheil ist gleichfalls schwarzblau verfärbt. — Das Thier wird sogleich getödtet und obducirt. Die innerhalb der Bauchdecken gelegenen Darmschlingen zeigen ein gutes Aussehen, keine Spur von Peritonitis, keine Trübung, keine Injection ihrer Serosa. Auch existirt keine freie Flüssigkeit im Abdomen. Das eingeklemmte Darmstück wird vom untersten Abschnitt des Ileum gebildet, das bis zur Uebergangsstelle in den Dickdarm vorgefallen ist; die Spitze des Processus vermiformis ragt gerade noch in die Bruchpforte hinein. Das Mesenterium ist enorm gespannt und erschwert die Entfaltung der Darmschlingen. Die Einklemmung der Bruchschlinge ist so fest, dass es auch nach Durchtrennung des zu- und abführenden Rohres vor der Bruchpforte nur schwer gelingt, sie durch letztere nach der Seite des Bruches vorzuziehen. Die Schnürfurchen sind daher auch sehr scharf, mässig geröthet. Die 26 cm lange Bruchschlinge ist stark gebläht und mit völlig kothfreier, sehr blutreicher Flüssigkeit gefüllt; ihre Wandung ist in allen Theilen stark verdickt, blutig suffundirt; auch die Schleimhaut ist schwarzblau verfärbt, lässt gar keine Structur, keine Gefässe mehr erkennen. In dem zuführenden Darmrohre dicht oberhalb der Einschnürung finden sich einzelne kleine Hämorrhagien; weiter aufwärts erscheint der Darm ganz normal, nur mässig gebläht.

Der Versuch ist allerdings dadurch, dass das als Bruchsack dienende Glasgefäss sich vom Bruchringe loslöste, somit die Wirkung eines Bruchsackes völlig verloren ging und die Bruchschlinge frei vor die Bauchdecken zu liegen kam, verunglückt, bietet indess immerhin einiges Interesse, indem er uns ein Bild einer rein elastischen Einklemmung giebt. Nur mit Mühe, wenn auch ohne Quetschung, liess sich die Schlinge von vornherein durch den Ring hindurchziehen und erhielt sich durch mehrere Stunden in ihrer Grösse; die Circulationsstörungen in ihr können auch bis dahin keine sehr erheblichen gewesen sein, da das Aussehen des Darmes, abgesehen von einer etwas stärkeren Injection, auf keine weiteren Abnormitäten schliessen liess. Infolge Steigerung des intraabdominellen Druckes, wahrscheinlich beim Erbrechen, wurde aber im weiteren Verlauf die Schlinge weiter vorgetrieben und trotz der Enge des Bruchringes so lange vergrössert, bis der Dickdarm sammt dem Processus vermiformis den Ring verstopfte und damit einem weiteren Vorrücken des Darmes ein Ziel setzte. Der Hochgradigkeit der Einschnürung und der enormen Spannung des Mesenterium entsprechend, sind daher auch die Circulationsstörungen derartige, wie sie beim Menschen, wenigstens nach so kurzer Zeit der Incarceration, nicht zur Beobachtung kommen. Gleichwohl kann auch in unserem Versuche trotz der festen Einschnürung die arterielle Blutzufuhr nicht völlig aufgehoben gewesen sein, da die Schlinge, ganz abgesehen von ihrer eigenen starken Suffusion, mit reichlicher, stark blutiger Flüssigkeit gefüllt war, also Circulationsvorgänge in ihr statt hatten.

Der folgende Versuch 5 soll, weil misslungen, zwar nur ganz kurz erwähnt, aber doch deshalb nicht ganz bei Seite gelassen werden, da er die Spontanreposition eines eingeklemmten kleinen Bruches durch den Zug des geblähten zuführenden Darmrohres zeigt.

22. X. 1884. Versuchsthier ist ein grosser, doch ziemlich magerer Hund. Die Versuchsanordnung unterscheidet sich von der der voranstehenden Experimente ein wenig dadurch, dass das Glasgefäss anstatt durch einen Gummideckel durch einen mit Gummi überzogenen grossen Kork verschlossen wird; es geschieht dies deshalb, um das zu bedeutende Volumen des Glasgefässes bis auf 20 ccm zu verringern und dadurch das Vorfallen zu vieler Darmschlingen zu verhüten. Allerdings wird dabei auf die Dehnbarkeit des künstlichen Bruchsackes verzichtet. Der Durchmesser des Bruchringes beträgt 10 mm. Da der Darm, entsprechend der Grösse des Hundes, dickwandiger ist, als der der früheren Versuchsthiere, lässt er sich nur mit Mühe durch den Bruchring vorschieben, und zwar nur so weit, dass sein Mesenterium nicht mit eingeklemmt wird. Das Aufblasen der Schlinge geschieht, um das Glasgefäss nicht zu sprengen, mit grosser Vorsicht; die Schlinge bläht sich wohl etwas, doch bedeutend stärker das vor der Bruchpforte gelegene Darmrohr.

23. X. 1884. Das Glas ist zum grössten Theil mit einer trüben, schmuziggrauen, nicht blutig tingirten Flüssigkeit erfüllt. Die Bruch-

schlinge ist wegen der Undurchsichtigkeit derselben nur zum Theil sichtbar, ist kaum vergrössert und dunkel injicirt.

27. X. 1884. Der Hund bot in den letzten Tagen gar keine Krankheitserscheinungen dar. Das Bruchwasser vermehrte sich noch etwas, wurde aber so undurchsichtig, dass die Bruchschlinge nicht mehr zu erkennen war. Infolge Nekrose der Bauchwundränder klaffte die Wunde heut etwas. Deshalb sollte, um einer Peritonitis vorzubeugen, die Resection der Bruchschlinge ausgeführt werden. Nach Oeffnen der Nähte zeigte sich aber, dass dieselbe sich vollständig aus dem Bruchringe zurückgezogen hatte und letzterer nur durch einen dicken Fibrinfetzen ausgefüllt wurde, der von einer festen, dem Boden des Glasgefässes, den Därmen und der Bauchwand anhaftenden Fibrinschicht ausging. Diese schloss die Abdominalhöhle trotz des Klaffens der Bauchwunde völlig von der Aussenwelt ab. Nach ihrer Loslösung zeigten die Darmschlingen ein ganz gutes Aussehen. Die Bauchwunde wurde nach Anfrischung ihrer Ränder durch die Naht geschlossen. — Die Heilung erfolgte ohne Störung.

Nachdem sich der Hund wieder völlig erholt hatte, wurde er am 11. III. 1885 zu folgendem

Versuch 6 verwendet. Zu demselben wird dasselbe Glasgefäss wie in Versuch 5 benützt. Obwohl der Hund jetzt sehr gut genährt ist, lässt sich diesmal die vorgezogene Darmschlinge doch so weit durch den Bruchring schieben, dass ihr Mesenterium mit in letzteren zu liegen kommt. Um sie aufzublasen, wird heut die Canüle durch den Bruchring hindurch bis in sie selbst vorgeschoben; sie bläht sich stark, fällt beim Zurückziehen der Canüle nicht zusammen, hat im geblähten Zustande eine Länge von circa 6 bis 7 cm und füllt das Glas etwa zur Hälfte aus. Da sich aus der Stichöffnung beim Rückziehen der Canüle etwas Koth entleert, wird sie durch eine feine Seidennaht geschlossen. Die Fixation des Gefässes in der Wunde ist durch die Dicke der Bauchwand ziemlich erschwert.

12. III. 1885. Der Hund hat etwas gefressen, musste indess darnach mehrfach erbrechen. Die Bruchschlinge erscheint kaum grösser, als unmittelbar nach der Einklemmung; sie ist dunkelroth, mit einzelnen Fibrinflocken bedeckt; ihre nähere Beschaffenheit lässt sich bei der Undurchsichtigkeit des den übrigen Raum des Gefässes füllenden, etwas blutigen Bruchwassers nicht erkennen.

13. III. 1885. Erbrechen wurde nicht mehr beobachtet. Das Bruchwasser ist sehr trübe, mit sulzigen Fibrinmassen untermischt, stärker blutig gefärbt. Die Bruchschlinge ist anscheinend nicht vergrössert, mit Fibrin bedeckt, nur wenig erkennbar. Die Nähte der Bauchwunde schneiden ein. Die Wundränder sind in der untern Hälfte der Wunde stark geröthet.

14. III. 1885. Heut Mittag zwischen 12 und 3 Uhr starb das Thier.

Obductionsbefund. Rings um den Boden des Glasgefässes adhärirt Netz der Bauchwand. Die vorliegenden Darmschlingen sind stark geröthet. Die diffuse Röthung erstreckt sich indess wesentlich nur auf das bis 90 cm oberhalb der Einklemmung geblähte zuführende Darmrohr; das abführende ist contrahirt, blass und zeigt nur eine streifenweise peritonitische Gefässinjection. Freie Flüssigkeit findet sich im Abdomen nicht. Nur die Darmschlingen in der Nähe der Bruchpforte, sowie das Netz lassen einige dünne Fibrinbeschläge wahrnehmen, die ferner gelegenen Theile sind frei davon. In der Bruchpforte ist der Darm sehr fest eingeschnürt und lässt sich nicht im mindesten vorziehen. Die eingeklemmte Bruchschlinge ist mit einer dicken sulzigen Fibrinschicht, die den ganzen freien Raum des Glasgefässes, einen Ausguss desselben bildend, einnimmt, bedeckt. Nach Ablösung derselben zeigt sie sich ganz gleichmässig dunkelblauroth gefärbt; dieselbe Farbe besitzt das kleine mit abgeschnürte Stück Mesenterium. An der Convexität misst die Schlinge 7$\frac{1}{2}$ cm, an der Concavität 2$\frac{1}{4}$ cm. Sie ist stark gebläht; doch trotz der Blähung ist ihre Wand nicht verdünnt, sondern durch blutige ödematöse Durchtränkung verdickt und ziemlich derb anzufühlen. Nach Durchschneiden des geblähten zuführenden Darmrohres unmittelbar vor der Bruchpforte lässt sich die Schlinge nach ihrer Seite hin aus dem Bruchringe vorziehen. Ihre Schnürfurchen sind sehr scharf ausgeprägt und im Gegensatz zu der tiefblauen Verfärbung der Schlinge theils grauweisslich, einfach anämisch, theils an einzelnen Stellen graugelb. An beiden Furchen ist die oberste Muskelschicht etwas eingerissen. Die punktweise graugelbe, auf Eiterinfiltration beruhende Verfärbung der obern Schnürfurche findet sich nur in der Serosa und Muscularis, nicht in der Mucosa. Nach dem Aufschneiden der Schlinge sieht man, dass ihre Wand in ihrer ganzen Dicke blutig suffundirt ist, so dass auch die Schleimhaut dunkelblauroth verfärbt ist. Ein Schnitt durch die Wand der Schnür-furche zeigt, dass die blutige Infiltration sich hier wesentlich auf die Muscu-laris und Submucosa beschränkt, die Mucosa nur in geringem Maasse be-trifft. Die Breite der untern Schnürfurche beträgt am aufgeschnittenen Darm 21 mm, die der obern 23 mm; die der Schlinge selbst 56 mm; die Dicke der Darmwand beträgt auf der Höhe der Convexität der Bruchschlinge 3 mm, an jeder Schnürfurche 1$\frac{1}{2}$ bis 2 mm, am abführenden normalen Darm 2 bis 3 mm. — Die Einklemmung sitzt 40 cm oberhalb des Processus vermiformis, 2$\frac{1}{2}$ m unterhalb des Magens. 2 cm über der obern Schnür-furche findet sich der die Punctionsstelle schliessende Seidenfaden in Fibrin-massen eingebettet. Das zuführende Darmrohr ist mit dünnem, bräunlichen, mit Schleim gemischtem Koth erfüllt; desgleichen die Bruchschlinge, doch ist ihrem Inhalt viel Blut beigemengt. Das abführende Darmrohr enthält nur wenige, ganz trockene Kothmassen. Die Schleimhaut des letzteren ist blass, die des zuführenden bis hinauf zum Pylorus stark injicirt. Am stärksten ist die Injection, ja hier sogar verbunden mit Ecchymosirung der Darmwand, etwa 6 bis 12 cm oberhalb der obern Schnürfurche, während die Schleimhaut unmittelbar oberhalb der letztern eine mehr grauröthliche Färbung zeigt.

Die Enge des gewählten Bruchringes documentirte sich bereits darin, dass es in Versuch 5 überhaupt nicht gelang, eine Darmschlinge ganz durch sie hindurchzuschieben. Im letzten Versuch glückte dies

zwar, doch nur mit einiger Quetschung ihrer Wandung. Auch daran
liess sich die Enge der Pforte bald erkennen, dass bei der Injection
von Luft in die Schlinge nichts in das zuführende Rohr zurückströmte
und die Schlinge gebläht blieb, ferner auch darin, dass sich die
Schlinge im weiteren Verlauf nicht oder doch nur unwesentlich vergrösserte. Freilich kann letzteres auch durch die rasche und massige
Absonderung von Bruchwasser verhindert worden sein, indem diese in
dem Bruchsack einen Gegendruck schuf. Ob die bei der Obduction
in der Bruchschlinge vorgefundene geringe Kothmenge bereits bei Anstellung des Versuches in ihr war oder erst später in sie gelangte,
muss dahingestellt bleiben; den Hauptinhalt bildete jedenfalls das von
der Wand der Schlinge in ihr Lumen abgesonderte blutige Transsudat.
Der totale Verschluss beider Schlingenschenkel wurde, falls er nicht
schon von Anfang an bestanden hat, wie ich glaube, durch die Stauungsveränderungen, die blutig seröse Durchtränkung der Darmwand und
des Mesenterium verursacht; wie bedeutend die Einschnürung war,
beweisen die scharfen, stark verdünnten Schnürfurchen, an denen es
bereits zu einem Einreissen der Serosa und Muscularis und zur beginnenden Gangrän gekommen war. Die Schlinge selbst war noch
nicht gangränös, wenngleich der Nekrose verfallen, da die totale Suffusion ihrer Wand eine Wiedererholung sicher nicht mehr gestattet
hätte. Der Tod erfolgte theils durch Peritonitis, theils infolge des
durch die Incarceration bedingten Shockzustandes; erstere allein war
weder intensiv noch ausgedehnt genug, um für sich allein den Tod
zu erklären. Bemerkenswerth sind auch in diesem Versuche die Circulationsstörungen am zuführenden Darmrohre, die sich an einzelnen
Stellen bis zur Ecchymosirung steigerten.

Ueberblicken wir die vorstehende Gruppe von Versuchen, so fällt
als bemerkenswerthestes Moment sogleich das Vorfallen weiterer Darmschlingen, das Nachrücken der der Bruchschlinge benachbarten Darmabschnitte in den Bruchsack in das Auge; nur in den beiden letzten
Versuchen war ein solches durch die allzu grosse Enge des Ringes
unmöglich gemacht. Verursacht kann diese Grössenzunahme der Schlinge
sein theils durch den Zug, den ihre Dehnung auf den abführenden
Schenkel ausübt, theils durch die Action der Bauchpresse, welche
durch Erhöhung des allgemeinen intraabdominellen Druckes die Darmschlingen nach der Stelle eines geringeren Druckes, im vorliegenden
Falle in den leeren Bruchsack hinein drängt. Die erste Kraft kann
eine Vergrösserung der Schlinge natürlich nur auf Kosten des abführenden Schenkels herbeiführen. Sie dürfte namentlich in den ersten
beiden Versuchen, in denen es sich, wenigstens anfangs, nur um eine

Kothstauung handelte, wirksam gewesen sein. Der Befund der Bruchschlinge in Versuch 2, die überaus geringen Veränderungen ihres untern
Abschnittes, der sich nur wenig von dem abführenden Darmrohre
unterschied, gegenüber den bedeutenden der obern Hälfte, die geringe,
kaum sichtbare Ausprägung der untern Schnürfurche sprechen in der
That dafür, dass die untere Schlingenhälfte erst relativ kurze Zeit eingeklemmt war. Freilich wird auch die Bauchpresse, obwohl sie auf
beide Schenkel mit gleicher Kraft wirkt, leichter das abführende als
das zuführende Darmrohr vortreiben, weil letzteres infolge seiner
Blähung vor der Bruchpforte grössere Reibungswiderstände in derselben findet als erstere. — Ausschliesslich durch die Bauchpresse ist
die Grössenzunahme der Schlinge bedingt in Versuch 3 und 4, da ja
eine durch Kothstauung verursachte Dehnung derselben hier völlig
fehlt, der zuführende Schenkel von vornherein verschlossen war. Wie
mächtig ihre Wirkung ist, zeigt namentlich Versuch 4, in welchem
die Bruchschlinge trotz der äussersten Anspannung des Mesenterium
und der hochgradigen Constriction doch so weit vorgeschleudert wurde,
bis die voluminöse Masse des Dickdarmes sammt dem Processus vermiformis den Ring verlegte.

Versuch 1 entspricht ganz dem von mir oben geschilderten Hergang der natürlichen Einklemmung: Eine grosse Menge Darminhalt
wurde durch die Peristaltik des zuführenden Darmrohres in die Schlinge
getrieben, dehnte letztere und zog das abführende Ende mit seinem
Mesenterium weiter in den Ring hinein; die hierdurch bedingte Verengerung des letzteren führte nun auch zum Verschluss des zuführenden
Schenkels und machte so die Einklemmung zu einer totalen. — Versuch 2 ähnelt der namentlich bei alten grossen Brüchen mit weiter
Bruchpforte so häufig zu beobachtenden Kothstauung: die Schlinge
vergrössert sich, es strömt noch Koth durch den offenen zuführenden
Schenkel ein, aber nicht mehr zum stenosirten abführenden heraus,
und damit kommt es zu den klinischen Symptomen der Incarceration,
Schmerz, Erbrechen, Auftreibung des Leibes, Stuhlverstopfung. Dass
in diesem Versuch der Verschluss des zuführenden Rohres ausblieb,
ist lediglich eine Folge des absolut zu weiten Bruchringes.

Die durch die Weite der Bruchpforte bedingten Abstufungen
in dem Grade der Einklemmung sind in unseren Experimenten deutlich zu erkennen. Bei einer Weite von 14—16 mm (Versuch 2) einfache Kothstauung; bei einer solchen von 14 mm (Versuch 1) steigerte
sich die anfängliche Kothstauung schliesslich zur totalen Incarceration.
Versuch 3, 4 und 6 entsprechen der typischen elastischen Einklemmung,
und zwar Versuch 3 bei einer Ringweite von 12 mm einer solchen
geringeren, Versuch 4 und 6 bei 10 mm Durchmesser einer solchen

höchsten Grades. Ja sogar noch zwischen den letzten beiden Versuchen macht sich eine Abstufung insofern sichtlich, als bei Versuch 4 die Bruchschlinge weit vorfiel, bei Versuch 6 sich kaum vergrösserte, was in der zwar absolut gleichen, aber in Anbetracht der verschiedenen Grösse der Versuchsthiere relativ verschiedenen Weite des Bruchringes seine Erklärung findet.

Dass der in unsern Versuchen so augenfällige Einfluss der Bauchpresse auf die Grössenzunahme der Bruchschlinge auch für die Brucheinklemmung beim Menschen von Belang sein muss, ist von vornherein mit Wahrscheinlichkeit anzunehmen; immerhin drängen die bedeutenden Differenzen zwischen dem Befunde in ersteren und dem bei letzterer gewiss jedem die Frage auf, ob denn auch wirklich der die Einklemmung bewirkende Vorgang in unsern Experimenten der gleiche sei, wie bei der natürlichen Incarceration? Obwohl ich auf einen näheren Vergleich zwischen den Ergebnissen der klinischen Erfahrung und dem Thierversuch erst später nach Mittheilung der Krankengeschichten eingehen kann, will ich einige Punkte doch schon hier besprechen.

Dass der Einklemmungsmodus in Versuch 3, 4 und 6 dem allgemein bekannten und zugestandenen Vorgang bei der elastischen Einklemmung völlig entspricht, dürfte wohl unangefochten bleiben; das plötzliche Hindurchpressen einer Darmschlinge durch eine enge Bruchpforte, den sofortigen Verschluss beider Schenkel derselben, ihre anfängliche Leere und erst spätere Füllung mit Transsudaten, das Fehlen von Koth in der Schlinge fordern wir bei letzterer genau so, wie wir es in den angeführten Versuchen fanden. Und doch fällt eins auf: die beträchtliche Grössenzunahme der Schlinge während der Dauer des Versuches; sind wir doch gewohnt, bei diesem Einklemmungsmodus nur kleine Hernien anzutreffen. Die Erklärung dieser Differenz ist nach meinem Dafürhalten nicht besonders schwierig. Die Grösse der Bruchschlinge wird bedingt 1) von der sie vortreibenden Gewalt; diese, die Bauchpresse resp. Peristaltik, dürfte für den Versuch und die spontane Brucheinklemmung verhältnissmässig gleich sein; 2) durch die Weite des Bruchringes; auch diese wechselt in beiden Fällen auf die gleiche Weise; 3) hängt die Grössenausdehnung der Schlinge ab von der Ausdehnung des Bruchsackes; dieser Punkt ist meiner Meinung nach bisher viel zu unbeachtet geblieben und doch von grosser Wichtigkeit, nicht nur für die Bildung von Hernien, sondern wesentlich auch für die Art der Incarceration und den Grad der Circulationsstörungen. Eine Steigerung des intraabdominellen Druckes muss die Bruchschlinge, sofern die Reibungswiderstände in der Bruchpforte und die Spannung des Mesenterium dies gestatten, so weit in den unter einem geringeren Druck stehenden Bruchsack vortreiben, bis der Druck

in letzterem dem ersteren gleichkommt. Von geringen Unterschieden,
wie sie dadurch bedingt werden, dass es sich nicht um eine Flüssigkeit, sondern ein Gemenge von gasförmigen, flüssigen und festweichen
Körpern handelt, wird hierbei abgesehen. Ein solcher Ausgleich der
Druckdifferenzen kann nun sowohl durch Vergrösserung der Schlinge
wie durch rasche Vermehrung des Bruchwassers erzeugt werden; je
kleiner der Bruchsack ist, um so eher wird er zu Stande kommen. In
unsern Experimenten war der Bruchsack fast stets unverhältnissmässig
gross, da ich bei ihrer Anstellung die Wichtigkeit dieses Momentes
selbst noch zu wenig kannte. Daher musste der Vorfall bedeutend
werden, um so mehr, als die Unvollkommenheit meiner künstlich nach-
geahmten Bruchsäcke ein allmähliches Absickern des Bruchwassers
zuliess und somit den durch letzteres zur Druckerhöhung im Bruchsack gelieferten Beitrag aufhob. Wie rasch ein solch positiver Druck
sich durch das Bruchwasser im Bruchsack herstellt, beweist die frühzeitige Spannung und Vorwölbung des Gummideckels meiner Glasgefässe
in Versuch 3. — In wie weit möglicherweise in Versuch 6 neben der
Enge des Bruchringes die Absonderung von Bruchwasser eine Grössenzunahme der Schlinge behinderte, ist bereits oben erwähnt. — Da die
elastische Einklemmung aber meist bei Brüchen gleichzeitig mit ihrem
Entstehen eintritt, ihr Bruchsack daher noch klein ist, ist es erklärlich, dass sich diese Art der Incarceration für gewöhnlich nur bei
kleinen Hernien vorfindet.

Die grosse Ausdehnung unserer künstlichen Bruchsäcke ist es
auch, die dem enormen Darmvorfall in Versuch 1 und 2 zu Grunde
liegt, in denen es nur zu einer Kotheinklemmung resp. Kothstauung
kam. Handelt es sich hier aber, so dürfte man vielleicht einwenden,
thatsächlich nur um eine Kotheinklemmung, nicht vielmehr auch um
eine modificirte elastische Incarceration? Ist es wirklich nur der in
die Schlinge getriebene Darminhalt, der die Einklemmung bedingt?
Das Resultat ist im Versuch das gleiche wie in der klinischen Beobachtung der Kotheinklemmung. Hier wie da finden wir eine Absperrung von Koth in einer Darmschlinge, deren beide Schenkel im
Bruchringe verschlossen sind. Woher wissen wir denn aber, dass bei
der sogenannten „Kotheinklemmung" wirklich nur der in die Bruchschlinge geschleuderte Koth ihre plötzliche Grössenzunahme bedingt
und dadurch die Einklemmung herbeiführt? Wer sagt uns denn, dass
nicht gleichzeitig mit dem Koth auch Darm durch die Bruchpforte
getrieben wird? Was berechtigt uns, eine derartige scharfe Trennung
zwischen Koth- und elastischer Einklemmung aufzustellen? Ich weiss
keinen triftigen Grund. Die Härte und Prallheit des eingeklemmten
Bruches, die man auf eine plötzliche Ausdehnung der vorliegenden

Schlinge durch Darminhalt beziehen zu können glaubt, findet sich gleichfalls bei der wirklich elastischen Einklemmung ohne Schlingeninhalt und erklärt sich doch schon· durch die plötzliche stärkere Anfüllung des Bruchsackes, namentlich durch seine Ausdehnung durch das meist bald transsudirte Bruchwasser. Wie viel der Härte des Bruches auf letzteres, wie viel auf eine pralle Ausdehnung der Schlinge zu beziehen sei, können wir klinisch ohne weiteres nicht unterscheiden; die Herniotomie aber beweist uns, worauf Kocher schon hinwies, dass die vermuthete Prallheit der Schlinge in Wahrheit sehr häufig gar nicht existirt, und der Bruchschnitt bei gangränösen Hernien lehrt, dass die vorhandene Ausdehnung der Schlinge vielfach gar nicht durch Koth, sondern durch Darmsecrete resp. blutiges Transsudat verursacht ist. Ich bin der Ansicht, dass die Zahl der Fälle sogenannter Kotheinklemmung, in denen es sich thatsächlich nur um einen Eintritt von Koth in die Schlinge handelt, in Wirklichkeit die kleine Minderheit bilden, die derjenigen, in denen mit dem Koth und durch dieselbe Kraft gleichzeitig Darm und Mesenterium resp. auch Netz vorgeschleudert wird, bedeutend überwiegt.

Müssten nicht aber, wenn der geschilderte Vorgang richtig ist und stets so viel Darm vorfiele, als die Weite des Bruchringes und des Bruchsackes gestatten, die Circulationsstörungen in der Schlinge stets recht erhebliche sein? Wie erklärt es sich, dass mitunter sogar bei langdauernder Einklemmung die Stauungserscheinungen recht gering sind? Ich glaube dadurch, dass die Circulation der Schlinge ebensosehr von der Weite des Bruchringes, als indirect von der Grösse des Bruchsackes abhängt und von dem Verhältniss beider zu einander bestimmt wird. Bei gleicher Weite des ersteren kann der Bruchinhalt in dem einen Falle, bei grossem Bruchsacke, ein sehr erheblicher und demnach die Einschnürung eine sehr beträchtliche sein, im andern Falle, bei kleinem Bruchsacke, sehr gering, und demnach können die Circulationsstörungen nahezu gleich null sein. Gleichwohl kann aber auch in letzterem die Kotheinklemmung eine totale sein. Die geringe Ausdehnung des Bruchsackes lässt eben nur so viel Darm vorfallen, dass der Bruchring gerade ausgefüllt wird und die Wände beider Schlingenschenkel in ihm zum Aneinanderlegen gebracht werden, nicht aber so viel, dass auch der Blutkreislauf der Bruchschlinge erheblich eingeschränkt wird. Die Dehnbarkeit der natürlichen Bruchsäcke gestattet freilich auch secundär noch eine Grössenzunahme der Schlinge und eine Vermehrung des Bruchwassers, doch immer nur in gewissen Grenzen. — Dass auch bei der rein elastischen Einklemmung die Grösse des Bruchsackes auf die Circulation Einfluss haben kann und dass selbst bei ihr letztere nicht allzusehr gestört zu sein braucht, geht aus vorstehenden Ausführungen hervor und wird durch die klinische Beobachtung bestätigt. Damit schwindet aber ein weiterer Differenzpunkt zwischen der „Koth"- und der „elastischen" Einklemmung. Sie gehen allmählich in einander über.

Die auffallendste Differenz zwischen dem Befund der bisher angeführten Experimente und dem bei der natürlichen Brucheinklemmung glaube ich demnach einigermassen befriedigend erklärt zu haben. Die sonstigen Verschiedenheiten, das überaus frühe Auftreten kleiner Hämorrhagien in der Wand der Bruchschlinge — die sich übrigens namentlich in ihrem serösen Ueberzuge finden —, ihre fibrinösen Beschläge, die rasche Absonderung einer sulzigen Fibrinmasse rings um die Schlinge verstehen sich ohne Zwang aus der Unzulänglichkeit meiner Apparate, dem Mangel einer serösen Membran zur Umhüllung der Darmschlinge. Sie sind wesentlich entzündliche Reizerscheinungen, indess keine Zeichen, die der Incarceration als solcher zukommen.

Zum Vergleich mit der soeben näher betrachteten Versuchsgruppe, in welcher also Bauchpresse und Peristaltik auf die Bruchschlinge einwirken mussten, stellte ich nun nach dem Vorgange Kocher's eine grössere Anzahl von Experimenten an, in denen ich die durch einen Bruchring gezogene Darmschlinge wieder in das Abdomen reponirte, so dass also nur die Kraft der Peristaltik resp. der Dehnung der Bruchschlinge selbst für eine Incarceration in Wirksamkeit trat, die Wirkung der Bauchpresse hingegen, da sie auf die Schlinge mit gleicher Kraft drückte wie auf die übrigen Därme, aufgehoben war. — Einzelne Modificationen in der Versuchsanordnung sollen an entsprechender Stelle Erwähnung finden.

Die erhaltenen Resultate weichen sehr wesentlich von denen der ersten Gruppe ab.

Versuch 7. 10. IX. 1884. Versuchsthier ist ein kleiner Hund. Eine 5—6 cm lange Dünndarmschlinge wird durch einen Gummiring, dessen Lumen 15 mm beträgt, gezogen und von einem Schenkel her aufgeblasen. Die Schlinge bläht sich zwar, doch entweicht die Luft sogleich aus dem andern Schenkel; gleichwohl fällt die Bruchschlinge nach dem Zurückziehen der Canüle nicht vollständig zusammen. Sie wird sammt dem Bruchring in das Abdomen reponirt, wobei sich noch etwas Luft aus ihr entleert. Schluss der Bauchwunde durch Naht.

Nur in den ersten Tagen nach dem Versuch bot das Thier einige Krankheitserscheinungen dar, erschien später ganz gesund. Nur magerte es, obwohl es viel frass, allmählich ab. Da eine Incarceration demnach nicht eingetreten war, wurde es am 13. III. 1885 zu

Versuch 8 verwendet. Als Bruchring dient ein ziemlich scharf-randiger Hartgummiring mit einem Durchmesser von 14 mm. Es gelingt ohne jede Mühe, eine Dünndarmschlinge durch ihn hindurchzuziehen. Sie wird mit einer Spritze, deren Canüle von dem einen Schenkel aus bis in die Schlinge vorgeschoben war, mit Luft aufgeblasen; dabei verschliesst sich der andere Schenkel; nach dem Zurückziehen der Canüle sinkt die ge-spannte Bruchschlinge wieder etwas zusammen. Der Bruchring wird durch dieselbe und das zugehörige Mesenterium nicht völlig ausgefüllt. Die Convexität der Schlinge misst 10—12 cm. Reposition der Schlinge. Naht der Bauchwunde.

15. VI. 1886. Der Hund erholte sich auch von diesem Eingriff nach einigen Tagen völlig und liess nicht die Spur eines Krankseins erkennen, so dass er 4 Wochen nachher zu einem andern Experiment: Injection vom Blut eines an Trismus Leidenden in die linke Arteria femoralis, benützt wurde. Diese hatte eine Totalnekrose des Beines bis zur Injectionsstelle zur Folge, die zur spontanen Abstossung führte. In den letzten Tagen war der Hund ungenügend beobachtet worden. Heute früh wurde er todt im Stall aufgefunden.

Obductionsbefund der Abdominalorgane: Im Abdomen findet sich nur eine minimale Menge rein seröser heller Flüssigkeit. Die Darmschlingen sind theilweis durch ältere Adhäsionen mit der Bauchwand und unter einander verlöthet, besonders in der unmittelbaren Umgebung der beiden Bruchringe. Frischere peritonitische Erscheinungen fehlen vollkommen; viel-mehr sind die Darmschlingen auffallend blass. Der Gummiring findet sich links unten, der Hartgummiring rechts unten durch Adhäsionen fest fixirt. Die Bruchschlinge in ersterem bietet keine besonderen Veränderungen, ist vollständig für Koth durchgängig und lässt sich nach Lösung der Ver-klebungen leicht aus dem Ringe vorziehen. Anders verhält sich der im Hartgummiring eingeklemmte Bruch: Seine beiden Schenkel sind dicht vor dem Eintritt in die Bruchpforte fest mit einander verwachsen; die dadurch gebildete Scheidewand zwischen dem Lumen beider ist perforirt, so dass der Koth, ohne die Bruchschlinge zu passiren, direct aus dem zuführenden Rohr in das abführende gelangt. An dieser Passagestelle findet sich eine grosse Menge unverdaulicher Speisereste, Stroh, Heu etc. stagnirt und zu einem ziemlich festen, das Darmlumen nahezu obturirenden Pfropf zusammen-geballt. In diese Masse reicht der äussere Rand des Bruchringes, indem beide Schnürfurchen der Bruchschlinge an ihrer Convexität perforirt sind, hinein. Dicke Pseudomembranen, welche letztere mit ihren beiden Schen-keln vor der Pforte fest verbinden, schliessen sie ringsum völlig von der übrigen Abdominalhöhle ab. Die einander zugekehrten mesenterialen Wände der Bruchschlinge sind auch im Bereich des Bruchringes nicht nekrotisirt. Die Schlinge selbst lässt keine Circulationsstörungen mehr erkennen; sie enthält ausser vielem Schleim nur etwas jener unverdauten Speisereste, die als Ausläufer von dem Pfropfe aus in sie hineinragen.

In keinem der beiden Experimente hatte sich die Bruchschlinge vergrössert. In Versuch 7 stellte sich die Circulation des Darminhaltes, falls sie überhaupt gestockt hatte, rasch wieder her; der Bruchring war als solcher zu weit, um die zu einer Absperrung eines oder beider Schlingenschenkel erforderliche Raumbeschränkung zu bilden; gelang es doch schon bei Anstellung des Versuches nicht, durch Einblasen von Luft in den einen Schlingenschenkel einen Verschluss des andern zu erzeugen; die Luft entwich aus der Schlinge nach beiden Seiten. Anders in Versuch 8. Hier bewirkte die Injection von Luft in die Schlinge einen Verschluss des untern Darmendes; obwohl absolut nur wenig enger (14 mm gegenüber 15 mm Durchmesser in Versuch 7), bildete der Bruchring doch relativ eine weit beträchtlichere Raumbeengung, da er einerseits nicht elastisch war, andererseits die Bruchschlinge von vornherein grösser gewählt war. Wie sich der Verlauf der Incarceration im Speciellen gestaltete, liess sich wegen der hochgradigen, der Darmperforation folgenden secundären Veränderungen nicht mehr mit Sicherheit angeben. Es muss dahingestellt bleiben, ob sich der von Anfang an bestehende Verschluss des abführenden Schenkels auch fernerhin erhielt, oder ob erst durch das Nachrücken fester, unverdaulicher Speisereste die ohnehin enge Passage völlig verlegt und dadurch die Einklemmung bewirkt wurde. Nur soviel lehrt der Obductionsbefund mit Bestimmtheit, dass es zu einer solchen und zur Entzündung und Nekrose an beiden Schnürfurchen mit folgender Perforation und zur Perforation der mit einander verlötheten mesenterialen Wände des zu- und abführenden Rohres kam; nur so lässt sich das Hineinragen des Bruchringes in das Darmlumen und die spätere Wiederherstellung der Kothpassage erklären. Die Perforation kann erst relativ spät erfolgt sein, nachdem eine adhäsive Peritonitis eine Abkapselung der gangränösen Darmpartien bewirkt hatte; eine diffuse tödtliche Peritonitis wäre sonst wohl unausbleiblich gewesen.

Um zu entscheiden, ob der in dem zuführenden Darmrohr vor der Bruchpforte stattfindenden Kothstauung überhaupt ein Einfluss auf die Incarceration der Schlinge und die Circulationsvorgänge derselben zukommt und welcher, stellte ich die folgende Reihe von Versuchen stets so an, dass ich zwei von einander 10—15 cm entfernte Darmschlingen durch zwei einander völlig oder doch nahezu gleich grosse und gleich beschaffene Bruchringe zog und beide in das Abdomen versenkte. Kam es nun im obern Ring zur Einklemmung, so war damit eine Kothstauung vor dem untern unmöglich; denn die geringe, etwa in dem Darmstück zwischen beiden Brüchen vorhandene Kothmenge konnte kaum von einer wesentlichen Bedeutung sein; die übrigen Bedingungen waren aber für beide Hernien die gleichen, eine Differenz in den Resultaten musste somit lediglich durch die Kothstauung oberhalb der Pforte verursacht sein.

Versuch 9. 1. IV. 1885. Versuchsthier ist ein kleiner Hund. Die Bruchringe sind aus dünnen Brettchen von Cigarrenkistenholz gefertigt. Zunächst wird eine mässig contrahirte Dünndarmschlinge durch einen solchen von 9,5 mm Weite durchgezogen; sie legt sich im Ring so, dass sie über die eine ihrer Wandungen, also gewissermassen über die Fläche gebogen ist und ihr Mesenterium nicht in die Mitte des Ringes, sondern excentrisch zu liegen kommt. An der gegenüberliegenden Seite lassen sich bequem noch beide Branchen einer Pincette durch den Ring schieben, schwieriger zwischen Darmwand und Ring. Die Schlinge misst 5 cm, färbt sich nach dem Durchziehen durch den Bruchring leicht bläulich, doch nicht stark cyanotisch; die arterielle Pulsation ist in den Darmschlingen oberhalb des Ringes deutlich, in der Bruchschlinge nur schwach. Darauf wird eine zweite, etwas gefüllte Darmschlinge durch einen 10,5 mm im Durchmesser haltenden Ring gezogen (genau gleich weite Ringe hatte ich gerade nicht vorräthig). Sie contrahirt sich beim Durchziehen durch denselben, misst 6 cm, liegt lockerer im Ringe als die erste Schlinge, nimmt indess auch eine etwas venöse Färbung an. Pulsation ist in ihr kaum wahrzunehmen. Keine von beiden Schlingen wird aufgebläht. Nach ihrer Reposition Schluss der Bauchwunde durch Naht.

Der Hund stirbt am 5. IV. 1885.

Obductionsbefund. Nach Eröffnung des Abdomen fliesst eine reichliche Menge trüber, wenig riechender, graugelblicher Flüssigkeit ab. Die Därme sind ringsum von dem sehr ausgedehnten Netz überlagert und zu einem Paket vereinigt. Das Netz ist sehr stark injicirt, dunkelroth, zeigt zahlreiche kleine Hämorrhagien und feine Fibrinbeschläge. Um es zurückzuschlagen, müssen zahlreiche Adhäsionen mit den Darmschlingen gelöst werden. Letztere selbst sind durch theils ganz frische, theils etwas ältere Adhäsionen mit einander verklebt, besonders in der rechten Hälfte des Abdomens. Eine hier liegende, stark geröthete, geblähte Schlinge umhüllt mit ihrem Mesenterium und mit dem Netz die beiden Bruchschlingen und ist mit dem Darmabschnitt oberhalb des obersten Bruchringes sehr fest verklebt. Beim Lösen dieser Adhäsion entleert sich mit dünnem Koth vermischter Eiter. Der Koth dringt aus einer erbsengrossen Perforationsstelle des Darmes 1½ cm oberhalb des obersten Ringes. Der Darm ist hier sehr stark gebläht, fällt aber infolge Abfliessens von Koth und Gasen etwas zusammen. — In beiden Ringen findet sich je eine kleine Darmschlinge eingeklemmt. Die obere (in dem etwas weiteren Bruchringe) ist wurstförmig; ihre Wandungen wölben sich rundlich vor, sind durch einen gut durchfühlbaren Kothballen von der Consistenz knetbaren Wachses auseinandergehalten, doch nicht gebläht. Sie ist durch kleine Sugillate bläulich roth gefärbt; doch ist die Verfärbung nirgends besonders dunkel; die Wand ist nicht verdünnt, bietet normale Consistenz. Aus der Schlinge lässt sich Inhalt weder in das zu- noch abführende Ende entleeren; umgekehrt lässt sich auch kein Koth in die Schlinge hineinpressen. Nach dem Abfliessen von Koth aus dem zuführenden Darmrohr durch die Perforationsöffnung lässt sich die Schlinge noch um einige Millimeter weiter vorziehen; hingegen lässt sie sich nicht, auch nicht nach Lösung der sie mit dem Ring verbindenden schwachen Adhäsionen, centralwärts aus dem Ringe herausziehen. Ihre Wände liegen im Bruchring anscheinend eng an einander, obwohl man ohne Mühe neben ihnen noch eine Pincette durch die Bruchpforte schieben kann. Das zuführende Darmrohr ist, wie erwähnt, stark gebläht und etwa ½ m weit aufwärts stark geröthet; nur unmittelbar oberhalb des Ringes, 1 cm von ihm entfernt beginnend, ist die Convexität schwarz verfärbt, nekrotisch; am peripheren Ende dieser Partie liegt die Perforationsstelle. Die nekrotische Partie reicht 9 cm weit aufwärts; ihre Breitenausdehnung beträgt 1,6 bis 2 cm; ihre Wand ist verdünnt. Die mesenteriale Hälfte dieser Darmpartie ist intensiv geröthet, stark injicirt. Diese peritonitische Injection erstreckt sich an den weiter aufwärts gelegenen Schlingen hoch hinauf. — Nach Lösung der Einklemmung durch Spaltung des Bruchringes zeigen sich die Schnürfurchen deutlich ausgeprägt, doch nicht besonders tief; die untere ist blass, anämisch, die obere durch ein kleines Sugillat blau verfärbt, doch nicht nekrotisch; nirgends besteht eitrige Infiltration. — Die Darmschlinge in dem engeren, unteren Ringe ist dunkler verfärbt als die im oberen, doch ebensowenig nekrotisch; sie ist gleichfalls nicht gespannt, doch sind ihre Wandungen durch etwas anscheinend flüssigen Inhalt auseinandergedrängt. Ihre Reposition missglückt gleichfalls, gelingt weder durch circuläre Compression, noch durch Zug an ihren Schenkeln von der centralen Seite aus. Ihre Consistenz erscheint infolge blutigseröser Durchtränkung ihrer Wand etwas derber als normal. Inhalt lässt sich weder in die Schlinge hinein, noch aus ihr herausdrücken; auch neben ihr lässt sich noch ein Stäbchen durch den Bruchring schieben, wenn auch nicht ganz so leicht wie am oberen Bruch. Ihre Schnürfurchen zeigen sich nach Sprengung des Bruchringes deutlich ausgeprägt, etwas schärfer als die der ersten Bruchschlinge; sie zeigen eine geringe Injection der Serosa, erscheinen indess blass im Vergleich mit der blaurothen eingeklemmten Schlinge. Das miteingeklemmte kleine Mesenterialstück ist durch Sugillate blau verfärbt. — Das zwischen beiden Brüchen gelegene Darmstück ist 8 cm lang, nur sehr wenig gefüllt, bis auf geringe peritonitische Injection der Serosa von normaler Farbe und Consistenz. Der untere Einklemmungsring liegt ca. 10 cm oberhalb der Valvula Bauhini. — Das Jejunum ist nur mässig gefüllt; der Magen ist stark gebläht und enthält viel galliggefärbte Flüssigkeit. Die Schleimhaut des Darmes oberhalb der oberen Einklemmung ist eine grosse Strecke weit dunkelroth, nur an der nekrotischen Partie schwarz verfärbt und hier mit einem, nur theilweis abziehbaren, graugrünlichen diphtheritischen Belage bedeckt. — Die Schleimhaut in beiden eingeklemmten Schlingen ist, infolge Durchscheinens der Sugillate in der Muskelschicht, bläulichroth gefärbt, doch sonst normal; die des zwischen beiden Brüchen gelegenen, sowie die des abführenden Darmrohres ist ganz normal. Die Sugillate in der Darmwand der beiden Bruchschlingen beschränken sich, wenigstens makroskopisch, völlig auf die Muscularis und Submucosa, lassen die Mucosa frei, sind übrigens nicht besonders ausgedehnt. Als Inhalt findet sich im zuführenden Darmrohr viel derber und flüssiger brauner Koth, welchem Knochenstückchen beigemengt sind. Da, wo diese der Wand anliegen, ist der Darm nekrotisch geworden. In der obern Bruchschlinge findet sich ein einziger, sie ganz ausfüllender, wurstförmiger Kothballen von derbweicher Consistenz; in der untern Schlinge fast nur Darmschleim mit einigen ganz kleinen Kothbröckelchen unmittelbar vor dem abführenden Ende. Das zwischenliegende Darmstück enthält eine geringe Menge mit vielem Schleim vermengten, theils flüssigen, theils dünnbreiigen Kothes; das abführende Darmrohr ist nur mit dickem gelblichen Schleim erfüllt. Am aufgeschnittenen Darm betrug

die Länge der obern Bruchschlinge an ihrer Convexität 3 cm,

„ „ „ „ „ „ „ Concavität 2 „

„ „ „ untern „ „ „ Convexität 3 „

„ „ „ „ „ „ „ Concavität 2½ „

der Darmumfang der obern Bruchschlinge an der obern Schnürfurche 2,2 cm,

„ „ „ „ „ „ „ untern „ 1,9 „

„ „ „ untern „ „ „ obern „ 2,1 „

„ „ „ „ „ „ „ untern „ 1,6 „

„ „ „ obern . „ in ihrer Mitte 3,1 „

„ „ „ untern „ 2,5 „

„ „ des zuführenden Darmrohres an der nekrotischen

Stelle 7,0—7,5 „

„ „ „ „ „ oberhalb der Nekrose 4,0 „

„ „ „ zwischen beiden Brüchen gelegenen Darmes 3,1 „

„ „ „ abführenden Darmrohres 1,8 „

In beiden Schlingen kam es zu einer totalen Incarceration, d. h. zu einem vollständigen Verschluss beider Schlingenschenkel und Irreponibilität des Bruches. Von Anfang an bestand eine derartige Einklemmung nicht; denn wenn sich auch der Darm beim Versuche nur mühsam durch den etwas engeren untern Ring hindurchziehen liess, liess er sich doch ohne Schwierigkeit durch eine geringe circuläre Compression reponiren; noch leichter gelang dies bei der verhältnissmässig locker im obern Ring gelegenen Bruchschlinge. In letztere ist möglicherweise anfangs noch etwas Koth eingetreten, wenigstens schien die Schlinge unmittelbar nach dem Durchziehen durch den Bruchring völlig leer zu sein; die anfängliche Kothstauung muss indess sehr bald einer völligen Kotheinklemmung Platz gemacht haben, wie die geringe Quantität des Schlingeninhaltes beweist; vielleicht ist dieselbe auch schon bei Anstellung des Versuches in ihr vorhanden gewesen und nur übersehen worden. — In die untere Bruchschlinge ist jedenfalls aus dem zwischen beiden Brüchen gelegenen Darmstück kein Inhalt mehr eingedrungen; sie enthielt, ausser einer verschwindend kleinen Menge eingetrockneter Kothkrümel, die sicher in flüssiger Form schon bei der Incarceration in ihr vorhanden war, nur zähen Schleim. Beide Schlingen waren übrigens keineswegs gespannt, erschienen vielmehr kleiner, als beim

Beginn des Versuches. Irreponibel wurden beide durch Dickenzunahme ihrer Wand infolge ödematöser Infiltration, der gegenüber die Bruchpforten absolut zu eng wurden. — Trotz fehlender Kothstauung waren die Circulationsstörungen in der untern Bruchschlinge schwerer, als in der obern, offenbar wegen der etwas erheblicheren Enge des Bruchringes; in keinem der beiden Brüche erreichten sie indess eine solche Höhe, dass ihre Lebensfähigkeit wäre in Frage gestellt gewesen. Die Gangrän im zuführenden Darmrohr wurde durch die sehr bedeutende Kothstauung in ihm bedingt, wesentlich aber durch den auf seiner Wand ruhenden directen Druck unverdaulicher, fester Speisereste beschleunigt. Sie wurde auch durch Perforationsperitonitis zur directen Todesursache.

Versuch 10. 15. IV. 1885. Versuchsthier ist ein kleiner Spitz. Die Versuchsanordnung ist die gleiche. Die Weite der Bruchringe beträgt 12, resp. 12,5 cm. Durch den etwas engeren Ring lässt sich der Darm etwas schwerer durchziehen, als durch den weiteren; doch lässt sich neben beiden Brüchen ohne Mühe noch ein Stäbchen durch den Bruchring schieben. Ihre Länge beträgt je 3 cm.

Nach 3 Tagen, am 18. April, wird das krank aussehende Thier getödtet.

Obductionsbefund. Nach Eröffnung des Abdomen fliesst eine schmutzig grauröthliche, trübe, seröse Flüssigkeit ab. Das vorliegende Netz ist stark geröthet, zeigt indess keine Fibrinbeschläge. Die beiden Bruchringe sind in der Tiefe fixirt. Beim Versuch, den obern vorzuziehen, reissen Adhäsionen, welche ihn ganz von der Nachbarschaft abkapseln, und es quillt neben ihm eine geringe Menge Koth vor. Die in ihm liegende Bruchschlinge ist 3 cm lang, nicht gebläht; ihre Wand erscheint infiltrirt, fühlt sich derb an und scheint um eine geringe Inhaltsmenge contrahirt; ihre Reposition missglückt auch nach Lösung der Adhärenzen. Ihr Mesenterium ist nicht mit eingeklemmt, sondern reicht nur gerade bis an den Bruchring hinan. Die Bruchschlinge ist ziemlich stark geröthet, theils durch entzündliche Injection ihrer Gefässe, theils durch hämorrhagische Infarcirung; doch ist die Verfärbung nirgends dunkelblauroth. Das zuführende Darmrohr ist gebläht, seine Serosa injicirt, doch nirgends infarcirt oder gar nekrotisch. Der Koth entleert sich dicht neben dem Ringe aus der obern Schnürfurche. Nach Sprengung des Bruchringes zeigen sich beide Schnürfurchen sehr tief und scharfrandig und an ihrer Convexität an erbsengrosser Stelle perforirt. Es ist die Darmwand, wie sich an der aufgeschnittenen Schlinge zeigt, hier äusserst stark verdünnt, doch nicht sugillirt. Die Serosa des nicht perforirten Theiles der Schnürfurchen ist nur leicht entzündlich geröthet, sonst normal. Aus der obern Perforationsstelle entleert sich dünnbreiiger bräunlicher Koth von derselben Beschaffenheit, wie ihn das zuführende Darmrohr enthält; aus der untern lässt sich nur eine ganz geringe Menge eingetrockneten Kothes aus der eingeklemmten Schlinge selbst vorziehen. Die Schleimhaut des zuführenden Darmrohres ist normal, die der obern Bruchschlinge leicht geröthet. Das Darmstück zwischen beiden Brüchen ist fast ganz leer und von normalem Aussehen. Der untere Bruchring ist sammt seinem Inhalt vom Netz ringsum überlagert und mit ihm durch Pseudomembranen verklebt. Nach Lösung der letzteren lässt sich die Bruchschlinge, die dieselbe Grösse, wie beim Versuche hat, ohne Mühe im Ringe hin- und herschieben und leicht durch Taxis reponiren. Sie zeigt gar keine Circulationsstörungen, ihre Schnürfurchen sind sehr seicht, ihre Serosa ist leicht entzündet. Die Serosa der Bruchschlinge selbst ist normal, ihre Wand von normaler Dicke und Consistenz. Der untere Bruch ist $^1/_2$ cm von dem Dickdarm entfernt. Die Breite des zuführenden Darmrohres beträgt 4 cm; die der obern ersten Schnürfurche 2 cm, der untern ersten Schnürfurche 2,1 cm, der Mitte der ersten Bruchschlinge 3,4 cm, des intermediären Darmtheiles 3 cm, der obern zweiten Schnürfurche 2,5 cm, der untern zweiten Furche 2,4 cm, der Mitte der zweiten Schlinge 3,0 cm, des abführenden Darmrohres 2,9 cm.

Der vorstehende Versuch bietet ein hübsches Pendant zu dem vorangegangenen und dient zu seiner Controle. In beiden Experimenten bestand nämlich eine geringe Differenz zwischen der Weite des oberen und des unteren Bruchringes, die aber doch hinreichte, den Grad der Einklemmung verschieden zu gestalten. Die relative Weite der Bruchringe im Verhältniss zur Dicke der Bruchschlinge dürfte sich in beiden Versuchen nahezu völlig entsprochen haben, nur mit dem Unterschiede, dass, während in Versuch 9 der obere Ring etwas weiter war, es hier der untere ist. Dieser Unterschied bedingt nun die nicht unerhebliche Abweichung der Resultate beider Versuche und lehrt gleichzeitig, dass die Kothstauung oberhalb des Bruches für den Grad der Einklemmung doch von höherer Bedeutung ist, als es nach Versuch 9 scheinen möchte. Während nämlich in letzterem der engere Bruchring nur eine hochgradigere Stauung in der Schlinge herbeiführte, steigerte die gleichzeitige Kothstauung in Versuch 10 die Circulationsstörungen an den Schnürfurchen der Bruchschlinge zur Gangrän und Perforation, und während dort die Kothstauung auch im weiteren oberen Bruchringe eine totale Einklemmung und starke Stauung in der Schlinge verursachte, blieb letztere hier, wo die Kothstauung oberhalb der weiteren Pforte fehlte, nahezu unverändert und liess sich ohne Schwierigkeit noch nach 3 Tagen nach Lösung der Adhäsionen reponiren. Die Wirkung der Dehnung des Darmes oberhalb einer Bruchpforte äussert sich somit an der Bruchschlinge in einem festeren Anpressen ihrer Schenkel gegen die Wand des Bruchringes, und zwar wirkt am zuführenden Schenkel der Zug der convexen Wand des geblähten Darmrohres, am abführenden der Druck der mesenterialen Wand des letzteren, welcher das abführende Darmrohr am Bruchring abzuknicken sucht. — Der Versuch bietet ferner einen schönen Beleg für die Verschiedenheit des Druckes, den

die in der Bruchpforte liegenden Gewebe erleiden; während die Schnürfurchen bereits gangränös geworden und perforirt sind, ist die Bruchschlinge selbst noch völlig lebensfähig; es muss also das Mesenterium
eine erheblich geringere Compression erfahren haben.

Versuch 11. 24. VII. 1885. Bei einem kleinen Schäferhunde werden
2 Dünndarmschlingen durch je einen Bruchring von 12 mm durchgezogen
und von verschiedenen Seiten her mittelst einer bis in die Bruchschlinge
vorgeschobenen Canüle mit Wasser gefüllt. Beide Schlingen, sowie derjenige Schenkel jedes Bruches blähen sich, von dem aus die Canüle eingeführt war; das zwischen beiden Brüchen gelegene mittlere Darmstück bleibt
leer. Reposition beider Brüche.

25. VII. 1885. 24 Stunden nach Anstellung des Versuches wird heut
der Hund getödtet. Beide Brüche sind in mässigem Grade gebläht, etwas
stärker, als beim Ende des Versuches am vorhergehenden Tage. Das zuführende Darmrohr, wie der mittlere Darmabschnitt zwischen beiden Brüchen
ist ausgedehnt, das abführende ist contrahirt. Die obere Bruchschlinge
enthält eine mässige Menge derbbreiigen Kothes von derselben Beschaffenheit, wie der Inhalt des zuführenden Rohres. Aus letzterem lässt sich
durch leichten Druck Koth in die Schlinge hineinpressen; es setzt sich die
Kothsäule ohne Unterbrechung aus dem zuführenden Rohr durch die Bruchschlinge hindurch in das zwischen beiden Brüchen gelegene Darmstück fort,
das in seiner obern Hälfte den gleichen Inhalt, in seiner untern neben Koth
noch viel Schleim enthält. Die untere Bruchschlinge enthält fast nur Gase,
ausser ihnen nur eine ganz geringe Menge trockener Kothbröckel. Die
Wandung beider Bruchschlingen ist normal, die Schnürfurchen erscheinen
kaum angedeutet. Eine hämorrhagische Infarcirung fehlt gänzlich. Das
abführende Darmrohr enthält auch nur sehr wenige, trockne, helle Skybala.

Trotz der gleichen Weite der Bruchringe beider Brüche kam es
in vorstehendem Versuch doch nur in der untern Schlinge zu einer
Incarceration. Ich habe in meinen Versuchen mehrfach die Beobachtung gemacht, dass, während die eine Darmschlinge des Versuchsthieres
sich ohne Mühe durch einen Bruchring hindurchziehen liess, eine zweite,
gleichfalls leere Schlinge denselben oder einen gleich weiten Ring nur
sehr mühsam passirte. Die Ursache hierfür vermuthe ich in verschiedenen Contractionszuständen des Darmes, die natürlich eine verschiedene
Dicke seiner Wandungen zur Folge haben. Die locale Reizung, welche
die Schlinge beim Hindurchziehen durch einen Ring erfährt, ruft locale
Contractionen hervor, und öfter hatte ich Gelegenheit zu sehen, wie
die Bruchschlinge sich bald nach dem Durchziehen durch den Ring
contrahirte, Kugelgestalt annahm und kleiner erschien als vorher im
nicht contrahirten Zustande. Gleichzeitig war sie derber anzufühlen,
entsprechend der Verdickung ihrer Wand. Schon geringe Dicken-
differenzen genügen aber, wie wir bereits früher gesehen, um einen
Bruchring, der vorher noch ein freies Lumen zeigte, so auszufüllen,

dass letzteres verschwindet, und die Darmwände, wenn auch ohne jede Pressung, genau an einander zu liegen kommen. So scheint bei völlig gleicher Weite der Bruchringe und gleicher Länge der Bruchschlingen die Verschiedenheit der Contraction ihrer Musculatur dazu führen zu können, dass im einen Fall eine Kotheinklemmung erfolgt, im andern der Bruch permeabel bleibt. Freilich kann auch der verschiedene Fettgehalt des Mesenteriums derartige Differenzen bedingen. Der Darminhalt passirte im vorstehenden Versuch die obere Bruchschlinge anstandslos, wie seine völlig gleiche Beschaffenheit im zuführenden und abführenden Schenkel und in der Schlinge beweist; vor der Bruchpforte des unteren Bruches machte er indess Halt und dehnte den zwischen beiden Brüchen gelegenen Darmabschnitt. Der Inhalt der untern Bruchschlinge, Gase und etwas eingetrockneter, gewiss schon bei Beginn des Versuches in ihr vorhandener Koth, war an beiden Schenkeln vom geblähten zuführenden wie dem stark contrahirten abführenden Ende abgesperrt. Beide Schlingen waren zwar etwas stärker gebläht als bei Anstellung des Versuches, doch durchaus nicht besonders prall; die Blähung der unteren incarcerirten Bruchschlinge ist sicher erst nach dem Verschluss ihrer beiden Schenkel durch Gasentwicklung in ihr zu Stande gekommen, nicht aber durch plötzliches Einströmen von Koth aus dem zuführenden Ende; sonst hätte sich mehr Darminhalt in ihr vorfinden müssen. — Interessant ist, dass der Verschluss, welcher am abführenden Schenkel der obern Bruchschlinge primär durch die Injection von Wasser erzeugt war, sich nachher wieder gelöst hat, so dass der Darminhalt freie Passage fand. Der Grund hierfür dürfte darin zu suchen sein, dass die durch die plötzliche Dehnung der Bruchschlinge vorübergehend aufgehobene Peristaltik der letzteren sich nach theilweisem Abfliessen des Wassers in das obere Ende, resp. theilweiser Resorption desselben wiederherstellte und so die Stenose forcirte, was der einfachen Drucksteigerung, weil sie zu einer Dehnung der Schlinge vor der Stenose führte, nicht gelang, vielleicht auch deshalb nicht, weil sie durch gleichzeitige Entfaltung des zuführenden Schenkels den abführenden stärker comprimirte, genau wie bei dem Lossen'schen Einklemmungsexperiment an todten Därmen. — Circulationsstörungen fehlten in beiden Brüchen nahezu völlig. Ich betone dies deshalb, weil wir damit am Experiment eine Erfahrung bestätigt sehen, die uns die klinische Beobachtung öfter lehrt, dass trotz bestehender totaler Incarceration, d. h. Absperrung und Irreponibilität des Schlingeninhaltes die Circulation der Schlinge längere Zeit intact bleiben kann.

Ganz abweichend von dem Resultate der bisher angeführten Versuche dieser Gruppe ist das des folgenden.

Versuch 12. 21. IV. 1885. Versuchsthier ist ein junger, kleiner, doch gut genährter Hund. Mit grosser Leichtigkeit wird eine Dünndarmschlinge durch einen Bruchring aus Cigarrenbrettchenholz mit einer Lumenweite von 14 mm gezogen, in welchem sie frei hin und her gleitet, und nun von dem einen Ende aus aufgeblasen. Die injicirte Luft bläht indess nicht nur die Schlinge, sondern entweicht auch in den zu- wie abführenden Darm, so dass eine offene Communication beider Schlingenschenkel mit dem übrigen Darmrohr besteht. Doch liegt die Schlinge nun etwas fester im Bruchring fixirt; sie misst an ihrer Convexität circa 6 cm, ist rosaroth und gleicht in ihrem Aussehen völlig dem des geblähten zu- wie abführenden Rohres, zeigt keine Stauungserscheinungen und lässt sehr deutliche Arterienpulsation wahrnehmen. Nach ihrer Reposition wurde eine zweite, mehrere Centimeter von ihr entfernte, doch auch noch etwas mit Luft geblähte Schlinge durch einen zweiten Bruchring von gleichfalls 14 mm Lumenweite ohne Schwierigkeit gezogen, doch nicht aufgeblasen; sie misst an ihrer Convexität 8 cm, lässt sich auch sehr leicht im Ringe hin- und herschieben. Sie wird gleichfalls reponirt und dann die Bauchwunde geschlossen.

Der Hund machte in den ersten Tagen nach der Operation einen krankhaften Eindruck, erholte sich indess anscheinend wieder vollständig. Daher wurde er, da es zu einer Einklemmung nicht gekommen zu sein schien, nach 3 Wochen zu einem neuen, dem folgenden Versuch benützt.

Versuch 13. 13. V. 1885. Die Bauchhöhle wird in der frühern Narbe durch einen langen Schnitt eröffnet, um genügend die durch den ersten Versuch geschaffenen Verhältnisse kennen zu lernen. Es stellt sich sogleich eine etwas geblähte und geröthete Dünndarmschlinge. Die Serosa erscheint überall glatt, nicht entzündet; in der Bauchhöhle befindet sich kein Exsudat. Im Epigastrium trifft man auf ein vom Netz überlagertes Darmschlingenconvolut, an dessen Basis man einen der alten Bruchringe fühlt; der zweite Ring ist nicht aufzufinden. Auch der erstere lässt sich sammt dem von ihm umschlossenen Darm nur mit Mühe ein wenig vorziehen und erscheint in der Tiefe an der Wurzel des Mesenteriums fixirt. Die Darmschlingen sind hier unter einander und mit dem Netz so fest verwachsen, dass auf ihre Lösung verzichtet wird, obwohl es unmöglich ist, einen Einblick über den Verlauf der Schlingen zu erlangen. Sie haben ein eigenthümlich graublaues, cyanotisches Aussehen, das scharf gegenüber der hellen Injectionsröthe der ersterwähnten geblähten, freien Darmschlinge absticht. Letztere, die wegen ihrer Blähung oberhalb der Einschnürung gelegen erscheint, wird nun an zwei verschiedenen Stellen durch zwei Bruchringe gezogen, die mit Bruchsäcken — dünnen, dehnbaren Gummiballons, die in einer Furche des Randes der Ringe fixirt sind — armirt sind; der Durchmesser der Ringe beträgt je 12 mm. Der Darm lässt sich nur schwer und nicht ohne geringe Quetschungen durch sie hindurchziehen; die Länge dieser Bruchschlingen beträgt je 4 bis 5 cm; sie liegen in den Ringen ziemlich fest. Reposition. Naht der Bauchwunde.

14. V. 1885. Heute früh wurde der Hund todt im Stalle aufgefunden.
Obductionsbefund. Nach Eröffnung der Abdominalhöhle entleert
sich aus ihrer Tiefe eine mässige Menge blutiger, rostbrauner, trüber
Flüssigkeit. In der Medianlinie liegt sogleich die gestern doppelt eingeklemmte Dünndarmschlinge mit den beiden Bruchringen zu Tage; einige
leicht trennbare Adhäsionen verkleben sie mit dem Netz, das seinerseits
fest einem auf und rechts von der Wirbelsäule gelegenen Darmconvolut
adhärent ist. Der Darmabschnitt zwischen den beiden erstgenannten Brüchen
ist gebläht, zeigt indess an der Grenze seines obern und mittleren Drittels
infolge einer Abknickung eine ringförmige Einschnürung, die auch nach
Lösung der Knickung deutlich bleibt. Beim Verfolgen der Darmschlingen
stellt sich heraus, dass die oberste eingeklemmte Stelle (Ring I, mit Bruchsack versehen) nur etwa $^1/_4$ bis $^1/_3$ m vom Magen entfernt ist; der Darm
oberhalb derselben ist nicht gebläht, nur ganz wenig geröthet, von fast
normalem Aussehen. Der Darmabschnitt zwischen dem ersten und zweiten
Ringe ist stark geröthet, theils fleck- und streifenförmig, theils mehr diffus,
zeigt indess keine fibrinösen Auflagerungen. Beide Bruchsäcke sind mässig
prall gespannt. Bei dem Druck auf sie quillt zwischen der Bruchschlinge
und dem Bruchringe etwas dunkles, stark blutig tingirtes Bruchwasser vor.
Nach Spaltung der Bruchsäcke stellen sich beide Brüche als je circa 4 bis
6 cm lange Darmschlingen dar, die leicht mit dem Bruchsack verklebt sind.
Sie sind dunkelblauroth, nicht gespannt, von mässig derber Consistenz;
ihre Wandungen sind durch blutigseröse Infiltration etwas verdickt. Die
Reposition der Schlingen durch Taxis missglückt, sowohl vor wie nach der
Spaltung des Bruchsackes; durch Druck auf die gefüllten zuführenden Enden
lässt sich noch etwas Inhalt in die Brüche eintreiben; Zug von der centralen
Seite her vermag sie aus der Einschnürung zu befreien. Beide Schlingen
liegen nur so weit im Bruchsack, dass gerade noch der anstossende Theil
ihres Mesenteriums mit eingeklemmt ist. Die Schnürfurchen sind deutlich
ausgeprägt, doch nicht besonders tief, blass. Die Wand der Bruchschlingen
ist in ihrer ganzen Dicke blutig suffundirt, die Schleimhaut dunkelblauroth. ·
Ihren Inhalt bildet eine geringe Menge dünnflüssigen, blutig tingirten
Stuhles. Die Breite des oberhalb des ersten Bruches gelegenen Darmrohres
beträgt nach dem Aufschneiden durchschnittlich 3 cm, die des Darmes
zwischen dem ersten und zweiten Ringe 4 bis 4,5 cm. Die Schleimhaut des
ersteren ist nur ganz leicht, die des letzteren stärker geröthet, doch nicht
hämorrhagisch infarcirt. Beide Darmabschnitte enthalten dünnen, gelblichen,
mit unverdauten Speisepartikeln vermischten Koth. — Der Darmabschnitt
zwischen dem zweiten und dritten (ersten früheren) Bruchringe ist noch
stärker gebläht, als der zwischen dem ersten und zweiten. Der dritte Bruch
lagert links von der Wirbelsäule im Mesogastrium, ist hier durch Adhäsionen,
speciell mit dem Netz einigermassen fixirt. Letzteres adhärirt der Bruchschlinge und dem Bruchringe so fest, dass die Verwachsungen nur mit der
Scheere gelöst werden können. Es besteht Bruch III aus einer 6 cm langen
Schlinge von mässig praller Füllung. Nach Ablösung der sie bedeckenden
Pseudomembranen zeigt sie ein annähernd normales Aussehen. Bei Druck

auf den stark gefüllten Darmabschnitt zwischen dem zweiten und dritten Bruch füllt sich die Bruchschlinge und bei stärkerem Druck fliesst der Inhalt aus ihr weiter in den Abschnitt zwischen Bruch III und IV. Es ist also die Kothpassage wenigstens für dünnen Stuhl noch erhalten. Die Wand der dritten Bruchschlinge ist sehr wenig verdickt, sie selbst etwas gedehnt, ihre Schleimhaut normal; ihre Schnürfurchen sind deutlich ausgeprägt; neben dünnflüssigem Koth, welcher sich leicht wegdrücken lässt, enthält sie einzelne derbe, ja harte Skybala, die die Stenose am abführenden Schenkel nicht passiren konnten. Der gleiche Inhalt findet sich in dem sehr ausgedehnten Darmabschnitt zwischen Ring II und III. Die Wand dieses Theiles ist bis zu 3 mm verdickt, in allen Theilen hypertrophisch, ihre Schleimhaut geschwollen, grauröthlich, theilweis schiefergrau verfärbt. Seine Breitenausdehnung beträgt 7,5 cm. — Der vierte, das erwähnte Schlingenconvolut umfassende Bruchring ist rechts neben der Wirbelsäule fixirt. Circa 15 cm unterhalb des dritten Bruches tritt der Darm in ihn ein, windet sich mehrfach hin und her, und tritt erst in der Mitte des Dickdarmes wieder aus ihm heraus. Die grosse Bruchschlinge besteht demnach aus dem ganzen untersten Abschnitt des Dünndarmes und der obern Hälfte des Dickdarmes; ihre zahlreichen Windungen sind theils unter einander, theils mit dem Bruchring verwachsen. Der Processus vermiformis ist nur theilweis durch den Ring hindurchgetreten, liegt mit seiner grösseren Hälfte peripher, mit seinem ampullenförmigen blinden Ende indess noch diesseits des Ringes, so dass dieser von 3 Darmschlingen — der eintretenden Schlinge des Dünndarmes, der austretenden des Dickdarmes und dem Processus vermiformis — und dem Mesenterium passirt wird. Letzteres ist verdickt, blauroth, bis in die feinsten Gefässverzweigungen hinein stark injicirt; die in ihm gelegenen Drüsen sind bis über Bohnengrösse geschwollen, derb und stemmen sich gegen den Ring an. Die untere Schnürstelle liegt etwa $\frac{1}{4}$ m oberhalb der Analöffnung. Durch Zug am Mastdarm lässt sich der den Ring passirende Abschnitt des Dickdarmes etwas aus ihm vorziehen, die Dünndarmschlinge lässt sich nicht bewegen, der Processus vermiformis erst nach Lösung einiger fixirender Adhärenzen. Die Bruchschlinge hat eine Länge von 60 cm. Ihre Wandung ist in ihrer ganzen Dicke überall gleichmässig dunkelblauroth verfärbt; die Dickdarmschleimhaut ist sogar hier und da schwarzroth. Die Serosa hat ihren normalen Glanz verloren, die Gefässe sind an vielen Stellen nicht mehr deutlich zu erkennen, die Consistenz ihrer Wandung ist indess noch normal. Der Inhalt der Bruchschlinge ist dünnflüssig, gleichmässig röthlich durch beigemengtes Blut gefärbt und enthält grosse Mengen derberer Partikelchen, Knochensplitter etc. beigemengt. An der Durchtrittsstelle durch den Bruchring sind Dünn- und Dickdarm so fest eingeschnürt, dass die Kothpassage zuletzt offenbar aufgehoben war. — Der Darmabschnitt zwischen dem dritten und vierten Ringe ist nur 3,5 bis 5,5 cm breit und bietet ausser einer stärkeren Injection seiner Schleimhaut nichts Besonderes. — Das abführende Darmrohr unterhalb der untersten Schnürstelle enthält nur sehr wenige trockne Kothbröckel.

Der Obductionsbefund lehrt, dass Versuch 12 nicht, wie die anscheinend völlige Erholung des Hundes von demselben vermuthen liess,
misslungen war, sondern schliesslich doch zu einer totalen Einklemmung,
freilich nur der unteren Schlinge, geführt hat. Der physiologische
Vorgang derselben ist allerdings grundverschieden von dem in den
letzten Versuchen. Während wir in diesen nie eine besondere Grössenzunahme der Schlinge zu verzeichnen hatten, finden wir in Versuch 12
einen ganz ähnlichen Befund wie in den Versuchen unserer ersten
Gruppe mit Benützung extraabdominal gelegener Bruchsäcke. Während
indess bei letzteren neben der Dehnung der Schlinge durch nach-
strömenden Inhalt namentlich die Bauchpresse die Vergrösserung des
Bruches bewirkte, ist in diesem Versuch lediglich das erstere Moment
wirksam gewesen; das schliessliche Resultat ist nahezu ein gleiches,
die Ursachen sind sehr verschiedene. Dass in der That nur die vor
dem abführenden Ende in der Schlinge stattfindende Kothstauung Ursache des Nachrückens von Darm durch den Bruchring ist, ergiebt
sich bestimmt daraus, dass die Vergrösserung der Bruchschlinge lediglich
lich auf Kosten des abführenden Rohres geschah; denn die Entfernung
zwischen dem dritten und vierten Bruche ist die gleiche geblieben wie
bei Beginn des Versuches. Ob der Verschluss des abführenden Schenkels der untersten Bruchschlinge von Anfang an bestanden oder ob
die Kothstauung erst durch Ansammeln festerer, unverdaulicher Speisereste vor dem stenosirten unteren Darmende eingeleitet wurde, lässt
sich nicht entscheiden. Dass sie jedenfalls längere Zeit gewährt hat,
deutet die enorme Länge des durch den Bruchring gezogenen Darmabschnittes an. Dass trotz dieser Hemmung der Kothpassage das Allgemeinbefinden des Thieres so lange ein anscheinend gutes blieb, zeigt,
wie gut Hunde, im Vergleich zu Kaninchen, eine einfache Kothstauung
ertragen, wofern dieselbe nicht gleichzeitig mit schwereren Circulationsstörungen der Bruchschlinge complicirt ist. Solche sind in unserem
Versuch jedenfalls erst in den letzten Tagen aufgetreten, nachdem
sich die bisherige Kothstauung infolge des andauernden Nachziehens
von Darm und Mesenterium, schliesslich auch des Processus vermiformis zur wahren Kotheinklemmung gesteigert hatte. Sicher bestand
diese bereits am Tage vor dem Tode des Thieres, d. h. an dem, an
welchem Versuch 13 angestellt wurde; die bei letzterem bereits constatirte stark cyanotische Verfärbung eines grossen Darmconvolutes
bewies das Vorhandensein einer schweren Circulationsstörung. Die bei
Versuch 13 unabsichtlich ausgeübten Zerrungen mögen freilich zur
stärkeren Befestigung des Verschlusses und zur Beschleunigung der
Darmnekrose beigetragen haben.

Der durch Versuch 12 hergestellte obere Bruch, also Nr. 3 des

Obductionsprotokolles, blieb jederzeit für den Darminhalt durchgängig; auch scheint die Blutcirculation in ihr kaum behindert gewesen zu sein; immerhin beweist die Ausweitung und Hypertrophie des zuführenden Darmrohres, dass die durch den Ring bedingte Stenose so erheblich war, um dem Durchgang des Darminhaltes Schwierigkeiten zu bereiten. — Weshalb es nur in der unteren Bruchschlinge zur Kothstauung und schliesslichen Einklemmung kam, obwohl beide Bruchringe gleich weit waren, vermag ich nicht zu sagen; vielleicht lag in ihm die von vornherein grössere Bruchschlinge.

In der Anordnung von Versuch 13 benützte ich bereits eine Modification, wie ich sie in der ganzen folgenden dritten Gruppe anwandte; durch Fixirung eines dünnen Gummisackes rings um den Bruchring stellte ich mir nämlich einen künstlichen Bruchsack her. Auf diese Weise hoffte ich einerseits die Bedingungen für die Quantität und Qualität des Bruchwassers kennen zu lernen, andererseits Aufschluss darüber zu erhalten, ob die durch das Bruchwasser im Bruchsacke bedingte Drucksteigerung einen Einfluss auf die Bruchschlinge selbst ausübe.

An beiden Brüchen stellte sich im Versuch 13 ein Verschluss beider Schenkel her; Darminhalt dürfte in keinem von beiden mehr eingeströmt sein; die geringe Menge, welche sich bei der Obduction in den beiden Bruchschlingen vorfand, ist wahrscheinlich schon bei Beginn des Versuches in ihr vorhanden gewesen und wurde nur durch die stark blutig seröse Transsudation in das Lumen derselben vermehrt. Die Circulationsstörungen waren in beiden Schlingen recht beträchtlich, waren doch ihre Wandungen stark suffundirt und das Bruchwasser stark blutig gefärbt. Gleichwohl kann der Grad der Einschnürung kein allzu erheblicher gewesen sein, liess sich doch durch Compression des zuführenden Darmrohres direct vor der Bruchpforte noch Darminhalt in die Bruchschlinge treiben, also der Verschluss des zuführenden Endes noch öffnen. Umgekehrt gelang es freilich nicht, Schlingeninhalt in das zu- oder abführende Rohr durch Taxis zu pressen.

Versuch 14. 6. V. 1885. Versuchsthier ist eine kleine, gut genährte, in der Lactation begriffene Hündin. Zwei in starker Peristaltik befindliche, mässig contrahirte Dünndarmschlingen werden durch je einen mit einem Gummibruchsack versehenen Bruchring geschoben, dessen Lumenweite 13 mm beträgt. Ihre Einführung in letztere gelingt ohne Mühe, doch gleiten sie nicht reibungslos in denselben; ihre Länge beträgt je 6 cm. Reposition beider Schlingen.

1. VI. 1885. In den ersten 8 Tagen nach der Operation machte der Hund einen recht kranken Eindruck, erholte sich indess dann wieder und begann zu fressen, magerte aber sehr ab; in den letzten Tagen schien er wieder recht krank und starb heute früh.

Obductionsbefund. Nach Eröffnung der Bauchhöhle entleert sich eine scheusslich stinkende, blutige, schmutzig verfärbte Flüssigkeitsmenge. Sämmtliche Bauchorgane sind stark injicirt. Die Darmschlingen sind sämmtlich unter einander und mit dem Netz zu einem fast unentwirrbaren Convolut durch alte und frische Adhäsionen verwachsen. Beim Versuch, diese zu lösen, tritt rechts wie links aus zwei Rissstellen Koth aus. Derselbe dringt aus einer grossen durch Darmschlingen und Pseudomembranen allseitig abgeschlossenen Höhle von mehr als Faustgrösse, welche sich von rechts her dicht vor der Wirbelsäule nach links hin erstreckt. Rechts münden in dieselbe zwei quer durchtrennte, mit ihren Enden nicht mit einander zusammenstossende Darmschlingen ein, von denen die zuführende ausgedehnt ist. Die in ihr befindliche Kothsäule setzt sich ohne Unterbrechung in die Kothmasse der erwähnten Höhle fort. 12 cm oberhalb ihres freien Endes zeigt ihre Wand eine 50pfennigstückgrosse, in die Höhle mündende Perforationsöffnung. In der Höhle findet sich neben flüssigem resp. breiigen Koth eine enorme Menge unverdaulicher Speisebestandtheile: Stroh, Knochen, Sand etc., sowie die beiden Bruchringe sammt ihren Bruchsäcken, völlig frei liegend. Der abführende Darm enthält noch breiigen Koth, das Rectum nur wenige trockne Kothballen.

Einen genauen Einblick in den Vorgang des Incarcerationsmechanismus in diesem Versuch gestattet der Obductionsbefund nicht; nur soviel lässt sich mit Sicherheit schliessen, dass eine totale Einklemmung erfolgt ist und zur Nekrose des Darmes geführt hat. Die schweren Krankheitserscheinungen in den ersten Tagen nach Anstellung des Versuches, die enorme Ausdehnung des Kothabscesses deuten darauf hin, dass die Perforation des Darmes bereits frühzeitig, allerdings erst nach Bildung festerer, die Darmgangrän abkapselnder Adhäsionen eingetreten ist. Wahrscheinlich führte ein schliessliches Durchbrechen derselben die diffuse Peritonitis und damit den Tod herbei.

Versuch 15. 6. V. 1885. Versuchsthier ist eine kleine Hündin. Zwei ausserordentlich dünne Dünndarmschlingen werden durch je einen Bruchring von 12 mm Lumenweite, an dem ein kleiner Gummibeutel als Bruchsack fixirt ist, geschoben. Da sie in ihm leicht hin und her gleiten, wird neben ihnen in jeden Ring noch ein Stück des mässig fettreichen Netzes in den Bruchsack eingeführt. Reposition beider Schlingen.

29. V. 1885. Abgesehen vom ersten Tage nach der Operation blieb der Hund stets ganz munter, bot nicht die mindesten Erscheinungen einer Einklemmung. Daher wird er heut zu einem neuen

Versuch 15 b. verwendet. Nach Incision der alten Narbe zeigen sich einzelne Darmschlingen durch leicht trennbare Adhäsionen mit der Bruchwand verwachsen. Keine Peritonitis. Die Darmschlingen zeigen ein ganz normales Aussehen. Die Bruchringe liegen im linken Hypochondrium fixirt. Die Darmschlingen scheinen sich aus ihnen zurückgezogen zu haben. Eine derselben wird nun durch einen gleichfalls mit einem Gummibruchsack versehenen Bruchring von 11,5 mm Lumenweite gezogen. Ihre Länge beträgt circa 5 cm. Die Schlinge wird darauf mit Wasser aufgeblasen; sie füllt sich, doch fliesst ein Theil des Wassers neben der Canüle wieder zurück, so dass die Schlinge beim Nachlass der Injection wieder etwas zusammenfällt. Reposition. Naht der Bauchwunde.

1. VI. 1885. Heute Vormittag starb der Hund.

Obductionsbefund. Die Darmschlingen sind theilweis mit der vordern Bauchwand verklebt. Aus der Tiefe der Bauchhöhle entleert sich eine reichliche Menge gelbröthlicher, etwas blutig verfärbter Flüssigkeit. Rechts von der Medianlinie findet sich der leere in Versuch 15 b verwendete Bruchring mit seinem Bruchsack und dicht neben ihm die eingeklemmt gewesene, mit einer Fibrinschicht umhüllte Darmschlinge, aus deren oberer Schnürfurche aus einer Perforationsöffnung dünner Koth abfliesst. Die Einklemmung sitzt etwa $^1/_2$ m unterhalb des Magens. Das zuführende Darmrohr ist stark gebläht, das abführende zusammengefallen; beide sind, besonders stark aber das erstere, geröthet und zeigen fibrinöse Beschläge, durch die sie der Nachbarschaft adhärent sind. Eine geringe Kothmenge ist neben dem Bruche durch Pseudomembranen abgekapselt. — Die Bruchschlinge selbst lässt sich nach Entfernung ihrer Fibrinhülle aus einander ziehen, wobei die ihren zu- und abführenden Schenkel mit einander verklebenden Adhäsionen reissen; sie ist um ihren geringen Inhalt contrahirt, nicht im mindesten gebläht, 4 bis 5 cm lang, bläulich roth, nicht infarcirt, von normaler Consistenz. Die untere Schnürfurche ist nur im Bereich der Submucosa wenig infarcirt, hat aber sonst normale Beschaffenheit. Die Ränder der kleinlinsengrossen Perforation in der Convexität der obern Schnürfurche sind dunkelroth, gewulstet, evertirt; die Schleimhaut der obern Furche ist stark injicirt. — Das zuführende Darmrohr enthält viel dünnflüssigen, gallig gefärbten Inhalt; die eingeklemmte Schlinge selbst nur dicken, gelben, nicht blutigen Schleim; der abführende Darm enthält trocknen, breiigen Koth, ist ziemlich contrahirt. — Die übrigen Darmschlingen liegen, vom Netz unbedeckt — dieses ist nach links oben gezogen und mit den Darmschlingen und den Bruchringen von Versuch 15 a verwachsen —, durch zahlreiche feste Adhäsionen zu einem Convolut zusammengeballt mehr auf der linken Seite und erfahren durch die Verklebungen zahlreiche Knickungen. Die Ringe und Bruchsäcke von Versuch 15 a sind völlig leer; Netz und Bruchschlingen haben sich aus ihnen zurückgezogen und sind nur durch Adhäsionen mit ihnen verklebt.

Wir haben hier einen jener Fälle von Spontanreposition der eingeklemmten Schlinge nach Perforation der oberen Schnürfurche vor uns, wie wir sie auch klinisch hin und wieder zu beobachten Gelegenheit haben; ich komme hierauf später zu sprechen. Darminhalt ist, wie die völlige Leere der Schlinge von Koth beweist, überhaupt nicht mehr in sie eingetreten; beide Schenkel waren von Anfang an verschlossen. Der nachdrängende Koth führte zur Kothstauung und Dehnung des Darmes oberhalb der Bruchpforte und bedingte durch festes

Anziehen des zuführenden Schenkels an den Bruchring eine directe Druckusur der oberen Schnürfurche. Die untere Furche zeigte nur geringe pathologische Veränderungen; auch die Blutcirculation in der Bruchschlinge selbst ist trotz der Gangrän der oberen Schnürfurche nur unwesentlich gestört worden, abermals ein Beweis, wie ungleich die Druckverhältnisse in der Bruchpforte sind. Dass sich in Versuch 15a beide Bruchschlingen aus ihren Bruchsäcken zurückzogen, hat wohl in der Kleinheit der letzteren, wie der relativen Weite der Bruchringe und in der Zerrung des in beide Säcke mit hineingezogenen Netzes seinen Grund. Vielleicht presste der mit der Transsudation von Bruchwasser in den Bruchsäcken steigende Druck die nur locker in ihren Ringen liegenden Schlingen leicht heraus. Dieselbe Ursache dürfte wohl auch die Spontanreposition der Bruchschlinge in Versuch 15b nach dem Aufhören der Kothstauung infolge der Perforation veranlasst haben.

Versuch 16. 29. V. 1885. Versuchsthier ist ein kleiner Spitz. Zwei Darmschlingen werden durch 2 völlig gleich beschaffene, doch äusserlich gekennzeichnete, mit Gummibruchsäcken versehene Ringe von je 11 mm Lumenweite gezogen. Die eine Bruchschlinge wird nun sogleich reponirt, die andere vor der Reposition mit Wasser aufgebläht, wobei wiederum Wasser neben der Canüle zurückströmte.

Am 2. VI. 1885 erfolgte der Tod.

Obductionsbefund. Nach Eröffnung des Abdomen fliesst aus der Tiefe eine mässige Menge blutig gefärbter, seröser Flüssigkeit ab. Die Darmschlingen werden von dem Netz fast in ganzer Ausdehnung bedeckt. Letzteres ist sehr stark geröthet und mit den ebenfalls sehr lebhaft injicirten Darmschlingen durch leicht trennbare Adhäsionen verklebt; letztere verbinden auch die Mehrzahl der Darmschlingen unter einander. Nach Indie-Höhe-schlagen des Netzes liegt in der Mittellinie der eine, links von ihr der andere Bruchsack zu Tage; neben dem Bruchringe des letzteren fliesst Koth vorbei. Der linksseitige entspricht dem zuerst eingeklemmten, nicht mit Wasser aufgeblähten, eine höher oben liegende Darmschlinge betreffenden Bruch I. Sein Bruchsack ist stark ausgedehnt und gespannt, von einer Fibrinschicht, die auf die anliegenden Darmschlingen übergeht, umhüllt. Das stark geblähte und dunkel geröthete zuführende Darmrohr hat das engere, minder stark geröthete abführende Rohr etwas zur Seite gedrängt. An der Convexität beider, an der Eintrittsstelle in den Bruchring bemerkt man je eine kleine Perforationsstelle, aus der Koth hervordringt. Nach dem Aufschneiden des Bruchsackes entleeren sich etwa 1½ Esslöffel voll nicht blutigen, hellgelben, klaren Bruchwassers. Die Bruchschlinge ist mit einer dicken, fibrinös-sulzigen Schicht umhüllt, die sich leicht ablösen lässt. Sie ist blauröthlich gefärbt, doch nirgends dunkelroth, nicht hämorrhagisch infarcirt, wenig gefüllt, nicht gebläht, von normaler Consistenz. Die Perforationsöffnungen sind je linsengross; ihre Ränder sind etwas evertirt, gewulstet und durch hämorrhagische Infarcirung dunkelroth verfärbt; dieselbe durchdringt die Darmwand bis auf die Schleimhaut; letztere ist an dem noch erhaltenen, mesenterialen Abschnitt der Schnürfurchen etwas verdünnt und injicirt. Das mit eingeklemmte Mesenterium zeigt, abgesehen von einer kleinen Hämorrhagie, gerade an seiner Ansatzstelle an die Bruchschlinge nichts Abnormes. — Das zuführende Darmrohr ist mit dünnbreiigem, braunem Koth gefüllt; die Bruchschlinge enthält nur gelblichen, nicht blutigen, zähen Schleim, das abführende, also zwischen beiden Brüchen gelegene Darmrohr, dünnbreiigen, mit Schleim gemischten Koth. — Die Schleimhaut ist überall stark geröthet, namentlich am zuführenden Rohre, doch, abgesehen von den beiden Perforationsstellen, nirgends blutig infarcirt. Sie ist nicht verdünnt, bietet überall normale Consistenz. Der Bruch sitzt 1½ m unterhalb des Magens; die Bruchschlinge hat eine Länge von 5 cm, das Darmstück zwischen beiden Brüchen eine solche von 15 cm. Die Breite des aufgeschnittenen Darmes beträgt am zuführenden Abschnitt 35 mm, an der obern Schnürfurche 24 mm, in der Mitte der Bruchschlinge 29 mm; an der untern Schnürfurche 25 mm. — Der Bruchsack des median gelegenen, einer tieferen Darmschlinge angehörigen, beim Versuch mit Wasser aufgeblähten Bruches II ist etwas weniger prall gefüllt, als der des ersten, doch immerhin noch ziemlich gespannt, gleichfalls ringsum von einer Fibrinschicht umgeben. Der Bruchring wird durch die beiden Schlingenschenkel und den zugehörigen kleinen Mesenterialabschnitt völlig ausgefüllt. Das zuführende, zwischen beiden Brüchen gelegene Rohr ist mässig ausgedehnt und drängt das contrahirte abführende Ende etwas zur Seite; ihre einander zugekehrten Flächen sind eine kurze Strecke weit mit einander verklebt. Durch Druck auf das zuführende Darmrohr lässt sich kein Darminhalt in die Bruchschlinge einpressen, ebensowenig aus letzterer durch Druck auf den Bruchsack herausdrücken. Erst bei stärkerer circulärer Compression des letzteren spritzt zwischen Bruchring und Bruchschlinge etwas hellgelbe, nicht blutige, seröse Flüssigkeit (Bruchwasser) hervor. Durch fortgesetzten Druck lässt sich alles Bruchwasser, etwa 3 Theelöffel voll, ausdrücken und schliesslich durch Druck auf die nun fühlbare Bruchschlinge auch diese reponiren. Sie ist umgeben von einer sulzigen, nicht blutigen Fibrinmasse, die sich ohne Mühe ablösen lässt. Ihre beiden Schenkel zeigen sich nun mit ihren einander zugekehrten Flächen verklebt und liegen einander völlig parallel; sie sind nicht gebläht; ihr gemeinsamer Umfang entspricht ungefähr der Weite des Bruchringes. — Die Serosa der eingeklemmten Schlinge ist nur mässig geröthet; beide Schnürfurchen sind nur wenig ausgeprägt, besitzen normale Consistenz. Die Bruchschlinge enthält nur etwas zähen gelblichen Schleim, das abführende Darmrohr, das um seinen Inhalt ziemlich fest contrahirt ist, wenig trocknen Koth, wie er sich auch weiter abwärts im Dickdarm und Rectum findet. — Die Schleimhaut des zuführenden Darmes ist lebhaft gleichmässig geröthet und geschwellt, die der eingeklemmten Schlinge ist nur wenig injicirt, die der beiden Schnürfurchen etwas blass, die des abführenden Darmes normal. Abgesehen von der geringen Blässe ist die Stelle der Einklemmung an der Schleimhautseite fast gar nicht zu erkennen. Die Breite des zuführenden, zwischen beiden Brüchen gelegenen Darmrohres ist 30 mm, die der obern Schnürfurche 20 mm, der Mitte der Bruchschlinge 25 mm, der untern Schnürfurche 21 mm, des abführenden Endes unterhalb der Einklemmung 20 mm. Der zweite Bruch sitzt etwa 25 cm oberhalb der Valvula Bauhini. Die Länge der zweiten Bruchschlinge beträgt 6 bis 7 cm.

Es entspricht dieses Experiment völlig dem Versuch 10. Bei gleicher Weite der beiden, übrigens nur mässig engen Bruchringe stellte sich in beiden Brüchen sogleich ein Verschluss an beiden Schlingenschenkeln her und bewirkte, in ganz analoger Weise wie im Busch'schen Stenosenversuche, eine Hemmung der Kothpassage vor dem Bruchringe. Indess, während die Circulationsstörungen im untern Bruche minimal blieben, prägten sie sich im obern, auf welche eine bedeutende Kothstauung vor der Bruchpforte einwirkte, sehr deutlich aus und steigerten sich in ihren Schnürfurchen sogar zur Gangrän. Gleichwohl kann der Vorgang nicht dem einer elastischen Einklemmung gleichgestellt werden, wenigstens wofern man unter letzterer das plötzliche Hindurchpressen einer Darmschlinge durch eine absolut zu enge, durch die einwirkende Gewalt nur momentan gedehnte Bruchpforte versteht; von einer solchen ist im vorstehenden Versuche keine Rede. Denn einerseits liess sich die Bruchschlinge nach ihrer Einführung in den Bruchring ohne Schwierigkeit wieder zurückziehen, andererseits beweist der Umstand, dass in die völlig gleich beschaffene untere Bruchschlinge injicirte Wasser zwischen der Canüle und der Darmwand wieder zurückfloss und die Schlinge nach dem Zurückziehen der Canüle wieder etwas zusammenfiel, dass die Einschnürung keine sehr erhebliche war. Es kann sich demnach ein Bruch einklemmen, ohne dass er plötzlich durch einströmenden Koth gedehnt wird, und ohne dass die Bruchpforte ihn so eng umschnürt, wie es bei der elastischen Einklemmung vorausgesetzt zu werden pflegt. Es genügt, dass die Stenose so hochgradig ist, dass die Wände der Bruchschlinge in der Bruchpforte gerade an einander zu liegen kommen. — Der Versuch giebt gleichzeitig ein schönes Beispiel, wie die Reposition durch Taxis bei circulärer Compression vor sich geht und wie das Bruchwasser bei Anwendung dieser Methode die Reposition befördert. Auch zeigt das durch die Taxis gewonnene Präparat der zweiten Bruchschlinge deutlich das völlig gleiche Volumen beider Schenkel im Bruchringe selbst. Der Tod erfolgte an Perforationsperitonitis.

Versuch 17. 17. VII. 1885. Bei einem kleinen, gut genährten Hunde werden zwei Darmschlingen in zwei mit Gummibruchsäcken versehene Ringe von je 12 mm Weite gezogen und beide von entgegengesetzten Seiten her

mittelst einer bis in die Bruchschlinge selbst vorgeschobenen Canüle mit
Wasser gefüllt. Beide Schlingen blähen sich und es kommt an beiden zu
einem Verschluss desjenigen Schenkels an der Bruchpforte, durch den die
Canüle nicht vorgeschoben war, während ein Theil des eingespritzten Wassers
neben letzterer aus jeder von beiden Schlingen zurückweicht. Reposition
beider Brüche in das Abdomen.

18. VII. 1885. 26 Stunden nach Anstellung des Versuches wird das
Thier getödtet.

Obductionsbefund. Beide Bruchsäcke sind gespannt; der der obern
Bruchschlinge angehörige etwas stärker, als der untere. Nach ihrer Eröffnung
entleert sich eine mässige Menge rein serösen, nicht blutig gefärbten Bruchwassers; eine geringe sulzige Fibrinmasse umgiebt den Bruchhals und verklebt ihn mit dem Gummibruchsacke. Beide Bruchschlingen enthalten nur
eine ganz geringe Menge wässrigen Inhaltes, nur die untere ausserdem noch
etwas Schleim. Das oberste zuführende Darmrohr ist bis zur obersten
Bruchpforte hin mit dünnbreiigem Koth gefüllt; seine Wandung ist ödematös
geschwellt. Der Darmabschnitt zwischen beiden Brüchen enthält eine geringe Menge mit Schleim vermischten, dünnen Kothbrei; das abführende
unterste Darmrohr ist 'völlig leer. Innerhalb ihrer Bruchringe sind der
zu- und abführende Schenkel beider Brüche mit einander verklebt; ihre
Schnürfurchen sind nur sehr wenig ausgeprägt; die Darmwand beider
Schlingen ist etwas ödematös geschwellt, sonst normal.

Vorstehender Versuch war in der geschilderten Weise speciell
in der Absicht angestellt, die Lossen'sche Theorie der Brucheinklemmung zu controlliren. War seine Behauptung, dass es sich bei der
Incarceration nur um einen Verschluss des abführenden Schenkels durch
den geblähten zuführenden handle, richtig, so durfte man erwarten,
dass die in obiger Versuchsanordnung von vornherein hergestellte offene
Communication zwischen der Bruchschlinge und dem zuführenden Darmrohr sich auch fernerhin erhalten würde und dass sich bei der Obduction eine von letzterem in erstere ununterbrochen hineinragende
Koth- resp. Flüssigkeitssäule finden würde. Deshalb nahm ich, um
sicher zu sein, dass auch wirklich das zuführende Darmende mit Wasser
gebläht wurde, die Injection an beiden Brüchen von entgegengesetzter
Seite vor, da man ja von vornherein nicht weiss, welches das aufwärts, welches das abwärts gelegene Ende sei. Das Resultat sprach
gegen Lossen. Der Verschluss erfolgte an beiden Brüchen am zu- wie
abführenden Schenkel; der Koth staute sich lediglich vor der Pforte
des obern Bruches und dehnte das zuführende Darmrohr stark aus,
während kein Darminhalt in die Bruchschlinge gelangte, ihr Volumen
sich durch theilweise Resorption ihres Inhaltes eher verkleinerte als
vergrösserte. — Dasselbe Resultat zeigten bereits einige frühere Versuche; nur liess sich in keinem derselben nachweisen, dass die Ein-

spritzung von Luft oder Wasser in die Schlinge vom zuführenden Ende aus stattgefunden hatte.

Da in denjenigen Versuchen, in denen ein Gummibeutel als Bruchsack diente, die Bruchschlinge noch unter dem allgemeinen intraabdominalen Druck stand, benutzte ich, um dies Moment auszuschalten, in dem folgenden

Versuch 18 als Bruchsack ein hohlkugelartiges Glasgefäss, dessen ganz kurzer Hals von 14,5 mm Weite als Bruchring diente. Durch diesen wurde eine Dünndarmschlinge gezogen und mit Luft aufgebläht; ein Theil der injicirten Luft strömte wieder ab. Nun wurde das Glasgefäss sammt der Bruchschlinge in das Abdomen versenkt und die Bauchwunde vernäht. 14 Tage nachher, während welcher Zeit das Thier stets einen kranken Eindruck machte, wurde es getödtet.

Obductionsbefund. Keine Spur von Peritonitis. Die Serosa ist überall glatt und glänzend; nur die Gefässe der sehr stark geblähten zuführenden Darmschlingen sind injicirt. — Bei dem Versuche, das im rechten Hypochondrium gelegene Glasgefäss aus dem Abdomen vorzuziehen, zieht sich die Bruchschlinge aus ihm heraus und es entleert sich eine reichliche Menge blutig eitrigen Bruchwassers. Die Bruchschlinge grenzt sich sehr deutlich durch eine ringsum scharf ausgeprägte Schnürfurche von dem stark gedehnten obern und dem leeren untern Darmende ab. Der Schnürfurche adhärirt ringsum das grosse Netz. Die Schlingenschenkel sind unter einander so fest verwachsen, dass die Trennung ihrer Adhäsionen nur mit der Scheere gelingt. Die Schnürfurche ist dunkelroth, zeigt einige kleine Hämorrhagien, ist nicht gangränös. Die eingeklemmte Schlinge, deren Länge 5,5 cm beträgt, ist mit Fibrin bedeckt, an ihrer Convexität ziemlich dunkel, im übrigen Abschnitt graublauroth verfärbt, nirgends brandig. Das zuführende Darmrohr ist auf eine Strecke von 30 cm stark gebläht, in seinem obern Abschnitt indess von normaler Weite; es enthält eine sehr reichliche Menge flüssigen, gallig gefärbten Kothes. Die Bruchschlinge, sowie das contrahirte abführende Darmrohr bis zum Dickdarm hin sind völlig leer; im Dickdarm findet sich ausser Gasen nur eine geringe Menge ganz trockner, grauer, entfärbter Kothballen. — Die Schleimhaut des etwas ödematös geschwellten, zuführenden Darmabschnittes zeigt oberhalb der Einschnürungsstelle nur einzelne zerstreute Hämorrhagien, sieht sonst normal aus. Die Wand der eingeklemmten Schlinge ist etwas verdickt, fühlt sich derb an; ihre Schleimhaut, wie die des abführenden Darmrohres ist blass. Die Breite des Darmes beträgt am zuführenden Rohre 6,5 cm, am Scheitel der Bruchschlinge 2 cm, an beiden Schnürfurchen je 1,5 cm, am abführenden Theile 1,25 cm.

Bei der oben angegebenen Anordnung dieses Versuches stand somit die Bruchschlinge unter einem geringeren Druck als die übrigen Eingeweide, und es liess sich annehmen, dass eine Erhöhung des intraabdominalen Druckes, beim Erbrechen etc., genau in der gleichen

Weise wie bei den Versuchen unserer ersten Gruppe eine erhebliche Vergrösserung der Bruchschlinge durch Nachrücken anderer Darmschlingen zur Folge haben werde. Von den Versuchen mit extraabdominaler Befestigung des Bruchsackes unterschied sich vorstehendes Experiment ja nur dadurch, dass der künstliche gläserne Bruchsack nicht fixirt war und den Bewegungen der Eingeweide folgen konnte. Der erwartete Erfolg blieb indess aus; es kam wohl zu einer Einklemmung der Schlinge, einem Verschluss ihrer beiden Schenkel, indess in ganz ähnlicher Weise wie in den Versuchen der zweiten und dritten Gruppe; ein weiteres Vorfallen von Darm in das Glasgefäss fand nicht statt. Die Ursache hierfür, wie überhaupt für das Zustandekommen einer Incarceration bei der relativen Weite des Bruchringes, liegt jedenfalls darin, dass sich frühzeitig Netz mit in die Bruchpforte drängte, sie ausfüllen half und mit ihr, wie mit der Bruchschlinge rasch fest verklebte, so dass die Adhäsionen ein mechanisches Hinderniss für eine Grössenzunahme der Schlinge bildeten. Denn dass eine allzufeste Umschnürung das hauptsächliche Hemmniss gewesen sei, ist deshalb nicht wahrscheinlich, weil die Circulationsstörungen der Schlinge, namentlich in Anbetracht der langen Dauer der Einklemmung, relativ gering sind. Die völlige Leere der Bruchschlinge lässt mit Bestimmtheit annehmen, dass vom Moment des Aufblasens der Schlinge mit Luft an kein Darminhalt mehr in sie gelangt ist. — Die Circulationsstörungen der Schlinge beschränken sich auf nicht besonders erhebliche Stauungserscheinungen. Dass auch die Schnürfurchen relativ wenig verändert sind, erklärt sich wohl daraus, dass sie nicht gegen einen harten, scharfrandigen Bruchring, sondern gegen ein elastisches, durch das eingeklemmte Netz gebildetes Polster angepresst wurden.

Meine Zeit gestattete es mir leider nicht, eine grössere Zahl derartiger Einklemmungsversuche zur Controle anzustellen.

Die Ergebnisse der dritten Versuchsreihe, in welcher die Bruchringe mit künstlichen Bruchsäcken versehen wurden, stimmen mit denen der zweiten Gruppe im wesentlichen derart überein, dass wir sie gemeinsam betrachten können. — Es umfassen die beiden Gruppen, wenn wir die Versuche, in denen je zwei Hernien erzeugt wurden, doppelt rechnen, 22 Experimente. In fünf derselben kam eine Einklemmung überhaupt nicht zu Stande, und zwar zogen sich (Versuch 15) zwei der Bruchschlingen spontan aus ihren Bruchringen zurück; in den drei übrigen (Versuch 7, obere Bruchschlinge in Versuch 11 und 12) passirte der Darminhalt, ohne dass sich die Brüche vergrössert hätten oder Stauungserscheinungen in ihnen aufgetreten wären, beide Schlingenschenkel. In Versuch 7 und 12 waren die Bruchringe sehr weit gewählt, und gelang es nicht einmal, eine Lossen'sche Einklemmung durch Luftinjection zu erzielen; in Versuch 11 wurde durch Einspritzen von Wasser zwar anfangs der abführende Schenkel verschlossen, doch löste sich der Verschluss wieder spontan; worauf dies beruhen kann, suchte ich bereits bei dem Commentar zu diesem Versuch verständlich zu machen. In allen andern Experimenten gelang die Incarceration und zwar primär; wenigstens deutet kein Befund an, dass die Schlinge nach dem Einziehen in den Bruchring noch von Koth passirt worden wäre. In der Regel erfolgte der Verschluss sogleich an beiden Schenkeln; nur selten steigerte sich eine anfängliche Kothstauung mit alleinigem Verschluss des abführenden Schenkels erst secundär zu einer wahren Einklemmung.

Ein exquisites Beispiel für letzteres Vorkommen bot der untere Bruch in Versuch 12, dessen weiter Bruchring einen primären Verschluss beider Schlingenschenkel nicht gestattete. Ganz ähnlich verlief ein von Kocher (l. c. p. 358) angestelltes Experiment, in welchem er eine 6 cm lange Dünndarmschlinge eines Kaninchens durch einen ½ cm weiten Ring zog. Dieselbe vergrösserte sich bis zu einer Länge von 32 cm, enthielt nur einige Fäcesknollen, darunter einen grösseren derben unmittelbar vor dem Eintritt des abführenden Schenkels in die Bruchpforte. Kocher nimmt an, dass durch diese Kothansammlung nicht allein das abführende Ende verschlossen, sondern auch dem weiteren Eintritt von Darminhalt in den zuführenden Schenkel durch Winkelstellung im Bereich der Bruchpforte ein Ende gesetzt wurde. Ich meinerseits möchte für das Zustandekommen des Verschlusses des zuführenden Schenkels ein grösseres Gewicht auf das Nachziehen von Mesenterium durch die vergrösserte Schlinge in die Bruchpforte legen. Allerdings bot dasselbe keine Zeichen von Entzündung dar; immerhin kann es doch denjenigen Grad von Raumbeengung erzeugt haben, welcher nöthig war, um eine Dehnung des zuführenden Rohres vor der Pforte zu veranlassen. — Weshalb es gerade am abführenden Schenkel leichter zu einem Verschluss kommt als am zuführenden, sucht Kocher (l. c. p. 367) dadurch zu erklären, dass die Peristaltik der Schlinge rascher durch ihre plötzliche Blähung abnimmt und es leichter an ihm zu einer Abknickung kommt, als am zuführenden Ende. Gewiss wird die Peristaltik einer Darmschlinge, wie ich aus eigenen Versuchen bestätigen kann, durch starke Blähung für eine gewisse Zeit abgeschwächt oder sogar aufgehoben; auch gebe ich gern zu, dass eine Erlahmung derselben die Incarceration erleichtert. Ich erinnere indess daran, dass weder in dem Kocher'schen noch unserem Versuche eine so starke Dehnung der Schlinge statt hatte, um ihre Peristaltik zu beeinträchtigen, dass uns ferner die directe Beobachtung in den Versuchen unserer ersten Gruppe zeigte, wie lange sich die

Peristaltik auch in eingeklemmten Schlingen erhält, was uns ja auch die klinische Beobachtung bei grossen Hernien hin und wieder lehrt, und dass schliesslich gerade die ausserordentliche Grössenzunahme der Bruchschlinge auf eine starke Peristaltik derselben schliessen lässt; denn es ist nicht wahrscheinlich, dass bei ihrer nur mässigen Füllung der durch die Peristaltik des zuführenden Rohres durch den offenen zuführenden Schenkel hindurch auf ihren Inhalt wirkende Druck so bedeutend gewesen sei, um das abführende Ende bis zum Zustandekommen einer so festen Einklemmung nachzuziehen, wie wir sie in Versuch 12 wahrgenommen. — Was ferner die Abknickung anlangt, so sagt Kocher selbst, sei dieselbe nie in seinen Versuchen im Sinne Busch's zu Stande gekommen, sondern lediglich durch Adhäsionen bewirkt worden. Dass letztere, wie z. B. in seinem Versuch 18, in welchem ihre Lösung sogleich die Absperrung des Schlingeninhaltes aufhob, durch Abknickung des Darmrohres eine absolute Kothstauung bedingen können, ist nicht zu leugnen; wir sehen auf diese Weise hin und wieder innere Einklemmungen zu Stande kommen. In den Versuchen aber, in denen die Kothstauung zu einer Verlängerung der Bruchschlinge führte, können solche Adhäsionen nicht bestanden haben; sie würden ja gerade ein Nachziehen des abführenden Endes verhindert haben. Auch existiren solche Adhäsionen wohl im Versuch mit künstlichen Bruchringen, aber doch nur selten bei natürlichen Hernien, in welchen doch gewiss auch reine Kothstauungen mit alleinigem Verschluss des abführenden Schenkels vorkommen. — Demnach dürfte wohl weniger eine derartige Abknickung durch Adhäsionen als vielmehr die durch die Füllung des zuführenden Schenkels bewirkte Winkelstellung des abführenden Endes und dadurch herbeigeführte Verengerung seines Lumens das leichtere Zustandekommen des Verschlusses an letzterem bedingen. Auch ohne dass der zuführende Schenkel etwa prall gespannt ist, kann er meiner Meinung nach unter Umständen doch einmal einen solchen Grad von Stenosirung des abführenden Rohres zur Folge haben, dass der sich vor der Stenose stauende Koth leichter das abführende Darmrohr weiter vorzieht, als die Stenose forcirt.

In allen anderen Versuchen meiner zweiten und dritten Gruppe ist es entgegen denen der ersten nie zu einer Vergrösserung der Bruchschlinge gekommen, vielmehr primär, analog Kocher's Versuchen 19 und 20, der Verschluss auch am zuführenden Schenkel eingetreten, und zwar erfolgte der Verschluss bei gleich weiter Bruchpforte sowohl in solchen Fällen, in denen die Schlinge bei Anstellung des Versuches aufgebläht wurde, wie in solchen, in denen dies nicht geschah. Ja es stellte sich sogar ein primärer Verschluss des zuführenden Schenkels für den Darminhalt, wie ich bereits bei Versuch 17 betonte, in solchen Fällen ein, in denen beim Versuch durch Aufblasen mit Luft oder Wasser eine offene Communication zwischen dem zuführenden Rohr und der Bruchschlinge hergestellt wurde. Um eine sogenannte elastische Einklemmung kann es sich somit in diesen Versuchen nicht gehandelt haben.

Prüfen wir nun an der Hand unserer Thierversuche unsere früher durch das Experiment an todten Därmen gewonnenen Anschauungen über den Mechanismus der Einklemmung, so sehen wir, dass die von Busch, Lossen, Korteweg, Roser geforderte Blähung und Drucksteigerung in der Bruchschlinge sich in unsern Thierexperimenten eigentlich nie vorfindet. Allerdings war dieselbe in einigen Fällen mit Luft oder Wasser aufgebläht worden, doch fiel sie in der Regel bald wieder etwas zusammen und zeigte sich bei der Obduction nur selten in besonders geblähtem Zustande. Oft war die injicirte Luft oder Flüssigkeit resorbirt und die Schlinge damit erheblich kleiner geworden; zuweilen war sie freilich auch durch Schleim und Transsudat etwas gedehnt, doch fand sich dieser Befund auch in Fällen, in denen eine primäre Blähung der Schlinge nicht stattgefunden hatte. — Gleichwohl konnten wir auch den Einwand, dass es sich in unsern Experimenten lediglich um elastische Einklemmungen gehandelt habe, zurückweisen.

Was wir indess stets gefunden haben, ist die Raumbeengung, und zwar ein so hoher Grad, dass sie ein Aneinanderliegen der Darmwände im Bruchringe hervorrief. Fehlte sie, dann kam es entweder überhaupt zu keiner Einklemmung oder, bei mässiger Enge, nur zu einer Kothstauung in der Schlinge, die erst durch Vorziehen des abführenden Schenkels und Mesenteriums sich zur wahren Einklemmung umwandelte. Ein dauerndes Offenbleiben zwischen dem zuführenden Rohr und der Bruchschlinge fanden wir nur in Versuch 2; hier handelte es sich aber auch um keine eigentliche Kotheinklemmung, sondern nur um ein engouement.

Aber auch in den Fällen, in denen primär ein Verschluss beider Schenkel eintrat, blieben die Circulationsstörungen in der Schlinge öfter nur geringgradig, und ich kann Kocher's Behauptung, „dass vollständiger Darmverschluss bei einer Hernie mit Repositionsschwierigkeiten und in diesem Sinne eine Einklemmung stattfinden kann, ohne dass im mindesten eine mechanische Störung der Blutcirculation in der eingeklemmten Schlinge zu Stande zu kommen braucht" [1]), nur bestätigen. — Dass im allgemeinen die Circulationsstörungen in meinen Versuchen

---

[1]) l. c. p. 371.

grösser waren als in denen Kocher's, erklärt sich einerseits daraus, dass ich im allgemeinen etwas engere Bruchringe wählte, andererseits daraus, dass Hunde eine einfache Kothstauung länger vertragen als Kaninchen, mit der Zunahme der Einklemmungsdauer natürlich aber auch die Circulation mehr behindert wird. Die Irreponibilität mancher Hernie beruhte in meinen Versuchen daher lediglich auf einer zu bedeutenden Dickenzunahme der Schlingenwandung durch ödematöse Schwellung. In zwei (Versuch 10 und 16) gelang hingegen die Taxis mittelst circulärer Compression ohne besondere Schwierigkeiten, und doch bestand absoluter Verschluss auch des zuführenden Bruchschenkels für den Darminhalt. Nähere Berücksichtigung sollen die Circulationsstörungen erst in einem späteren Kapitel finden.

## Kapitel 4. Prüfung der Theorien an der Hand klinischer Beobachtung.

Ehe wir daran gehen, den Werth der verschiedenen Theorien über den Mechanismus der Brucheinklemmung an der Hand der klinischen Beobachtung zu prüfen, müssen wir uns darüber klar werden, was wir überhaupt von letzterer zu erwarten haben, was wir durch directe Beobachtung zu erkennen und was wir nur indirect aus einzelnen Symptomen zu erschliessen vermögen. — Diejenigen Fälle, in denen sich ein eingeklemmter Bruch spontan reponirte oder vom Patienten selbst zurückgebracht wurde, gestatten uns überhaupt keinen Einblick in die Verhältnisse, welche die momentane Behinderung der Kothpassage und die anfängliche Irreponibilität bedingten. Aber auch die Fälle, in denen wir selbst durch Taxis eine Einklemmung lösen, lassen nur sehr unsichere Schlüsse über den Mechanismus der letzteren zu. Zunächst wissen wir ja, dass uns öfter sehr verschiedene Taxismethoden, circuläre Compression, Welgern der Bruchschlinge, seitliches Abbiegen etc., resp. Combinationen mehrerer Methoden zum gleichen Ziele führen. Sodann sind wir kaum im Stande sicher zu beurtheilen, was wir eigentlich in jedem Falle bei Ausführung der Taxis mit der eingeklemmten Schlinge machen, ob wir bei scheinbar einfacher circulärer Compression nicht doch stärker auf den einen Schenkel als den andern drücken oder gar einen von beiden gleichzeitig nach einer Seite hin bewegen und so der gewünschten Methode der Compression die des seitlichen Abbiegens der Schlinge hinzufügen. Umgekehrt vermögen wir bei Anwendung der letzteren Methode kaum die Compression ganz auszuschliessen; auch wissen wir nicht, ob wir die Schlinge nach dem zu- oder abführenden Schenkel hin bewegt, den

Inhalt nach diesem oder jenem Ende entleert haben, ob wir durch diese Bewegung, wie Busch meint, nur eine abnorme Abknickung aufgehoben oder, wie Lossen denkt, den abführenden Schenkel dadurch eröffnet haben, dass wir die von dem zuführenden Ende auf ihn ausgeübte Compression verminderten, oder schliesslich, ob wir durch das seitliche Abbiegen, dadurch dass wir die Schlinge stärker gegen den Bruchring andrücken, nur eine Abplattung und Verdünnung der Darmwand des einen Schenkels bewirkt und dadurch die Raumbeengung im Bruchringe verringert und die Incarceration gelöst haben. Ja wir vermögen in diesen Fällen häufig nicht einmal zu sagen, ob wir überhaupt auf die Bruchschlinge oder nur auf den durch Bruchwasser gedehnten Bruchsack gewirkt haben, welcher Art überhaupt der Bruchinhalt war. Aus diesen Gründen will ich von einer eingehenderen Betrachtung der durch Taxis glücklich reponirten Fälle hier fast ganz absehen.

Aber selbst in den mit Herniotomie behandelten Fällen sind der directen Beobachtung verhältnissmässig enge Grenzen gezogen. Einmal verhindert häufig die Kürze der Zeit bei der Operation eine genügende Untersuchung aller für die Beurtheilung des Mechanismus der Einklemmung bedeutsamen Momente, so dass die Krankengeschichten uns oft über wichtige Punkte ganz im Unklaren lassen. Sodann verschliesst sich uns doch, abgesehen von gangränösen Brüchen, das Innere der Schlinge. Die Beobachtung belehrt uns nur über die Menge und Beschaffenheit des Bruchwassers, die Weite der Bruchpforte, die Grösse, Spannung, Farbe, Füllung und Consistenz der eingeklemmten Schlinge, nur unsicher aber über den Grad der Circulationsstörungen in ihr, sowie über die Menge und Beschaffenheit ihres Inhaltes; erleben wir doch leider noch oft genug, dass Bruchschlingen, welche wir noch für lebensfähig gehalten und darum reponirt haben, nachträglich nekrotisch und perforirt wurden. Ebensowenig können wir sicher bestimmen, ob dünner Koth oder nur Darmschleim den Inhalt der Schlinge bildet. Wir sind demnach in Fällen, in denen wir bei der Herniotomie eine etwas geblähte, mässig grosse, eingeklemmte Darmschlinge vorfinden, kaum in der Lage anzugeben, ob dieselbe primär durch hineingetriebenen Koth gedehnt und dadurch eingeklemmt wurde, oder ob die Dehnung erst secundär durch Transsudation resp. Secretion von Darmschleim in das Lumen der Schlinge erfolgt, Koth aber überhaupt nicht in dieselbe eingetreten ist. Völlig ist es aber häufig unserem directen Erkennungsvermögen verschlossen, ob noch eine, wenn auch geringe Communication zwischen der Schlinge und dem übrigen Darme besteht, ob nur einer oder beide Schenkel verschlossen sind, ob die Irreponibilität des Schlingeninhaltes durch eine sich vorlegende Klappe oder

auf andere Weise verursacht wird. Vermöchten wir dies zu sehen,
dann würde ja der Streit über die Art des Zustandekommens der Einklemmung sehr leicht und rasch zu entscheiden sein.

Nicht einmal bei gangränösen Hernien mit spontaner Perforation
oder benöthigter Eröffnung resp. Resection der Schlinge giebt uns die
Autopsie stets einen sichern Aufschluss über die thatsächlichen Verhältnisse. Im günstigsten Falle bei Eröffnung des brandigen Darmes
vor Ausführung des Débridements lernen wir den Schlingeninhalt
kennen und erfahren, ob ein oder beide Schenkel verschlossen waren.
Nur selten aber bietet sich diese Gelegenheit. Schon dann, wenn die
Gangrän ausschliesslich die Schnürfurchen betrifft oder wir die Eröffnung der Schlinge erst nach der Spaltung des einklemmenden Ringes,
also nach Lösung der Incarceration vornehmen, ändern wir die Verhältnisse so, dass wir über ihre ursprüngliche Beschaffenheit keine
absolut sichere Kenntniss haben; zudem ist letztere schon durch die
Gangrän selbst oft erheblich modificirt. Dies Moment trifft aber noch
mehr jene jetzt ja überaus seltenen Fälle, in denen uns die Obduction
nach völlig spontanem Ablauf ohne ärztliches Dazwischentreten einen
directen Einblick und Untersuchung gestattet.

Wir sind demnach, da die Autopsie bei der Herniotomie uns
nur ungenügenden Aufschluss ertheilt, darauf angewiesen, aus dem,
was wir thatsächlich beobachteten, Schlüsse zu ziehen auf die Verhältnisse, welche sich unserem directen Einblick entziehen. Nicht die
reine Beobachtung allein kann die Frage, „welches Moment bedingt
die Einklemmung eines Bruches?" entscheiden, sondern nur mit ihr
gemeinsam die Berücksichtigung aller in Betracht kommenden Momente,
ein scharfes kritisches Abwägen des jedem einzelnen zukommenden
Werthes und die logische Schlussfolgerung aus den so gewonnenen
Daten. — Es wird deshalb unsere Aufgabe sein, alle unseren Sinnen
direct zugänglichen Momente sorgfältig zu sammeln und kritisch zu
prüfen, ob sie sich mit den oben näher auseinander gesetzten Theorien
resp. mit welcher, in Einklang bringen lassen oder ob sie denselben
widersprechen und ihre Richtigkeit damit widerlegen.

Um derartigen Schlüssen eine gewisse Beweiskraft zu geben,
dazu bietet die klinische Beobachtung immerhin eine genügend breite
Grundlage. Finden wir z. B. bei der Herniotomie eine wenig gefüllte,
nicht gespannte Bruchschlinge und sehen, dass dieselbe nach Spaltung
des Bruchringes sich plötzlich ausdehnt und vergrössert, so können
wir schliessen, dass vorher beide Schenkel der Schlinge verschlossen
waren. Oder finden wir eine ziemlich grosse und gefüllte Schlinge
mit geringen Circulationsstörungen und wenigem, nicht blutigen Bruchwasser bei relativ weiter Pforte, so können wir bestimmt annehmen,

dass ihr Inhalt nicht nur von Darmschleim und Transsudat, sondern der Hauptsache nach von Koth gebildet wird, dass es sich also um eine wahre Kotheinklemmung handelt u. dergl. mehr. — So giebt uns die klinische Beobachtung allerdings Mittel in die Hand zu entscheiden, welcher Einklemmungsmodus, Kothstauung, Kotheinklemmung, elastische Einklemmung, der häufigste ist, und damit auch die theoretisch resp. durch das Experiment gewonnenen Anschauungen zu controliren. Die obigen Einschränkungen müssen indess zur grössten Vorsicht in unsern Schlussfolgerungen mahnen.

Unter Berücksichtigung vorstehender Gesichtspunkte will ich versuchen, eine grössere Zahl von Beobachtungen näher zu betrachten, und zwar will ich dieselben je nach der Schwere, dem Grade der Einklemmung anordnen.

Den geringsten Grad einer Einklemmung zeigen jene Fälle, in denen es unter geringer Grössenzunahme einer bereits bestehenden Hernie zu einer zeitweiligen Irreponibilität ohne jegliche andere Erscheinungen kommt. Die Patienten klagen höchstens über geringe Schmerzhaftigkeit des Bauches, haben indess sonst keinerlei Beschwerden. Selbst die Kothpassage ist nicht unterbrochen, die Peristaltik ist im ganzen Darmrohre erhalten und treibt den mehr weniger dünnflüssigen Darminhalt durch die beiden verengten Schenkel der Bruchschlinge hindurch; höchstens kommt es nur allmählich zu einer erheblicheren Kothstauung oberhalb der Bruchpforte. Ein schönes Beispiel für diesen niedersten Grad bietet

Beobachtung 8. Anna Kopezni, 58 Jahr alt, wurde am 10. September 1884 mit einem rechtsseitigen Leistenbruch aufgenommen. Denselben besass Patientin bereits so lange, als sie sich zu erinnern vermochte; sie hatte nie ein Bruchband getragen. Der Bruch trat oft heraus, ging indess meist spontan wieder zurück; nach jeder der 4 Entbindungen der Kranken hatte er an Grösse langsam zugenommen. Am 8. September war er von neuem, diesmal mit lebhaften Schmerzen, vorgetreten und liess sich nicht zurückbringen. Erbrechen trat nicht auf. Stuhl erfolgte noch einmal in der Nacht vom 9. zum 10. September. — Die Patientin war eine gut genährte, kräftige Frau von nicht leidendem Aussehn, ihr Puls ruhig und voll. Oberhalb des rechten Poupart'schen Bandes bemerkte man einen in die rechte Schamlippe hineinreichenden, faustgrossen Tumor von tympanitischem Percussionsschall, elastischer Consistenz, nicht fluctuirend; auf Druck war er schmerzhaft. Die Haut über ihm war normal. Die Reposition in das Abdomen misslang. Patientin erhielt Opium. — Der Bruch blieb weich, in seiner Grösse unverändert, spontan nicht schmerzhaft. Am 4. Tage nach der Aufnahme erfolgte auf Ricinusöl reichliche Stuhlentleerung, welche auch in den folgenden Tagen normal blieb. Am 16. September früh ging der Bruch plötzlich ganz spontan zurück, trat bei jeder tiefen

Exspiration, beim Husten etc., zwar sogleich wieder vor, liess sich indess leicht wieder reponiren. Der Finger liess sich nun sehr bequem in den weiten Bruchring einführen. — Am 22. wurde die Kranke mit Bruchband entlassen.

Es handelt sich in derartigen Fällen in der Regel um ältere relativ grosse Brüche mit weiter Bruchpforte. Die zeitweise Irreponibilität erklärt sich wohl dadurch, dass plötzlich eine etwas grössere Darmschlinge mit fettreicherem Mesenterium vorfällt und, während die Peristaltik das durch die mässige Stenose gesetzte Hinderniss noch zu überwinden vermag, bei der Taxis das gleiche Moment die Reposition verhindert wie beim Roser'schen Versuche. Die Compression bewirkt eine Dehnung der Schlinge, zieht noch mehr Mesenterium in die Bruchpforte hinein, vermehrt dadurch die Raumbeschränkung in derselben und verschliesst so die enge Passage vollends. Dass es nicht Adhäsionen sind, welche das Gelingen der Taxis verhindern, beweist die nicht selten erfolgende Spontanreposition, die vielleicht darauf zurückzuführen ist, dass die Peristaltik der im Abdomen gelegenen Därme von innen her einen Zug auf die Bruchschlinge oder ihr Mesenterium oder auf miteingeklemmtes Netz ausübt, einen Theil aus der Pforte herauszerrt und damit die Raumbeengung aufhebt. Circulationsstörungen erleidet die Schlinge wegen der Weite der Bruchpforte in der Regel nicht; deshalb findet auch keine Bildung von Bruchwasser statt und die Brüche behalten oft mehrere Tage unverändert ihre anfängliche Grösse, Form und Consistenz bei.

Oefter gesellen sich indess bald zu der Irreponibilität die Erscheinungen der gehemmten Kothpassage hinzu, und es kommt zu anhaltender Obstipation und zu Erbrechen, während schwerere Symptome lange ausbleiben. Wir beobachten dies ziemlich häufig bei alten grossen Scrotalbrüchen, welche nicht durch ein Bruchband zurückgehalten werden oder werden können. Die Patienten bekommen nach einer reichlichen oder blähenden Mahlzeit oder einer grösseren Körperanstrengung plötzlich Kolikschmerzen im Bruch und Bauch und Erbrechen. Gewöhnlich lernen derartige Kranke ziemlich rasch, sich selbst den Bruch durch eigenthümliche welgernde Bewegungen zurückzubringen, oder es löst sich die geringgradige Einklemmung spontan. Gerade in diesen Fällen wirkt Opium und die Anwendung warmer Bäder meist sehr prompt und ein grosser Theil der durch Taxis leicht reponiblen Hernien dürfte zu dieser Gruppe zu rechnen sein. Die Möglichkeit, den Darminhalt in der Schlinge leicht hin und her zu schieben, was das deutlich fühl- und hörbare Gurren und Quatschen anzeigt, beweist, dass eine hochgradige Spannung in derselben nicht vorhanden sein kann, und die Leichtigkeit, mit der meist die Reposition gelingt, lässt annehmen, dass es sich nur um eine Verlegung des abführenden Schlingenschenkels, sei es durch derbere Kothmassen oder durch Ausdehnung des zuführenden Schenkels, handelt. Es dürften diese Fälle den Kocher'schen Versuchen 20 und 21 entsprechen. Als Belege für diesen Grad der Incarceration mögen folgende Fälle angeführt werden.

Beobachtung 9. Reinhold Krämer, 33 Jahr alt, litt schon seit seiner Kindheit an einem Bruch, der indess angeblich verheilte und erst beim Turnen recidivirte. Das Bruchband, das Patient früher getragen, liess er in den letzten 2 Jahren fort; seit 1 Jahr wurde der Bruch grösser und wandelte sich aus einer einfachen Inguinal- in eine Scrotalhernie um, liess sich seit 1 bis 2 Monaten nicht mehr reponiren. Schmerzen, die in den letzten Tagen auftraten, veranlassten den Kranken, sich am 4. August 1883 in die Klinik aufnehmen zu lassen. Erbrechen war nicht erfolgt, nur bestand Brechneigung. Die die linke Hodensackhälfte einnehmende Hernie hatte die Grösse einer Mannsfaust, war prall elastisch, zog sich nach dem äussern Leistencanal hin und liess sich in die Bauchhöhle hinein verfolgen. Die Haut über ihr war etwas geröthet; Druck verursachte geringen Schmerz. Therapie: Opium, Hochlagerung. Am 6. erbrach Patient einmal wässrige Massen, hatte am 7. nach einer hohen Mastdarmeingiessung Stuhl, wonach die pralle Spannung des Tumor sich verminderte und die Beschwerden sich wesentlich besserten. Der Stuhl erfolgte in den nächsten Tagen spontan, doch liess sich der Bruch nicht reponiren. Auf seinen Wunsch wurde Patient, der sich zu einer Radikaloperation nicht entschliessen konnte, am 14. wieder entlassen.

Beobachtung 10. Heinrich Fuchs, 38 Jahr alt, acquirirte seinen Bruch im Alter von 17 Jahren infolge sehr anstrengender Arbeit. Nur in den ersten 6 Jahren liess sich die Hernie, die häufig vortrat, reponiren, dann wurde sie irreponibel, vergrösserte sich indess stetig und veranlasste mehrfach heftige, periodisch auftretende, kolikartige Schmerzanfälle. Ein solcher wiederholte sich, nachdem Patient den Tag über gearbeitet hatte, am 30. März 1882; am selben Abend hatte der Kranke noch Stuhl, seitdem nicht mehr. Am 2. April stellte sich fäculentes Erbrechen ein, was den Patienten veranlasste, sich am 3. in die Krankenanstalt aufnehmen zu lassen. Hier fand man eine rechtsseitige, mannskopfgrosse Scrotalhernie, die in toto irreponibel war; doch gelang es, einige Schlingen zu reponiren. Sonst hatte Patient ein gesundes Aussehn, der Puls war regelmässig und kräftig, der Leib nicht schmerzhaft. Patient erhielt mehrfach hohe Eingiessungen in den Mastdarm, die indess nur wenig Kothbröckel entleerten; das fäculente Erbrechen wiederholte sich noch einigemal. Nach Opiumgebrauch besserte sich das Befinden, und am Nachmittag des 7. April erfolgte spontaner reichlicher Stuhlabgang, der dann auch weiterhin normal blieb. Die Radikaloperation wurde vom Patienten verweigert.

Die Irreponibilität des Bruches beruhte in beiden Fällen höchst wahrscheinlich auf alten Adhäsionen der Bruchschlinge mit dem Bruch-

sacke. — Bei jüngeren Individuen pflegen die Beschwerden in diesen
Fällen meist rasch wieder vorüber zu gehen. Die oben angeführte
Beobachtung 2 (Fall Göttlich) beweist indess, dass unter Umständen,
bei alten Leuten mit bereits pathologisch verändertem Herz und Lungen,
selbst diese leichten Grade der Einklemmung infolge der durch sie
bedingten nervösen Reizzustände zum Tode führen können. — Auch
kann es bei decrepiden Personen, namentlich wenn äussere Schädlichkeiten, Traumen auf den Bruch einwirken, selbst bei einfacher Kothstauung zu schwereren Circulationsstörungen in der Schlinge selbst
kommen, wie

Beobachtung 11 beweist. Christiane Jäschke, 77 Jahr alt, wurde
bereits moribund der Klinik am 26. Mai 1882 zugeführt, so dass sich
anamnestisch von ihr nur erheben liess, dass sie schon seit vielen Jahren
an einem Bruch litt, vor wenigen Tagen mit allgemeinem Unwohlsein erkrankt sei, welches sich plötzlich sehr verschlimmert habe. Kurz vor der
Aufnahme in die Krankenanstalt hatte sie noch Stuhl gehabt. Die Untersuchung ergab eine grosse bis zur Mitte des Oberschenkels herabreichende
linksseitige Schenkelhernie; ein Theil der sie füllenden Darmschlingen liess
sich ohne Mühe reponiren. Den Eindruck einer Incarceration machte die
Hernie nicht. — Patientin collabirte sehr rasch und starb nach wenigen
Stunden.

Bei der Obduction fand sich in der Abdominalhöhle, sowie in dem
Bruchsack der sehr grossen Femoralhernie eine grössere Menge dunkelbraun-
schwarzer, mit Blut untermengter Flüssigkeit. Der Bruchsackhals war
bequem für 4 Finger durchgängig. Die den Sack füllenden zahlreichen
Schlingen des Jejunum und Ileum waren sämmtlich mit dünnflüssigem
Inhalt gefüllt und zeigten durchgehends eine missfarbige Beschaffenheit
ihrer Wand. Eine Einschnürung fand sich an keiner Stelle. Das Herz
war fettig degenerirt, die Lungen emphysematös, die Aorta atheromatös.

Die Leichtigkeit, mit welcher im vorliegenden Falle die Reposition
einiger Darmschlingen aus dem Bruch in das Abdomen gelang,
der Mangel deutlicher Schnürfurchen, die spontane Defäcation beweisen, dass es sich um keine schwerere Einklemmung gehandelt
haben kann; wahrscheinlich haben unvernünftige Taxisversuche die
Bruchschlinge gequetscht, zu Blutungen in ihrer Wand und Ver-
letzungen ihrer Schleimhaut geführt und, da das Eindringen von
Fäulnisskeimen aus dem Darm durch die Kothstauung begünstigt war,
zum raschen Eintritt der Gangrän beigetragen.

In gleicher Weise, wie wir bei unseren Versuchen zu dem anfänglich isolirten Verschluss des abführenden Schenkels den des zuführenden hinzutreten sahen, sehen wir auch klinisch hin und wieder
sich eine anfängliche Kothstauung allmählich in eine Kotheinklemmung
umwandeln.

Beobachtung 12. Johanna Wasner, 46 Jahr alt, wurde wegen Incarceration einer rechtsseitigen Schenkelhernie, die sie nach ihrer Angabe 5 Jahre vorher 8 Tage nach ihrer letzten, schweren Entbindung acquirirt hatte, am 27. December 1869 in die Klinik aufgenommen. Tags zuvor war der Bruch beim Heben eines schweren Schaffes neben der Bruchbandpelotte vorgetreten und hatte alsbald Schmerzen und Erbrechen verursacht. Die Bruchgeschwulst war faustgross, weich, wenig empfindlich, ihr Percussionsschall gedämpft tympanitisch; nach oben setzte sie sich in der Richtung nach der Bauchhöhle in einen fingerdicken, sehr schmerzhaften Strang fort. — Nach verschiedenen vergeblichen Taxisversuchen wurde am Tage nach der Aufnahme der Kranken zur Herniotomie geschritten. Dieselbe sollte ohne Eröffnung des Bruchsackes ausgeführt werden. Beim Versuch, ihn etwas aus der Bruchpforte auszulösen, riss er jedoch an einer kleinen Stelle ein, und es entleerte sich eine reichliche Menge hellrothen Bruchwassers. Zwischen Bruchsack und Ligamentum Gimbernati konnte schon vorher, ohne Débridement, der Finger bequem in den Bruchcanal eindringen. Nach Abfluss des Bruchwassers gelang die Reposition der eingeklemmten Bruchschlinge mit der grössten Leichtigkeit. — Die Heilung erfolgte per secundam.

Zwei Jahre später, am 20. December 1871, trat der Bruch nach einer heftigen Anstrengung abermals heraus, liess sich nicht reponiren und machte am 25. die erneute Aufnahme der Kranken in das Hospital nothwendig. Bald nach dem Vortreten der Hernie war Erbrechen erfolgt, Stuhl seitdem nicht eingetreten, doch das Allgemeinbefinden sonst wenig gestört gewesen. Bei der Aufnahme hatte der Bruch über Gänseeigrösse, war weich elastisch, tympanitisch, wenig empfindlich. Das Allgemeinbefinden war gut, der Leib wenig aufgetrieben, wenig schmerzhaft, die Temperatur normal, der Puls ruhig, machte 75 Schläge pro Minute. — Die Therapie bestand zunächst in Klystiren, warmen Bädern, Auflegen eines Eisbeutels auf den Bruch. Es erfolgte darauf mehrfach normaler Stuhlgang. Plötzlich am 27. wurde die Bruchgeschwulst bedeutend grösser, fühlte sich prall an, wurde schmerzhafter, gab einen gedämpften Percussionsschall. Erbrechen trat indess nicht auf. Deshalb glaubte man von einem operativen Eingriff, zumal mehrfach Stuhl erfolgt war, in Anbetracht der ungünstigen Prognose der Herniotomie bei einer so grossen Hernie — man lebte noch in der vorantiseptischen Zeit — Abstand nehmen zu dürfen, obwohl die Taxis auch in Chloroformnarkose erfolglos blieb. — Die Anschwellung des Bruches nahm zu; am 30. fühlte man in der Gegend des Bruchsackhalses beim Darüberstreichen mit der Hand ein deutliches fibrinöses Reiben. In der Nacht vom 3. zum 4. Januar 1882 collabirte Patientin plötzlich, bot Erscheinungen acuter Peritonitis, starb indess erst am 11. Januar, nachdem 3 Tage zuvor nach Calomelgebrauch mehrfache, copiöse, dünne Stuhlentleerungen stattgefunden hatten.

Die Obduction ergab folgenden Befund: In der rechten Leistenbeuge der mageren Leiche findet sich ein oblonger, 14 cm langer, 7 cm breiter mit Haut bedeckter Sack, in welchem man schwappende Flüssigkeit

und mehr nach oben zur Gegend des Schenkelringes eine feste Masse durch-
fühlt. Im untern Abschnitt des rechten Pleurasackes findet sich circa
½ Liter dicken, grüngelblichen, nicht übelriechenden Eiters, welcher nach
oben hin durch ältere, wohlorganisirte pseudomembranöse Massen ziemlich
genau abgesperrt ist. Die Thoraxfläche der rechten Zwerchfellhälfte ist mit
eitrigen Beschlägen in dicker Schicht belegt. 3 cm vom Foramen quadri-
laterum entfernt ist das Zwerchfell in Ausdehnung eines Thalers perforirt
und in der Umgebung der Perforationsöffnung eitrig zerfallen. Die der
letztern gegenüberliegende Lungenpartie ist bis zur Tiefe von 1 cm ebenfalls erweicht, von braunschwärzlicher Färbung. Eine Communication des
Eiterherdes mit einem Bronchus hat nicht statt. Das Lungengewebe im
untern Lappen ist luftarm, collabirt, im obern etwas ödematös. — Die
linke Lunge ist normal. — Das Abdomen enthält circa 2 bis 3 Liter desselben grumösen Eiters, wie die rechte Pleurahöhle; er riecht nicht ausgesprochen kothig, doch treten beim Versuch, die unter einander und mit
dem Netz vielfach fest verklebten Darmschlingen zu lösen, an verschiedenen
Stellen Kothmassen im Eiter auf. Am stärksten sind die Adhäsionen in
der Gegend des erwähnten rechtsseitigen inguinalen Sackes; nach ihrer
Lösung trifft man auf eine zwischen den Darmschlingen im kleinen Becken
gelegene, mit flüssigem Koth gefüllte Höhle. — Das Darmrohr ist so
brüchig, dass es beim Vorziehen trotz grosser Vorsicht mehrfach ·einreisst.
— Aus dem rechtsseitigen Bruchsacke lässt sich keinerlei Flüssigkeit herausdrücken; seine Höhle scheint von der Bauchhöhle durch Verwachsung
der Bruchschlingen mit dem Bruchsackhals völlig abgesperrt zu sein. Nach
Durchschneidung der Verwachsungen zeigt sich die Bruchpforte bequem
für 4 Finger durchgängig. Im Bruchsack liegen das Cöcum sammt dem
Processus vermiformis, der untere Abschnitt des Ileum und ein kleiner
Netzabschnitt; alle diese Theile erscheinen ganz normal, ihre Serosa glatt
und unversehrt. Das Bruchwasser ist serös, seine Quantität beträgt circa
30 ccm. Unmittelbar vor der Bruchpforte ist das Ileum und Cöcum perforirt. Am Dünndarm lässt sich ausser der grossen Brüchigkeit und einzelnen, anscheinend von aussen arrodirten Stellen nichts Pathologisches
nachweisen. Der Dickdarm enthält breiigen Koth; seine Wandungen zeigen
keine Veränderung. — In der linken Leistenbeuge findet sich ferner noch
ein apfelgrosser, mit Eiter gefüllter Bruchsack, der durch eine Oeffnung
von Federkieldicke mit. der Bauchhöhle communicirt; in seiner Bruchpforte
liegt ein kleines Stückchen zum Theil mortificirten Netzes, mit der Bruch-
sackwandung theilweis fest verwachsen. — Beide Nieren boten das Aussehen von Schrumpfnieren mit granulirter Oberfläche.

Der Grad der Einklemmung war im vorliegenden Falle offenbar
ein geringer, sowohl bei der ersten im Jahre 1869 wie im Anfang
der zweiten im Jahre 1871 stattfindenden Incarceration. Dafür spricht
die Leichtigkeit der Reposition der Bruchschlinge bei der ersten Einklemmung nach dem Ablassen des Bruchwassers, wie auch die Gering-
gradigkeit der Symptome im Beginne der zweiten. Dieselben lassen

schliessen, dass es sich anfänglich nur um einen plötzlichen Verschluss des abführenden Schenkels der Bruchschlinge, gekennzeichnet durch das einmalige Erbrechen im Moment der Einklemmung, mit einfacher Kothstauung und Irreponibilität der Schlinge gehandelt hat. Der Bruch blieb weich, schmerzlos; auch öffnete die erhaltene Peristaltik der Schlinge den Verschluss wieder und bewirkte mehrmalige normale Defäcation. Erst am 27. December, dem Tage, an welchem die Geschwulst plötzlich grösser und schmerzhaft wurde und von welchem an die Symptome schwerere wurden, auch absolute Obstipation eintrat, wandelte sich die bisherige Kothstauung in eine wahre Kotheinklemmung um, auch der zuführende Schenkel verschloss sich. Der Verschluss desselben wurde direct bei der Obduction nachgewiesen, auch gelang es selbst bei dieser nicht, Inhalt aus der Schlinge in eines der abdominal gelegenen Darmenden zu entleeren. Eine am 30. auftretende Bruchsackperitonitis — charakterisirt durch die deutlich fühlbare weiche Crepitation und jedenfalls bedingt durch die Circulationsstörungen in der Schnürfurche des zuführenden Schenkels — führte zur dauernden Fixation der Schlinge im Bruchringe und schloss nun auch anatomisch, nicht nur mechanisch, den Bruchsack derart vom Abdomen ab, dass die später in letzterem auftretenden entzündlichen Vorgänge nicht auf ersteren übergriffen. Die Kothstagnation vor der Bruchpforte bewirkte eine hochgradige Dehnung des zuführenden Rohres, presste dasselbe gegen den Bruchring und bedingte die Gangrän und Perforation der Schnürfurche. Die sich an letztere anschliessende Peritonitis konnte wegen bestehender oder wohl auch erst rasch entstandener Adhäsionen sich nur langsam ausbreiten, wurde indess schliesslich doch diffus und führte zur Vereiterung des offen stehenden linksseitigen Bruchsackes und secundären eitrigen Pleuritis. Gleichwohl war die Einschnürung selbst keine sehr hochgradige, denn die Bruchschlinge zeigte bei der Obduction trotz der langen Einklemmungsdauer nur sehr geringe Circulationsstörungen, das Bruchwasser war nur leicht getrübt, nicht blutig gefärbt. Es erklärt sich dies ganz gut aus der Weite der 4 Finger durchlassenden Bruchpforte. Der Vorgang der Einklemmung lässt sich meiner Ansicht nach so deuten, dass die im Bruchsack bereits vorliegende Schlinge sich am 27. December plötzlich durch Nachziehen des abführenden Darmrohres — vielleicht infolge plötzlichen Einströmens von Koth und Dehnung der Schlinge — vergrösserte, und damit die Raumbeengung in der Pforte so vermehrt wurde, dass nun der Passage des später nachrückenden Darminhaltes hier bereits am zuführenden Ende, genau nach Art des Busch'schen Stenosenversuches, ein unüberwindliches Hinderniss gesetzt wurde. Eine särkere Dehnung und pralle Füllung der Bruchschlinge, wie sie Busch und Lossen zur Erklärung fordern, bestand nicht, eine Compression des abführenden Schenkels durch den gefüllten zuführenden fehlte ebenso; die Communication zwischen Schlinge und dem übrigen Darme war ja, wie die Obduction zeigte, aufgehoben. Auch ist nicht anzunehmen, dass der definitive Verschluss des zuführenden Schenkels, wie dies Busch fordert, im vorliegenden Falle erst durch ödematöse Schwellung der im Bruchringe gelegenen Theile zu Stande gekommen sei. Denn waren die Circulationsstörungen in der Bruchschlinge noch bei der Obduction gering, so fehlten sie bis zu dem Moment der eigentlichen Einklemmung am 27. wahrscheinlich ganz; auch erfolgte der definitive Verschluss, wie aus der Krankengeschichte hervorgeht, ganz acut. — Die vorstehende Beobachtung giebt ferner noch einen schönen klinischen Beleg für die Verschiedenheit des Druckes, den die einzelnen Theile im Bruchringe erleiden: Nekrose der Schnürfurche, sehr geringe Compression des Mesenterium, ein Befund, den wir ja bei unsern Versuchen auch mehrfach zu machen Gelegenheit hatten.

Nicht immer gelingt der Nachweis des Verschlusses beider Schlingenschenkel so leicht wie im vorangehenden Falle. Besonders schwer und oft nur mit grösserer oder geringerer Wahrscheinlichkeit zu führen ist er in den Fällen geringgradiger Einklemmung, von welchen hier einige Krankengeschichten folgen mögen.

Beobachtung 13. Josepha Kantsch, 43 Jahr alt, litt seit 1 Jahr an einem linksseitigen Leistenbruch, den sie durch Heben schwerer Lasten acquirirt haben wollte. Sie hatte nie ein Bruchband getragen; der Bruch war bisher stets gut reponibel. Am 11. September 1882 klemmte er sich, wiederum bei schwerem Heben, ein, weshalb sich Patientin Abends 11 Uhr in die Klinik aufnehmen liess. Am Morgen desselben Tages hatte sie noch Stuhl gehabt. Seit der Einklemmung hat sie häufig grünliche Massen erbrochen. Ueber dem linken Ligamentum Pouparti bemerkte man eine 10 cm lange ovale Geschwulst, über der die Haut geröthet und mässig ödematös war. Der Leib war auf Berührung schmerzhaft; der Puls wie das Allgemeinbefinden waren gut. Nach vergeblichen Taxisversuchen in Narkose wurde am 12. zur Herniotomie geschritten. Es fand sich sehr viel Bruchwasser und als Bruchinhalt eine kleine gut aussehende Dünndarmschlinge, die sich ohne Débridement der Pforte leicht vorziehen und nach kleinen Einkerbungen des Bruchringes ohne Mühe reponiren liess. — Abschnüren und Exstirpation des Bruchsackes. — Der Verlauf war gut; am 6. Tage erfolgte der erste Stuhl, am 8. Tage p. op. zeigte sich die Wunde beim ersten Verbandwechsel primär lineär verheilt. Am 27. September wurde Patientin entlassen.

Beobachtung 14. Karl Schmiedler, 41 Jahr alt, litt seit 10 Jahren an einer rechtsseitigen Inguinalhernie, welche, obwohl Patient stets ein Bruchband trug, da dasselbe nur ungenügend functionirte, sich allmählich zur Scrotalhernie vergrösserte. Am 16. November 1880 klemmte sich der Bruch ein und veranlasste am 17. die Aufnahme des Kranken in die Klinik. Es handelte sich um eine faustgrosse Scrotalhernie. Der Leib war mässig aufgetrieben, druckempfindlich; das Allgemeinbefinden indess gut. Taxisversuche blieben erfolglos. Daher wurde am 18., nachdem in der Nacht fäcales Erbrechen eingetreten war, die Herniotomie ausgeführt. Der von mehreren Bindegewebsschichten bedeckte Bruchsack enthielt reichliches, blutig gefärbtes, nicht übelriechendes Bruchwasser und eine sehr gut aussehende, nur mässig geröthete Dünndarmschlinge, die mit leicht abhebbaren Pseudomembranen bedeckt war. Sie liess sich jetzt leicht ohne jede Dilatation des Bruchringes reponiren. Quer durch den Bruchsackhals zog ein Pseudoligament. — Die Wunde heilte nicht völlig per primam, sondern es stiessen sich aus einer kleinen Fistel einige nekrotische Gewebsfetzen ab, so dass Patient erst am 4. Januar 1881 mit fest vernarbter Wunde entlassen werden konnte.

Beobachtung 15. Frau Anna Wopolka, 44 Jahr alt, wurde am 22. Juni 1881 in das Krankenhaus mit einer eingeklemmten rechtsseitigen Schenkelhernie aufgenommen. Den Bruch bemerkte sie erst seit dem 11. Juni, an welchem Tage sie durch einen plötzlichen Schmerz in der Leistenbeuge auf ihn aufmerksam wurde. Seit 2 Tagen vor ihrer Aufnahme hatte Patientin keinen Stuhl mehr, am Tage der letzteren musste sie mehrfach wässrige Massen erbrechen. Man fand unter dem Ligamentum Pouparti beiderseits einen Tumor. Der linke war verschieblich und liess sich durch Druck verkleinern; der rechte hatte Hühnereigrösse, war schmerzhaft, schwer beweglich, die Haut über ihm geröthet, ödematös; das Abdomen war aufgetrieben. Am 23. wurde nach vergeblichen Taxisversuchen die Herniotomie gemacht. Der Bruchring wurde ausserhalb des Bruchsackes scharf dilatirt. Da die Taxis vor Eröffnung des letzteren indess stets nur zu einer Scheinreduction führte, wurde er incidirt. Er enthielt sehr viel Bruchwasser. Nun gelang die Reposition leicht. Nach Abbindung seines Halses wurde der Bruchsack exstirpirt; dann Drainage, Naht, Listerverband. Nach glattem Verlauf wurde Patient am 9. Juli entlassen.

Beobachtung 16. Frau Dorothea Rösner, 40 Jahr alt, hatte ihren Bruch 1 Jahr vor ihrer Erkrankung ohne bekannte Gelegenheitsursache, 6 Wochen nach Geburt ihres 10. Kindes, erworben, nie ein Bruchband getragen. Beim Gehen auf der Strasse klemmte sich der Bruch am 26. März 1882 ein und machte am 28. die Aufnahme der Kranken ins Hospital nothwendig. Dieselbe war eine schwächliche Frau mit schmerzhaftem Leib, sehr schlechtem Allgemeinbefinden. Der Bruch war eine linksseitige Schenkelhernie, hühnereigross, mässig hart, liess sich deutlich nach der Bauchhöhle zu verfolgen. Die Haut über ihm war geröthet, etwas ödematös, abhebbar. Den fruchtlosen Taxisversuchen wurde sogleich der Bruchschnitt angeschlossen. Das Bruchwasser war reichlich; die Bruchschlinge sah gut aus und liess sich nach Spaltung des Bruchringes ohne weiteres reponiren. — Reactionsloser Verlauf. Am 12. April erfolgte die Entlassung der Kranken.

Bemerkenswerth in den Fällen 13, 14 und 15 ist das relativ leichte Gelingen der Taxis nach dem Ablassen des Bruchwassers gegenüber der Repositionsunmöglichkeit vor derselben, eine Beobachtung, die wir bereits bei der ersten Einklemmung in Fall 12 zu machen Gelegenheit hatten. Es stehen diese Fälle gewissermassen im Widerspruch zu der Ansicht Kocher's, dass gerade das Vorhandensein von Bruchwasser, indem es eine gleichmässige Vertheilung des auf den Bruch als Ganzes ausgeübten Druckes auf den Bruchinhalt bedingt und dadurch eine Dehnung der Bruchschlinge vor der Pforte verhindert, in vielen Fällen die Reposition durch circuläre Compressionstaxis erleichtere, eine Anschauung, der auch ich, wie ich später aus einander setzen werde, völlig beipflichte. Dieser Widerspruch ist indess nur ein scheinbarer. In der geschilderten Weise wirksam kann das Bruchwasser nur sein, wenn es gelingt, einen allseitigen Druck auf den Bruch auszuüben. In den angeführten Fällen handelte es sich indess stets um grössere Brüche mit reichlicher Ansammlung von Bruchwasser, die ein allseitiges Umfassen nicht gestattete. Ein isolirter oder nur auf einzelne Stellen des Bruchsackes ausgeübter Druck kann aber den gewünschten Effect einer allseitigen kräftigen Compression des Bruchinhaltes nicht haben, denn indem das Wasser nach den nicht umfassten Partien durch Ausweitung des Bruchsackes ausweichen kann, wird die auf die Bruchschlinge selbst übertragene Druckkraft wesentlich abgeschwächt und entspricht nur der Höhe der Spannung des Bruchsackes, welche bei der oft sehr bedeutenden Dehnbarkeit des letzteren selbst bei starkem Druck von aussen keine sehr erhebliche zu werden braucht. — Liegt nun das einschnürende Moment nicht in der Enge der Bruchpforte, sondern in der des Bruchsackhalses, so wird ein Druck auf den Scheitel des Bruchsackes nur durch Zurückdrängen desselben eine Scheinreduction bewirken, wie wir dies z. B. im Fall Wopolka sahen. Wird die Einklemmung aber durch die Bruchpforte bei relativ weitem Bruchsackhalse veranlasst, so kann vielleicht bei reichlichem Bruchwasser ein nicht allseitiger Druck auf dasselbe die Einklemmung noch festigen, anstatt sie zu lösen, indem er zu einer Dehnung des Bruchsackes vor der Pforte führt und dadurch ein weiteres Vorziehen desselben sammt der incarcerirten Schlinge zur Folge hat, ganz in der gleichen Weise, wie eine Dehnung des Darmes vor einer engen Stenose ein Vorziehen seines peripheren Abschnittes bedingt ohne Eröffnung des Verschlusses; es umschliesst ja der Bruchsack mit der äussern Wand der Bruchschlinge einen ganz gleichen Hohlraum mit dehnbaren Wänden wie die eingeklemmte Schlinge selbst.

Die Lossen'sche Annahme, dass es sich in Fällen, wie die angeführten, nur um einen Verschluss des abführenden Schenkels handle,

lässt sich zwar nicht ohne weiteres von der Hand weisen; denn dem
Einwande, dass der nach seiner Ansicht der Reposition hinderliche,
zu hohe Inhaltsdruck in der Schlinge und im zuführenden Darmrohr
nach Ablassen des Bruchwassers ja unverändert hoch bliebe, es somit
unverständlich bliebe, weshalb nun die Taxis nur ganz geringe Schwierigkeiten fand, könnte Lossen damit begegnen, dass die Kraft jetzt direct
auf die Bruchschlinge in ganzer Fülle wirken kann, und dass man bei
der Compression durch vielleicht unwillkürliches Abbiegen der Schlinge
nach dem zuführenden Schenkel zu den Verschluss am abführenden
geöffnet habe. Jedoch, ist es an sich schon nicht wahrscheinlich, dass
binnen der kurzen Zeit zweier Tage die Kothstauung eine solche Höhe
erreichen soll, um eine Spannung zu erzeugen, die durch den auf den
Bruchsack ausgeübten starken Fingerdruck nicht überwunden werden
könne, so ist vor allem hervorzuheben, dass eine solche Spannung der
Schlinge thatsächlich in keinem der angeführten Fälle bestand; sie
war zwar stets gefüllt, doch ganz leicht comprimirbar. Die Spannung
müsste aber, hätte Lossen Recht, in dem Falle Schmiedler schon recht
bedeutend gewesen sein, um die nicht unbeträchtlichen Circulationsstörungen, die sich in der blutigen Tinction des Bruchwassers zu erkennen gaben, zu erklären. — Auch wäre im Falle Kantsch die Kleinheit der Bruchschlinge nicht gut zu vereinen mit einer stärkeren
Spannung in derselben, die durch eine offene Communication mit dem
zuführenden Darmrohr noch beständig zunähme; denn es liess sich
die Schlinge bei der Herniotomie schon vor Spaltung des einschnürenden Ringes ganz leicht vorziehen; es wäre also zu erwarten gewesen,
dass eine bedeutende Dehnung der Schlinge gleichfalls das abführende
Ende weiter aus der Pforte herausgezogen hätte, wie wir dies bei
wirklicher einfacher Kothstauung in unsern Versuchen mehrfach gesehen haben. — Der Fall widerlegt gleichzeitig die Ansicht Korteweg's, dass eine zu starke Anspannung des Mesenterium die Ursache
der Einklemmung sei, in der schlagendsten Weise.

Auch der folgende Fall lässt sich mit der Lossen'schen Anschauung absolut nicht in Einklang bringen.

Beobachtung 17. Max Piefke, 6 Jahr alt, litt angeblich seit 3 Jahren
an einer rechtsseitigen Leistenhernie und hatte ihretwegen längere Zeit ein
Bruchband getragen, dasselbe indess seit Neujahr 1883 wieder bei Seite
gelassen, da von einem Bruche nichts mehr zu bemerken war. Am Morgen
des 23. November 1883 erhielt er einen heftigen Schlag gegen die rechte
Leistengegend; dieselbe schwoll bald an und wurde sehr schmerzhaft. Erbrechen trat nicht auf; auch hatte Patient nachher noch 2 Stuhlentleerungen.
Am Nachmittage wurde er der Klinik zugeführt. Daselbst constatirte man
in der rechten Inguinalgegend einen birnförmigen, sich nach dem Scrotum

zu erstreckenden Tumor von prall elastischer Consistenz, gedämpftem Percussionsschall, der wenig verschieblich war und der äussern Mündung des
Leistenkanales aufsass. Der rechte Hode war deutlich vergrössert und
schmerzhaft. Die Haut der ganzen Gegend war normal, der Leib wenig
druckempfindlich. Ein Stiel der Geschwulst nach der Bauchhöhle zu war
nicht deutlich zu fühlen. Da der Tumor völlig transparent war, sich auch
in Narkose nicht reponiren liess, eigentliche Incarcerationserscheinungen
fehlten, die Vergrösserung des Testikels auf eine Erkrankung desselben
schliessen liess, so wurde die Diagnose, allerdings mit Vorbehalt, auf eine
durch das Trauma exacerbirte Hydrocele gestellt. — Die folgende Nacht
verbrachte Patient völlig gut, fühlte sich am nächsten Morgen ganz wohl,
hatte Appetit, zeigte keine Störung des Allgemeinbefindens. Obschon dieser
Verlauf die Diagnose zu bestätigen schien, wurde doch eine Probepunction
gemacht. Diese entleerte nur wenig Blut, keine Hydrocelenflüssigkeit.
Daher wurde nun sofort die Herniotomie angeschlossen, die in der That
das Vorhandensein einer eingeklemmten Hernie ergab. Das Bruchwasser
war spärlich, blutig gefärbt, die 7 bis 8 cm lange Bruchschlinge war
dunkel injicirt. Neben ihr gelangte der Zeigefinger leicht in den Leistenkanal; gleichwohl machte die Reposition auch jetzt noch grosse Schwierigkeiten, gelang indess schliesslich. Das Freiliegen des Hodens im Grunde
des Bruchsackes bewies den congenitalen Ursprung der Hernie. Der Bruchsack wurde vorsichtig vom Funiculus spermaticus abgelöst, an seinem Halse
abgebunden und exstirpirt. — Am 10. December wurde Patient nach glattem
Verlauf geheilt entlassen.

Nichts deutete in diesem Falle, was doch Lossen verlangt, auf
eine irgendwie beträchtliche Kothstauung und Erhöhung des Inhaltsdruckes im zuführenden Darmrohre hin: der Leib war weich, nicht
aufgetrieben, kaum schmerzhaft; es bestand kein Erbrechen, selbst der
Appetit war leidlich; auch zeigte sich die Bruchschlinge bei der Operation nicht wesentlich gespannt. Andererseits war die Einschnürung
nicht sehr bedeutend, liess sich doch auch ohne Débridement ohne
Mühe ein Finger neben dem Bruche in die Bauchhöhle schieben.
Gleichwohl fand die Reposition selbst nach Eröffnung des Bruchsackes
noch erhebliche Schwierigkeiten. Die Ursachen für dieselben waren
aber nicht in der Höhe des Inhaltsdruckes, den Reibungswiderständen,
die der Schlingeninhalt beim Passiren der Pforte fand, zu suchen,
sondern lagen namentlich in dem hohen Sitz des einklemmenden Ringes,
der durch den Bruchsackhals an der innern Mündung des Leistenkanales gebildet wurde. Die Finger konnten deshalb die Bruchschlinge
nicht gut an ihrer Basis vor dem Bruchringe umfassen, der auf ihren
Scheitel ausgeübte Druck veranlasste eine Blähung dicht vor der Einklemmungsstelle und erschwerte hierdurch die Reposition. — Auch von
einer Abknickung der Schlinge, wie sie Busch annimmt, konnte keine
Rede sein, denn da der Einklemmungsring an der innern, nicht äussern

Apertur des Leistenkanales lag, verhinderte letzterer selbst eine solche, genau wie der Glastrichter im Hofmokl'schen Experiment. Die nicht unbeträchtlichen Circulationsstörungen der Schlinge dürften weniger in der Hochgradigkeit der Einschnürung, als in den mehrfach wiederholten, etwas forcirten Taxisversuchen ihren Grund haben.

Beobachtung 18. Anna Kirschker, 44 Jahr alt, hatte sich ihren rechtsseitigen Leistenbruch 8 Jahre vor ihrer Aufnahme ins Hospital durch schweres Heben zugezogen, stets ein Bruchband getragen, das indess den Bruch nur ungenügend zurückhielt; seitdem hatte sie 3mal entbunden. Am 10. Januar 1884 trat der Bruch beim Treppensteigen heraus und verursachte sofort starke Schmerzen. Am Abend desselben Tages hatte Patientin noch einmal Stuhlentleerung, musste indess in der folgenden Nacht mehrfach erbrechen. Das Erbrechen wiederholte sich auch in den folgenden Tagen. Ausgiebige Taxisversuche, welche der herbeigerufene Arzt machte, blieben ohne Erfolg, weshalb die Ueberführung der Patientin ins Krankenhaus erfolgte. — Sie war eine kräftig gebaute, sehr fette Person, machte bei der Aufnahme einen sehr leidenden Eindruck. Der Puls war beschleunigt, machte 90 bis 100 Schläge pro Minute, der Leib wenig aufgetrieben. Oberhalb des rechten Ligamentum Pouparti bemerkte man einen in die rechte grosse Schamlippe hineinragenden, ovalen, apfelgrossen Tumor, über dem die Haut verschieblich und unverändert war. Er war weich, liess sich etwas verschieben, hatte gedämpft tympanitischen Percussionsschall, liess sich indess auch in Narkose nicht reponiren. Dabei fühlte man ein deutliches Knisterreiben, wie beim Zerdrücken von Blutcoagula; an der Haut- und Schleimhautseite der stark geschwellten, ödematösen, rechten Schamlippe waren Sugillationen sichtbar. Aus der Scheide floss etwas Blut, die Folge eines eben beginnenden Abortes. — Es wurde sogleich die Herniotomie gemacht. Der ziemlich dünne Bruchsack enthielt nur wenig, etwas mit Blut gemischtes Bruchwasser und eine circa 14 cm lange Dünndarmschlinge mit zugehörigem Mesenterium, sie war bläulichroth verfärbt, doch sonst normal, liess sich nach Discision des einschnürenden Ringes leicht vorziehen und dann reponiren. Die Schnürfurchen waren ganz gesund. Der Bruchsack wurde am Halse ligirt und dann exstirpirt. — Infolge des Abortes und einer sich später anschliessenden Cystitis war der Verlauf nicht ganz fieberfrei. Die Wunde heilte primär. Erst 4 Wochen nach der Operation am 12. Februar konnte die Entlassung erfolgen.

Beobachtung 19. Gottfried Grosser, 38 Jahr alt, wurde am 8. December 1884 in die Klinik aufgenommen. Die näheren anamnestischen Angaben über seine Erkrankung sind verloren gegangen, nur so viel ist bekannt, dass er längere Zeit an einem Bruch leidet, der vor einigen Tagen vortrat und sich nicht wieder zurückbringen liess. Seit einem Tage bestand völlige Stuhlverstopfung. Der sehr kräftige, nicht besonders leidend aussehende Patient klagte über geringe Kolikschmerzen. Erbrechen bestand nicht. Im obern Abschnitt der sehr langen, linken Scrotalhälfte bemerkte man einen hühnereigrossen, in den Leistenkanal reichenden, birnförmigen

Tumor, der prall, auffallend derb und auf Druck schmerzhaft war. Die Haut über ihm, sowie die untere Hälfte des Scrotum, waren ganz normal. Taxis ohne Narkose blieb erfolglos. Der Percussionsschall über dem Tumor war gedämpft, doch nicht reiner Schenkelschall. Der Leib war nur wenig aufgetrieben, weich, eindrückbar. Patient hatte geringes Fieber. Er erhielt ein warmes Bad, innerlich Opium. Am nächsten Morgen wurde, da der Befund unverändert war, die Herniotomie ausgeführt und zwar wegen Verdachts einer stärkeren Entzündung des Bruchsackes ohne vorausgeschickte Taxisversuche. Das Bruchwasser war reichlich und stark blutig gefärbt. Die eingeklemmte Dünndarmschlinge war stark geröthet, auf ihrer Convexität sogar tief dunkelroth und mit dünnen Fibrinbeschlägen bedeckt, jedoch überall glänzend und von normaler Consistenz; ihre Länge betrug 10 cm. Nach breiter Spaltung der Bruchpforte nach oben liess sich die Bruchschlinge leicht vorziehen. Ihre Schnürfurchen waren verhältnissmässig wenig ausgeprägt, die eine indess stärker, als die andere. Reposition; Exstirpation des Bruchsackes nach Ligatur seines Halses; Naht, Drainage. In den ersten Tagen bestand geringes Fieber noch fort; einige Stichkanäle eiterten; nach Entfernung der Nähte war der weitere Verlauf ohne Störung. Am 29. December wurde Patient geheilt entlassen.

Bereits in Beobachtung 16 (Fall Rösner) konnten wir ein ziemlich auffälliges Missverhältniss zwischen der Hochgradigkeit der Symptome und den geringen pathologisch-anatomischen Veränderungen der Bruchschlinge constatiren. Die gleiche Beobachtung werden wir noch mehrfach zu machen Gelegenheit haben; die subjectiven Beschwerden, sowie auch das Allgemeinbefinden des Kranken disharmonirt mit dem localen Befunde oft ungemein. Sehr häufig sind erstere sehr hochgradig und doch lässt die Bruchschlinge kaum wesentliche Circulationsstörungen oder eine stärkere Ausprägung der Schnürfurchen erkennen, und umgekehrt finden wir nicht selten die Bruchschlinge bereits gangränös bei noch ganz leidlichem Allgemeinbefinden. — Auch die vorstehenden zwei Fälle lassen eine derartige Verschiedenheit unter einander wahrnehmen. Der Grad der Einklemmung war offenbar bei dem Patienten Grosser höher als bei Frau Kirschker; trotz kürzerer Einklemmungsdauer war dort das Bruchwasser sehr reichlich und stark blutig, hier nur spärlich und wenig durch Blutbeimengungen gefärbt, waren die Circulationsstörungen der Bruchschlinge dort schwerer als hier, und gleichwohl liessen die Symptome dort kaum eine wahre Einklemmung annehmen, bestanden nur in geringen Kolikschmerzen, während sie hier sehr ausgeprägt waren und von Anfang an häufiges Erbrechen bestand. — Für den Mechanismus der Einklemmung sind die beiden Fälle nicht gut zu verwerthen, weil die Angaben über den Füllungszustand und die Spannung der Bruchschlingen gänzlich fehlen. Immerhin erscheint ein erheblicher Grad der letzteren, wie er doch zur Erzeugung der vorhandenen Circulationsstörungen erforderlich wäre, in Anbetracht der Beschaffenheit des Bauches, welcher weich, eindrückbar und nur wenig aufgetrieben war, nicht sehr wahrscheinlich.

Manches Gemeinsame bieten die folgenden 4 Fälle:

Beobachtung 20. Eduard Siemon, 22 Jahr alt, litt seit Kindheit an einem Bruch, ohne indess je ein Bruchband zu tragen. Der Bruch soll stets reponibel gewesen sein. Am 17. Juni 1882 erkrankte Patient mit Leibschmerzen, zu denen sich bald Uebelkeit und Erbrechen gesellte; letzteres wurde später fäculent. Gleichzeitig bestand hartnäckige Stuhlverstopfung, gegen die ein Arzt erfolglos Abführmittel verordnete. Auf ein Klystier erfolgte am 5. Tage nur ein aus dicken harten Scybala bestehender Stuhl, dann trat wieder Verstopfung ein; das Erbrechen hielt an. Eine Grössenzunahme seiner Hernie hatte Patient dabei nicht gemerkt, wenigstens nicht beachtet. Das Allgemeinbefinden war nur wenig gestört. Am 25. wurde Patient nach Breslau in die Klinik transportirt. Erst hier entdeckte man den rechtsseitigen Scrotalbruch. Patient war ein kräftiger Mann, doch jetzt etwas verfallen. Das Abdomen war mässig aufgetrieben, leicht schmerzhaft. Die rechte Scrotalhälfte wurde von einem fast faustgrossen Tumor eingenommen, der sich nach der Bauchhöhle verfolgen liess; sein Percussionsschall war gedämpft; im untern Abschnitt war der Tumor transparent; die Haut über ihm war normal verschieblich. — Die Herniotomie ergab, dass der Bruchsack neben wenigem Bruchwasser in seinem obern Theil eine kleine, noch gut aussehende Dünndarmschlinge, im untern ein 10 cm langes, 5 cm breites Netzstück enthielt, das sich mit einem dünnen Stiele in die Bauchhöhle fortsetzte, mit dem Bruchsacke durch einige leicht trennbare Adhäsionen verklebt war. Der einschnürende Ring sass sehr hoch oben an der innern Apertur des Leistenkanales, liess nur schwer die Fingerspitze neben der Bruchschlinge durchdringen. Nach seiner Spaltung liess sich der Darm leicht reponiren; das vorgefallene Netzstück wurde abgebunden und abgetragen, sein Stumpf durch eine Catgutnaht im Bruchringe fixirt. Drainage des Bruchsackes. Naht. — Noch in derselben Nacht erfolgte reichlicher Stuhl. Der Verlauf war reactionslos. Am 12. Juli wurde Patient geheilt entlassen.

Beobachtung 21. Wilhelm Kluge, 63 Jahr alt, acquirirte seinen Bruch vor 10 Jahren beim Heben schwerer Fässer, trug nie ein Bruchband. Der Bruch trat öfter heraus, liess sich indess stets leicht reponiren, doch war das Vortreten desselben in den letzten Jahren meist von mässigen Incarcerationserscheinungen begleitet, die durch Ruhe, warme Umschläge etc. beseitigt wurden. Seit 12 Jahren litt Patient ausserdem an einer rechtsseitigen Hydrocele, die bereits einmal vor 9 Jahren punctirt worden war. Am 24. September 1884 klemmte sich der Bruch ein und liess sich durch die Taxis nicht zurückbringen; Erbrechen trat nicht auf, doch stellte sich absolute Obstruction ein. Am 25. liess sich Patient in die Krankenanstalt aufnehmen. Daselbst fand man in der rechten Leistenbeuge einen sich in das Scrotum fortsetzenden, in der Mitte eingeschnürten Tumor. Seine obere

Hälfte war apfelgross, schmerzhaft, gespannt, seine untere faustgross, gedämpft, weich, transparent. Die Diagnose wurde daher auf eine rechtsseitige eingeklemmte Leistenhernie nebst Hydrocele gestellt. Am 26. gelang es, in der Narkose einen Theil der Geschwulst zu reponiren, wonach dieselbe weicher wurde und nur noch die Grösse eines kleinen Apfels behielt; Gurren wurde bei der Reposition nicht wahrgenommen. Die nunmehr vorgenommene Punction des untern Tumors entleerte sehr viel seröse, klare Hydrocelenflüssigkeit. Da die völlige Reposition der obern Geschwulst auch jetzt noch misslang, wurde die Herniotomie angeschlossen. Der ziemlich dicke Bruchsack enthielt etwa 2 Esslöffel stark blutig gefärbten, nicht riechenden Bruchwassers, ferner ein grosses Stück fettig degenerirten Netzes, ein Stück frisch vorgefallenen Netzes und eine 10 cm lange Dünndarmschlinge. Das Netz war dem Bruchsack fest adhärent; letzterer war an einer Stelle cystisch ausgeweitet. Die Bruchschlinge war dunkelroth, hämorrhagisch infarcirt, derb, anscheinend nicht oder doch nur wenig gefüllt. Die Schnürfurchen waren nur wenig ausgeprägt. Der vorgezogene Darm zeigte sich oberhalb der Einschnürungsstelle von normaler Beschaffenheit. Die Reposition verursachte auch jetzt noch trotz breiter Spaltung der Bruchpforte nach oben ziemliche Schwierigkeiten. Das fettig degenerirte Netzstück wurde von dem frisch vorgefallenen abgetragen und letzteres reponirt. Der Bruchsack wurde nach Ligatur seines Halses exstirpirt. Er war zu diesem Zweck soweit als möglich aus der Bruchpforte vorgezogen worden, so dass die Ligatur jenseits des eigentlichen Bruchringes zu liegen kam; letzterer kennzeichnete sich an dem excidirten Bruchsack als ein 3 mm breiter, im Umfang 6 cm messender, narbiger, circulärer Streifen; auch der übrige Theil des Bruchsackes liess mehrere Narben erkennen. — Der Verlauf wurde anfänglich durch eine starke Sugillation unter die Scrotalhaut, die ein Wiederöffnen der Wunde erforderte, gestört und durch Abstossung einiger nekrotisch gewordenen Gewebsfetzen in die Länge gezogen, so dass Patient erst am 26. November entlassen werden konnte.

Beobachtung 22. Johanna Kleinert, 81 Jahr alt, litt seit 20 Jahren an einem Nabelbruch, der sich trotz des Tragens eines Bruchbandes mehr und mehr vergrösserte und nur ungenügend zurückhalten liess. Während er bisher nie Einklemmungserscheinungen verursacht hatte, zeigten sich solche am Nachmittage des 1. October 1884; der Bruch wurde grösser, schmerzhaft, liess sich nicht verkleinern; in der Nacht trat Erbrechen auf; Stuhl wie Flatus wurden retinirt. Bei der Aufnahme der sehr fetten, kräftigen Patientin in die Klinik am Nachmittage des nächsten Tages constatirte man eine kindskopfgrosse Nabelhernie, über der die Haut stark gespannt, die Venen dilatirt waren; die Geschwulst ist mässig prall, elastisch weich, mässig schmerzhaft. Da die Taxis misslang, schritt man sogleich zur Herniotomie. Ein 18 cm langer, die sehr dünne Haut in der Medianlinie durchtrennender Schnitt legte den sehr fettreichen Bruchsack bloss. Das Bruchwasser war spärlich, etwas blutig tingirt. Als Bruchinhalt fand sich eine grosse geblähte Colonschlinge, viel fettreiches Netz, beides dem

Bruchsack und unter einander fest adhärent, und eine 12 bis 14 cm lange, geblähte, dunkelrothe, doch sonst gesunde Ileumschlinge. Letztere war eingeklemmt; nach leichter Lösung einiger frischer Verklebungen liess sie sich reponiren, wonach man neben dem Colon bequem zwei Fingerspitzen durch die Bruchpforte führen konnte. Auf die Reposition des Dickdarmes wurde wegen der bestehenden festen Verwachsungen in Rücksicht auf das Alter der Patientin verzichtet. Das Netz hatte behufs Freilegung der Darmschlingen durchtrennt werden müssen. Der Bruchsack wurde nun über dem Netz und Darm isolirt vernäht, dann die Hautwunde durch Naht geschlossen. — Der Verlauf war, abgesehen von einer einmaligen Temperatursteigerung auf 38,3, fieberfrei. Die Hautwundränder, sowie ein Theil des Netzes und Bruchsackes wurden nekrotisch; nachdem sich die abgestorbenen Gewebe abgestossen und die Wunde gereinigt war, wurden ihre Ränder durch secundäre Naht vereinigt, die auch zum grössten Theil hielt. Mit einem schmalen Wundstreifen wurde Patientin, die sich sonst wohl befand, am 28. October nach Haus entlassen.

Beobachtung 23. Gottlieb Otto, 61 Jahr alt, litt seit 15 Jahren an einer linksseitigen, seit 3 Jahren auch an einer rechtsseitigen Leistenhernie, für deren Entstehung er eine Ursache nicht anzugeben wusste. Beide Brüche traten oft heraus, liessen sich indess stets leicht reponiren; der rechte trat öfter und weiter vor, als der linke. Seit einem Jahr trug Patient ein Doppelbruchband, das er indess bei Nacht ablegte und in den letzten 4 Wochen wegen Schmerzen im Kreuz wieder ganz bei Seite gelassen hatte. In den letzten 14 Tagen stellten sich mehrfach Schmerzen in den Brüchen mit Erbrechen und Stuhlverstopfung ein; nach reichlichem Erbrechen trat jedesmal Erleichterung der Beschwerden ein. Am 14. December 1884 traten diese Incarcerationserscheinungen mit erneuter und heftigerer Intensität als bisher auf; die Schmerzen wurden stärker, das Erbrechen hielt an, auch bestand völlige Obstruction für Stuhl und Flatus, weshalb sich Patient am 16. December in die Anstalt aufnehmen liess. — Das Scrotum war bis zu Mannskopfgrösse ausgedehnt, und zwar war die Schwellung rechts erheblicher, als links, setzte sich beiderseits in den Leistenkanal fort. Linkerseits liessen sich zwei Abschnitte unterscheiden, ein oberer kleinerer, direct an den Leistenkanal sich anschliessender Tumor, der sich derber anfühlte und druckschmerzhaft war, und ein unterer, grösserer, schmerzloser und weicher Abschnitt. Ersterer war erst mit den Incarcerationserscheinungen aufgetreten. Der Percussionsschall war überall tympanitisch. Die Reposition ohne Narkose gelang nicht. Patient erhielt zunächst Opium, und das Scrotum wurde möglichst hochgelagert. — In der folgenden Nacht reponirte sich der erwähnte härtere, obere Abschnitt der linken Scrotalhernie spontan; der Rest liess sich nun leicht durch Taxis zurückbringen. Der rechtsseitige Bruch liess sich wohl verkleinern, doch nicht völlig reponiren. Am 19. erfolgte die erste spontane Stuhlentleerung. — Der rechtsseitige Leistenbruch wurde später radical operirt (conf. Beobachtung 73).

In jeder der soeben citirten Beobachtungen kam die Einklemmung dadurch zu Stande, dass neben einem bereits längere Zeit in dem Bruchsacke verweilenden Eingeweide plötzlich noch ein anderes vorfiel und den Bruchring stärker verengte. — Allerdings soll bei dem Patienten Siemon der Bruch stets reponibel gewesen sein, doch deutet schon die Beschaffenheit des nur durch einen dünnen Stiel mit dem intraabdominell gelegenen Abschnitt zusammenhängenden Netzstückes mit Sicherheit darauf hin, dass das letztere lange Zeit nicht mehr reponirt war und sich sammt seinem Stiele der Form des Bruchsackes resp. Bruchsackhalses angepasst hatte, was ja auch, da Patient bisher nie ein Bruchband getragen hatte, leicht verständlich ist. Neben diesem Stiele, welcher für gewöhnlich wahrscheinlich die Bruchpforte genügend verschloss, fiel nun eine kleine Darmschlinge vor und klemmte sich ein. Der Grad der Incarceration kann indess kein sehr hoher gewesen sein, da die Circulationsstörungen der Schlinge trotz des achttägigen Bestehens der Einklemmung sehr gering waren, obwohl freilich die Fingerspitze den Bruchring neben den eingeklemmten Theilen nur schwer zu passiren vermochte. Es erklärt sich dies vielleicht durch den bestehenden Vorfall von Netz, welches ein elastisches Polster bildet und eine Druckusur an den scharfen Rändern des Bruchringes verhindert. Das Misslingen der Taxis hatte, ähnlich wie in Beobachtung 17, seinen Grund wesentlich in dem hohen Sitze der Einklemmung, der ein völliges Umgreifen der Bruchschlinge nicht zuliess.

Fast noch deutlicher kennzeichnet sich der Vorgang in dem Fall Kluge, bei welchem man sehr klar den längst vorgelegenen, fettig degenerirten und verdickten, dem Bruchsack adhärenten Netzabschnitt von dem nur durch mässige venöse Stauung veränderten, frisch vorgefallenen unterscheiden konnte. Ob die eingeklemmte Darmschlinge erst durch den stärkeren Netzvorfall incarcerirt wurde oder ob sie sich erst im Momente der Einklemmung mit dem Netz vorschob, ist bestimmt nicht zu sagen; wahrscheinlicher ist indess das letztere; wenigstens bot das Aussehen der Bruchschlinge keine Merkmale, die auf ein längeres Bestehen eines Darmbruches hätten schliessen lassen. Die Taxis brachte, wie erwähnt, nur einen Theil der Geschwulst zurück, welchen, ist nicht zu entscheiden. Schlingeninhalt dürfte es kaum gewesen sein, da ein Gurren bei der Reposition nicht gehört wurde: vielleicht war es ein weiteres Netzstück oder Bruchwasser, dessen isolirte Repositionsmöglichkeit wir ja bei unsern Versuchen kennen gelernt hatten. Die blutige Beschaffenheit des letzteren, sowie die hämorrhagische Infarcirung des Darmes kennzeichnen den Grad der Einklemmung als nicht unbeträchtlich.

Im Falle Kleinert war es, wie bei Siemon, der frisch vorfallende

Darm selbst, der die zur Incarceration nöthige Raumbeschränkung schuf. Nur die eingeklemmte, frisch vorgefallene Dünndarmschlinge zeigte Circulationsstörungen; die gleichzeitig im Bruchring liegende Dickdarmschlinge, sowie das Netz, welche durch ihre festen Verwachsungen unter einander und mit dem Bruchsacke ihren langen Aufenthalt in letzterem documentirten, liessen nicht die geringste Spur einer solchen wahrnehmen. Es beweist dieser Befund abermals die verschiedene Grösse des Druckes, welchen die im Bruchringe liegenden Eingeweide erleiden können. Mit der Lossen'schen Theorie ist er gänzlich unvereinbar; bestände wirklich eine offene Communication der Schlinge mit dem zuführenden Darmrohre und verschlösse nur der Druck des den zuführenden Schenkel dehnenden Inhaltes den abführenden, so bliebe es unverständlich, weshalb dieser Druck bei der Dehnbarkeit der sich der äussern Umgebung völlig anpassenden Darmwand nicht auch die übrigen den Bruchring passirenden Darmschlingen träfe und Circulationsstörungen in ihnen hervorriefe. Nach unserer Annahme eines gleichzeitigen Verschlusses beider Schlingenschenkel bei der wahren Einklemmung ist der Befund leicht zu erklären, denn nicht eine incompressible, den empfangenen Druck allseitig fortpflanzende Flüssigkeit, sondern elastische, zusammendrückbare Gewebe befinden sich dann im Bruchringe; ein in der Ebene des letzteren wirkender Druck von Seiten des Schlingeninhaltes hat überhaupt nicht statt; der Druck, den die Wand der Schenkel aber durch den Bruchring selbst erfährt, braucht nur sehr unerheblich zu sein, ist es auch gewiss in unserem Falle gewesen; liessen sich doch nach der Reposition bequem zwei Fingerspitzen durch die Pforte hindurchführen.

Genau den gleichen Vorgang dürfen wir, wenngleich derselbe nicht durch die Herniotomie erwiesen ist, bei Otto voraussetzen. An der linksseitigen Scrotalhernie konnten wir einen frisch aufgetretenen oberen schmerzhaften Abschnitt von derber Consistenz von einem lange bestehenden unteren weichen und schmerzlosen Theil unterscheiden. Offenbar barg nur der erstere die eingeklemmte Schlinge, denn nach seinem Verschwinden nach Gebrauch von Opium hörten die eigentlichen Incarcerationserscheinungen mit einem Mal auf. Da der untere Abschnitt gleichfalls tympanitischen Percussionsschall hatte, ist anzunehmen, dass sich auch hier eine Darmschlinge neben einer zweiten intact bleibenden eingeklemmt hatte.

Es entsprechen die vier vorstehenden Beobachtungen ganz meiner oben entwickelten Anschauung über den Mechanismus der Brucheinklemmung, den ich hier nur kurz nochmals dahin präcisiren möchte, dass zum Zustandekommen einer Incarceration nicht allein die plötzliche Füllung und Dehnung einer bereits in einem Bruchringe gelegenen

Darmschlinge ohne weitere Veränderungen genügt, sondern dass ausserdem noch eine Zunahme der Raumbeschränkung im Bruchringe erforderlich ist, sei es dadurch, dass sich die Schlinge durch Nachziehen von Darm und Mesenterium selbst vergrössert, gleichviel ob infolge ihrer eigenen Dehnung oder durch die Wirkung einer intraabdominalen Drucksteigerung, oder dadurch, dass noch andere Eingeweide, andere Darmschlingen oder Netz vorfallen. Den Einwand, dass es sich hierbei nicht um eine Koth-, sondern um eine sogenannte elastische Einklemmung handle, kann ich nicht gelten lassen. Denn der anatomische Befund bei der Herniotomie lässt einen sichern Rückschluss auf die Kraft, welche die Vergrösserung der eingeklemmten Schlinge bewirkt hat, überhaupt nur selten zu. In keiner unserer angeführten Beobachtungen aber war er ein derartiger, wie wir ihn für eine elastische Einklemmung, d. h. eine solche, bei der von vornherein ein Missverhältniss zwischen dem Bruchringe und dem sich hindurchzwängenden Darm besteht, zu finden gewohnt sind. In jeder war die Schlinge, wenn auch nur mässig, gefüllt, in keiner waren die Einklemmungssymptome, wie die Circulationsstörungen der Schlinge sehr beträchtlich, die Schnürfurchen besonders stark ausgeprägt, nicht einmal in der so lange eingeklemmten Bruchschlinge des Patienten Siemon.

Recht typische Bilder wahrer sogenannter Kotheinklemmung finden wir in der folgenden Gruppe, welche eine Anzahl von Brucheinklemmungen mittleren Grades umfasst.

Beobachtung 24. Johann Rubi, 17 Jahr alt, wurde in die Klinik wegen eines hochgradigen rechtsseitigen Genu valgum aufgenommen, das durch die Ogston'sche Osteotomie geheilt wurde. Seit mehreren Jahren litt er ausserdem an einem rechtsseitigen Leistenbruch. Dieser trat während der Reconvalescenz des Patienten, der bereits umherging, am Abend des 1. Februar 1885 ohne bekannte Ursache plötzlich stärker als früher heraus und wurde sogleich schmerzhaft; gleichzeitig erfolgte Erbrechen. Die rechte Scrotalhälfte gewann die Grösse einer kleinen Faust; die Geschwulst war mässig prall gespannt, weich, liess sich, wenigstens ohne Narkose, nicht reponiren. Das Scrotum wurde hoch gelagert und Patient erhielt Opium. In der Nacht schlief er wenig; das Erbrechen wiederholte sich zwar nicht, doch wurde der Tumor grösser, war am folgenden Tage, 12 Stunden nach der Einklemmung, 18 cm lang, 10 cm breit, hatte ovale Gestalt. Der Percussionsschall war nur an einer kleinen Stelle tympanitisch, in der grössten Ausdehnung gedämpft. Die Geschwulst war deutlich transparent. Die Taxis war jetzt auch in Narkose erfolglos. Eine mit einem feinen Trokar vorgenommene Punction entleerte einige Esslöffel blutig seröser Flüssigkeit, stockte indess bald und man fühlte das Anschlagen eines Körpers gegen die Canüle. Die nunmehr sogleich ausgeführte Herniotomie zeigte, dass im Bruchsack noch circa 2 Esslöffel Bruchwasser und ein gallertiger, taubeneigrosser Fibrinklumpen vorhanden war. Den eigentlichen Bruchinhalt bildete ein sehr grosses Netzstück von normaler Beschaffenheit und hinter diesem eine ziemlich stark gefüllte 25 bis 30 cm lange Dünndarmschlinge. Dieselbe war dunkelroth, stark injicirt, mit zahlreichen kleinsten Hämorrhagien durchsetzt; das ihr zugehörige mit eingeklemmte Mesenterium war gleichfalls hämorrhagisch infarcirt; die Consistenz des Darmes war normal, nur erschien seine Wandung etwas serös infiltrirt. Nach breiter Spaltung der Bruchpforte nach oben liess sich die Bruchschlinge gut vorziehen. Die Schnürfurchen waren wenig ausgeprägt, nur etwas stärker, als normal injicirt, desgleichen das zuführende Darmrohr. Bei der Reposition entdeckte man eine kleine, augenscheinlich durch den Trokar erzeugte Stichwunde in seiner Wand, aus welcher schleimiger Inhalt aussprützte; durch 3 feine Serosanähte wurde sie geschlossen. Der Darm wurde vollends reponirt, das Netz ligirt und abgetragen und sein Stumpf in die Bruchpforte eingenäht, darauf die Bruchhöhle nach Exstirpation des Bruchsackes durch einige durch den Bruchsackhals gelegte Nähte abgeschlossen. Drainage. Naht der Hautwunde. — Die Heilung erfolgte ohne jede Störung per primam intentionem.

Beobachtung 25. Der 25jährige Arbeiter Jakob Kalina besass seine rechtsseitige Leistenhernie angeblich seit seiner Kindheit. Am 18. März 1884 klemmte sich dieselbe, als Patient vergessen hatte, sein Bruchband anzulegen, beim Heben eines schweren Gegenstandes ein; seitdem bestand absolute Obstipation, gegen die Patient vergebens Bitterwasser anwandte. Er musste mehrfach erbrechen, hatte heftige Schmerzen im Bruch und im Leib, und suchte deshalb am 19. März die Klinik auf. Es bestand kein Collaps, der Leib war nicht besonders aufgetrieben. Die rechte Scrotalhälfte wurde von einer birnförmigen, in den Leistenkanal sich fortsetzenden, nicht ganz mannsfaustgrossen Geschwulst eingenommen; dieselbe war ziemlich prall gespannt, elastisch hart, die Haut über ihr leicht geröthet. Nach mehrfachen erfolglosen Taxisversuchen wurde alsbald zur Herniotomie geschritten. Dem Bruchsack lag eine kleine mit seröser Flüssigkeit gefüllte Cyste auf. Das Bruchwasser war spärlich, blutig gefärbt; die eingeklemmte Dünndarmschlinge war 10 cm lang, prall gespannt, dunkelblauroth, ödematös geschwellt, doch ihre Oberfläche glänzend; von ihrem Mesenterium war nur ein kleiner Theil mit eingeklemmt. Die Einklemmung wurde durch den ringförmig an der abdominalen Oeffnung des Leistenkanals verengten Bruchsackhals bewirkt; nach seiner Spaltung liess sich die Schlinge leicht vorziehen und ohne Schwierigkeit reponiren, die Schnürfurchen zeigten ein gutes Aussehen. Der Bruchsack, welcher sich nur schwer vom Samenstrang loslösen liess, wurde an seinem stark vorgezogenen Halse unterbunden und exstirpirt. — Der anfangs fieberfreie Verlauf wurde durch Nekrotisirung einiger Gewebsfetzen in der Tiefe der Wundhöhle, die zur Absonderung führte, gestört. Die Heilung erfolgte per secundam, so dass Patient erst am 3. Mai entlassen werden konnte.

In beiden Fällen war die Bruchschlinge ziemlich lang und stark gebläht, also die Bedingungen vorhanden, welche Busch und Lossen für das Zustandekommen der Kotheinklemmung fordern. Sollte vielleicht für diese Fälle eine der beiden Theorien zu Recht bestehen? Sollte es sich in der That nach Lossen hier nur um einen Verschluss des abführenden Schlingenschenkels durch den geblähten zuführenden gehandelt haben? Ich glaube dies bestimmt in Abrede stellen zu dürfen. Woher, so frage ich Lossen, sollte wohl im Falle Rubi eine derartige anhaltend hohe Steigerung des Inhaltsdruckes in der Schlinge und im zuführenden Darmrohre kommen, um einem länger fortgesetzten kräftigen Fingerdrucke Widerstand zu leisten und die Entleerung der Schlinge nach oben durch das offene Lumen des zuführenden Schenkels zu verhindern? Die Peristaltik wurde durch starke Morphium-Opiumgaben, die Bauchpresse durch die Chloroformnarkose ausser Thätigkeit gesetzt; wie gering aber die Kothstauung oberhalb der Bruchpforte so kurze Zeit nach der Einklemmung ist, beweisen zur Genüge unsere Versuche, welche lehren, dass eine irgend beträchtliche Füllung und Dehnung des zuführenden Rohres durch den stagnirenden Koth erst etwa vom dritten Tage an zu Stande kommt. Wie hoch übrigens der Druck gewesen sein müsste, beweisen die bereits recht erheblichen Circulationsstörungen der eingeklemmten Theile. Es ist charakteristisch, wie rasch sich dieselben unter Umständen entwickeln, wie frühzeitig es zu einer erheblichen Absonderung blutig tingirten Bruchwassers und hämorrhagischen Infarcirung der Bruchschlinge kommen kann; insofern entspricht der Fall ganz einigen Beobachtungen meiner ersten Versuchsgruppe, in welchen wir die gleichen Veränderungen auch bereits mehrere Stunden nach der Incarceration zu Stande kommen sahen. Bedingung ist offenbar eine beträchtliche Behinderung des venösen Rückflusses. Bei einer solchen Hochgradigkeit der Stauungserscheinungen ist aber von vornherein anzunehmen, dass eine gleiche Transsudation wie in den Bruchsack auch in das Lumen der Bruchschlinge stattgefunden hat, und die bei der Herniotomie vorgefundene Blähung derselben beweist noch nicht, dass eine solche auch gleich im Beginn der Einklemmung stattgefunden und lediglich durch den hineingeschleuderten Darminhalt bedingt wurde; wahrscheinlicher ist, dass sie erst secundär durch starke Schleimabsonderung und die erwähnte Transsudation — wie uns dies auch unsere Versuche lehren — ihre jetzige Höhe erreicht habe. Dafür spricht auch die klinische Beobachtung im Falle Rubi. Die unmittelbar nach der Einklemmung vorgenommene Untersuchung ergab eine völlig weiche Beschaffenheit des Bruches; erst am nächsten Morgen hatte derselbe mit seiner gleichzeitigen Grössenzunahme durch die

Reichel, Die Lehre von der Brucheinklemmung.　9

starke Bruchwasserabsonderung eine pralle, elastisch derbe Consistenz erhalten. Auch war die Flüssigkeit, welche sich bei der Reposition der Schlinge aus der zufällig durch die Punction gesetzten Verletzung der Darmwand im Strahle entleerte, rein serös schleimig ohne fäcalen Geruch oder gar fäcale Beimengungen. Wirklicher Koth dürfte demnach nur zum kleinen Theil die Schlinge erfüllt haben. — Dieselbe Annahme gilt auch für den Fall Kalina. Damit fiele aber wieder die Hauptstütze für die Lossen'sche wie Busch'sche Theorie, welche doch von vornherein eine beträchtliche Spannung der Schlinge verlangen. — Eine Abknickung im Busch'schen Sinne war übrigens, wenigstens im zweiten Falle, schon dadurch unmöglich gemacht, dass der einklemmende Ring, wie ausdrücklich vermerkt ist, an der abdominalen, nicht der äussern Mündung des Leistenkanales sass.

Beobachtung 26. Barbara Kynert, 57 Jahr, wurde in einem höchst erschöpften Zustande mit einer eingeklemmten rechtsseitigen Schenkelhernie in die Klinik aufgenommen. Anamnestisch ist nur bekannt, dass die Incarceration seit 3 Tagen bestand und dass Patientin von dem behandelnden Arzt 4 Esslöffel Ricinusöl erhalten hatte. Sie war äusserst collabirt, der Puls kaum zu fühlen, die Nasenlöcher schwarz. Der Leib war etwas aufgetrieben, doch nur wenig schmerzhaft; dabei bestand fäculentes Erbrechen. Unter dem rechten Ligamentum Pouparti befand sich ein rundlicher, kleinapfelgrosser Tumor, über dem die Haut verschieblich, doch etwas geröthet war. Es wurde sofort die Herniotomie ohne Narkose ausgeführt. Bruchwasser fehlte ganz. Als Bruchinhalt fand sich eine klumpige Masse stark fettig degenerirten Netzes und unter diesem eine circa 8 cm lange Dünndarmschlinge; dieselbe war blauröthlich gefärbt, mässig gespannt, von normaler Consistenz und liess sich nach dem Débridement des Bruchringes leicht reponiren. Der fettig degenerirte Netzabschnitt wurde abgetragen, der Netzstumpf nach sorgfältiger Blutstillung reponirt. Der Bruchsack wurde exstirpirt, sein Hals vernäht, dann die Wunde nach Einlegung eines Drains geschlossen. Die ganze Operation währte nur 19 Minuten. — Der Collaps der Patientin nahm stetig zu, doch stieg die Temperatur rapid an bis 39,8; am Abend desselben Tages erfolgte der Tod.

Die Obduction ergab, dass die Darmschlingen ziemlich stark durch reichlichen flüssigen Inhalt ausgedehnt und ihre Gefässe bis in die kleinsten Zweige hinein stark injicirt waren; hie und da fanden sich dabei fleckweise Ecchymosen bis zur Grösse eines Zweimarkstückes. Auflagerungen auf der Serosa, sowie ein flüssiges Exsudat fehlten vollkommen. An einer Stelle schien der Darm etwas eingezogen, und in der unmittelbaren Nachbarschaft dieser Einziehung fanden sich stärkere Gefässinjectionen und Ecchymosen, so dass anzunehmen, dass diese Stelle der eingeklemmten Schlinge entsprach. — Beide Nieren waren von teigiger Consistenz, ihre Oberfläche gelblich grau; die Rindensubstanz zeigte auf dem Durchschnitt eine sehr verwischte Zeichnung und zahlreiche gelbliche kleine Einsprengungen,

die sich mikroskopisch als zahlreiche herdweise Verfettungen heraus-
stellten.

Beobachtung 27. Ernestine Grätz, 36 Jahr alt, seit 13 Jahren
an einer doppelseitigen Leistenhernie leidend, hatte sich bereits 2 Jahre
vor ihrer jetzigen Erkrankung einer Radicaloperation ihres linksseitigen
Bruches im städtischen Krankenhause unterzogen. Da sie indess kein Bruchband trug, stellte sich sehr rasch ein Recidiv ein. Am Morgen des 17. Juni
1882 trat der bisher stets reponible linksseitige Bruch wieder stärker als
bisher vor, verursachte heftige Schmerzen und liess sich nicht reponiren.
Stuhlverstopfung bestand schon seit einigen Tagen. Da Mittags Kothbrechen
auftrat, suchte sie in der Klinik Hilfe. Daselbst constatirte man eine
doppelseitige, rechts mobile, links incarcerirte faustgrosse Leistenhernie und
schritt nach erfolgloser Taxis bald zur Herniotomie. Der alte, narbig veränderte, mehrere kleine Divertikel besitzende Bruchsack enthielt neben
vielem Bruchwasser eine etwa 12 cm lange leere Dünndarmschlinge; dieselbe war hämorrhagisch infarcirt, mit leichten fibrinösen Beschlägen bedeckt, sah indess noch völlig lebensfähig aus; von den Schnürfurchen war
nur die des zuführenden Schenkels deutlich ausgeprägt, und zwar erschien
dieselbe narbig verändert. Die Reposition gelang leicht; hingegen verursachte die Exstirpation des alten Bruchsackes, da er fest mit dem um-
gebenden Gewebe verwachsen war, grössere Schwierigkeiten. — Der Verlauf
war in den ersten Tagen gut, vom 5. ab bildete sich ein Abscess in der
Tiefe, der incidirt wurde, wonach die Heilung langsam von statten ging.
Am 17. Juli verliess Patientin mit noch nicht ganz geheilter Wunde die
Anstalt.

Keine der beiden vorstehenden Beobachtungen lässt sich durch
die Lossen'sche Theorie erklären. Im ersten Falle dürfte allerdings
der Inhaltsdruck im zuführenden Darmrohr infolge der durch die grossen
Gaben Ricinusöl gesteigerten Peristaltik und der dreitägigen Dauer der
Einklemmung eine erhebliche Höhe erreicht haben. Bei einer offenen
Communication zwischen ihm und der Bruchschlinge wären demnach
auch in letzterer eine hohe Spannung und hochgradige Circulationsstörungen zu erwarten gewesen. Nichts von alledem fand sich. Die
Bruchschlinge war nur mässig gedehnt und so wenig verändert, dass
sie bei der Obduction der noch am Tage der Herniotomie verstorbenen
Patientin kaum aufzufinden war. Gerade in vorstehendem Falle war
das Missverhältniss zwischen den schweren Störungen des Allgemeinbefindens und dem geringen objectiven pathologischen Befunde an der
Bruchschlinge äusserst augenfällig. — Aufmerksam machen möchte
ich hierbei noch auf die erheblichen Veränderungen der Nieren, die
wir in dieser Beobachtung zum ersten Mal erwähnt finden. — Im
zweiten Falle wurde die Herniotomie noch am selben Tage der Incarceration gemacht; die Verhältnisse der Bruchschlinge waren dem-

nach noch ziemlich die gleichen, wie im Moment der Einklemmung; die Schlinge fand sich nahezu leer von Inhalt; doch waren die Circulationsstörungen schon sehr deutlich, die Darmwand im Beginn hämorrhagischer Infarcirung, das Bruchwasser sehr reichlich.

Beobachtung 28. Der 50jährige Zimmergeselle Wilhelm Wagner wurde am 16. Juli 1876 mit einer seit 3 Tagen eingeklemmten rechtsseitigen Leistenhernie in die Klinik aufgenommen. Im warmen Bade reponirte er sich die Geschwulst selbst, wonach der Leistenraum frei erschien; man constatirte nun einen rechtsseitigen Kryptorchismus und deutete eine in der Tiefe des Leistenringes fühlbare abnorme Resistenz für den im Leistenkanal zurückgebliebenen Testikel. Das Erbrechen hielt indess an und am 18. Juli starb der Kranke.

Bei der Obduction fand sich oberhalb des rechten Poupart'schen Bandes eine apfelgrosse, weiche Geschwulst, die sich bei näherer Präparation als ein schlaffer, mit sehr wenig Flüssigkeit gefüllter Sack darstellte, der der äusseren Apertur des Leistenkanals auflag und sich jenseits derselben in einen zweiten, sich bedeutend praller anfühlenden Sack fortsetzte, der von dem ersten nur durch eine Einschnürung abgegrenzt war; beide hatten eine gemeinschaftliche Höhle, deren innere Wand von Peritoneum gebildet wurde. In der zweiten Abtheilung dieser Höhle lag eine, dem untern Ileum angehörige, geröthete, geblähte Darmschlinge, welche an der Ausmündungsstelle des Bruchsackes in die Bauchhöhle, am innern, eine scharfrandige starre Oeffnung bildenden Leistenring eingeschnürt wurde; jedoch konnte man neben ihr noch einen dicken Katheter durch den Bruchring hindurchschieben. Sowohl der zu- wie abführende Schlingenschenkel waren am Eingange des Sackes comprimirt, und es gelang nicht, Darminhalt von oben her in die Bruchschlinge hineinzudrücken oder aus dieser zu entleeren. Die oberhalb der Einklemmung gelegenen Därme waren sehr stark aufgetrieben, im allgemeinen blass; nur der unterste unmittelbar oberhalb der Schnürstelle liegende Abschnitt war auf eine Strecke von 7 cm stark geröthet. Die unterhalb der 1 m über der Valvula Bauhini sitzenden Incarcerationsstelle gelegenen Därme waren schlaff, wenig gefüllt. — Hinter der Bruchschlinge lag zwischen der äussern und innern Oeffnung des Leistenkanales stark comprimirt der rechte, sehr kleine Testikel blos ohne besondere Tunica vaginalis; der linke Hoden war von normaler Grösse und lag in der linken Scrotalhälfte. — Die Bruchhöhle war frei von Exsudat; nur die gerötheten Darmschlingen oberhalb des Bruches zeigten feine fibrinöse Auflagerungen.

Es handelte sich demnach um eine Scheinreduction der eingeklemmten Hernie. Die eigentliche Todesursache wurde indess durch den Obductionsbefund nicht aufgeklärt. Nach der klinischen Beobachtung, zusammengehalten mit letzterem, wird man indess kaum fehl gehen, sie in dem durch die Einklemmung hervorgerufenen nervösen Shockzustande vereint mit der mehrtägigen Kothstauung zu suchen.

Kocher zeigte bereits durch seine Versuche an Kaninchen, dass dieselben regelmässig ca. 3 Tage nach der Darmeinklemmung zu Grunde gingen, ohne dass Gangrän des Darmes oder Peritonitis oder sonst eine palpable Todesursache sich bei der Obduction auffand. und bezeichnet als solche lediglich die Kothstauung. Offenbar könnte letztere allein nur nach Art einer Intoxication infolge Resorption von dem Organismus schädlichen Stoffen wirken; wenn wir aber bedenken, wie gut einfache chronische Obstructionen vertragen werden, wie bei Brucheinklemmungen mit relativ weiter Pforte (cf. Beobachtung 20) selbst eine sehr lang dauernde Kothstauung ohne besonderen Einfluss auf das Allgemeinbefinden bleibt, und erwägen, dass eine derartige Resorption wohl nur bei krankhaft verändertem Darm denkbar ist, die durch die Dehnung bedingten Circulationsstörungen am zuführenden Darmrohr aber erst vom dritten Tage an erheblicher zu werden beginnen, so werden wir der Kothstauung als solcher nur einen sehr kleinen Einfluss für das rasche Eintreten des Todes in vorstehendem Falle beimessen können, das Hauptgewicht auf den durch die anhaltenden nervösen Reize verursachten Collapszustand des Kranken legen müssen. — Auch in Beobachtung 26 (Fall Kynert) genügte die bei der Section gefundene, nur in einer starken Gefässinjection der Serosa sich kennzeichnende beginnende Peritonitis gewiss nicht, um für sich allein das rasche tödtliche Ende zu erklären. Sicherlich gab dieselbe nur den letzten Anstoss, um die, namentlich wohl auch infolge der fehlerhaften Behandlung mit mehrfachen grossen Gaben von Ricinusöl, durch die heftigen Koliken aufs äusserste erschöpften Kräfte der Kranken vollends zum Erlöschen zu bringen. Ein sonst gesunder Organismus hätte diesen geringen Grad peritonitischer Reizung vielleicht überwunden. — Dass in Beobachtung 28 der Verschluss beide Schlingenschenkel betraf, wurde durch den Sectionsbefund direct bewiesen.

Hin und wieder treffen wir Fälle, in denen es trotz relativer Weite der Bruchpforte doch sehr frühzeitig zu einer Gangrän der eingeklemmten Schlinge kommt. So in den beiden folgenden Fällen:

Beobachtung 29. Gustav Rost, 32 Jahr alt, litt seit 1 Jahr an einer rechtsseitigen Leistenhernie, trug nie ein Bruchband. Am 2. December 1880 klemmte sich der Bruch ohne bekannte Ursache ein. Da Taxisversuche erfolglos blieben, liess sich Patient Abends auf die Klinik aufnehmen. Patient war ein untersetzter, ziemlich kräftiger Mann, sah sehr bleich aus. Der Scrotalbruch war sehr gross; die Entfernung vom Leistenkanal bis zur untern Spitze der Geschwulst betrug 30 cm. Am 3. December wurde die Herniotomie gemacht. Der Puls des Kranken war bereits sehr schwach, doch nicht sehr frequent, und setzte während der der Operation in Narkose vorausgeschickten Taxis mehrfach aus. Es fand sich kein Bruchwasser. Die Bruchpforte war nicht sehr eng, liess einen Finger bequem neben den Därmen hindurchführen, so dass sie nur leicht nach oben eingekerbt zu werden brauchte. Während der langsamen Reposition strömte aus zwei Oeffnungen einer noch im Bruchsacke liegenden Darmschlinge blutige, wenig fäculente Flüssigkeit; deshalb wurde dieselbe resecirt und ein künstlicher After angelegt. — Patient war die folgende Nacht sehr unruhig, wurde viel durch Ructus und Singultus geplagt, klagte am nächsten Morgen über Leibschmerzen und starb am Nachmittag des 4. Decembers.

Die Obduction ergab als Todesursache eine frische Peritonitis.

Beobachtung 30. v. Schwerin, 35 Jahr alt, acquirirte seinen Bruch einige Jahre vor seiner jetzigen Krankheit bei einer militärischen Uebung; der Bruch war stets sehr mobil, liess sich sets leicht reponiren, nur im Jahr 1880 verursachte er einmal während einiger Tage Einklemmungserscheinungen. Obwohl Patient ein Bruchband trug, trat der Bruch am Abend des 1. Februar 1881 heraus und klemmte sich ein. Am folgenden Tage liess sich Patient in die Anstalt aufnehmen; bis dahin hatte er seit der Einklemmung keinen Stuhl gehabt, doch war auch kein Erbrechen aufgetreten. Der Leib war leicht aufgetrieben, mässig druckschmerzhaft; die rechte Scrotalhälfte ballonartig gespannt, 16 cm lang, 30 cm im Umfang messend, von verschiedener Consistenz; ein Fortsatz der Geschwulst erstreckte sich durch den Leistenkanal in das Abdomen. Die Taxis missglückte. — Obwohl Erbrechen noch immer fehlte, wurde am 4. Februar zur Herniotomie geschritten. Der Bruchsack war stark injicirt, enthielt kein Bruchwasser. Die Bruchschlinge war über 30 cm lang, gebläht, dunkelblauroth, mit fibrinösen Fetzen bedeckt; neben ihr war Netz eingeklemmt. Die Bruchpforte war weit. Bei einem Versuch, die Schlinge zu reponiren, riss sie an 2 Stellen ein. Daher wurde sie circulär resecirt und durch Lembert'sche Nähte die Continuität des Darmrohres wieder hergestellt. Die genähte Schlinge blieb in der Bruchpforte liegen. Bei der Operation stellte sich die Hernie übrigens als congenital heraus; der Testikel lag frei am Grunde des Bruchsackes. — Anhalten der Incarcerationserscheinungen zwang 3 Tage nach der Herniotomie zum Wiederöffnen der Wunde und zur Incision des stark geblähten Darmes und Anlegung eines künstlichen Afters. Der spätern Beseitigung desselben durch die secundäre circuläre Darmnaht erlag der Kranke.

Welche Umstände in diesen Fällen, namentlich bei dem Patienten Rost, der bereits am Tage nach der Einklemmung operirt wurde, eine solche Zerreisslichkeit und Brüchigkeit der Darmwand so früh verursachten, vermag ich nicht bestimmt anzugeben. Gemeinsam ist beiden die grosse Länge der Bruchschlinge, so dass es wohl auch trotz der verhältnissmässigen Weite der Bruchpforte leichter zu einer stärkeren Compression der Mesenterialgefässe kommen konnte. Denn dass eine solche vorhanden gewesen sein muss, scheint mir die blutige Beschaffenheit des aus der Rissstelle des Darmes ausfliessenden Inhaltes anzudeuten. Immerhin liess sich aber doch in beiden Fällen bei der Herniotomie neben der eingeklemmten Darmschlinge ohne Mühe ein Finger durch den Bruchring hindurchführen. Möglich wäre, dass die Incarceration anfangs eine hochgradigere war, als zur Zeit der Herniotomie, indem durch die voraufgeschickten Taxisversuche ein Theil des Bruchinhaltes reponirt wurde. Doch ist dies nicht wahrscheinlich; auch wurde ein Kleinerwerden des Bruches während der Taxis nicht bemerkt. Vielleicht trug auch letztere selbst, weil zu forcirt ausgeführt, zu dem raschen Entstehen schwererer Circulationsstörungen bei. Ich muss dies unentschieden lassen; das aber, glaube ich, darf man mit Bestimmtheit annehmen, dass dieselben nicht durch eine rapide Steigerung des Darminhaltsdruckes bewirkt wurden, dass nicht diese Ursache der Einklemmung in den vorstehenden Fällen war.

Die näheren Verhältnisse, welche für die Circulation in der Bruchschlinge und speciell für das Eintreten von Gangrän derselben von Einfluss sind, kann ich erst im nächsten Hauptabschnitt im Zusammenhang eingehender berücksichtigen. Gleichwohl glaubte ich die vorstehenden beiden Beobachtungen, weil auch für den Mechanismus der Kotheinklemmung von Werth, schon hier einreihen zu dürfen. Aus dem gleichen Grunde mögen auch noch die Krankengeschichten folgender zwei Fälle, obschon dieselben auch für den späteren Abschnitt von Wichtigkeit sind, hier ihre Stelle finden. Ich werde später nochmals auf sie recurriren.

Beobachtung 31. Rosina Klinkert, 53 Jahr, wurde am 12. August 1884 wegen einer seit 36 Stunden bestehenden Einklemmung eines linksseitigen Schenkelbruches in das Hospital aufgenommen. Die Hernie war taubeneigross, schmerzhaft, wenig beweglich, prall gespannt, die Haut über ihr unverändert. Nach Misslingen der Taxis wurde sogleich die Herniotomie ausgeführt. Dem Bruchsack lag eine kleine, mit klarer, hellgelber Flüssigkeit gefüllte Cyste auf. Nach Spaltung ihrer hintern fettreichen Wand wurde der Bruchsack eröffnet. Er enthielt kein Bruchwasser. Die vorliegende incarcerirte Dünndarmschlinge war 7 bis 8 cm lang, nicht prall gefüllt, und zeigte im Allgemeinen ein gutes Aussehen, nur eine geringe blauröthliche Verfärbung. An derjenigen Stelle ihrer Convexität, welche dem untern Rande des einschnürenden Bruchringes aufgelegen, war die Darmwand indess in Ausdehnung eines Zwanzigpfennigstückes weicher als normal, graugelb verfärbt und erschien der Gangrän verdächtig. Nach Débridement des Bruchringes wurde sie vorgezogen, wobei sie sich jetzt erst füllte. Die Schnürfurchen erschienen normal. Das Stück des Mesenteriums, das der erwähnten graugelben Partie der Darmwand entsprach, war blutig suffundirt. Wegen Verdachts auf Gangrän wurde der suspecte Theil der Schlinge durch eine Mesenterialschlinge vor der Bruchpforte fixirt erhalten und ein Listerverband angelegt. — Am nächsten Morgen war das Befinden der Kranken ein gutes, doch war noch kein Stuhl erfolgt, auch keine Winde abgegangen; die graugelb verfärbte Stelle erschien etwas kleiner. Am 14. stellte sich starke Brechneigung ein, der Leib war mehr aufgetrieben, die Obstruction hielt an, die vorliegende Darmschlinge war prall gespannt, ihre Verfärbung unverändert. Sie wurde nun incidirt. Es entleerten sich nur einige Theelöffel dicken, gelbweisslichen Schleims ohne alle fäcale Beimengungen; erst nach Einführung eines dicken Katheters in das zuführende Ende floss viel dünner Koth ab. An der verfärbten Stelle war die Darmwand stark verdünnt und ihre Schleimhaut mit einem weissgrauen Belage bedeckt. In den nächsten Tagen war das Befinden der Kranken ein leidliches; sie erhielt möglichst kräftige Kost, wurde ausserdem vom natürlichen wie künstlichen After aus mit Leube-Rosenthal'scher Fleischsolution ernährt. Bald verschlechterte sich indess der Appetit ausserordentlich und lag bald völlig darnieder. Auch trat vom 7. Tage nach der Operation geringes Fieber ohne nachweisbare Ursache ein. Eine zunehmende Schwäche machte sich geltend, eine starke Bronchitis gesellte sich dazu, der Leib wurde stark meteoristisch aufgetrieben. In den letzten Tagen war Patientin völlig theilnahmlos und starb nach einem plötzlichen raschen Ansteigen der Temperatur auf 40,1° am 22. August.

Die Obduction ergab keine Spur von Peritonitis, für welche auch im klinischen Verlauf nichts sprach. Das Darmrohr unterhalb des Anus praeternaturalis war stark zusammengefallen und völlig leer, das Colon hingegen ausserordentlich stark meteoristisch aufgetrieben und mit gewaltigen Massen eines grünlich grauen, schmierigen Kothes gefüllt. Beide Nieren waren stark getrübt. Eine directe Todesursache konnte durch die Section nicht aufgefunden werden.

Beobachtung 32. Wilhelm Rieger, 52 Jahr alt, fand am 25. Januar 1883 wegen Incarceration eines seit mehreren Jahren bestehenden rechten Leistenbruches Aufnahme ins Krankenhaus. Die Einklemmung bestand bereits seit 6 Tagen; seitdem hatte Patient heftige Leibschmerzen, erbrach alles, was er zu sich nahm, litt an absoluter Verstopfung. Er war bereits sehr heruntergekommen und geschwächt; doch war der Puls noch leidlich. Der Leib war auf Druck nur mässig schmerzhaft. Die Hernie war 10 cm lang. Nach erfolgloser Taxis Herniotomie: Es entleerte sich sehr reichliches, blutig tingirtes Bruchwasser. Die Bruchpforte war sehr eng. Die vorgezogene Schlinge sah gut aus, nur die Schnürfurchen waren bläulich verfärbt, erschienen indess noch lebensfähig. Während des Vorziehens blähte sich die Bruchschlinge auf. Nach ihrer Reposition wurde der Bruchsack exstirpirt, dann die Wunde geschlossen. — Am Mittage war das Befinden des Kranken ein besseres, Abends stellte sich indess grosse Unruhe ein, häufiges Aufstossen, Erbrechen, die Leibschmerzen nahmen zu; der Puls wurde beschleunigt, klein, intermittirend. Daher wurde am folgenden Tage die Wunde wieder geöffnet. Nach Eröffnung der Abdominalhöhle lag eine stark geröthete, fibrinös belegte Dünndarmschlinge vor, die sich nur wenig vorziehen liess. Nach Erweiterung der Wunde entdeckte man, dass die frühere Bruchschlinge mit der Nachbarschaft verklebt, ihre eine Schnürfurche nekrotisch geworden und perforirt war. Aus der Perforations- stelle floss Darminhalt. Die kranke Darmschlinge wurde vorgezogen, resecirt, die Bauchhöhle mit Borsäurelösung ausgespült und ein künstlicher After angelegt. Patient starb indess nach wenigen Stunden.

Die O b d u c t i o n ergab eine diffuse eitrige Peritonitis.

Ich führte diese beiden Fälle deshalb hier an, weil sie schlagend das Vorhandensein einer Communication der Bruchschlinge mit dem zuführenden Darmrohr widerlegen, ersterer dadurch, dass die Schlinge selbst nach dem Débridement des Bruchringes sich nach ihrer Er- öffnung lediglich mit dickem zähem Schleim ohne Fäcalbeimengungen gefüllt fand, letztere dadurch, dass sie sich erst nach der Spaltung des einengenden Ringes aufblähte und vergrösserte.

Den nächsten drei Beobachtungen kommt, weil sie zu ungenau beobachtet wurden, die vorhandenen Daten über wichtige Verhältnisse keinen Aufschluss geben, zwar ein Werth für die Beurtheilung des Mechanismus der Einklemmung kaum zu, doch lasse ich sie deshalb folgen, um dem etwaigen Vorwurf zu entgehen, nur ausgewählte Fälle benutzt zu haben.

B e o b a c h t u n g 33. Frau Ida Schiller, 44 Jahr alt, hatte sich ihren linksseitigen Leistenbruch angeblich durch schwere Arbeit vor 2 Jahren zugezogen, trug nie ein Bruchband, fühlte sich indess stets gesund. Am 12. Juli 1882 klemmte sich der Bruch ein, am Abend des 13. trat Koth- brechen auf, am 14. liess sich die Kranke in die Klinik aufnehmen, wo- selbst alsbald die Herniotomie gemacht wurde. Es fand sich wenig Bruch- wasser, stark blutig gefärbt, doch nicht übelriechend; den Bruchinhalt bildete eine 8 cm lange, im allgemeinen wenig veränderte Dünndarmschlinge; nur an einer 50pfennigstückgrossen Stelle war dieselbe stark sugillirt, blau- roth, doch lebensfähig. Nach Spaltung des Bruchringes nach oben wurde sie reponirt, dann der Bruchsack nach Ligatur seines Halses exstirpirt. Der Verlauf war reactionslos. Am 28. Juli wurde Patientin mit völlig lineär geheilter Wunde entlassen.

B e o b a c h t u n g 34. Auguste Krautschneider, 68 Jahr alt, fand am 12. April 1881 Aufnahme in das Hospital wegen einer seit circa 20 Stunden bestehenden Incarceration einer rechtsseitigen Schenkelhernie. Dieselbe war wallnussgross, prall anzufühlen, schmerzhaft, liess sich nicht in das Abdomen reponiren. Das Allgemeinbefinden der Kranken war ein gutes. Bei der am 13. April vorgenommenen Operation fand sich viel Bruchwasser, die eingeklemmte Dünndarmschlinge nicht besonders gebläht, mit feinen Auf- lagerungen bedeckt, sonst intact. Spaltung des Bruchringes; Reposition; Ligatur und Exstirpation des Bruchsackes. Der Verlauf war sehr glatt. Am 5. Mai wurde Patientin geheilt entlassen.

Beobachtung 35. Ludwig Nöhring, 62 Jahr alt, gab an, bereits vor mehreren Jahren eine rechtsseitige Hernie gehabt zu haben, die nach circa 2jährigem Bestehen verschwand, vor 5 Monaten von neuem sich zeigte, stets leicht reponibel war, bis sie sich am 22. Januar 1883 bei einer grösseren Anstrengung einklemmte. Am Morgen des 23. erfolgte noch einmal Stuhl, seitdem gingen weder Stuhl noch Winde ab; alles Genossene erbrach Patient. Bei seiner Aufnahme in die Klinik am 24. Januar constatirte man eine eingeklemmte rechtsseitige Schenkelhernie, die keine weiteren Besonderheiten bot. Die Einklemmungserscheinungen waren mässig, der Puls kräftig; Taxisversuche blieben ohne Erfolg, weshalb man am 25. zur Herniotomie schritt. Der Bruchsack war narbig verändert, enthielt neben spärlichem blutigem Bruchwasser ein grosses Stück Netz und eine blutig verfärbte Dünndarmschlinge. Nach Débridement der Bruchpforte liess sich der abführende Schlingenschenkel leicht vorziehen, der zuführende schien in der Tiefe fixirt zu sein. Er war auf der Aussenseite mit dem dem Bruchsack adhärenten Netz fest verwachsen. Nach Lösung der Adhäsionen gelang die Reposition ohne Mühe. Der durch den Bruchkanal nunmehr in das Abdomen geführte Finger constatirte einen von der Symphyse nach dem rechten Darmbein hinziehenden Strang. Das Netz wurde peripher von seiner Verwachsungsstelle mit dem Bruchsack abgetragen, sein Stumpf als obturirender Pfropf in der Bruchpforte gelassen. — Die Heilung erfolgte per primam intentionem. Am 8. Februar wurde Patient entlassen.

Die Schwierigkeit, lediglich nach dem Befunde bei der Herniotomie zu beurtheilen, ob wir es mit einer elastischen oder einer Kotheinklemmung zu thun haben, trat schon in einigen Fällen der letzten Gruppe hin und wieder zu Tage. Noch grösser wird sie in denen der folgenden, in welchen die Einschnürung einen noch höheren Grad erreicht hat. Die Fälle, welche ich in diese Gruppe aufgenommen habe, rechne ich deshalb noch zur sogenannten Kotheinklemmung, weil sie Patienten betrafen, die ihren Bruch nicht nur bereits längere Zeit besassen, sondern bei denen derselbe auch zumeist mehr weniger lange vorgelegen hatte, während ich der letzten Gruppe, der der elastischen Einklemmung fast ausschliesslich solche Fälle einreihen werde, die sich sogleich bei ihrer Entstehung einklemmten. Ich gestehe gern zu, dass eine solche Eintheilung ziemlich willkürlich und streng genommen nicht ganz logisch ist, wenigstens nicht, wenn man unter Kotheinklemmung nur diejenigen Brucheinklemmungen begreift, die durch das plötzliche Einströmen von Koth in die Bruchschlinge erzeugt wurden, unter elastischer diejenigen versteht, welche ohne Mitwirkung des Darminhaltes lediglich durch eine plötzliche Erhöhung des intraabdominalen Druckes durch die Bruchpforte vorgetrieben und incarcerirt wurden. Eine derartige, gewissermassen ätiologische Eintheilung dürfte den Anforderungen der Logik vielleicht am ehesten entsprechen, und würde, wenigstens theoretisch, eine scharfe Grenze zwischen beiden Arten der Brucheinklemmung zu ziehen erlauben. In praxi ist die strenge Durchführung einer solchen Eintheilung indess nicht möglich. Einmal ist die Auffassung über den Begriff der elastischen Einklemmung, wenigstens bisher, keine einheitliche; man pflegte bis jetzt ziemlich allgemein bei ihrer Bestimmung von zwei ganz verschiedenen Gesichtspunkten auszugehen; bald legte man den Hauptwerth auf den Modus der Entstehung, bald auf das Missverhältniss zwischen Bruchring und Bruchinhalt und sprach in letzterem Sinne auch davon, dass die eintretenden Circulationsstörungen eine Kotheinklemmung in eine elastische umwandeln können. Andererseits gestatten, wie bereits früher erwähnt, für gewöhnlich weder die klinischen Erscheinungen noch auch der anatomische Befund bei der Herniotomie einen sicheren Rückschluss auf die Entstehungsart der Einklemmung. Die Qualität des Inhaltes der Bruchschlinge, die in einzelnen Fällen wohl Aufschluss ertheilen kann, sind wir nur selten in der Lage kennen zu lernen. Aber selbst wenn wir Fäcalien in ihr nachweisen, sind wir darum, worauf ich auch bereits hinwies, noch nicht berechtigt zu schliessen, dass das Einströmen dieses Inhaltes die Incarceration hervorgerufen habe. Eine genaue Differenzirung beider Einklemmungsarten können wir somit nicht durchführen, ja ich glaube, worauf ich bald noch ausführlicher zu reden komme, eine principielle Verschiedenheit überhaupt in Abrede stellen zu dürfen. — Deshalb möge man die geringe Willkür meiner Anordnung entschuldigen, zumal dieselbe ja nur bezweckt, durch eine gewisse Gruppirung eine bessere Uebersichtlichkeit zu schaffen.

Beobachtung 36. Die 62jährige Luise Emmersleben litt seit 15 Jahren an einem rechtsseitigen Schenkelbruche, der bisher nie Incarcerationserscheinungen hervorgerufen hatte. Am 18. Juni 1879 klemmte er sich bei der Defäcation ein, verursachte bald Schmerzen und Erbrechen, weshalb sich Patientin am folgenden Tage in das Hospital aufnehmen liess. Der Bruch war hühnereigross, prall gespannt, schmerzhaft, die Haut über ihm nicht geröthet. Repositionsversuche hatten keinen Erfolg. Deshalb wurde am Morgen des 20., nachdem inzwischen geringes Fieber eingetreten war und die Haut über der Geschwulst sich zu röthen begann, die Herniotomie gemacht. Haut und Unterhautzellgewebe waren ödematös. Nach Spaltung des Bruchsackes entleerte sich übelriechendes Bruchwasser und es zeigte sich als Bruchinhalt eine sanduhrförmig eingeschnürte Dünndarmschlinge. Die Einschnürung trennte eine vordere kleinapfelgrosse etwas prallere Geschwulst von einer gleich grossen, doch schlafferen hinteren und entsprach dem verengten Halse eines längst bestandenen Bruches, der durch den vorderen Abschnitt gebildet wurde. Letzteres kennzeichnete sich, wie die spätere Untersuchung zeigte, auch dadurch, dass die beiden Hälften der mesenterialen Wand dieses vordern Bruchabschnittes sehr fest mit einander verklebt waren und als eine Art Dupuytren'scher Sporn stark in das Lumen der Schlinge vorsprangen. Die hintere Hälfte des Bruches war frisch vorgefallen. Der Darm war bereits gangränös. Nach Spaltung des Bruchringes und Vorziehen des Darmes wurde deshalb die kranke Bruchschlinge excidirt und die Continuität des Darmtractus sogleich durch die primäre circuläre Darmnaht wieder hergestellt. Die Schleimhaut des resecirten Stückes zeigte sich an der erwähnten Einschnürungsstelle gewulstet. Die genähte Schlinge wurde reponirt, dann die Wunde geschlossen. — Am 22. Juni starb Patientin.

Die Obduction ergab eine diffuse eitrige Peritonitis infolge Nekrose der genähten Darmwundränder.

Der Befund ist hier ein derartiger, dass man, ich möchte sagen, die ganze Krankengeschichte aus ihm allein mit grosser Bestimmtheit erkennen kann. Der vordere durch die tiefe Einschnürung von dem hintern gesonderte Schlingenabschnitt lag offenbar bereits lange Zeit im Bruchsack vor, und es entspricht die Furche dem früheren Bruchhalse. Wie lange er schon vorgelegen, erhellt einmal aus ihrer Tiefe, sodann aus dem festen, durch Verwachsung der einander zugekehrten mesenterialen Wände der Schlingenschenkel entstandenen Sporn. Solange die alte Bruchschlinge allein im Bruchringe lag, war sie, wenn auch vielleicht nicht ohne Schwierigkeit, stets für den Darminhalt passirbar. Erst in dem Moment, in welchem bei der Defäcation, sei es infolge gesteigerter Peristaltik, oder infolge kräftiger Bauchpressenwirkung, das eine Schlingenende, wahrscheinlich das untere, sich vorzog und eine dem früheren Bruch an Grösse fast gleichkommende zweite Schlinge in den Bruchsack vorfiel, wurde die Pforte zu eng und das Darmlumen beider Schenkel in ihr verschlossen. Das relativ frühzeitige Auftreten von Gangrän lässt den ziemlich hohen Grad der Einschnürung erschliessen.

Beobachtung 37. Frau Emilie Schwilinsky, 55 Jahr alt, bemerkte seit 6 Wochen in der rechten Leistengegend eine kleine, sich hart anfühlende Geschwulst. Infolge Ausgleitens am 31. December 1880 vergrösserte sich dieselbe plötzlich, wurde schmerzhaft und bald traten deutliche Incarcerationserscheinungen: Koliken, häufiges Erbrechen, Sistiren des Stuhlganges ein. Nach Aufnahme der Patientin in die Klinik am 5. Januar 1881 constatirte man eine eingeklemmte rechtsseitige Schenkelhernie, welche handbreit an der Innenseite des Schenkels herabreichte, und in der sich deutlich eine elastisch weiche, tympanitisch klingende obere Partie von einer festeren, gedämpften unteren unterscheiden liess. Die Taxis war erfolglos. Fieber bestand nicht. Bei der am 6. Januar vorgenommenen Herniotomie fand man den Bruchsack bereits missfarbig, nicht blutend; seine breite Eröffnung entleerte viel übelriechenden Eiter. Als Bruchinhalt zeigte sich ein 5 cm langes, 3 cm breites, fettig degenerirtes, schon brandig erweichtes Netzstück, hinter welchem weiter aufwärts eine an ihrer grössten Hervorragung in der Grösse eines Markstückes gelblich verfärbte gangränescirende Darmschlinge lag. Behufs Anlegung eines Anus praeternaturalis wurde dieselbe incidirt; sie enthielt keinen Koth; auch nach ihrer Eröffnung waren beide Enden der Bruchschlinge nur mühsam für den Finger durchgängig, weshalb der Bruchring sowohl am Ligamentum Gimbernati, wie am Ligamentum Pouparti discidirt wurde. Nun zeigte sich die Schlinge wider Erwarten nicht mit dem Bruchringe verwachsen, sondern liess sich leicht neben dem Netze hervorziehen; die Schnürfurchen waren bereits brandig erweicht. Daher wurde sogleich die Resection des brandigen Stückes und die primäre circuläre Darmnaht ausgeführt. Das vorgelagerte Netz war vorher en masse unterbunden und abgetragen. Die genähte Darmschlinge wurde in ziemlicher Ausdehnung in der Wunde liegen gelassen, der Bruchsack aus der Umgebung ausgelöst und im Gesunden excidirt, dann die Hautwunde nach Einlegen eines Drains verschlossen. Unter den Erscheinungen des zunehmenden Collapses ging Patientin am Morgen des 8. Januar zu Grunde.

Die Obduction zeigte, dass die Wundränder des genähten Darmes nekrotisch und dadurch die Naht insufficient geworden war; infolge dessen war es zu einer localen auf die genähte Schlinge und den Bruchkanal beschränkten Peritonitis gekommen; eine diffuse Peritonitis war durch rasch eingetretene Verklebung der Schlinge mit der Bruchpforte verhütet worden.

Beobachtung 38. Susanne Gerlach, 66 Jahr alt, hatte vor mehr als 20 Jahren nach Geburt ihres zweiten Kindes einen doppelseitigen Schenkelbruch acquirirt; später gebar sie noch 8mal. Der linke Bruch trat öfter und weiter heraus, als der rechte, verursachte auch mehrfach geringe Einklemmungserscheinungen. 2 Tage vor der am 13. October 1883 erfolgenden Aufnahme der Patientin in die Klinik klemmte er sich, während die Kranke auf der Strasse ging, ein; letztere gab an, bereits am Tage zuvor gemerkt zu haben, dass der Bruch wieder heraustreten werde. Bald traten galliges Erbrechen, Koliken und völlige Obstipation auf. Ein zu Rath gezogener Arzt versuchte vergeblich die Taxis und ordnete die sofortige Ueberführung in die Klinik an. Daselbst fand man ausser einer rechtsseitigen, wallnussgrossen, leicht reponibeln Cruralhernie eine linksseitige eingeklemmte Schenkelhernie; dieselbe war in der Mitte etwas eingeschnürt, 6 cm lang, 3 cm breit, die Haut über ihr geröthet, teigig ödematös; der Percussionsschall war gedämpft: das Abdomen mässig aufgetrieben und schmerzhaft, doch weich. Dabei fieberte Patientin; die Temperatur war auf 38,7 erhöht, der Puls beschleunigt, machte 120 Schläge pro Minute, war jedoch voll. Wegen Verdachts auf Gangrän wurde sogleich der Bruchschnitt ausgeführt. Derselbe drang durch infiltrirtes Gewebe. Aus dem eröffneten Bruchsack entleerte sich eitriges Bruchwasser; in ersterem fand man eine feste, längliche, an ihrer Spitze eitrig infiltrirte Masse, die mit dem Bruchsacke fest verwachsen war und sich erst nach Discision des Bruchringes ausserhalb des Bruchsackes etwas vorziehen liess. In ihrer Tiefe zeigte sich eine Darmschlinge, die an ihrer Convexität graugelb verfärbt, sehr dünn und mürbe, gangränös war und beim Vorziehen einriss. Es entleerte sich fäculent riechende Flüssigkeit. Nach nochmaligem Débridement und provisorischem Verschluss der Perforationsstelle wurde der Darm bis zum Gesunden vorgezogen und in die Wunde eingenäht. Ein 14 cm an der concaven, 20 cm an der convexen Seite messendes Darmstück, das die gangränöse Schlinge enthielt, wurde resecirt. Die vor letzterer gelegene Masse stellte sich bei der näheren Betrachtung als verfettetes, gangränöses Netz heraus; dasselbe wurde exstirpirt. Die Bruchpforte war auch jetzt noch sehr eng. — Der weitere Verlauf war zunächst günstig, nur wurde Patientin, die längere Zeit im permanenten Wasserbade behandelt wurde, sehr schwach. Nach Abstossung alles nekrotischen Gewebes wurde der künstliche After am 3. November durch secundäre circuläre Darmresection und Darmnaht geschlossen. Patientin collabirte indess nach der Operation noch mehr und starb am Morgen des nächsten Tages.

Bei der Section fand sich die Bauchhöhle frei von Flüssigkeit, die genähte Darmwunde intact, die Serosa ihrer unmittelbaren Umgebung leicht getrübt, sonst keine Spur von Peritonitis. Die Nahtstelle sass 1 m oberhalb der Bauhin'schen Klappe; das Darmlumen war daselbst mässig verengt.

Beobachtung 39. Pauline Seidel, 39 Jahr alt, bemerkte ihren Bruch seit circa 1 Jahre, trug indess nie ein Bruchband. Am 4. October 1884 trat derselbe plötzlich stärker vor und wurde schmerzhaft; seitdem bestand völlige Obstruction, nur nach hohen Wassereingiessungen gingen einige Skybala ab. In der Nacht vom 4. zum 5. October musste Patient einmal erbrechen. Der behandelnde Arzt versuchte vergebens die Taxis, auch das Aufgiessen von Aether auf die Bruchgeschwulst blieb ohne Erfolg. Deshalb wurde Patientin am 7. October der Klinik überwiesen. Sie war gut genährt, sah indess blass aus; infolge von seit ihrem 17. Lebensjahr bestehender Epilepsie war sie etwas schwachsinnig. In der rechten Leistenbeuge oberhalb des Poupart'schen Bandes bemerkte man einen gänseeigrossen Tumor, der sich nach beiden Seiten hin abflachte und allmählich in die Umgebung überging. Die Haut über ihm war weithin stark geröthet, nur sehr wenig verschieblich. Der Tumor war prall, auf Druck schmerzhaft und liess sich nicht reponiren, sein Percussionsschall absolut gedämpft. Der Leib war etwas aufgetrieben, wenig schmerzhaft. Wegen Verdachts auf bereits eingetretene Gangrän schritt man sogleich zur Herniotomie. Der Bruchsack war eitrig infiltrirt, enthielt etwa einen Esslöffel voll schmutzigen, blutig gefärbten, übelriechenden Bruchwassers. Den Bruchinhalt bildete eine 8 bis 10 cm lange Dünndarmschlinge und ein darüber gelagertes Netzstück. Beide waren mit einander und mit dem Bruchsack durch leicht trennbare Pseudomembranen verklebt; das Netz war eitrig infiltrirt, die Darmwand an ihrer Convexität in Markstückgrösse grau verfärbt, stark verdünnt, matsch, deutlich gangränös, in der Umgebung dieser Partie dunkelblauroth, hämorrhagisch infarcirt. Nach Spaltung des Bruchringes von aussen her und Durchtrennung des darüber liegenden Netzes liess sich die Bruchschlinge nun leicht vorziehen; sie war über den obern Rand des Bruchringes nach oben hin abgeknickt, und zwar lag, wie die weitere Untersuchung lehrte, ihr abführendes Ende nach oben, ihr zuführendes nach unten. Die untere, d. h. dem abführenden Schenkel angehörige Schnürfurche war sehr scharf ausgeprägt, grau verfärbt, liess keine Gefässe mehr erkennen; die obere Schnürfurche war weniger scharf, dunkelblauroth. Nach Vorziehen des Darmes bis zum Gesunden wurden die beiden Schlingenschenkel durch Nähte unter einander und mit der Hautwunde in der Bruchpforte fixirt, dann die brandige Schlinge incidirt; es entleerte sich nur blutig schleimiger Inhalt; erst nach Einführung eines Gummischlauches in das zuführende Ende floss viel flüssiger brauner Koth ab. Die Wunde rings um den Darm wurde mit Jodoformgaze austamponirt.

Die Nachbehandlung bestand wesentlich in protrahirten Bädern, die allerdings erst vom 14. October an angewendet wurden. Das nekrotische Gewebe des Bruchsackes und des Darmes stiess sich nur langsam ab; ein nach aussen vom künstlichen After sich bildender Weichtheilabscess musste incidirt werden. Dabei blieb der Kräftezustand der Patientin ein befriedigender. Ein Ende October auftretender epileptischer Krampfanfall verzögerte indess den operativen Verschluss des Anus praeternaturalis. Derselbe konnte erst am 5. November mittelst secundärer circulärer Darmsection und Darmnaht vorgenommen werden. Dabei musste die Haut in seiner Umgebung in ziemlicher Ausdehnung mit entfernt werden, wodurch die nach Reposition der genähten Darmschlinge durch Naht vereinigten Hautwundränder sehr gespannt wurden. Diese grosse Spannung veranlasste nach einigen Tagen ein Aufplatzen der Hautwunde, die dann langsam per secundam intentionem vernarbte. Im übrigen war der Verlauf, insbesondere von Seiten der Darmnaht, ungestört. Am 8. December wurde Patientin entlassen.

Vorstehende drei Beobachtungen bieten in ihrem Verlaufe und Befunde ausserordentlich viel Uebereinstimmendes. In allen handelte es sich um eine Combination von Darm- und Netzbruch. Stets deutete die Beschaffenheit des fettig degenerirten, klumpigen, mit dem Bruchsack verwachsenen Netzstückes darauf hin, dass dasselbe bereits lange extraabdominal gelegen war, und lässt die Angabe der Patientin Schwilinsky, dass ihr Bruch erst 6 Wochen bestände, entschieden unglaubhaft erscheinen. Ob auch die Bruchschlinge schon vor der Einklemmung im Bruchringe gelegen, ist wegen der schweren, durch die Gangrän bedingten pathologischen Veränderungen mit Sicherheit nicht mehr zu entscheiden; es ist indess unwahrscheinlich, da die zwischen ihr und dem Bruchsack bestehenden fibrinösen Verklebungen sich in allen Fällen leicht lösen liessen, also noch jungen Datums sein mussten. Vielmehr ist anzunehmen, dass die Incarceration erst dadurch erfolgte, dass neben dem früher allein den Bruchring ausfüllenden Netz sich jetzt plötzlich Darm eindrängte. Wir hätten demnach hier ein gleiches

Verhältniss wie in den früheren Beobachtungen 20—23, nur mit dem Unterschiede, dass die Einschnürung in unsern letzten Fällen eine ungleich engere war und im Falle 22 und 23 Darm neben Darm vorfiel. Von einer starken Blähung der Bruchschlinge war in keinem Falle die Rede; dieselbe war stets nur mässig mit Inhalt gefüllt. Nur im Falle Gerlach bestand letzterer in einer fäculent riechenden Flüssigkeit, in den beiden andern lediglich in mit Blut vermischtem Darmschleim. Dass der Verschluss beide Schenkel betraf, wird übrigens auch dadurch bewiesen, dass das zuführende Darmrohr sich selbst nach Spaltung des einengenden Ringes nicht spontan entleerte, sondern dass sein Inhalt erst nach Einführung eines Schlundrohres in reichlicher Menge hervorströmte. — Die Gangrän betraf den ganzen Bruchinhalt, Netz wie Darm. Auffällig könnte es erscheinen, dass, während wir bisher die Schnürfurche stets am zuführenden Ende stärker ausgeprägt fanden, als am abführenden, im Falle Seidel letztere bereits brandig war, während erstere nur infarcirt war. Es erklärt sich dies aus der vorhandenen starken Abknickung des abführenden Schenkels über den oberen Rand des Bruchringes, die durch Adhäsionen fixirt und durch die Taxis wahrscheinlich noch verstärkt war. Dass gleichwohl die Incarceration nicht etwa in dem Sinne der Busch'schen Abknickungstheorie zu Stande kam, ergiebt sich schon ohne weiteres aus dem Fehlen von Koth in der Schlinge.

Ganz in der gleichen Weise dürfte der Einklemmungsmechanismus in den folgenden drei Beobachtungen aufzufassen sein.

Beobachtung 40. Die 75jährige, sehr decrepide Frau Julie Attin wurde am 9. October 1882 wegen einer bereits seit mehreren Tagen bestehenden Incarceration eines rechten Schenkelbruches in die Klinik aufgenommen. Unter dem rechten Poupart'schen Bande fand man eine längliche, 10 cm lange, sich weich anfühlende Geschwulst, die sich nicht reponiren liess und über der die Haut geröthet, doch abhebbar war. Der sofort ausgeführte Bruchschnitt entleerte eine mässige Menge Bruchwasser. Der Bruchinhalt bestand aus einem sehr grossen, an zahlreichen Stellen mit dem Bruchsack verwachsenen Netzstück und einer kleinen, bereits etwas verfärbten Dünndarmschlinge, die mit feinen peritonitischen Auflagerungen bedeckt war. Die Bruchpforte war sehr eng und musste zum Gelingen der Reposition nach mehreren Seiten hin eingekerbt werden. Das Netz wurde abgetragen, sein Stumpf in den Bruchsackhals eingenäht. — Patientin hatte noch am selben Abend Stuhl, befand sich auch anfangs wohl, erkrankte indess 3 Tage nach der Operation unter hohem Fieber an einer doppelseitigen hypostatischen Pneumonie, der sie in der Nacht vom 13. zum 14. erlag.

Die Obduction ergab ausser einer Bronchopneumonie des untern Lappens beider Lungen, hochgradiger Arteriosclerose und brauner Atrophie des Herzens nichts Besonderes. Peritonitis bestand nicht; nur eine etwa

50 cm oberhalb der Valvula Bauhini gelegene Darmschlinge zeigte in der Ausdehnung von 8 cm einen fibrinösen Belag; sie war leicht erweitert, dunkel, missfarbig, doch von annähernd normaler Consistenz und dürfte der ursprünglichen Bruchschlinge entsprochen haben.

Beobachtung 41. Der 52jährige Arbeiter Franz Patocka litt schon über 20 Jahre an einem linksseitigen Scrotalbruch, den er nur zeitweise durch ein Bruchband zurückhielt. Am 28. Januar 1884 klemmte sich derselbe ein; bald traten Schmerzen und Erbrechen auf, das bei der Aufnahme des Kranken ins Hospital am 30. Januar bereits einen fäculenten Character angenommen hatte; Stuhl und Winde waren seit der Einklemmung nicht mehr abgegangen. Patient war bereits sehr heruntergekommen und stark collabirt, hatte einen elenden, kleinen Puls, flache Athmung, kühle Extremitäten, kalten Schweiss im Gesicht, trockne Zunge; aus dem Munde roch es stark fäculent. Die linksseitige Scrotalhernie war faustgross, hatte gedämpften Percussionsschall, war elastisch weich, die Haut über ihr normal. In der Morphium-Chloroformnarkose wiederholte sich das fäculente Erbrechen. Der Bruchsack zeigte sich bei der sofort ausgeführten Herniotomie lebhaft injicirt, enthielt circa einen Esslöffel blutig gefärbten, nicht riechenden Bruchwassers. Den Bruchinhalt bildeten ein stark suffundirtes, fettig degenerirtes, zu einem Klumpen zusammengeballtes Netzstück und eine circa 15 cm lange, blauroth verfärbte, mit Fibrinbeschlägen bedeckte Dünndarmschlinge, welche sich selbst nach der Spaltung des Bruchringes nur mühsam bis zu den normal aussehenden Schnürfurchen vorziehen liess. Sie wurde reponirt, das Netz abgebunden und excidirt, sein Stumpf in der Bruchpforte liegen gelassen. In dem Grunde des Bruchsackes lag der Hode frei, es handelte sich also um einen congenitalen Bruch. Deshalb wurde der Bruchsack nicht exstirpirt, sondern nur bis an den Bruchsackhals ein jodoformirter Gazebausch eingelegt, dann die Wunde bis auf eine untere Oeffnung geschlossen. — Am Abend des Operationstages fühlte sich Patient erleichtert, doch äusserst schwach; Stuhl war erfolgt. In der Nacht musste Patient erbrechen, collabirte rasch und starb Morgens 3 Uhr.

Wie die Section bewies, bestand keine Peritonitis. Die Flexur war durch alte Adhäsionen an dem äussern Rand des linken innern Leistenringes festgehalten. 1 m über der Ileocoecalklappe war der Darm auf eine Strecke von 10 cm dunkelblau, livid verfärbt, mit Fibrin bedeckt. Diese Schlinge lag unter den übrigen Darmschlingen, frei von Verklebungen; die beiden Schnürfurchen waren noch deutlich sichtbar. — Der Herzmuskel zeigte sich degenerirt; beide Ventrikel des Herzens dilatirt.

Beobachtung 42. Anton Merkert, 29 Jahr alt, klemmte sich seinen seit 6 Jahren bestehenden linksseitigen Leistenbruch durch einen Fall auf den Leib am 20. Mai 1878 ein; der zu Rath gezogene Arzt machte in der folgenden Nacht vergebliche Taxisversuche in Narkose, ordnete deshalb am 21. die Ueberführung des Patienten in die Klinik an. Man fand im linken Scrotum eine grosse, elastische, pralle, fluctuirende Geschwulst mit tympanitischem Percussionsschalle, die auf Druck schmerzhaft war. Dabei be-

stand galliges Erbrechen, der Puls war klein, Fieber fehlte. Zunächst
wurden warme Umschläge und Klystiere verordnet. Am folgenden Tage,
den 22. Mai, wurden neue Repositionsversuche in Narkose gemacht, wobei
der Bruch viel weicher und kleiner wurde, die völlige Reposition gelang
nicht. Man hielt die Incarceration für gelöst und schob die Irreponibilität
des Restes des Bruches auf Adhäsionen. Der Patient klagte sogleich nach
dem Erwachen aus der Narkose über heftige Schmerzen und hatte einen
kleinen Puls. Im Laufe des Tages und der nächsten Nacht stieg die Temperatur auf 38,7 und am Morgen des 23, früh 4 Uhr, trat ziemlich uner-
wartet der Tod ein.

Der Obductionsbefund war folgender: Die äussern Geschlechtstheile
waren bedeutend geschwollen und schmutzigroth verfärbt, die linke Scrotalhälfte war stark aufgetrieben. Aus der eröffneten Bauchhöhle entleerte sich
wenig dünne Flüssigkeit, der einige gelbliche Flocken beigemengt waren;
ähnliche fanden sich an der Oberfläche der stark ausgedehnten Dünndarmschlingen; besonders stark gebläht und lebhaft injicirt waren dieselben unmittelbar oberhalb der Einklemmungsstelle, welche $1^3/_4$ Fuss über der
Valvula Bauhini sass. Im linken Leistenkanal fand sich noch fest eingeklemmt eine Dünndarmschlinge und ein grosses Stück Netz, das sich körnig
und sehr derb anfühlte und dunkelblauroth verfärbt war. Das Bruchwasser
war schmutzigroth; eine ganz ähnlich aussehende dünne Flüssigkeit, die
kaum fäculent roch, enthielt die Bruchschlinge, deren Wand äusserst brüchig,
doch nirgends perforirt war. Am hinteren Umfange des Bruchsackes war
das Peritoneum $1^1/_2$ Zoll weit eingerissen; das extraperitoneale Zellgewebe
war blutig infiltrirt; die hämorrhagische, weiter abwärts nur ödematöse
Infiltration erstreckte sich bis ins Scrotum. — Magen, Duodenum und die
obern Dünndarmschlingen enthielten eine grosse Menge schmutzig brauner,
fäculent riechender Flüssigkeit. Die Schleimhaut des Darmes war vom
Jejunum an deutlich ödematös, oben schwach, weiter abwärts stark geröthet. — Im rechten Leistenkanal fand sich gleichfalls ein Bruchsack, der
kurz und breit, aber leer war.

Auch in den soeben angeführten 3 Fällen deutet die Beschaffenheit des Bruchinhaltes auf ein lange bestehendes Vorliegen von Netz
und einen frischeren Darmvorfall hin. Das Fehlen von Gangrän lässt
uns zwar in den ersten beiden Beobachtungen über den Schlingeninhalt im Unklaren, doch ist bei der grossen Uebereinstimmung aller
andern Punkte, der Enge der Einschnürung, den bedeutenden Circulationsstörungen, dem blutigen Bruchwasser etc. kein Grund vorhanden zu bezweifeln, dass auch in diesen Fällen Koth nur zum geringsten Theil den Schlingeninhalt gebildet. Die im Falle Merkert
gebotene Gelegenheit, durch die Obduction die thatsächlichen Verhältnisse der Einklemmung festzustellen, bewies für diesen zweifellos das
Fehlen von Koth in der Bruchschlinge. Wiederum hatten wir somit:
Verschluss beider Schenkel der letzteren, Zustandekommen der Ein-

klemmung durch Zunahme der Raumbeengung im Bruchringe. Der Tod des Patienten Merkert wurde wesentlich auch wie der von Wagner (Beobachtung 28) durch Collaps infolge der durch die Einklemmung als solche bedingten nervösen Reizung herbeigeführt; die zwar deutliche Peritonitis war zu geringfügig, um für sich das rasche Ende zu erklären. Der Fall bietet übrigens auch dadurch grosses Interesse, als er den klinischen Beweis liefert, dass auch, ohne dass die Einklemmung bis zur Gangrän führte, die andauernde Kothstauung allein eine Peritonitis erzeugen kann. Ich betone diesen Umstand deshalb, weil er ein Licht wirft auf die minder vorgeschrittenen Fälle, in denen wir so häufig bei der Herniotomie oder auch bei der Obduction nur eine bedeutende Injection des zuführenden Darmrohres vorfinden und so oft zweifelhaft sind, ob wir dieselben als einfache Stauungserscheinungen oder bereits als das erste Zeichen beginnender Peritonitis aufzufassen haben, ein Punkt, den ich eingehend erst im nächsten Abschnitt behandeln kann.

Beobachtung 43. Susanne Schubert, 50 Jahr, seit 1 Jahr an einem Bruch leidend, erkrankte am 17. August 1879 nach der Defäcation mit heftigen Kolikschmerzen, zu denen sich bald Erbrechen grünlicher Massen gesellte. Am folgenden Tage in die Klinik aufgenommen, fand man eine taubeneigrosse, straff gespannte, rechtsseitige incarcerirte Schenkelhernie, die sich durch Taxis nicht reponiren liess, weshalb am 19. August die Herniotomie gemacht wurde. Der Bruchsack war von Fettträubchen umhüllt, das Bruchwasser sanguinolent, nicht übelriechend, die eingeklemmte Dünndarmschlinge dunkelrothblau, doch glänzend; sie wurde sehr eng von dem Bruchsackhals umschnürt, nach Spaltung desselben gelang die Reposition leicht. Der Bruchsackhals wurde darauf mit einem Catgutfaden umschnürt. — Nach fieberfreiem Verlauf wurde Patientin am 15. September völlig geheilt entlassen.

Beobachtung 44. Frau Auguste Baumgart, 50 Jahr alt, wurde am 28. December 1879 wegen Einklemmung ihres seit 3 Jahren bestehenden rechten Schenkelbruches in die Klinik aufgenommen. Die Incarceration bestand bereits seit 6 Tagen. Patientin war eine mässig genährte Frau, klagte über Schmerzen im Leibe, die auf Berührung sich steigerten. Der Leib war aufgetrieben und gespannt. Unterhalb des rechten Ligamentum Pouparti bemerkte man eine wallnussgrosse, elastisch harte, nicht verschiebliche Geschwulst, über der die Haut sich in Falten abheben liess und normal war. Das Allgemeinbefinden der Kranken war relativ gut. Ohne weitere Taxisversuche schritt man alsbald zur Ausführung des Bruchschnittes. Das subcutane Fettgewebe war wenig fettreich. Nach vorsichtiger Durchtrennung mehrerer bindegewebiger Schichten gelangte man auf eine sich gespannt anfühlende Geschwulst, die noch mit einer sehnig aussehenden Membran bedeckt war. Da bisher noch kein Bruchwasser abgeflossen war, hielt man diese für den Bruchsack und schnitt sie an, trotzdem sich mit der Pincette

nur äusserst mühsam eine Falte aufheben liess. Durch den Schnitt wurde
ein Hohlraum eröffnet, aus dem eine glasige, trübe, gelbrothe, mit Blut
untermischte Masse quoll, die nicht fäculent roch. Die weitere Incision
zeigte indess, dass der Darm selbst eröffnet war. Der Bruchsack war mit
der Bruchschlinge allseitig fest verlöthet und liess sich nur mit grosser
Mühe von ihr ablösen. Die Darmschleimhaut wurde mit der äussern Haut
vernäht und so ein künstlicher After angelegt. Nach Spaltung des Bruchringes und Einführung eines Katheters in das zuführende Darmrohr entleerte sich viel Darminhalt. — Der weitere Verlauf war ein guter, Patientin
erholte sich, doch entleerte sich aller Koth aus dem künstlichen After. Es
war nicht möglich, in ihm zwei Mündungen zu entdecken. Am 22. Januar
1880 schritt man zu seiner Beseitigung durch Darmresection. Nach dem
Abpräpariren des Darmes von der Bruchwand fand sich ein zweites Lumen,
das des abführenden Endes, das bisher durch einen grossen Dupuytren'schen
Sporn verlegt war. Nach circulärer Anfrischung beider Darmenden wurden
sie durch Lembert'sche Nähte vereinigt. Die genähte Darmschlinge wurde
in der Wunde liegen belassen. — In der Nacht vom 25. zum 26. Januar
hatte Patientin den ersten normalen Stuhl; ihr Befinden war ein gutes.
Das in der Wunde vorliegende Darmstück zeigte sich bei dem am 27. vorgenommenen ersten Verbandwechsel mit plastischem Exsudat bedeckt. Der
weitere Verlauf war ungestört, am 8. April 1880 wurde Patientin geheilt
entlassen.

Beobachtung 45. Charlotte Müller, 61 Jahr, wurde am 2. März
1885 sterbend in die Klinik gebracht. Sie litt seit mehreren Jahren an
einer Hernie, die sich nun vor zwei Tagen eingeklemmt hatte. Patientin
war aufs höchste erschöpft, der Radialpuls nicht mehr zu fühlen, die Temperatur auf 34° gesunken. Unter dem rechten Ligamentum Pouparti befand sich eine wallnussgrosse, elastisch weiche, etwas bewegliche Geschwulst,
über der die Haut unverändert war. Ohne Narkose wurde sogleich die
Herniotomie ausgeführt. Es entleeren sich nur wenige Tropfen serösen,
nicht blutigen Bruchwassers. Die eingeklemmte Dünndarmschlinge ist
dunkelblauroth und so fest eingeschnürt, dass es nicht gelang, zwischen
sie und den Bruchring ein Herniotom zu schieben. Deshalb wurde der
letztere von aussen discidirt, wonach sich die Bruchschlinge vorziehen liess;
sie mass an der Convexität 5 cm, an der Concavität 2 cm; von dem zugehörigen Mesenterium war nur der dem Darm unmittelbar anliegende
Theil mit eingeklemmt. Die Schnürfurchen waren sehr scharf ausgeprägt,
fast farblos; es blieb fraglich, ob sie nur anämisch oder bereits nekrotisch
waren. Die Wand der Schlinge war stark gebläht und verdünnt. Wegen
Verdacht auf Gangrän wurde ein künstlicher After angelegt, die Bruchschlinge enthielt nur blutigen Schleim. Obwohl die gesammte Operation
kaum 20 Minuten in Anspruch nahm, starb Patientin noch am Schluss
derselben auf dem Operationstisch.

Bei der Obduction zeigte sich das zuführende Darmstück ziemlich
stark ausgedehnt, mit reichlichen dünnen Fäcalien gefüllt, das abführende

Rohr stark collabirt. Die Serosa zeigte stellenweise eine geringe Röthung.
Die Einklemmungsstelle sass 1 m oberhalb der Ileocöcalklappe. Ausser-
dem fand sich braune Atrophie des Herzens, Granularatrophie der
Nieren.

Die Angaben über den Befund bei der Herniotomie im Falle
Schubert sind zu wenig genau, um ein sicheres Urtheil über ihn zu
gewinnen. Nur so viel lassen die überaus enge Bruchpforte wie die
Circulationsstörungen der Schlinge mit ziemlicher Bestimmtheit annehmen, dass es sich auch hier um einen vollkommenen Verschluss
beider Schenkel der Bruchschlinge handelte. — Um so grösseres Interesse bietet in mancher Hinsicht Beobachtung 44. Der Bruch war
stark gespannt, von prall elastischer Consistenz, und zwar rührte
letztere nicht von einer reichlichen Ansammlung von Bruchwasser her
— dieses fehlte gänzlich —, sondern wurde durch die pralle Füllung
der Schlinge selbst bedingt. Hier durfte man somit, zumal trotz der
6tägigen Dauer der Einklemmung eine Gangrän der Schlinge nicht
erfolgt war, am ehesten eine Kotheinklemmung im Lossen'schen oder
Busch'schen Sinne voraussetzen. Die unbeabsichtigte Eröffnung des
Darmes ergab indess den gänzlichen Mangel von fäcalem Inhalt; nur
mit blutigem Serum gemischter, zäher glasiger Schleim hatte die starke
Dehnung bewirkt, was ja in Anbetracht der langen Einklemmungsdauer nicht allzusehr Wunder nehmen darf. Letztere kann übrigens
bei dem Fehlen von Gangrän nicht allzuheftig gewesen sein; gleichwohl war die Communication mit dem stark gefüllten zuführenden
Darmrohr völlig aufgehoben. — Eine Verletzung des Darmes bei dem
Bruchschnitt infolge Verwechslung mit dem Bruchsack lässt sich ja für
gewöhnlich bei genügender Aufmerksamkeit fast immer vermeiden. Bei
einer derartigen festen, allseitigen Verwachsung zwischen Bruchsack
und Bruchschlinge hingegen, wie sie bei Patientin Baumgart statt
hatte, ist ein Anschneiden des Darmes gewiss zu entschuldigen, ist
doch diese überaus seltene Complication kaum zu diagnosticiren. —
Die Einschnürung im letzten Falle, bei Frau Müller, war eine ungleich
hochgradigere, die Bruchschlinge war in dem engen Bruchringe fest
eingepresst, so dass man, zumal sie ausschliesslich Schleim enthielt,
die Einklemmung sicher als eine elastische bezeichnen muss. Da ich
indess nach meiner obigen Auseinandersetzung eine sichere Grenze
zwischen der elastischen und der Kotheinklemmung nicht anerkennen
kann, habe ich den Fall als letzten noch in diese Gruppe eingereiht.
welche ja überhaupt nur Beobachtungen enthält, die einen Uebergang
zwischen beiden Formen der Incarceration bilden.

Es erübrigt noch kurz 5 Fälle zu skizziren, in denen die Einklemmung sogleich bei dem Entstehen der Hernie erfolgte.

Beobachtung 46. Luise Daubschad, 37 Jahr alt, welche bisher nie einen Bruch gehabt hatte, erkrankte am 28. Juni 1879 plötzlich mit Erbrechen, Schmerzen in der rechten Leistenbeuge, in der sich eine Geschwulst bemerkbar machte, und folgender Stuhlverstopfung. Ein Arzt machte vergebens Repositionsversuche und ordnete am 30. die Ueberführung der Kranken in die chirurgische Klinik an. Hier constatirte man eine wallnussgrosse, rechte Schenkelhernie, über der die Haut stark geröthet und durch die vorangegangenen Taxisversuche excoriirt war. Bei der Herniotomie traf man nach Trennung des subcutanen Zellgewebes auf einen glatten Sack, nach dessen Spaltung auf eine Schicht Fettgewebe, in derem Grunde man ein blau durchscheinendes Häutchen bemerkte, nach dessen Durchtrennung sich aus einer überall abgeschlossenen, etwa pflaumengrossen, glattwandigen Höhle, deren Wand durch Ablagerung von Blutpigment schwarzblau verfärbt war, eine sanguinolente seröse Flüssigkeit entleerte. Nach Spaltung ihrer hintern, sich etwas vorwölbenden Wand floss eine gleiche Flüssigkeit aus einer zweiten ähnlich abgeschlossenen Höhle ab. Die hintere Wand dieser wurde erst von dem eigentlichen Bruchsack gebildet, der nur wenig Bruchwasser und eine fingerhutgrosse, röthlichgraue, gespannte Darmschlinge enthielt, die fest im Schenkelring eingeschnürt war, so dass man gerade nur den Knopf des Herniotoms neben ihr durch den Bruchring führen und diesen spalten konnte. Die Schnürfurchen sahen gut aus. Nach Reposition des Darmes wurde der Bruchsackhals mit einem Catgutfaden umschnürt, dann die Wunde geschlossen. Am 28. Juli wurde Patientin nach völlig glattem Verlaufe entlassen.

Beobachtung 47. Frau Sophie Hellmich, 40 Jahr alt, acquirirte am 18. Februar 1880 durch schweres Heben einen rechtsseitigen Schenkelbruch, der sich sofort einklemmte. Es stellte sich bald mehrfach Erbrechen grünlicher Massen ein. Am 19. in die Klinik aufgenommen, wurde sie sogleich operirt. Der Bruch war hühnereigross, sehr schmerzhaft, irreponibel, die Haut über ihm geröthet; das Abdomen rechts auf Druck empfindlich, nicht gespannt; der Puls war langsam, doch klein. Der Bruchsack fand sich dunkelroth, enthielt kein Bruchwasser, sondern war mit seinem Inhalt locker verklebt. Die Bruchschlinge war 12 cm lang, mit Fibrin bedeckt, dunkelroth, an einer etwa markstückgrossen Stelle grauroth, doch glänzte sie auch hier noch und liess deutlich die Gefässe erkennen. Der Bruchring war sehr eng. Bei seiner Spaltung blutete es stark, doch stand die Blutung nach Erweiterung des Schnittes. Nach Reposition der Bruchschlinge wurde die Wunde geschlossen. Da indess die Schmerzen und das Erbrechen anhielten, der Leib auftrieb, Patientin verfiel, so wurde am 22. Februar die Wunde wieder geöffnet und verlängert. Die reponirte Bruchschlinge fand sich in einem Recessus des Peritoneums hinter dem Schambeinaste gelagert; es entleerte sich viel nicht riechende Peritonalflüssigkeit. Nach nochmaliger Reposition fand sich die Schlinge abermals in dem gleichen Recessus; erst mit grosser Mühe gelang die Reposition in die Bauchhöhle. Die Ausbuchtung des Bruchsackes hinter dem Schambein war kein Artefact, ihre Entstehung unklar. — Der weitere Verlauf blieb ungestört. Am 6. April wurde Patientin geheilt entlassen.

Beobachtung 48. Frau Mathilde Brendel, 47 Jahr alt, fand am 22. Februar 1881 in der Klinik Aufnahme. 2 Tage vorher war sie plötzlich beim Laufen auf der Strasse mit Schmerzen in der rechten Inguinalgegend erkrankt: daselbst zeigte sich eine Anschwellung, die früher nie bestanden hatte, und bald traten unverkennbare Incarcerationssymptome auf; am Abend desselben Tages erfolgte allerdings nach einer Eingiessung von kaltem Wasser in den Mastdarm noch einmal fester Stuhl, doch seitdem gingen weder Winde noch Stuhl ab. Versuche, die Geschwulst zu reponiren, waren ohne Erfolg geblieben. In der Anstalt constatirte man in der rechten Leistenbeuge, deren Haut stark sugillirt war, einen birnförmigen Tumor, der entlang dem Leistenkanal lief und durch letztern eine Fortsetzung in das Abdomen fühlen liess. Bei der am 23. Februar vorgenommenen Herniotomie fand man den aus mehreren Bindegewebsschichten zusammengesetzten Bruchsack schlaff, suffundirt. Bruchwasser war nicht vorhanden. Die eingeklemmte Dünndarmschlinge war hämorrhagisch infarcirt, doch noch glänzend, nirgends verwachsen; hingegen waren die Schnürfurchen, wie sich nach dem Débridement des Bruchringes herausstellte, gelbweiss, bereits gangränös. Die erkrankte Schlinge, welche völlig leer war, wurde sogleich resecirt und die beiden Darmenden durch primäre circuläre Darmnaht wieder vereinigt. Der genähte Darm wurde reponirt, doch der oberste Faden der Mesenterialnaht zur Wunde herausgeleitet; letztere wurde nur in ihrem obersten Abschnitt durch Naht geschlossen. Listerverband. — Anfangs machten sich geringe Stenosenerscheinungen bemerkbar. Am 27. Februar erfolgte der erste Stuhl. Die weitere Heilung verlief ungestört. Am 16. April wurde Patientin als genesen entlassen.

Beobachtung 49. Auguste Böhm, 34 Jahr alt, erkrankte am 3. Juni 1882 plötzlich, nachdem sie, auf dem Bauche liegend, aus einer Grube Wasser geschöpft, mit Schmerzen im Unterleib, zu denen sich bald Erbrechen, Auftreibung des Leibes, Stuhlverstopfung gesellten. Am 4. Juni wurde sie auf die medicinische Klinik aufgenommen. Hier entdeckte man am 7. in der rechten Inguinalgegend einen Tumor, der nach Aussage der Kranken früher nicht vorhanden gewesen sein sollte, und überwies deshalb, eine Hernie annehmend, die Kranke am 8. Juni der chirurgischen Klinik. 3 Querfinger breit über dem rechten Poupart'schen Bande bemerkte man eine sich nach der rechten Schamlippe hin erstreckende 10 bis 12 cm lange Geschwulst, die sich nach der Bauchhöhle hin fortsetzte; ihr Percussionsschall war gedämpft, die Haut über ihr geröthet. Am 9. Juni wurde der Bruchschnitt gemacht. Der Bruchsack war brandig, bei seiner Eröffnung quoll Eiter vor. Die incarcerirte Dünndarmschlinge war auf ihrer Convexität an zwei linsengrossen Stellen perforirt. Nach Spaltung des sehr engen Bruchringes liess sich nur der abführende Schenkel der Bruchschlinge vorziehen, der zuführende riss an der Schnürfurche ein, ohne dass indess, da die Schlinge vollkommen leer war, Stuhl ausfloss. Auch nach nochmaligem Débridement liess sich das zuführende Darmrohr nur so weit vorziehen, dass es hinter der Schnürfurche durchschnitten und in die Bauchwunde eingenäht werden konnte. Das 12 cm lange gangränöse Darmstück wurde resecirt und ein künstlicher After angelegt. — Am 17. Juli wurde derselbe durch secundäre Darmresection und circuläre Darmnaht geschlossen: es traten jedoch bald schwere Stenosenerscheinungen auf. Am 2. August brach ein Kothabscess auf; die dadurch entstandene Kothfistel schloss sich zwar wieder, doch kam es nach einigen Monaten zur Perforation des Darmes vor der stenosirten Nahtstelle, die eine diffuse Peritonitis und am 19. December 1882 den Tod zur Folge hatte.

Beobachtung 50. Frau Veronika Flechtner, 39 Jahr alt, am 25. Juli 1884 mit einer eingeklemmten rechtsseitigen Schenkelhernie in die Klinik aufgenommen, gab auch an, früher nie an einem Bruch gelitten zu haben. Nach der Defäcation am Abend des 22. Juli hatte sie plötzlich Leibschmerzen und Erbrechen bekommen, die auch in den folgenden Tagen anhielten. Am Morgen des 23. bemerkte sie in der rechten Leistenbeuge eine kleine, etwas schmerzhafte Geschwulst. Ricinusöl und Sennesblätterthee, die sie sich selbst verordnete, erzeugten keinen Stuhl, riefen nur Erbrechen hervor. Die Schwellung in der Leistengegend nahm zu, desgleichen die Schmerzen, weshalb Patientin das Hospital aufsuchte. Ihr Allgemeinbefinden war noch ein leidlich gutes, der Puls wenig beschleunigt, ziemlich voll. Unter dem rechten Ligamentum Pouparti befand sich eine wallnussgrosse Geschwulst, über der die Haut geröthet und teigig ödematös geschwellt war; ihr Percussionsschall war gedämpft; der Leib nur wenig schmerzhaft. — Ohne die Taxis erst zu versuchen, schritt man sofort zur Operation. Die dem Bruchsack aufliegenden Bindegewebsschichten waren infiltrirt. Nach Eröffnung des Bruchsackes entleerten sich wenig übelriechendes Bruchwasser und fäculent riechende Gase. Eingeklemmt war eine 7 cm lange Dünndarmschlinge, die an ihrer Convexität bereits graugelb, matsch, gangränös und an einer linsengrossen Stelle schon perforirt war. Die nach Discision des Bruchringes zu Tage tretenden Schnürfurchen hatten noch ein leidliches Aussehen. Das Mesenterium der Bruchschlinge war nicht mit eingeklemmt, reichte gerade nur bis an den Bruchring hinan. Nach dem Vorziehen des Darmes wurde ein 12 bis 14 cm langes Stück aus ihm resecirt, und die beiden Darmenden in der Wunde durch Nähte fixirt. Nach Einführung eines Drainrohres in das zuführende Darmrohr entleerte sich reichlicher dünnflüssiger Stuhl. Um eine Verunreinigung der Wunde durch letztern zu verhüten, waren die Darmenden mehrere Centimeter weit von ihrem Mesenterialansatz abgelöst und dadurch beweglich gemacht worden, so dass sie über die Wundränder hinausragten. — Der Verlauf war anfangs fieberfrei. Die Darmenden nekrotisirten in einer Ausdehnung von circa je 1½ cm; je ein Stück von 2 cm, das auch noch vom Mesenterium abgelöst war, blieb indess vollkommen lebensfähig. Am Morgen des 30. Juli bekam Patient einen Frostanfall und Temperatursteigerung bis 40,4. Das Fieber fiel dann wieder ab, ohne jedoch völlig zu schwinden. Ausser einem

Decubitus, der sich am 30. deutlich über dem Kreuzbein ausprägte, mit
stark entzündlicher Röthung ringsum war eine Ursache für das Fieber nicht
aufzufinden. Im warmen protrahirten Bade reinigte sich das Decubital-
geschwür, doch verlor Patientin von Tag zu Tag mehr den Appetit, wurde
zusehend schwächer und starb am 9. August.

Die Obduction ergab ausser Emphysem der Lungen mit Bronchitis
und geringer fettiger Degeneration des Herzmuskels nichts Abnormes, eine
eigentliche Todesursache deckte sie nicht auf. Als solche war namentlich
Inanition aufzufassen.

Die wirksame Kraft, welche in derartigen Fällen die Bruch-
bildung, d. h. das Vortreiben eines Eingeweides durch einen Bruchring und die Incarceration bedingt, ist augenscheinlich nur in der
Bauchpresse zu suchen. Ganz unentschieden ist jedoch noch immer,
auf welche Weise sich in diesen Fällen der Bruchsack bildet. Eine
plötzliche Entstehung desselben auch erst im Moment der Einklemmung
muss nach Versuchen an der Leiche, wie bei Thieren unwahrscheinlich
erscheinen. Die Verbindung zwischen Peritoneum und Bauchwand ist
eine so straffe, dass sie wohl einem andauernden resp. oft wiederholten
Drucke oder Zuge weicht, kaum indess einer einmaligen, noch so forcirten Gewalteinwirkung. Demnach ist anzunehmen, dass auch in diesen
Fällen, in denen der Bruch sich gleich bei seiner Entstehung einklemmte, der Bruchsack präexistirte. Wie aber der intraabdominale
Druck ein Vorstülpen der Serosa an einer minder widerstandsfähigen
Stelle der Bauchwand ohne gleichzeitiges Vortreiben irgend eines Eingeweides bewirken soll, ist erst recht nicht einzusehen, da ja die
letzteren der Bauchwand überall dicht anliegen, eine freie Ansammlung von Flüssigkeit in der Bauchhöhle in sonst normalen Fällen aber
nicht existirt. Es bliebe demnach für die Bruchsackbildung, falls man
dieselbe nicht lediglich auf einen congenitalen Ursprung zurückführen
will, nur ein Zug von aussen denkbar, wie ihn ja auch Roser u. A.
angenommen haben. Die bekannten Roser'schen Fettläppchen findet
man aber am Scheitel des Bruchsackes nur sehr selten. Wollen wir
uns also nicht selbst täuschen, so müssen wir unsere Unkenntniss über
diesen Punkt offen eingestehen. — Dass der Bruchsack übrigens öfter
bereits vor der Bildung des Bruches eine nicht unbedeutende Ausdehnung besitzen kann, beweist die Länge der Bruchschlinge im Falle
Hellmich. Die Ansicht, dass dieselbe bei elastischen Brüchen stets
klein sei, ist wohl für die Mehrzahl der Fälle, aber durchaus nicht
für alle zutreffend; Bruchschlingen von 8 bis 10, ja bis 12 cm Länge
sind durchaus nicht so selten. Das freilich muss ich unentschieden
lassen, ob die Bruchschlinge von vornherein eine derartige Grösse besitzen oder erst secundär infolge Erbrechens und anderer Ursachen

durch Nachrücken benachbarter Darmabschnitte so lange eine Vergrösserung erfahren kann, bis entweder der Bruchsack oder die
Reibungswiderstände in der Pforte ein noch weiteres Vorschieben unmöglich machen; nach meinen Versuchen mit extraabdominal an-
gebrachten Bruchsäcken muss ich einen derartigen Modus durchaus
für möglich erklären. Klinisch ist er schwer nachzuweisen. Die einfache Vergrösserung des Bruches nach der Einklemmung ist ja sicher
meist nur durch das Bruchwasser bedingt oder rührt von der Transsudation in das Darmlumen her; Fälle, in denen eine solche Vergrösserung nach der Incarceration stattfand, ohne dass sich bei der
Herniotomie Bruchwasser vorfand, habe ich aber nicht beobachtet.
Wie ungenau freilich die nähere Anamnese ist, auf die wir doch bei
Beurtheilung dieser Verhältnisse meist angewiesen sind, ist ja nur
allzu leicht erklärlich.

Der Fall Hellmich bietet auch noch ein anderes Interesse durch
die durch einen präperitonealen Divertikel des Bruchsackes bedingte
anfängliche Scheinreduction der im Bruchsackhals eingeklemmten Hernie
bei der Herniotomie. Dass es sich nicht um ein Kunstproduct, eine
einfache, nicht allzu selten zu beobachtende Ablösung des Peritoneum
von der Bauchwand infolge zu forcirter Taxis handelte, ist ausdrücklich erwähnt. Leider fehlt eine genauere Beschreibung; vielleicht
handelte es sich um einen Fall von properitonealer Hernie.

Dass eine Communication zwischen Schlinge und dem übrigen
Darmrohr an beiden Schenkeln im Bruchringe aufgehoben war, ist für
die Fälle Böhm, Brendel, Flechtner durch die Autopsie direct fest-
gestellt, dürfte aber auch für die beiden andern Fälle kaum angezweifelt
werden.

Die Ursachen der Verschiedenheit der Circulationsstörungen, insbesondere des verschiedenen Sitzes der Gangrän in den einzelnen
Fällen will ich ebenso wie die Besprechung der verschiedenen Therapie
und des wechselnden Verlaufes erst später berücksichtigen.

———

Recapituliren wir zum Schluss dieses Abschnittes nochmals kurz
den Gang unserer Untersuchung:

In Uebereinstimmung mit der Mehrzahl der Autoren ging ich
von dem Gedanken aus, dass es sich bei der wahren Brucheinklemmung
stets von vornherein um einen Verschluss beider Schlingenschenkel
handle, und dass derselbe an beiden durch den gleichen Mechanismus
bedingt werde. Diese Annahme ist mit Nachdruck nur von Lossen
bekämpft worden, welcher, abgesehen von der elastischen Einklemmung, stets eine offene Communication zwischen der Bruchschlinge

und dem zuführenden Darmrohre behauptete, den abführenden Schenkel
durch Compression von Seiten des geblähten zuführenden geschlossen
werden liess und die Irreponibilität des Schlingeninhaltes durch den
hohen Inhaltsdruck im zuführenden Darm und die Grösse der Reibungswiderstände, welche sich einem Aufwärtsschieben des Darminhaltes
entgegenstellten, zu erklären suchte. Diese Annahme musste schon
grosse theoretische Bedenken erwecken, da wir von Fällen innerer
Einklemmung her wissen, dass selbst die grösstmöglichste Kothstauung
nie in einer Darmschlinge eine derartige Spannung herbeiführt, dass
letztere nicht ohne Mühe sich noch comprimiren und ihr Inhalt nach
oben oder unten verschieben liesse, und absolut nicht einzusehen ist.
woher in der häufig so kurzen Zeit, die zwischen dem Moment der
Einklemmung und den fruchtlosen Taxisversuchen vergeht, eine so
bedeutende Kothstauung, eine so dauernde Steigerung des Inhaltsdruckes im zuführenden Darmrohr kommen soll. Der Fehler, welcher
Lossen zu seiner Theorie führte, lag offenbar in der falschen Versuchsanordnung, welche durch Abbinden des zuführenden Rohres nach
Aufblähung der Bruchschlinge in beiden einen constant hohen Druck
erhielt, wie er in der Natur nicht vorkommt. Aber auch experimentell
und durch die klinische Beobachtung glaube ich den Beweis erbracht
zu haben, dass thatsächlich der Verschluss bei der Einklemmung beide
Schenkel betrifft. Beim Thierexperiment gelang der Nachweis stets
durch die Autopsie, beim Menschen gründete ich ihn in vielen Fällen
auf die geringe bei der Herniotomie vorhandene Spannung und Füllung der Bruchschlinge, in einigen auf die plötzlich erst nach dem
Débridement auftretende Blähung derselben, in Fällen von zufälliger
oder durch Gangrän bedingter Eröffnung der Schlinge vielfach auf das
Fehlen von Koth in ihr, resp. darauf, dass der Darminhalt nicht sogleich nach Eröffnung des Darmes, sondern erst nach dem Einschieben
eines Rohres in das zuführende Darmende sich entleerte, in einigen
wenigen Fällen, die nach Scheinreduction starben, schliesslich auf die
directe Beobachtung bei der Nekroskopie. Auf diesem Wege glaube
ich für alle zur Herniotomie gelangten Fälle, für die Mehrzahl den
thatsächlichen, für den Rest wenigstens den Wahrscheinlichkeitsbeweis
des Mangels einer offenen Communication zwischen Schlinge und dem
übrigen Darm geführt zu haben; zum mindesten konnte ich keinen
Fall wahrer Einklemmung finden, der uns dazu zwang, das Gegentheil
anzunehmen. Nur für wenige Fälle reiner Kothstauung konnte ich
Lossen die Möglichkeit einer ausschliesslich sich auf den abführenden
Schenkel beschränkenden Obturation zugestehen; doch war die Ursache der übrigens nur zeitweisen Irreponibilität nicht in einem zu
hohen Inhaltsdruck zu suchen, sondern liess sich ungezwungen nach

Art des Roser'schen Versuches durch Widerstände, die die Taxis selbst sich schafft, erklären; missglückte letztere doch sogar längere Zeit in einem Falle, in welchem für die natürlichen Kräfte der Peristaltik sogar beide Schlingenschenkel offen waren.

Um nun den Mechanismus der Einklemmung aufzudecken, genügte es demnach zu zeigen, wodurch der Verschluss eines Schenkels, z. B. des abführenden im Busch-Lossen'schen Experiment, zu Stande kommt. Die Busch'sche Abknickungstheorie war für die Erklärung derselben nicht aufrecht zu erhalten, vielmehr mussten wir mit Lossen annehmen, dass die Abknickung nicht die Ursache, sondern die Folge der Obturation sei. Die von letzterem zur Erklärung herangezogene Compression des abführenden Rohres direct zu widerlegen, glückte überhaupt nicht; vielmehr mussten wir, so wenig wir seiner Theorie der Brucheinklemmung beipflichten konnten, die Richtigkeit der meisten von ihm angeführten Gründe anerkennen. Zwar glückte durch den Busch'schen Stenosenversuch der Nachweis, dass ein so festes Aneinanderpressen der Darmwände, wie es Lossen verlangt, zum Zustandekommen des Verschlusses nicht absolut erforderlich ist, dass letzterer schon entstehen kann bei hochgradiger Stenose des Darmlumens infolge Dehnung des Darmrohres vor derselben. Immerhin ergaben die Versuche, dass die Einengung des Darmlumens von aussen her eine sehr erhebliche sein muss, ja ich habe aus meinen Experimenten am todten Darm den Eindruck gewonnen, dass auch beim Busch'schen Versuch ein völliger Verschluss erst dann eintritt, wenn ein Querschnitt des Darmrohres das Lumen des einschnürenden Ringes ausfüllt, wobei seine Wände allerdings gerade nur an einander zu liegen, nicht an einander gepresst zu sein brauchen.

Eine derartige Raumbeschränkung mussten wir demnach bei der natürlichen Einklemmung auch für den zuführenden Schenkel fordern. Wir wurden also zu dem Schlusse gedrängt, dass eine wirkliche Incarceration nur dann möglich sei, falls der Bruchinhalt, d. h. die vier an einander liegenden Wände der beiden Schlingenschenkel nebst ihrem Mesenterium resp. vielleicht noch einem Stück Netz den Bruchring, oder falls letzterer nicht kreisrund ist, doch wenigstens den Diameter, in welchem die Schenkel neben einander liegen, ganz ausfüllen. Die allgemeine Anschauung ging bisher dahin, dass eine Einklemmung auch bei geringerer Enge der Bruchpforte möglich sei. Nur Bidder hob ausdrücklich die zur Incarceration erforderliche erhebliche Raumbeschränkung hervor. Wie verhalten sich nun Versuch und klinische Beobachtung zu dieser Ansicht?

Ich selbst konnte in meinen Thierexperimenten, im Falle die Einklemmung gelungen war, stets eine völlige Ausfüllung des Bruchringes durch den Inhalt nachweisen. Kocher erwähnt allerdings einige Beobachtungen, in denen er nicht nur das Mesenterium der eingeklemmten Schlinge bequem im Bruchringe hin und her schieben konnte, sondern direct wahrnahm, dass neben der Schlinge noch ein freier Raum in letzterem übrig war. In einem dieser Fälle handelte es sich indess lediglich um eine einfache Kothstauung, eine nur den abführenden Schenkel betreffende, durch Adhäsionen bedingte Obturation, die übrigens bei leichter Compression der Schlinge Gasen und dünner Flüssigkeit den Durchgang gestattete, nur für festen Darminhalt unpassirbar war; in dem andern wurde die Einklemmung durch einen derben Kothballen bedingt, der sich vor der stenosirten Stelle vorlegte. Dass unter solchen Umständen eine Incarceration auch bei weiterer Pforte zu Stande kommen kann, ist freilich nicht auffällig. — Die klinische Erfahrung zeigt nun allerdings, dass man gar nicht selten, auch ohne Débridement des einschnürenden Ringes, neben dem incarcerirten Bruche noch eine Fingerspitze durch den Bruchring führen kann; auch liess sich in unseren Experimenten stets neben der Bruchschlinge noch eine Pincette oder ein dünnes Stäbchen vorbeischieben; dies erklärt sich indess leicht durch die Compressibilität der im Bruchringe gelegenen Gewebe. Ich verlange ja nicht eine solche Constriction, dass letztere von vornherein eine Abplattung erfahren, sondern nur eine solche Raumbeschränkung, dass die Darmwände der Schlingenschenkel im Bruchringe an einander zu liegen kommen. Dieser Forderung widerspricht aber meines Erachtens nach keine der angeführten Beobachtungen. Zudem möchte ich hervorheben, dass es im allgemeinen nur selten und schwierig gelingt in der Ebene, in welcher die beiden Schlingenschenkel neben einander liegen, also zwischen dem Rande des Bruchringes und der convexen Wand der Schlinge einen Körper durchzuschieben, dies hingegen weit leichter in der auf ersterer senkrecht stehenden Ebene ist, also zwischen dem Rande des Ringes und seiner Mitte, dem Theil, wo die mesenterialen Wände der Schenkel einander berühren. Hier ist die Raumbeengung eine geringere, ja es kann hier bei nicht kreisrundem Ringe in der That ein freier Raum bleiben und doch das Lumen der Schenkel ganz aufgehoben sein. Nicht selten lagert sich in diesem Raume auch das Mesenterium der eingeklemmten Schlinge, und es ist dann leicht verständlich, dass die Gefässe desselben keinen oder doch nur einen geringen Druck erleiden, während die Compression der Darmwand sich da, wo sie mit ihrer Convexität dem Bruchringe anliegt, bis zur vollständigen Aufhebung der Blutcirculation in ihr steigern kann.

Nun entsteht die Frage, wodurch im Einzelfalle die erforderliche Raumbeschränkung zu Stande kommt? In einigen Fällen geschieht dies, wie einzelne Beobachtungen zeigten, dadurch, dass sich neben der bisher allein im Bruchringe gelegenen Schlinge eine zweite Darmschlinge oder Netz durch denselben schiebt, so im Fall Emmersleben und Kluge. In einer Reihe anderer Fälle wiederum sahen wir eine Incarceration dadurch erfolgen, dass neben dem die Bruchpforte bisher allein ausfüllenden Netz plötzlich Darm vorfiel. — Hiergegen liesse sich indess der Einwand erheben, dass es sich in diesen Fällen um eine elastische Einklemmung gehandelt habe, für welche man von jeher eine bedeutende Raumbeengung angenommen hat. Schwierigkeiten bieten der Erklärung aber nur die Fälle sogenannter reiner Kotheinklemmung, in denen ein bisher durchgängiger, lange vorliegender Bruch sich durch das plötzliche Einströmen einer grösseren Menge Darminhaltes in ihn einklemmt, nicht aber durch das Vorfallen noch eines anderen Eingeweides. Wodurch wird hier auf einmal der Bruchring, der bisher genügend weit war, verengt? Wie kommt insbesondere der Verschluss des soeben noch für den Koth passirbaren zuführenden Schenkels zu Stande?

Nach meiner Ansicht concurriren hierbei mehrere Momente. Ein sehr wesentliches sehe ich in dem durch die plötzliche Dehnung der Schlinge bewirkten Nachziehen des abführenden Schenkels durch den Bruchring und dem damit verknüpften Nachrücken von Mesenterium. Es ist dies ein Vorgang, den wir ebensowohl bei unsern Versuchen an todten Därmen wie beim Thierexperiment hie und da zu beobachten Gelegenheit hatten; wir sahen im Versuch 12, dass der ganze unterhalb des Bruchringes gelegene Theil des Dünndarmes und ein Theil des Dickdarmes mit durch den Bruchring gezogen und dadurch die anfängliche Kothstauung in eine Kotheinklemmung umgewandelt wurde. Ein ähnliches klinisches Beispiel — wenigstens glaube ich es auf diese Weise deuten zu dürfen — bot uns Beobachtung Wasner. Ein zweites Moment dürfte darin liegen, dass die durch die plötzlich wirkende Gewalt des andringenden Kothes an den Bruchring angepressten Darmwände sich abplatten und nun mit dem Nachlassen des Druckes ihr früheres Volumen wieder annehmen; ja es ist mir sogar wahrscheinlich, dass die gerade im Bruchringe gelegenen Querschnitte beider Schlingenschenkel mit dem Nachlassen der Kraft dickwandiger werden. Wir wissen ja, dass ein kurz wirkender localer Reiz der Darmwand eine isolirte, einige Zeit anhaltende Contraction des getroffenen Darmquerschnittes auslöst; auch beobachtete ich bei meinen Thierversuchen mehrfach, dass die durch den Bruchring gezogene, relativ lang gestreckte und schlaffe Darmschlinge sich infolge der durch das Durchziehen stattgefundenen, wenn auch geringen Quetschung contrahirte, Kugelgestalt annahm und entsprechend ihrer Verkürzung dickwandiger wurde. Dass diese Contraction sich nicht nur auf die freie Schlinge, sondern auch auf den im Bruchring gelegenen Querschnitt beider Schenkel erstreckt, ist mehr als wahrscheinlich. — Ein drittes Moment, das wesentlich in dem Sinne wirkt, den einmal bestehenden Verschluss zu festigen, bildet die sich oft recht bald einstellende, durch Stauung der Blutcirculation bedingte ödematöse Schwellung der im Bruchring gelegenen Gewebe.

Unter Umständen mögen diese drei Momente schon allein genügen, um eine ausreichende Raumbeschränkung herbeizuführen. Gleichwohl, glaube ich, kommt für gewöhnlich noch ein viertes, das ich sogar für das wichtigste halte, in Betracht. Ich habe im klinischen Theile des öfteren Gelegenheit genommen, darauf aufmerksam zu machen, dass die bei der Herniotomie angetroffene Spannung der Bruchschlinge in sehr vielen Fällen keine erhebliche war und durchaus nicht der ausschliesslich durch die reichliche Bruchwassermenge verursachten Prallheit des Bruches entsprach, und habe mehrfach zeigen können, dass selbst in Fällen, in denen wir die Schlinge stark gefüllt fanden, wenigstens ein grosser Theil ihrer Spannung auf Rechnung einer ebenso wie in den Bruchsack, so in ihr Lumen erfolgten Transsudation zu setzen war. Dies lässt mich annehmen, dass wohl in der Mehrzahl der Fälle durch die gleiche Kraft, welche den Darminhalt in die Bruchschlinge vorschleudert, gleichzeitig diese selbst weiter vorgetrieben und mit ihr mehr Mesenterium resp. auch Netz in die Pforte gezogen werde, das dann diese letztere stärker verengt, als dies vorher der Fall war. Dem widerspricht nicht, dass in sehr vielen Fällen lediglich der Schlingeninhalt das Repositionshinderniss bildet, und dass die Einklemmung mit dem Moment behoben wird, in dem es durch irgend ein Taxismanöver gelingt, einen Schlingenschenkel zu öffnen und den Schlingeninhalt durch diesen zu entleeren. Ich nehme ja nicht ein absolutes Missverhältniss zwischen Bruchring und Bruchinhalt, sondern nur ein relatives an, fordere nur eine derartige Raumbeschränkung, wie sie zum Gelingen des Busch'schen Stenosenversuches erforderlich ist. Beseitige ich also das Hinderniss, welches der Schlingeninhalt bei Druck auf den Scheitel der Schlinge durch Dehnung ihrer Wände unmittelbar vor der Bruchpforte und den früher ausführlich geschilderten Mechanismus einer erstrebten Invagination bildet, so kann dann die Reposition ganz leicht genau in der gleichen Weise gelingen, wie in Versuch 16, in welchem ein circulärer Druck auf den Bruchsack ohne Mühe die incarcerirte, doch leere Bruchschlinge aus dem Ringe zurückpresste. Aus dem gleichen Grunde ist es auch durchaus nicht nöthig, dass die Circulationsstörungen der eingeklemmten Organe einen hohen Grad erreichen; sie können sogar, wenn auch selten, ganz fehlen.

Wollen wir demnach unter dem Namen „Kotheinklemmung" nur diejenigen Fälle zusammenfassen, in denen der plötzliche Eintritt einer grösseren Menge von Darminhalt in eine Bruchschlinge die alleinige Ursache ihrer Einklemmung bildet, wie dies — soweit ich sie verstehe — Busch, Lossen, Kocher u. A. wollen, dann müssen wir meiner Ansicht nach diese Gruppe sehr eng umgrenzen und für die Mehrzahl der Fälle, für diejenigen, in denen mit dem Darminhalt gleichzeitig und durch dieselbe Kraft Darm selbst oder irgend ein anderes Eingeweide vorgetrieben wird, eine Combination einer derartigen „Kotheinklemmung" mit einer „elastischen" Einklemmung annehmen, wofern wir unter letzterer das Vorpressen eines Eingeweides, in specie einer Darmschlinge, durch einen Bruchring infolge einer Steigerung des intraabdominalen Druckes verstehen; ob die Peristaltik in gleichem Sinne wie die Bauchpresse wirken kann, muss ich dahingestellt sein lassen. Da wir indess klinisch, selbst bei der Herniotomie, häufig nicht in der Lage sind, zu entscheiden, welcher von beiden Modi die Einklemmung bewirkt hat, da ferner der Name „Kotheinklemmung" an sich durchaus nicht jene ersterwähnte Einschränkung präjudicirt, so möchte ich vorschlagen, von einer derartigen Unterscheidung nach der Aetiologie überhaupt Abstand zu nehmen, den Begriff der Kotheinklemmung weiter zu fassen und unter ihm alle diejenigen Fälle zu subsumiren, in welchen durch den Verschluss beider Schlingenschenkel, gleichviel auf welche Weise derselbe zu Stande gekommen ist, Darminhalt in der Schlinge abgesperrt ist und wenigstens einen Theil des Repositionshindernisses bildet, zur elastischen Einklemmung hingegen nur die Fälle zu rechnen, in denen von vornherein ein Missverhältniss zwischen der Weite des Bruchringes und dem vorgetriebenen Bruchinhalt besteht, also die eingeklemmte Darmschlinge frei von Darminhalt ist, das Repositionshinderniss nur durch die Enge des Bruchringes bedingt wird. Ein strenger Unterschied zwischen beiden Formen lässt sich freilich auch dann nicht aufstellen, da die bei der Kotheinklemmung auftretenden Circulationsstörungen häufig secundär noch ein Missverhältniss zwischen Pforte und Inhalt hervorrufen. — Dass die durch letztere erzeugte blutig ödematöse Schwellung des Bruchinhaltes in der That oft für sich allein ein genügendes Repositionshinderniss bildet, konnte ich klinisch, wie an meinen Versuchen mehrfach demonstriren. Nicht selten fand ich eine Bruchschlinge, welche sich bei Anstellung des Versuches verhältnissmässig sehr leicht durch den Bruchring ziehen liess, nach der Incarceration selbst nach der Entleerung ihres Inhaltes und Lösung der Adhäsionen völlig irreponibel;

zuweilen liess sie sich wohl noch durch Zug von der abdominalen Seite her aus dem Ringe vorziehen, während jeder Taxisversuch misslang. Der Grund ist der gleiche, welcher das Einfädeln eines Wollfaden in das Oehr einer Nadel durch Druck so erschwert oder unmöglich macht, während es durch Zug leicht gelingt.

In welcher Weise sich die Irreponibilität des Schlingeninhaltes erklärt, habe ich am Schluss des ersten Kapitels dieses Abschnittes ausführlich erörtert.

## Kapitel 5. Darmwandbrüche und Netzbrüche.

Es erübrigt mir noch kurz auf zwei besondere Formen der incarcerirten Brüche, die Darmwandbrüche und die Netzhernien einzugehen.

Die Existenz der ersteren kann nach den neueren Untersuchungen, insbesondere der eingehenden Arbeit von Lorenz, welche auch Albert seinem dies Thema behandelnden Kapitel in seinem Lehrbuche der Chirurgie zu Grunde legt, kaum noch bezweifelt werden. Ich will die Casuistik dieser Fälle um einige Beobachtungen bereichern, von denen namentlich die letzte, weil klinisch sehr genau beobachtet, charakteristisch und beweisend ist.

Beobachtung 51. Frau Karoline Mimietz, 50 Jahr alt, hatte achtmal entbunden, zuletzt vor 5 Jahren. Ihr rechtsseitiger Schenkelbruch soll seit einigen Wochen bestehen, war bisher hart, nicht schmerzhaft, verursachte keine Beschwerden; nur litt Patientin oft an Stuhlverstopfung. Am 30. Mai 1883 wurde der Bruch plötzlich grösser und schmerzhaft; es trat Erbrechen ein, Stuhl und Winde blieben aus; ein am folgenden Tage genommenes Abführmittel bewirkte keinen Stuhl. Am 2. Juni, an welchem Tage sich Patientin in die Klinik aufnehmen liess, war das Erbrechen fäculent geworden. Die Kranke sah sehr leidend aus, vermochte indess noch zu gehen. Peritonitis bestand nicht. Die Hernie war taubeneigross, nicht verschieblich, prall elastisch, von gedämpftem Percussionsschall, die Haut über ihr war stark sugillirt. — Bei der sogleich vorgenommenen Herniotomie zeigte sich der Bruchsack eitrig infiltrirt, enthielt 3 Theelöffel einer übelriechenden, grauröthlichen Flüssigkeit. In seiner Tiefe lag die eingeklemmte Dünndarmschlinge; sie war klein, dunkelblau, an einzelnen Stellen bereits gelb verfärbt, glanzlos. Nachdem der Bruchring gespalten und die Schlinge weiter vorgezogen war, sah man, dass nur der grösste Theil ihrer Wand eingeklemmt, die Stelle ihres Mesenterialansatzes indess frei war; das Mesenterium war völlig ausserhalb des Bruchringes geblieben. Die Schnürfurchen waren gelb, nekrotisch. — Es wurde ein widernatürlicher After angelegt. Der weitere Verlauf war zunächst günstig; vom 6. Tage an nach der Operation wurde Patientin im permanenten Wasserbade behandelt. Am 21. Juni schritt man zum Schluss des künstlichen Afters durch secundäre Darmresection und circuläre Darmnaht. Die Operation war sehr erschwert, dauerte 1³/₄ Stunden. Patientin erholte sich nicht mehr und starb am Nachmittag des 24. Juni unter den Erscheinungen des zunehmenden Collapses.

Die Obduction ergab die Embolie eines mittleren Astes der einen Arteria pulmonalis, ausgehend von einer Thrombose der rechten Schenkelvene, ferner eine Cystitis, sonst nichts Besonderes. Peritonitis fehlte. Die Darmnaht sah sehr gut aus, sass 20 cm oberhalb der Valvula Bauhini. Geringe Adhäsionen verklebten die Nahtstelle mit der Umgebung.

Beobachtung 52. Johann Beninde, 58 Jahr alt, welcher am 6. Juni 1883 in das Hospital aufgenommen wurde, litt seit 2 bis 3 Jahren an einer rechtsseitigen Schenkelhernie, die er stets leicht reponiren konnte, während er links nie einen Bruch bemerkt hatte. Am 2. Juni erkrankte er mit Unwohlsein und Erbrechen; erst am nächsten Tage soll sich in der linken Leistenbeuge eine Geschwulst gebildet haben, die sehr schmerzte. Stuhl und Flatus sollen noch am 4. Juni abgegangen sein, seitdem indess fehlen. Die Angaben des Patienten widersprachen sich indess oft. Er war ein kräftiger Mann; unter dem linken Poupart'schen Bande bemerkte man eine taubeneigrosse Geschwulst, die schmerzhaft, prall, fast gar nicht verschieblich war und einen Fortsatz nach der Abdominalhöhle durchfühlen liess. Der Inguinalkanal war frei. Eine rechtsseitige Femoralhernie liess sich leicht reponiren. Der Leib war weder aufgetrieben, noch schmerzhaft, der Puls voll, machte 72 Schläge pro Minute. Am 7. wurde, nachdem in der Nacht vorher Flatus abgegangen waren, der Bruchschnitt gemacht. Bruchwasser fehlte. Der Bruchsack war sehr verdickt, fettig degenerirt und umhüllte netzartig eine sehr kleine Dünndarmschlinge, die als Hernia littrica imponirte. Sie war dunkel verfärbt, feucht, spiegelglänzend, liess die Gefässe deutlich erkennen und hatte normale Consistenz; deshalb zögerte man nicht, sie nach Spaltung des Bruchringes zu reponiren. Darauf wurde der Bruchsack nach Ligatur seines Halses exstirpirt und die Wunde geschlossen. — Die Incarcerationserscheinungen hielten indess nach nur kurz vorübergehender Besserung des Befindens an; der Stuhl blieb aus, hingegen bestand fortwährender Drang zum Stuhle, das Erbrechen währte fort, der Leib trieb auf und wurde schmerzhaft. Deshalb öffnete man die Wunde, eine Scheinreduction vermuthend, wieder am Nachmittage des 9. Juni, fand indess den Bruchkanal völlig frei. Eine vorgezogene Dünndarmschlinge war mässig injicirt; die eingeklemmt gewesene Bruchschlinge vorzuziehen, gelang trotz Erweiterung der Wunde nach oben nicht, weshalb die Wunde wieder geschlossen wurde. Unter Zunahme der peritonitischen Erscheinungen erfolgte am 11. Juni der Tod.

Die Obduction zeigte folgenden Befund: Die Darmschlingen waren vielfach unter einander und mit der Bauchwand verwachsen und stark meteoristisch aufgetrieben, besonders der Dickdarm und die Flexur, welch letztere hufeisenförmig bis hinauf zum Colon transversum reichte. Mit ihrem absteigenden Theil war eine schwärzlich verfärbte Dünndarmschlinge verwachsen; beide zusammen umschlossen mit noch andern Därmen eine im grossen Becken in der Mitte der linken Fossa iliaca gelegene mit Koth und Eiter erfüllte, etwa 120 ccm fassende Höhle. In diese mündete die erwähnte schwärzliche Dünndarmschlinge, welche an ihrer Verwachsungsstelle mit der Flexur eine etwa 10pfennigstückgrosse divertikelartige Ausbuchtung darbot, welche an ihrer Spitze perforirt war. Ober- und unterhalb dieser Stelle war das Gewebe des Darmes etwa je einen halben Fuss weit grauschwärzlich verfärbt. Nach ihrer Eröffnung zeigten diese Darmabschnitte eine blutige, sich nach oben hin verlierende Verfärbung der Mucosa; die Serosa war matt, glanzlos; die Darmwand brüchig; der Inhalt dünnflüssig, zum Theil durch frische in das Darmlumen stattgefundene Blutungen rothbraun verfärbt.

Beobachtung 53. Theresia Rüffer, 56 Jahr alt, hat 3mal entbunden. Nach der ersten schweren Entbindung vor 20 Jahren bildete sich bei der Patientin ein linksseitiger Schenkelbruch aus. Derselbe wurde nie durch ein Bruchband zurückgehalten, trat daher mehrfach heraus, ohne jedoch Beschwerden zu machen. Zum ersten Mal, 14 Tage vor der Aufnahme, traten plötzlich heftige Schmerzen an der Bruchstelle auf, die nach Anwendung eines leichten Druckes wieder verschwanden. Am 21. November 1883 klemmte sich der Bruch ohne bekannte Ursache ein. Es erfolgte unmittelbar nachher noch eine Stuhlentleerung, dann blieben Stuhl und Winde aus, und es stellten sich Koliken und häufiges Erbrechen ein. Am folgenden Tage liess die Kranke sich in die Klinik aufnehmen. Unter dem linken Ligamentum Pouparti bemerkte man einen gänseeigrossen, in der Mitte etwas eingeschnürten Tumor, der elastisch hart, verschieblich, druckschmerzhaft war, einen gedämpften Percussionsschall hatte und einen deutlichen Stiel nach der Bauchhöhle zu verfolgen liess. Die Haut über ihm war geröthet, der Leib etwas aufgetrieben, doch kaum schmerzhaft. Der Puls war kräftig. Taxisversuche blieben ohne Erfolg. Am 23. November wurde die Operation vollzogen. Die Weichtheile über dem Bruchsack waren nicht infiltrirt. Das Bruchwasser war spärlich. Eingeklemmt war ein grosses Stück fettig degenerirten Netzes und, hinter ihm versteckt, eine kleine blauroth verfärbte Dünndarmschlinge. Dieselbe wurde nach der Spaltung des eng umschliessenden Bruchringes mit dem Herniotom vorgezogen, wobei sich herausstellte, dass nur ihre convexe Wand eingeklemmt war, die hintere abdominalwärts vom Bruchring gelegen war. Gleichzeitig fand sich aber jenseits des dem abführenden Schenkel zugehörigen Theiles der Schnürfurche im Darm eine bis ins Mesenterium reichende, scharfrandige, augenscheinlich durch das Messer erzeugte Wunde, welche, zumal die Lebensfähigkeit der Schlinge selbst fraglich erschien, die Anlegung eines künstlichen Afters nöthig machte. Das 6 cm lange resecirte Darmstück zeigte auf der Schleimhautseite seiner dunkelblauroth verfärbten Convexität einen fibrinösen Belag; die Serosa sah indess noch gut aus. — Das vorliegende Netzstück wurde auch excidirt. — Der weitere Verlauf war glatt, vom Bruchsack und dem Netzstück stiessen sich einige Gewebsfetzen nekrotisch ab, die Wunde reinigte sich gut, doch magerte Patientin sehr ab. Am 8. December wurde der künstliche After durch die secundäre Darmresection und Darmnaht geschlossen. Patientin überstand den Eingriff gut, war zwar anfänglich sehr collabirt, erholte sich indess dann und befand sich, nachdem am 19. der erste Stuhl erfolgt war, völlig wohl, als sie ganz plötzlich am 22. December Morgens nach einer gut vollbrachten Nacht verschied.

Bei der Section fand sich eine erhebliche fettige Degeneration des Herzmuskels, geringe Sclerose der Aorta, leichte Granularatrophie der Nieren, sonst nichts Abnormes. Die Darmwunde war sehr gut verheilt; sie sass 10 cm oberhalb der Valvula Bauhini.

Beobachtung 54. Susanne Nowack, 46 Jahr, bekam nach ihrer Angabe in ihrem 18. Lebensjahre in der rechten Unterbauchgegend eine kleine Geschwulst, welche exulcerirte; das Geschwür soll viele Wochen bestanden haben. Einige Jahre später, vor nunmehr über 20 Jahren, bildete sich genau an dieser Stelle, in der Narbe ein Bruch aus, der sich langsam vergrösserte und, obwohl nie durch ein Bruchband zurückgehalten, doch keine Beschwerden machte, auch nicht während der spätern mehrfachen Entbindungen. In der Nacht vom 2. zum 3. Februar 1885 wurde der Bruch, während Patientin tanzte, plötzlich grösser und schmerzhaft; gleichwohl tanzte die Frau noch weiter. Am Morgen des 3. nahmen die Schmerzen zu, und es stellte sich Erbrechen ein; am gleichen Tage soll noch etwas Stuhl abgegangen sein, seitdem bestand absolute Obstipation. Das Erbrechen nahm in den folgenden Tagen einen fäculenten Geruch an; dies, wie die Zunahme aller andern Beschwerden veranlasste die Kranke, sich am Nachmittage des 6. Februar in die Klinik aufnehmen zu lassen. Sie sah etwas verfallen aus. Handbreit oberhalb des rechten Ligamentum Pouparti, 5 cm nach rechts von der Medianlinie, befand sich ein gänseeigrosser Tumor, über dem die etwas geröthete Haut verschieblich war. Nur im obern medianen Abschnitt der Geschwulst hing die Haut mit dieser in der Ausdehnung einer Bohne unverschieblich zusammen und war hier narbig verändert. Der Tumor schien durch einen Spalt in der Bauchwand aus der Tiefe vorgedrungen zu sein, war mässig schmerzhaft, hatte gedämpften Percussionsschall, liess sich nicht reponiren. Die typischen Bruchpforten waren frei. Es wurde sogleich der Bruchschnitt vorgenommen. Bruchwasser fehlte. Den Bruchinhalt bildete ein dicker, aus degenerirtem Netz bestehender Fettklumpen, in dessen Tiefe sich eine blauröthliche, schmale Darmschlinge von circa 4 cm. Länge und der Dicke ungefähr eines Processus vermiformis, eingebettet und zwar vom Bruchring fest umschnürt fand; sie war ziemlich prall gespannt. Nach breiter Spaltung der sehnigen Bruchpforte blähte sich plötzlich der Darm weit vor und liess sich nun leicht vorziehen. Man sah nun, dass das eingeklemmte Darmstück nur der convexen Wand einer Dünndarmschlinge entsprach, ein ovales Segment derselben darstellte, dessen Breite höchstens einem Drittel des Darmumfanges

gleichkam. Der nach der zuführenden Seite zu gelegene Theil der Schnürfurche war bereits gangränös, graugelb, matsch, der dem abführenden Ende
zugehörige war blauroth verfärbt, doch noch lebensfähig, desgleichen der
eingeklemmte Theil der Schlinge selbst. Es wurde ein widernatürlicher
After angelegt. Hierbei schob sich, infolge Erbrechens, ein 15 bis 20 cm
langes Stück des abführenden Endes vor, und wurde von Darminhalt, der
aus der inzwischen incidirten Schlinge ausfloss, beschmutzt; deshalb wurde,
obwohl es sogleich gereinigt wurde, auf die Reposition dieses Stückes verzichtet, und es ebenso wie das zuführende Ende in der Bruchpforte durch
Naht fixirt. In die Wunde wurde Jodoform gestäubt und ein Jodoform-
gazebausch eingelegt. — Am folgenden Tage begann Patientin, obwohl kein
Fieber bestand, die Schmerzen und das Erbrechen geschwunden waren, sehr
unruhig zu werden, war kaum im Bett zu erhalten; dabei war der Puls
sehr beschleunigt, kaum fühlbar. Der Zustand hielt auch am folgenden
Tage an und, obwohl bereits am 7. alles Jodoform so weit als möglich
aus der Wundhöhle herausgeschafft war, starb Patientin am Nachmittag
des 8. unter den Erscheinungen der Jodoformintoxication.

Die Obduction ergab ausser einer etwas stärkeren Injection des zuführenden Darmrohres, wie sie sich an diesem bei jeder längere Zeit dauernden Einklemmung vorfindet, und einer geringen parenchymatösen Nephritis
und Emphysem der Lungen nichts Besonderes. Die Serosa des abführenden
Darmrohres, wie der übrigen Abdominalorgane war völlig blass. — Die
Bruchpforte befand sich zwischen dem mittleren und äusseren Drittel des
Musculus abdomin. rectus, also nicht, wie ich vermuthet hatte, zwischen
diesem und den Musculi obliqui.

Die von Roser gegen die Existenz der Darmwandbrüche erhobenen
Zweifel sind durchaus nicht stichhaltig, und ich kann Albert nur
beistimmen, wenn er dem Roser'schen Einwand, „dass eine um eine
seitliche Darmpartie gelegte Ligatur nothwendig abgleite, ausser wenn
man so fest schnüre, als wolle man abbinden," mit den Worten begegnet: „Wer sagt denn, dass bei der acuten Einklemmung eines
Lateralbruches nicht wirklich ein solches Verhalten stattfindet, wie
dort, wo man so fest schnürt, als wollte man abbinden?" [1]

Kocher suchte der Frage über die Bildung und Einklemmung
der Darmwandbrüche experimentell näher zu treten. Zog er einen
Theil der Wand einer Darmschlinge durch einen engen Ring und
blähte nun das eine Ende des Darmrohres plötzlich auf, so zog sich
stets die Darmwand aus dem Ringe zurück. Fixirte er indess den
Scheitel des prolabirten Schlingentheiles, so konnte er wohl eine
Blähung des Littre'schen Bruches erzielen, eine Art Einklemmung
jedoch nur dann, wenn er die Bruchstelle isolirt mittelst einer durch
den Bruchring selbst geführten feinen Canüle aufblies und dann das

---

[1] Albert, Lehrbuch der Chirurgie. Bd. III, p. 321.

zuführende Ende blähte. Er stellte diesen Versuch mit Injection flüssigen Wachses an. Bedenkt man indess, wie rasch dasselbe gerinnt, wovon ich mich bei eigenen Versuchen überzeugte, so verliert sein Versuch an Beweiskraft; es ist sehr wohl möglich, dass das in die Bruchschlinge injicirte Wachs wenigstens theilweise bereits geronnen war, als das Wachs in den zuführenden Schenkel gespritzt wurde. Mir selbst gelang es nicht, auf die geschilderte Weise die Einklemmung eines Darmwandbruches zu erzielen. In einem Versuch zog ich einen Theil der Wand eines Kälberdarmes durch einen 12 mm im Durchmesser haltenden Holzring, so dass die Communication zwischen oberem und unterem Ende zwar eng wurde, doch noch erhalten blieb. Blies ich nun plötzlich Luft in den einen Schenkel, so blähte sich derselbe stark auf, der Darmwandbruch zog sich etwas, doch nicht völlig, aus dem Ring heraus, füllte sich indess nicht mit Luft; dieselbe entwich in das abführende Ende. Modificirte ich nun den Versuch so, dass ich bei sonst gleicher Anordnung die Luft mittelst einer feinen Canüle direct in die Hernie blies, so blähte sich dieselbe zwar anfangs stark, doch entwich stets ein Theil der Luft neben der Canüle in dasjenige Darmende zurück, von dem aus diese in die Bruchschlinge vorgeschoben war; die Hernie blieb zwar auch nach dem Zurückziehen der Canüle noch etwas gebläht, liess sich indess durch leichten Druck ihres Inhaltes entleeren und aus dem Ringe reponiren.

Die Ansicht, dass eine Darmwandhernie, selbst eine solche, welche bereits längere Zeit in einem Bruchringe vorlag und hier fixirt wurde, sich dadurch einklemmen könne, dass durch eine lebhafte Peristaltik plötzlich viel Darminhalt in die mit einem Theil ihrer Darmwand vorliegende Darmschlinge und damit auch in den Bruch selbst getrieben werde, erscheint mir überhaupt unhaltbar. Denn es wirkt der durch den in die Schlinge geschleuderten Darminhalt ausgeübte Druck nach allen Seiten gleichmässig, sucht also die mesenteriale Wand der Schlinge mit der gleichen Kraft von der Bauchwand fortzutreiben, als er ihre convexe Wand, d. h. die Hernie durch den Bruchring vorzutreiben sucht; der geringe, durch die verschiedene Grösse der getroffenen Darmwände bedingte Ueberschuss an Kraft, welcher auf der convexen Seite lastet, dürfte durch die Reibungswiderstände im Bruchringe mehr wie aufgehoben werden. Meiner Ansicht nach ist vielmehr die Entstehung der Darmwandbrüche — abgesehen von den Fällen, in denen durch Adhäsionen zwischen einer Darmschlinge und einem bereits durch einen Bruchring vorgetretenen Eingeweide, z. B. einem Netzstück, ein Zug auf erstere ausgeübt wurde — sowie ihre Einklemmung nur durch eine Erhöhung des intraabdominalen Druckes denkbar, welcher gleichmässig die ganze, gerade vor der minder widerstandsfähigen Stelle der

Bauchwand, dem Bruchringe gelegene Darmschlinge sammt ihrem Inhalte trifft und sie durch letztere hindurchzutreiben sucht. Dadurch kann sowohl nach Art der elastischen Einklemmung ein Theil der Darmwand allein oder ein solcher mit etwas Darminhalt vorgepresst werden, und letzterer in der gebildeten kleinen Schlinge dadurch abgesperrt werden, dass mit dem Weitervordrängen eines grösseren Darmwandabschnittes eine immer grössere Circumferenz in den Bruchring zu liegen kommt, bis dieser dadurch vollständig ausgefüllt ist und den Inhalt fest umschnürt. Dass nur ein Theil der Darmwand und nicht eine ganze Schlinge vorgetrieben wird, kann ebensowohl durch die Enge des Bruchringes, wie die Kleinheit des Bruchsackes bedingt sein. Die Irreponibilität kann wohl auch unter Umständen durch den Inhalt der Bruchschlinge in gleicher Weise, wie bei einer gewöhnlichen Hernie bedingt sein, dürfte indess gewöhnlich, da es sich fast stets um sehr enge Bruchpforten handelt, auf dem Missverhältniss zwischen letzteren und dem Bruchinhalt beruhen.

Ob die Kothpassage durch die Incarceration aufgehoben wird oder nicht, dürfte ausschliesslich von der Grösse des eingeklemmten Darmwandabschnittes abhängen. Ist derselbe klein, so können die Erscheinungen einer gehemmten Kothpassage fehlen; daher erklären sich auch die gar nicht so seltenen diagnostischen Irrthümer bei Littré'schen Brüchen; ist indess ein grösserer Darmabschnitt eingeklemmt, so kann dadurch eine Stenosirung des Darmrohres bis zum vollständigen Verschluss seines Lumens hervorgerufen werden, der Abfluss des Darminhaltes wird dann in ganz ähnlicher Weise unmöglich gemacht, wie beim Busch'schen Stenosenversuch. Allerdings gleichen die Verhältnisse insofern nicht ganz denen des letzteren, als bei diesem der einschnürende Ring unnachgiebig und ausserhalb des Darmes selbst gelegen ist, bei jenen Incarcerationen indess die Stenose durch die geringe Peripherie der Darmwand selbst gebildet wird. Da letztere aber etwas dehnbar ist, dürfte ein vollkommener Verschluss erst bei noch erheblicherer Stenose, als beim Busch'schen Versuch erfolgen. Dass schliesslich bei Einklemmung eines wirklichen Divertikelbruches, gleichviel ob das Divertikel angeboren oder durch längeres Vorliegen in einer Bruchpforte erworben wurde, auch bei grösserem Volumen der Hernie die Kothpassage nahezu unbehindert sein kann, leuchtet von selbst ein.

Auch der Streit über die Existenz von Netzeinklemmungen darf als geschlossen betrachtet werden. Es ist von vornherein kein triftiger Grund einzusehen, weshalb nicht in der gleichen Weise, wie eine elastische Darmeinklemmung zu Stande kommt, auch das Netz durch die Bauchpresse in solcher Länge soll durch eine Bruchpforte gepresst werden können, dass ein Missverhältniss zwischen ihm und letzterer entsteht. Der Rose'sche Einwand, dass es selbst durch festestes Umschnüren eines Netzstückes mit einem Faden nicht gelänge, dasselbe zum Absterben zu bringen, ist längst als unrichtig und übrigens auch nicht beweisend widerlegt worden. Ueberhaupt möchte ich aber hervorheben, dass die schliessliche Gangrän des eingeklemmten Bruchinhaltes doch kein absolut unumgängliches Desiderans des Begriffes der Incarceration ist. Allerdings bilden schwere Circulationsstörungen bis zur Gangränescenz die häufigste Complication der letzteren, gehören aber doch nicht zum Wesen derselben, sahen wir doch selbst Darmeinklemmungen ohne wesentliche Ernährungsstörungen der freien, im Bruchsack liegenden Bruchschlinge. Die bei letzteren mitunter beobachtete Gangrän der oberen Schnürfurche ist aber auch nicht durch die Incarceration, d. h. die Einschnürung als solche, sondern lediglich durch die Kothstauung oberhalb der Bruchpforte erzeugt, die die Schlinge fest gegen den Bruchring anpresst. Es beweisen das diejenigen Versuche, in denen ich zwei Bruchschlingen durch zwei gleich weite Ringe zog, und in denen der untere Bruch zich zwar auch einklemmte, in dem Sinne, dass kein Koth aus dem intermediären Darmstück in ihn einströmte und er irreponibel wurde, eine Gangrän indess, da eine Kothstauung oberhalb fehlte, nicht zu Stande kam. Demnach braucht auch ein incarcerirter Netzbruch, wo dies Moment völlig fehlt, nicht gangränös zu werden. Allerdings dürfte es schwierig, ja oft unmöglich sein, anatomisch zu unterscheiden, ob die bei der Herniotomie an dem im Bruchsacke gelegenen Netz aufgefundenen Veränderungen als Folgen der Entzündung oder der Einklemmung aufzufassen seien, da ja das Peritoneum infolge seiner eigenthümlichen Beschaffenheit auf einfache Circulationsstörungen in gleicher Weise, wie auf entzündliche Reize reagirt. Hören wir indess, dass ein bis dahin ganz gesundes, resp. an einem reponibeln, keine Beschwerden verursachenden Bruch leidendes Individuum plötzlich bei der Defäcation oder sonst irgend einer bedeutenderen Anstrengung der Bauchpresse mit Schmerzen im Bruch erkrankt sei, letzterer sofort grösser und irreponibel geworden sei, und finden wir bei der Herniotomie im Bruchsack nur ein hämorrhagisch infarcirtes, eventuell auch mit Fibrinbeschlägen bedecktes Netzstück vor, so halte ich es für gezwungen, da von einer Entzündung und nicht von einer Einklemmung des Netzes zu sprechen.

Freilich können in Fällen, in denen ein Bruchleidender plötzlich unter Incarcerationserscheinungen erkrankt, der Bruch für die Taxis nur zum Theil reponibel ist und wir bei der Herniotomie nur Netz vorfinden, wohl berechtigte Zweifel bestehen, ob es sich nicht um einen

Netzdarmbruch gehandelt habe, aber allein die incarcerirte Darmschlinge durch die Taxis reponirt worden sei. Jedoch glaube ich, dass
Schmidt zu weit geht, wenn er für alle Fälle mit Einklemmungs-
symptomen, also Schmerzen, Erbrechen, Obstruction etc., in denen die
Operation nur Netz als Bruchinhalt nachweist, ein derartiges Verhalten
annimmt; wissen wir doch, dass die gleichen Erscheinungen rein
reflectorisch auch bei Entzündungen völlig leerer Bruchsäcke sicher
beobachtet worden sind.

Zweifel können z. B. in dem folgenden Falle entstehen:

Beobachtung 55. Johanna Tuscher, 58 Jahr alt, litt seit 8 Jahren
an Husten mit eitrig-schleimigem Auswurf, hatte mehrmals Hämoptoe gehabt und durch die Hustenanfälle eine rechtsseitige Schenkelhernie acquirirt,
die sie in den letzten 4 Jahren durch ein Bruchband zurückhielt. Am 17. Mai
1879 suchte sie wegen ihres Lungenleidens die medicinische Klinik auf,
wurde aber am nächsten Tage wegen plötzlich aufgetretener Incarcerationserscheinungen auf die chirurgische Klinik verlegt. Sie war ausserordentlich
elend und abgemagert, über beiden Lungen hörte man ausgedehnte Rassel-
geräusche, in der rechten Lungenspitze war eine Caverne nachzuweisen; der
Puls war elend. Durch die Taxis gelang die Reposition des ausgetretenen
Bruches nicht vollständig; eine kleine Geschwulst blieb völlig irreponibel.
Bei der am 19. Mai ohne Chloroform vorgenommenen Herniotomie fand
sich nur Netz im Bruchsack. — Am Nachmittag desselben Tages starb die
Kranke unter den Erscheinungen des Lungenödemes.

Die Obduction ergab ausgedehnte phthisische Veränderungen beider
Lungen und eine exquisite fettige Degeneration des Myocards, von Seiten
des Peritoneum oder der Darmschlingen nichts Abnormes.

In diesem Falle ist es wohl möglich, dass eine mit dem Netz
eingeklemmte Darmschlinge durch die Taxis reponirt und damit bereits
die eigentliche Incarceration behoben wurde. Es liegt indess kein
Grund vor, den gleichen Vorgang für die folgenden Fälle anzunehmen.

Beobachtung 56. Theodor Schulz, 31 Jahr alt, wurde am 24. Januar
1877 mit einer seit 6 Tagen eingeklemmten rechtsseitigen Scrotalhernie
aufgenommen. Patient war starker Potator. Die Symptome entsprachen
nur den Erscheinungen der Darmquetschung, nicht denen des Darmverschlusses, indem Stuhl noch abging. Behufs Vornahme der Taxis wurde
er chloroformirt, doch kaum hatte er einige Züge Chloroform eingeathmet,
als Puls und Athmung aussetzten und auch trotz aller Wiederbelebungs-
versuche nicht wiederkehrten. Es waren nur 4 g Chloroform verbraucht
worden.

Die durch die Obduction festgestellte Diagnose lautete: Rechtsseitiger Leistenbruch; Lungenhypostase; zahlreiche Blutungen im Herzbeutel.
Mediastinum, Unterhautzellgewebe, Musculatur; Stauungsmilz; Stauungs-
niere; Fettleber; Fettinfiltration des Mesenterium. In der Bauchhöhle fand

sich eine dunkle, blutgefärbte Flüssigkeit, in grösserer Menge im kleinen Becken, in geringerer zwischen den mässig aufgetriebenen Därmen angesammelt. Das Netz war zu einem dicken Strang zusammengerollt, der sich in den rechten Leistenkanal erstreckte, hier fest umschnürt war, und in dem in der rechten Scrotalhälfte gelegenen Bruchsack sich zu einem wurstförmigen, blutig infiltrirten Wulst ausbreitete. Das Colon transversum war stark herabgezogen, seine Serosa leicht blaugrau verfärbt.

Beobachtung 57. Rosina Bartsch, 48 Jahr alt, zog sich vor 21 Jahren beim Fall von einer Leiter einen kleinen rechtsseitigen Schenkelbruch zu. Derselbe liess sich nie völlig reponiren, machte indess keine Beschwerden, trat in den folgenden Jahren etwas weiter heraus. Am 30. December 1883 wurde er plötzlich erheblich grösser und schmerzhaft; ein Arzt reponirte ihn, doch bald darauf trat er abermals vor und liess sich nicht mehr zurückbringen, verursachte Schmerzen in der Bruchstelle; doch trat kein Erbrechen auf, auch blieb der Stuhl normal. Bis zur Aufnahme der Kranken in die Klinik änderte sich der Zustand wenig, nur wurde der Bruch noch etwas grösser und die Schmerzen nahmen zu. Die Hernie war 8 cm lang, 4 cm breit, 2 bis 3 cm hoch; die Haut über ihr war stark geröthet und infolge Aufgiessens von Aether ihres Epithels beraubt. Es wurde sogleich die Herniotomie gemacht. Dem Bruchsack lag eine haselnussgrosse, mit blutig seröser Flüssigkeit gefüllte Cyste auf; der Bruchsack selbst enthielt nur eine geringe Menge blutigen Bruchwassers und ein allseitig adhärentes, hämorrhagisch infarcirtes, fettig degenerirtes Netzstück, keinen Darm. Das Netz wurde abgebunden und exstirpirt, der Stumpf in das Abdomen reponirt, dann wurde durch Ligatur des Bruchsackhalses und Exstirpation des Sackes die Radikaloperation der Hernie angeschlossen. — Der Wundverlauf war reactionslos. Am 19. Januar konnte Patient bereits wieder mit völlig primär lineär vernarbter Wunde entlassen werden.

Beobachtung 58. Caroline Krause, 49 Jahr alt, acquirirte ihre Hernie vor 10 Jahren, angeblich durch das Heben einer schweren Garbe; da Patientin kein Bruchband trug, nahm der Bruch allmählich an Grösse zu und verursachte auch hin und wieder bei schwererer Arbeit Beschwerden. Am 19. Januar 1885 klemmte er sich bei einem Fehltritt beim Treppensteigen plötzlich ein, wurde grösser, irreponibel und schmerzhaft. Erbrechen stellte sich nicht ein, ebensowenig Stuhlverstopfung. Da indess die Schmerzen zunahmen, suchte Patientin am 22. Januar die Klinik auf. Die Hernie sass unter dem linken Ligamentum Pouparti, war rundlich, hühnereigross, elastisch derb, auf Druck schmerzhaft, hatte gedämpften Perkussionsschall. Der Leib war weder aufgetrieben, noch empfindlich; den letzten Stuhl hatte Patientin am Tage vorher gehabt. Am 23. schritt man, da die Reposition der Geschwulst nicht gelang, zur Operation. Das Bruchwasser war äusserst spärlich, blutig serös. Als Bruchinhalt fand sich ein kleines Stück blutig durchtränkten, hämorrhagisch infarcirten Netzes, das nicht fettig degenerirt war, gar kein Darm. Das eingeklemmte Netzstück wurde exstirpirt, desgleichen dann der Bruchsack. Der Verlauf war ein völlig glatter. Am 14. Februar 1885 wurde Patientin geheilt entlassen.

Besonders im letzterwähnten Falle konnte kein Zweifel aufkommen, dass es sich um eine wahre Netzeinklemmung, keine Netzentzündung handelte. Die Circulationsstörungen in dem vorliegenden Netzstück entsprachen völlig denen, welche wir an eingeklemmten Darmschlingen anzutreffen gewohnt sind. Die Beschaffenheit des Netzes liess sicher annehmen, dass es erst kürzlich vorgefallen, nicht bereits seit längerer Zeit extraabdominal gelegen war. — Hingegen dürfte es sich im folgenden Falle um eine einfache Entzündung des bereits lange im Bruchsack vorgelegenen Netzes handeln, nicht um eine Incarceration desselben.

Beobachtung 59. Auguste Vogt, 36 Jahr alt, hatte ihren Bruch im Jahre 1878 durch einen Fall von der Treppe erworben. Sie wurde damals bereits auf der chirurgischen Klinik behandelt, schlug indess die ihr wegen Irreponibilität des Bruches vorgeschlagene Operation aus und trug seitdem ein Bruchband mit hohler Pelotte. Seit nunmehr einem Jahre bildete sich unterhalb der schon lange bestehenden Geschwulst eine zweite, die für gewöhnlich aber noch in Ruhelage zurückging. — 8 Tage vor ihrer Aufnahme in die Klinik am 3. März 1885 erkrankte Patientin mit heftigen Leibschmerzen und Schmerzen im Bruche. Letztere nahmen allmählich zu; Erbrechen trat nicht ein; Stuhl war vorhanden, doch meist etwas retardirt. Bei ihrer Aufnahme bot Patientin gar keine Incarcerationserscheinungen dar. In der rechten Leistenbeuge bemerkte man zwei durch eine Furche von einander getrennte Tumoren, der obere hühnereigross, parallel dem Ligamentum Pouparti, der untere taubeneigross, rundlich; die sie von einander trennende Furche entsprach genau dem Verlaufe des genannten Bandes. Die Haut über beiden Geschwülsten, namentlich über der oberen war geröthet und schwer verschieblich, die Tumoren selbst wenig verschieblich, mässig derb, etwas schmerzhaft, ihr Percussionsschall gedämpft. Dabei hatte Patientin geringes Fieber, ihre Temperatur betrug 38,0°. Da sie die Operation verweigerte, erhielt sie feuchte Carbolumschläge auf den Tumor, innerlich etwas Opium. — Nachdem die Kranke schliesslich doch noch in die Operation gewilligt, wurde sie am 5. herniotomirt. Der Bruchsack war in viel knolliges Fett eingehüllt, selbst stark verdickt, sugillirt, in der Mitte sanduhrförmig eingeschnürt — die Einschnürung bedingte die erwähnte Furche — und setzte sich in den Leistenkanal fort. Nach seiner Eröffnung entleerte sich eine geringe Menge trüben, nicht blutigen, serösen Bruchwassers. Als Bruchinhalt fand sich nur Netz; dasselbe war stark fettig degenerirt, zu einem einzigen dicken Klumpen zusammengeballt, blutig infiltrirt, mit fibrinösen Beschlägen bedeckt, an mehreren Stellen dem Bruchsack fest adhärent. Die Bruchpforte verschloss es vollkommen, liess sich indess nach Spaltung derselben etwas vorziehen. Es wurde abgebunden und excidirt, sein Stumpf in die Bruchpforte eingenäht, dann der Bruchsack an seinem Hals umschnürt und exstirpirt. — Infolge einer geringen Eiterung einiger Stichkanäle kam es nur theilweis zu einer völligen Prima intentio. Der weitere Verlauf wurde dann noch durch eine Thrombose der rechten Vena femoralis complicirt, die sich bis zur Iliaca communis fortsetzte, schliesslich jedoch in völlige Genesung ausging. Patientin konnte erst am 19. Mai entlassen werden, hatte noch lange an ödematöser Schwellung beider Beine zu leiden.

In diesem Falle deutete die ganze Beschaffenheit des klumpigen, fettig degenerirten, adhärenten Netzes darauf hin, dass dasselbe schon lange von dem Bruchsack beherbergt wurde; frisch vorgefallenes Netz fand sich in letzterem nicht; deshalb ist hier eine Einklemmung nicht gut anzunehmen.

Der Mechanismus der Netzeinklemmung kann natürlich nur der einer elastischen Incarceration sein; das Netz selbst betheiligt sich an derselben nur passiv.

## III. Abschnitt.

### Kapitel 6. Pathologische Anatomie, mit spec. Berücksichtigung der Ursachen der Circulationsstörungen der Bruchschlinge.

Besonders interessante Abweichungen in der Beschaffenheit des Bruchsackes von der Norm wurden in unsern Fällen nicht beobachtet. Je nach dem Alter des Bruches, je nachdem derselbe durch ein Bruchband zurückgehalten worden war oder nicht, war er dick- oder dünnwandiger. Häufiger liess er ältere, seltener frischere peritonitische Veränderungen wahrnehmen; nur bei gleichzeitiger Gangrän des Bruchinhaltes war er meist stark an der Entzündung betheiligt, hier und da sogar gangränös. — Recht deutlich zeigte sich in einigen Fällen, in denen der einschnürende Ring vom Bruchsackhalse gebildet wurde, die bekannte narbige Verwachsung seiner durch die Enge der Bruchpforte gebildeten Falten. — Hin und wieder war er in reichliches Fettgewebe von dem Aussehen und der Beschaffenheit degenerirten Netzes eingehüllt, doch liess sich nirgends mit einiger Sicherheit feststellen, ob diese Fettklumpen auch die Ursache für die Entstehung des Bruchsackes abgegeben hätten.

In diesem Fettgewebe fanden sich zuweilen cystenartige Hohlräume bis zu Taubeneigrösse, welche mit einer serosaähnlichen Membran ausgekleidet waren. Das Fehlen jeglichen Zusammenhangs mit

dem Bruchsacke macht ihre Entstehung aus letzterem höchst unwahrscheinlich; eher war anzunehmen, dass sie in der gleichen Weise entstanden, wie gewisse atypische Schleimbeutel an Stellen eines länger
währenden Druckes. Ihren Inhalt bildete meist eine völlig klare, dünne,
hellgelbe Flüssigkeit; nur in einem Falle, in welchem starke Taxisversuche der Herniotomie vorangegangen waren, war die Cystenflüssig-
keit mit Blut vermischt.

Häufiger als diese Cysten waren cystenähnliche Ausweitungen und
Divertikel des Bruchsackes. Theils hingen sie mit diesem nur noch
durch einen dünnen soliden Strang zusammen, hatten sich also nahezu
völlig von ihm abgeschnürt, theils standen sie durch einen mehr weniger weiten Kanal noch mit ihm in offener Communication. In einem
Falle beobachtete ich bei einer 55jährigen Frau eine cystische Erweiterung des ganzen Brucksackes. Derselbe bildete einen etwa faustgrossen irreponiblen Tumor, der einen deutlichen Fortsatz nach der
Bauchhöhle zu fühlen liess und deshalb für eine Hernie angesprochen
wurde. Von ziemlicher Dicke und mit einer grossen Zahl bindegewebiger Schichten bedeckt, liess er sich ziemlich leicht aus der Umgebung ausschälen; sein Inhalt bestand ausschliesslich in einer hellgelben, serösen Flüssigkeit; eine sehr feine, kanalförmige Oeffnung in
seinem Stiele liess eine feine Sonde bis in die Bauchhöhle einführen;
trotz dieser offenen Verbindung war die Reposition der Flüssigkeit
durch Taxis nicht gelungen. Die Exstirpation des Sackes bewirkte
glatte, rasche Heilung.

Ein Empyem eines leeren Bruchsackes wurde zweimal beobachtet.
In dem einen Fall (Wasner, Beobachtung 12) schloss es sich an eine
diffuse eitrige Peritonitis an, welche infolge Perforation der gangränösen Schnürfurche eines rechtsseitigen eingeklemmten Cruralbruches
entstanden war und sich auf den offenstehenden leeren linksseitigen
Cruralbruchsack fortsetzte. In dem zweiten Falle ist die Entstehung
nicht ganz so klar. Seine Geschichte ist kurz folgende:

Beobachtung 60. Sophie Langner, 45 Jahr alt, bemerkte seit ihrer
12. Entbindung vor 3 Jahren in der rechten Leistenbeuge eine haselnussgrosse, ziemlich harte Geschwulst, die sie indess nicht weiter beachtete.
Am 23. Mai 1877 bekam sie beim Waschen plötzlich kolikartige Schmerzen;
am folgenden Tage stellte sich auch Erbrechen ein, das am 27. fäculent
wurde. Der zugezogene Arzt diagnosticirte eine eingeklemmte rechtsseitige
Schenkelhernie und ordnete am 27. Mai die Ueberführung der Kranken in
die chirurgische Klinik an. Patientin war eine schwächliche und sehr
anämische Person, deren Puls kaum fühlbar war. Unter dem rechten
Poupart'schen Bande befand sich eine kleinapfelgrosse, irreponible Geschwulst,
ein zweiter halb so grosser Tumor sass in der linken Schenkelbeuge, war

zwar druckempfindlich, liess sich jedoch ohne Mühe in das Abdomen zurückbringen. Die Diagnose wurde auf eine Einklemmung eines rechtsseitigen
und einen beweglichen linksseitigen Schenkelbruch gestellt, und sofort die
Herniotomie rechts ausgeführt. Der incarcerirte Darm war durch einige
Adhäsionen mit dem Bruchsack verklebt, sah indess sonst gut aus und
liess sich nach Débridement des Bruchringes und Lösung der Verwachsungen
leicht reponiren. — Der Verlauf war anfänglich ein guter; am zweiten Tage
nach der Operation erfolgte der erste Stuhlgang. Am folgenden Tage wurde
die Wunde indess etwas geröthet und schmerzhaft, und am Nachmittage
entleerte sich aus ihr etwas dünner Koth. In der folgenden Zeit entleerte
sich der Darminhalt theils zum After, theils zur Kothfistel. Am 3. Juni,
8 Tage nach der Herniotomie, wurde plötzlich der linke Schenkelbruch
irreponibel und schmerzhaft; am nächsten Tage war Stuhlverhaltung; die
bisher normale Temperatur stieg auf 38,4. Da man eine Einklemmung
des linksseitigen Bruches vermuthete, schritt man auch links zum Bruchschnitt. Die Eröffnung des Bruchsackes ergab indess keine Incarceration,
sondern zeigte, dass derselbe mit etwa einem Esslöffel dicken gelben Eiters
erfüllt, gegen die Bauchhöhle aber völlig abgeschlossen war. Die Temperatur
ging nach der Operation sogleich zur Norm zurück; innerhalb weiterer
14 Tage verheilte auch die Kothfistel und am 11. Juli konnte Patientin
völlig geheilt entlassen werden.

Es lässt sich das Empyem des linksseitigen leeren Cruralbruches
nur durch die Fortpflanzung einer durch Darmgangrän — eine solche
bewies das Auftreten einer Kothfistel — bedingten circumscripten
Peritonitis auf den linksseitigen Bruchsack erklären. Allerdings fand
sich derselbe bei der Operation von der Bauchhöhle völlig abgeschlossen;
doch ist anzunehmen, dass er ursprünglich mit derselben offen communicirte, der Verschluss erst durch die Entzündung bewirkt wurde.
Eine solche Annahme ist um so mehr zulässig, als die Reponibilität
des bei der Aufnahme vorhandenen linken Cruralbruches ausdrücklich
in der Krankengeschichte vermerkt ist.

Von den 83 Fällen, in denen der Bruchinhalt bekannt ist, wurde
derselbe in 45 allein durch die Darmschlingen gebildet; in 32 fand
sich neben letzteren Netz im Bruchsack vor, in 6 Fällen war Netz
allein eingeklemmt. Es wurde das Netz somit nahezu in der Hälfte
der Herniotomien als ein Theil des Bruchinhaltes angetroffen; wahrscheinlich kommt es sogar noch öfter als solcher vor, da sich ja einfache Netzbrüche weit seltener einklemmen und den Bruchschnitt erfordern, als einfache Darmbrüche. Dem entsprechen auch meine bei
Radikaloperationen irreponibler Hernien gewonnenen Erfahrungen. Der
Bruchinhalt wurde bei diesen weit häufiger, in vielen Fällen ausschliesslich vom Netz gebildet, das theils infolge seiner Adhäsionen,
theils infolge seiner klumpigen, durch Fettdegeneration veranlassten

Beschaffenheit die Reposition unmöglich gemacht hatte. Diese bei Herniotomien so häufig zu constatirenden Veränderungen, welche ein längere Zeit in einem Bruchsack gelegenes Netzstück fast regelmässig erleidet, machen es auch sehr wahrscheinlich, dass in vielen eingeklemmten Netzdarmbrüchen der Netzbruch das Primäre war und oft, wie ich bereits oben erwähnte, die Einklemmung erst dadurch erfolgt, dass sich neben ihm plötzlich noch eine Darmschlinge durch den Bruchring hindurchzwängt. Nur relativ selten findet man bei der Operation eingeklemmter Brüche frisch vorgefallenes, nur durch Stauungserscheinungen verändertes Netz.

Die als Bruchinhalt gefundenen Darmschlingen gehören fast ausschliesslich dem Dünndarm, und zwar meistens dem Ileum an; nur 5mal traf ich neben Dünndarmschlingen das Coecum resp. Colon ascendens als Bruchinhalt an. In zwei dieser Fälle handelt es sich indess nicht um eine Einklemmung, sondern lediglich um eine Irreponibilität, die die Radikaloperation nöthig machte, und in einem dritten Falle (Kleinert, Beobachtung 22) liess die Beschaffenheit des Bruchinhaltes mit Sicherheit annehmen, dass nur der Dünndarm neben dem Dickdarm, letzterer selbst aber nicht mit eingeklemmt war. Zweimal fand sich das Cöcum bei Männern in rechtsseitigen Leistenbrüchen, 2mal bei Weibern in rechtsseitigen Schenkelbrüchen, 1mal das Colon bei einer alten Frau in einem sehr grossen Nabelbruch vor. In Anbetracht der normalerweise so festen Fixation des Coecum an der Hinterfläche der Bauchhöhle lässt sich wohl annehmen, dass es nicht primär in den Bruchsack gerathen, sondern nur durch den Zug der bereits vorgefallenen untersten Ileumschlingen in denselben gezerrt wurde. Uebrigens schien das Colon in den Fällen, welche ich zu beobachten Gelegenheit hatte, allseitig von Peritoneum umkleidet zu sein; eine sichere Entscheidung war freilich in zwei Fällen durch sehr ausgedehnte, schwer lösbare Verwachsungen zwischen Colon und Bruchsack unmöglich gemacht.

Als seltenes Vorkommniss sei erwähnt, dass sich in einem Falle, bei einer 47jährigen Frau, welche gleichzeitig an einem Leberechinococcus litt, neben der eingeklemmten Darmschlinge zwei Hydatiden im Bruchsack fanden.

Die Beschaffenheit des Bruchwassers muss, da dieses ja nur ein Product der Transsudation aus den Gefässen des Bruchinhaltes darstellt und von den Circulationsstörungen in letzteren abhängt, natürlich je nach der Schwere derselben in Quantität und Qualität wechseln. Die Pathologie lehrt nun, dass eine Behinderung des venösen Rückflusses, falls dieselbe nicht bald durch Collateralgefässe ausgeglichen wird, zunächst zu einer Verlangsamung des Blutstromes in dem Gefässgebiet diesseits des Widerstandes führt und bald den Austritt einer plasmaähnlichen Flüssigkeit aus den kleinen Venen und Capillaren in das umgebende Gewebe, resp. an die Oberfläche desselben zur Folge hat. Von reinem Plasma unterscheidet sich das Transsudat, also in unserem Falle das Bruchwasser, durch einen geringeren Reichthum an Salzen und namentlich an Eiweiss, so dass es minder gerinnungsfähig als ersteres ist. Steigert sich die venöse Stauung bei Erhaltenbleiben des arteriellen Blutzuflusses, so kommt es schon nach verhältnissmässig kurzer Zeit auch zu einem Austritt rother Blutkörperchen per diapedesin, welche das Transsudat mehr weniger intensiv färben. — Wir werden demnach erwarten dürfen, dass schon die Menge und Beschaffenheit des Bruchwassers einen ziemlich sicheren Schluss auf die Schwere der Circulationsstörungen in den eingeklemmten Geweben und somit auf den Grad der Einschnürung letzterer im Bruchringe erlaubt. Eine reichliche Ansammlung rein serösen, farblosen, hellen Bruchwassers lässt eine schwere Circulationsstörung der Bruchschlinge von vornherein ausschliessen. Hingegen wird eine starkblutige Verfärbung desselben stets die Befürchtung nahelegen, dass es sich um eine erheblichere Schädigung der Ernährung der Bruchschlinge handle. Eine Prüfung dieser Ansicht an der Hand des Experimentes und der klinischen Beobachtung bestätigt ihre Richtigkeit für die Mehrzahl der Fälle, doch nicht für jeden einzelnen. Für die Abweichungen in der Minderheit lassen sich verschiedene Gründe auffinden.

In denjenigen unserer Versuche, in welchen ich die incarcerirte Darmschlinge sammt dem Bruchsacke in das Abdomen versenkte, enthielt das Bruchwasser für gewöhnlich nur eine geringe Zahl rother Blutkörperchen beigemengt. In jenen hingegen, in denen ich das als Bruchsack dienende Glasgefäss extraabdominal fixirte, zeigte das Bruchwasser stets eine stark blutige Verfärbung. Der Grund hierfür ist darin zu suchen, dass in den letzteren Fällen die Einschnürung durch das durch die Bauchpresse bewirkte Nachrücken anderer Darmschlingen eine ungleich festere wurde, als in ersteren; auch bei ihnen war das zuerst transsudirte Bruchwasser meist hell und farblos, wurde erst mit der Vergrösserung der Schlinge blutiger und undurchsichtig. Das Abhängigkeitsverhältniss zwischen dem Grade der Constriction und der Beschaffenheit des Bruchwassers wurde in unseren Versuchen übrigens dadurch sehr wesentlich beeinträchtigt und verwischt, dass sich infolge der Fremdartigkeit des zu Bruchringen und Bruchsäcken verwandten Materiales sehr bald die Producte einer entzündlichen Exsudation dem reinen Transsudat beimischten. Ihren Ausdruck fand diese in dem meist frühzeitig auftretenden Niederschlag gallertiger Fibringerinnsel und der raschen Bildung von Adhäsionen zwischen dem Bruchinhalt und seiner Umgebung. Auch machte die Unvollkommenheit meiner Apparate, welche ein Durchsickern des Bruchwassers nach aussen nur ungenügend verhinderte, eine genaue Abschätzung der Menge desselben unmöglich. Versuch 16 zeigte übrigens, dass das Bruchwasser selbst in solchen Fällen wenig gefärbt sein kann, in denen die Schnürfurchen bereits gangränös sind. Die Erklärung dieses auffälligen Verhaltens liegt in der schon mehrfach betonten Ungleichheit des Druckes, welchen die im Bruchringe liegenden Gewebe erleiden. Offenbar erfuhren die die Bruchschlinge versorgenden Mesenterialgefässe nur eine geringe Compression; daher war diese selbst nur wenig verändert und das Bruchwasser kaum bluthaltig; die Schnürfurchen wurden hingegen durch die beträchtliche Kothstauung oberhalb der Einklemmung so fest gegen den scharfen Bruchring angepresst, dass sie gangränescirten; der Druck blieb aber local, auf die dem Ring anliegende Darmwand beschränkt, pflanzte sich nicht oder doch nur wenig auf die übrigen Gewebe fort.

Ausser diesem Umstande, welcher auch für wahre Brucheinklemmungen beim Menschen seine Giltigkeit behält, rauben noch andere etwaigen Schlüssen, die wir aus der Beschaffenheit des Bruchwassers auf die des Bruchinhaltes ziehen dürfen, manches von ihrer Sicherheit, nicht zum mindesten die der Herniotomie meist vorausgehenden, oft allzu forcirten Taxisversuche. Dieselben können eine Zerreissung kleiner Gefässe und damit eine Verfärbung des bisher vielleicht fast rein serösen Bruchwassers bedingen. Allerdings werden sie hierdurch auch die Ernährung der Bruchschlinge mitunter beträchtlich schädigen; immerhin dürften die durch sie gesetzten Circulationsstörungen vielleicht von geringerer Bedeutung und leichter einer Wiederherstellung zugängig sein, als jene durch eine langdauernde schwere venöse Stauung bedingten, welche uns das blutige Bruchwasser vielleicht annehmen lässt. — Auch halte ich es nicht für unwahrscheinlich, dass durch die Taxis in manchen Fällen ein Theil des Bruchwassers reponirt wird, während die ödematös geschwellte und voluminöser gewordene Bruchschlinge sich nicht zurückbringen lässt; vielleicht erklärt sich auf diese Weise die zuweilen auffällig geringe Menge Bruchwasser in Fällen, in denen die übrigen Erscheinungen, der Grad der Einschnürung uns eine reichlichere Transsudation erwarten liessen. — Für einen Theil dieser Fälle ist indess noch eine andere Erklärung zulässig. Es kann nämlich auffallen, dass gerade in einer nicht unerheblichen Zahl schwerster Einklemmungen, in Fällen, in denen wir bereits bei der Herniotomie den Bruch gangränös fanden, oder in denen die beim Bruchschnitt anscheinend wenig veränderte und deshalb reponirte Bruchschlinge noch nachträglich brandig wurde und perforirte, nur wenige Tropfen oder gar kein Bruchwasser vorhanden war. Dieser scheinbare Widerspruch mit den oben theoretisch hergeleiteten Forderungen erklärt sich indess ohne grosse Schwierigkeit in folgender Weise: Es hängt die Menge und Beschaffenheit eines Transsudates nicht nur von dem Grade der Behinderung des venösen Rückflusses, sondern gleichzeitig von der des arteriellen Zuflusses ab. Ist die Einschnürung so bedeutend, dass auch letzterer wesentlich herabgesetzt wird, so kommt es zu keiner Transsudation, die Erscheinungen der venösen Stase bleiben aus. Gleichwohl leidet natürlich die Ernährung der Bruchschlinge wegen der nahezu völligen Blutstockung in ihr um so mehr. Wird nun die Einklemmung behoben, so kommt es, falls die Gangrän nicht schon früher ausgeprägt war, wie die Versuche Schweninger's und anderer lehren, rasch zu einer schweren hämorrhagischen Infarcirung der Bruchschlinge, die mit totaler oder partieller Gangrän enden kann.

Vorstehende Betrachtung berechtigt uns demnach zu folgenden Schlussfolgerungen:

Je mehr sich die Beschaffenheit des Bruchwassers der eines rein serösen Transsudates nähert, um so sicherer dürfen wir eine völlige Lebensfähigkeit der Bruchschlinge voraussetzen. Höchstens die Schnürfurchen könnten dann erheblicher in ihrer Ernährung gestört sein; erwiesen sie sich bei näherer Betrachtung auch als gesund, so dürfen wir bestimmt eine gute Prognose stellen. Eine stark blutige Verfärbung des Bruchwassers muss stets den Verdacht erwecken, dass die Ernährung des Darmes schwer geschädigt und eine völlige Restitution fraglich oder vielleicht unmöglich ist. Höchst suspect ist immer ein gänzlicher Mangel des Bruchwassers; weist die nähere Untersuchung gleichzeitig eine irgendwie beträchtliche Enge des Bruchringes nach, so ist eine um so genauere Prüfung der Bruchschlinge selbst erforderlich und gerathen, dieselbe nach Beseitigung der Einklemmung erst einige Minuten zu beobachten, um ein sichereres Urtheil über die Möglichkeit ihrer Restitution zu gewinnen. Gerade diese Fälle werden freilich am ehesten zu traurigen Täuschungen Anlass geben.

Wichtiger als die Beschaffenheit des Bruchwassers zur Beurtheilung der Lebensfähigkeit der eingeklemmten Bruchschlinge ist natürlich die sorgfältige Untersuchung der letzteren selbst, die genaue Prüfung ihrer Farbe, Consistenz, Oberflächenbeschaffenheit etc., die freilich auch nur ein annähernd sicheres Urtheil über den Grad der in ihr vorhandenen Circulationsstörungen gestatten. Welche Umstände die letzteren beeinflussen, ob sie nur von der Constriction im Bruchringe abhängig sind, oder ob auch die Dehnung der Bruchschlinge durch ihren Inhalt dazu beiträgt, sowie auch, in wie weit etwa der grössere oder geringere Gehalt des letzteren an septischen Keimen von Einfluss

ist, sind Fragen. welche noch wenig aufgeklärt sind. Insbesondere
sind uns die näheren Bedingungen für das bald frühzeitige, bald späte
Entstehen der Gangrän, bald nur an der Convexität der Bruchschlinge,
bald nur an den Schnürfurchen noch wenig bekannt. Die Wichtigkeit
dieser Punkte veranlasste mich, ihnen besondere Aufmerksamkeit zuzuwenden und experimentell ihre Aufklärung zu versuchen. Ich bin
mir wohl bewusst, das schwierige Problem durchaus nicht völlig gelöst
zu haben, auch gestatteten mir äussere Umstände, Wechsel meines
Aufenthaltsortes etc. nur die Vornahme einer beschränkten Versuchsreihe. Nichtsdestoweniger hoffe ich durch folgende Zeilen etwas zu
seiner Lösung beitragen zu können.

Das Interesse des Chirurgen an der Frage nach der Aetiologie
des Darmbrandes beschränkte sich früher fast ausschliesslich auf die
Gangrän incarcerirter Bruchschlingen. Erst in neuerer Zeit mit der
Erweiterung des chirurgischen Könnens auf dem Gebiete der Pathologie der Bauchorgane wurde das Interesse ein regeres, insbesondere
als man nach circulären Darmresectionen mit folgender Darmnaht öfter
einen letalen Ausgang durch Nekrose der Darmwundränder zu beklagen
hatte. Die Ursache für letztere wurde zuerst von Madelung in seiner
schönen Arbeit: „Ueber circuläre Darmresection und Darmnaht" in der
theils bewusst, theils unabsichtlich ausgeführten Ablösung des Mesenterium von dem Darme nachgewiesen. Spätere Erfahrungen bestätigten
diese Anschauung, und mit Vermeidung dieses Fehlers besserten sich
auch die Resultate etwas. Indess fiel es doch auf, dass in einzelnen
Fällen, in denen das Mesenterium sicher in ziemlich weiter Ausdehnung abgelöst war, keine Gangrän eintrat. Insbesondere machte man
die Beobachtung, dass nach Exstirpation von Bauchtumoren, welche
dem Mesenterium einzelner Darmschlingen adhärent waren und eine
partielle Durchtrennung desselben nöthig machten, der Ausgang gleichwohl ein günstiger war; eine Erklärung hierfür sah man darin, dass
der wachsende Tumor bereits durch Compression der Mesenterialgefässe
allmählich die Bildung von Collateralen begünstigt hatte, so dass die
Durchtrennung der ersteren bei Exstirpation der Geschwülste ohne
Schädigung vertragen wurde. — Die Gefahr, welche in der Mesenterialablösung vom Darme liegt, wurde hingegen in den letzten Jahren
wieder recht klar durch einige ungünstige Ausgänge von Pylorusresec-
tionen, in denen das tödtliche Ende durch Totalnekrose des bei der
Operation zufällig von seinem Mesenterium abgetrennten Colon transversum bedingt wurde.

Diese Verschiedenheit in der Wirkung der gleichen Ursache
machte eine experimentelle Prüfung erforderlich. — Trennt man das
Mesenterium an seiner Ansatzstelle an den Darm eine Strecke weit

von letzterem ab, so kann das losgelöste Darmstück natürlich nur durch Anastomosen ernährt werden, welche zwischen seinen Gefässen und denen der unmittelbar benachbarten Darmabschnitte bestehen. Wie weit diese Anastomosen zur Ernährung ausreichen, ist bisher unbekannt geblieben. Ich durfte voraussetzen, durch Ablösung des Mesenterium auf verschieden lange Strecken an verschiedenen Darmschlingen desselben Thieres zu einem Resultat zu gelangen.

Versuch 19. 18. October 1884. Zum Versuch diente ein kleiner, ziemlich magerer Hund. Nach Eröffnung des Abdomen in der Medianlinie und Vorziehen einer längeren Dünndarmschlinge unterband ich zunächst zwei einander benachbarte stärkere Mesenterialarterien kurz vor ihrem Uebergang auf den Darm, darauf ligirte ich den beiden gemeinsamen Hauptstamm an der Theilungsstelle und durchtrennte dann das Mesenterium zwischen den beiden ersten Ligaturen mit dem Messer. Genau in der gleichen Weise verfuhr ich an zwei andern Stellen. Die Strecken, auf welche ich in dieser Weise das Mesenterium von dem Darm ablöste, betrugen 1½, 4 und 8 cm. — Nach der jedesmaligen Unterbindung zeigte sich sofort eine stärkere Pulsation der nächstgelegenen, collateralen Mesenterialarterien. Das vom Mesenterium abgelöste Darmstück färbte sich sogleich etwas dunkler, bläulich und betheiligte sich nicht an den Contractionen der unmittelbar anstossenden Darmtheile. Die Blutung an den Ablösungsstellen war gering, stand spontan. — Nach Reposition des Darmes wurde die Bauchwunde durch Nähte geschlossen.

In den ersten Tagen nach der Operation machte der Hund einen schwer kranken Eindruck, erholte sich indess dann wieder vollständig und liess später nicht die mindesten Krankheitserscheinungen wahrnehmen. Erst nach einigen Monaten wurde er getödtet. Man fand bei der Obduction nur noch eine Stelle auf, an welcher früher das Mesenterium abgetrennt war, erkennbar an einem in Bindegewebe eingekapselten Ligaturfaden. Das Mesenterium war überall wieder mit dem Darme verwachsen, war an der genannten Stelle etwas narbig verändert; seine Gefässe setzten sich direct in die der Darmwand selbst fort.

Dies Ergebniss überraschte mich ausserordentlich. Dass die Abtrennung des Darmes von seinem Mesenterium auf eine Strecke von 8 cm Länge vertragen werden könnte, hatte ich nicht erwartet; erschien mir doch die Annahme, dass die Anastomosen der in seiner Wand verlaufenden Gefässschlingen mit denen der Nachbarschaft zu seiner genügenden Ernährung auf 4 cm von jeder Seite her ausreichen könnten, von vornherein nicht glaubhaft. Da ich diese Möglichkeit indess nicht ohne weiteres ausschliessen konnte, lösste ich in dem folgenden Versuche das Gekröse noch auf eine längere Strecke ab. — Gleichzeitig unterband ich, um die Verhältnisse. welche eine Störung des venösen Rückflusses für sich allein auf den Darm ausübt, näher kennen zu lernen, an einem andern Darmabschnitt noch eine Anzahl Venen. Bereits Kocher versuchte diese Frage durch Unterbindung einer grösseren Mesenterialvene beim Kaninchen zu entscheiden. Er beobachtete als Folge derselben nur sehr geringe Veränderungen an der entsprechenden Darmschlinge und schloss daraus, dass die Circulationsstörungen einer eingeklemmten Bruchschlinge nur zum Theil von der Compression ihrer Mesenterialgefässe abhingen, zum grösseren Theil durch die Dehnung der Schlinge durch ihren Inhalt bewirkt werden. Der Versuch, in der Weise angestellt, wie dies Kocher that, entspricht durchaus nicht den Verhältnissen bei der Einklemmung und konnte kaum ein anderes Resultat erwarten lassen. Die bekannten bogenförmigen Anastomosen der Mesenterialgefässe innerhalb des Gekröses sind so zahlreich, dass sich nach Unterbindung eines Venenstammes sehr rasch ein Collateralkreislauf ausbilden und die durch jene bedingten Störungen sehr rasch ausgleichen kann. Ich modificirte deshalb den Versuch in folgender Weise:

Versuch 20. 26. Juni 1885. Versuchsthier war eine kleine Hündin. An einer vorgezogenen Dünndarmschlinge, die, wie die Untersuchung zeigte, nur wenig über dem Colon sich befand, unterband ich zunächst die Mesenterialgefässramificationen dicht vor ihrem Eintritt in die Darmwand und durchtrennte das Gekröse peripher davon, so dass der Darm auf eine Strecke von 7 cm von letzterem abgelöst war. In gleicher Weise trennte ich ihn etwas weiter aufwärts 10 cm weit ab; zwischen beiden Stellen blieb ein ca. 8 cm langes Darmstück intact mit seinem Mesenterium in Verbindung; in letzterem verliefen zwei grössere Arterienstämmchen. Die losgelösten Darmabschnitte contrahirten sich alsbald etwas und wurden kürzer und leicht cyanotisch verfärbt. Nach ihrer Versenkung in das Abdomen ligirte ich an einer etwa 30 cm höheren Darmschlinge sämmtliche, makroskopisch sichtbaren Mesenterialvenen isolirt auf eine Strecke von 12 bis 13 cm. Das Darmstück verfärbte sich rasch dunkelblauroth und seine Venen füllten sich, insbesondere an ihrer Uebergangsstelle aus dem Darm in das Mesenterium, strotzend mit Blut. Auch diese Schlinge wurde reponirt, dann die Bauchwunde geschlossen.

Der Hund war nach der Operation äusserst collabirt, erholte sich nur langsam, lag am folgenden Tage, einen schwer kranken Eindruck machend, ganz ruhig auf der rechten Seite und starb 44 Stunden nach dem Versuche.

Die Obduction ergab folgenden Befund: In der Bauchhöhle befanden sich mehrere Esslöffel blutig tingirter, seröser Flüssigkeit. Das vorliegende Netz war stark geröthet und mit den Därmen, die es bedeckte, verklebt. Die Verklebungen liessen sich indess ebenso wie diejenigen zwischen einem Theil der Darmschlingen selbst leicht lösen. Nach Wegnahme des Netzes zeigte sich eine dunkelblaue, fast schwärzliche, dilatirte Darmschlinge, die derjenigen entsprach, von welcher zuerst das Mesenterium abgetrennt war und die dem Colon zunächst lag. Das Gekröse war nicht mit ihr verklebt. Ihr mittlerer Abschnitt war gebläht, matsch, nekrotisch, ihre Endabschnitte von je 1 cm Länge zwar auch bläulichroth verfärbt, doch von normaler Consistenz und lebensfähig. Die Schleimhaut dieses Darmstückes war in der Mitte dunkelblau, an beiden Enden nur wenig hämorrhagisch infarcirt; seinen Inhalt bildete stark blutig gefärbte, breiige Flüssigkeit. — Der zweite, weiter aufwärts gelegene, von seinem Mesenterium abgetrennte Darmabschnitt war bis auf seine beiden, in einer Länge von $\frac{1}{2}$ bis 1 cm noch ernährten und hier nur hämorrhagisch infarcirten Endstücke völlig gangränös, matsch und breiig zerfallen und in seiner Mitte quer durchrissen, so dass Darminhalt ausgetreten war. — Das zwischen den beiden erwähnten Schlingen gelegene, mit seinem Mesenterium in Zusammenhang gebliebene Darmstück war stark contrahirt, frei von Inhalt, von ganz normaler Beschaffenheit. — Diejenige Darmschlinge, deren Venen unterbunden waren, war nur mässig contrahirt, blauroth verfärbt, mit feinen Pseudomembranen bedeckt, hatte überall normale Consistenz. Ihre Wandung zeigte sich auf dem Durchschnitt etwas verdickt, hämorrhagisch infarcirt, die Schleimhaut dunkelroth und mit blutig verfärbtem Koth bedeckt. — Das Mesenterium des gesammten, auch des gesunden Darmes war sehr stark injicirt, die Darmschlingen selbst indess nicht geröthet. Die Mesenterialdrüsen derjenigen Darmabschnitte, welche von ihrem Gekröse abgetrennt waren, waren sehr stark geschwollen.

Nach dem Ergebniss des ersten Versuches durfte ich erwarten, dass auch im zweiten die Veränderungen, wenigstens an der untersten Darmschlinge, an welcher ich das Mesenterium etwa auf eine gleich weite Strecke wie in jenem abgelöst hatte, geringgradige sein würden, und eine an der oberen Schlinge etwa auftretende Gangrän sich auf den mittelsten Abschnitt derselben beschränken würde. Zu meinem Erstaunen fand ich beide Darmabschnitte bis auf ihre ungefähr 1 cm langen Endstücke total gangränös. Die Ernährung des Darmes durch Collateralgefässe, welche in seiner Wand selbst verlaufen, erstreckt sich somit kaum über je 1 cm hinaus. — Die dritte Darmschlinge, deren Venen ich unterbunden, bot ein klassisches Bild schwerer hämorrhagischer Infarcirung dar. Ob sie sich noch hätte erholen können, ist zwar fraglich, doch war jedenfalls zur Zeit des Todes noch keine Nekrose in ihr eingetreten. Es kann demnach der Rückfluss des venösen Blutes nicht vollständig aufgehoben gewesen sein, sondern muss, wenn auch ungenügend, in kleinen, beim Versuch übersehenen Venenverzweigungen eine Bahn gefunden haben. Gerade hierdurch stimmte aber die Versuchsanordnung und das Resultat weit eher mit den Befunden bei schwerer Brucheinklemmung überein, als in dem erwähnten Versuche Kocher's.

Dass die betonte Verschiedenheit der Ergebnisse der eben angeführten beiden Versuche nicht nur auf eine zufällige, individuelle

Verschiedenheit der beiden Versuchsthiere, sondern auf anscheinend unbedeutenden und daher übersehenen Verschiedenheiten der Versuchs-anordnung beruhen musste, glaubte ich sogleich bestimmt annehmen zu dürfen. Eine genaue Betrachtung des Verlaufes der Mesenterial-gefässe beim Hunde und der Vergleich mit den folgenden Versuchen liessen mich dieselben auch bald erkennen.

Es communiciren die grösseren Stämme der Mesenterialgefässe beim Hunde in ähnlicher Weise wie beim Menschen mit einander durch weite bogenartige Anastomosen; die von diesen ausgehenden Gefässe treten abermals durch eine zweite Bogenreihe mit einander in Verbindung, ja oft findet sich noch eine dritte und vierte Arkaden-reihe, von der aus erst die eigentlichen Intestinalgefässe abgehen und sich scheinbar direct in der Darmwand verzweigen. Bei genauerer Betrachtung gewahrt man indess unmittelbar an der Ansatzstelle des Mesenteriums an den Darm noch zahlreiche feine Gefässramificationen, durch welche diese scheinbaren Endäste mit einander communiciren, so dass selbst bei streckenweiser Verlegung der letzten, etwa 1 cm vom Gekrösansatz an den Darm entfernt verlaufenden Arkadenreihe die Ausbildung eines Collateralkreislaufes, falls die Ablösungsstrecke nicht zu lang ist, ermöglicht wird. An einzelnen Stellen, an welchen die grösseren Arkaden etwas weiter vom Darme zurücktreten, sind auch diese Anastomosen stärker und deutlicher sichtbar, während sie an den meisten Stellen nur bei genauem Zusehen erkannt werden. Nun hatte ich in meinem ersten Versuch 19 das Mesenterium zwar nahe seinem Ansatz an den Darm, doch nicht unmittelbar an letzterem durchschnitten, in Versuch 20 hingegen die Trennung direct am Darme selbst vorgenommen. Daher waren hier die erwähnten Anastomosen kleinsten Kalibers gleichfalls vom Darme abgelöst, während sie dort noch erhalten waren und wenigstens so lange seine Ernährung unter-stützen konnten, bis durch Dilatation der Collateralen und Wieder-verwachsung des Mesenteriums mit dem Darme der Kreislauf wieder völlig hergestellt war. Die Bestätigung dieser Ansicht fand ich in folgenden Controllversuchen.

Versuch 21. 17. Juli 1885. Bei einem kleinen, gutgenährten Hunde löste ich das Mesenterium an zwei etwa 30 cm von einander entfernten Darmschlingen auf eine Strecke von je 4 cm unmittelbar an seinem Ansatz an den Darm ab. Darauf umschnürte ich den letzteren ungefähr in der Mitte zwischen beiden Ablösungsstellen fest mit einer Ligatur und reponirte ihn in das Abdomen.

Der Hund sah am folgenden Tage sehr krank aus. 26 Stunden nach Beginn des Versuches chloroformirte ich ihn abermals und eröffnete die Bauchhöhle weit durch einen Kreuzschnitt. Abgesehen von einer etwas stärkeren Injection der vorliegenden Darmschlingen fanden sich keine Zeichen einer Peritonitis. Beide Darmabschnitte, an denen das Mesenterium abgetrennt war, hatten sich auf je 2 cm Länge verkürzt. An der obern, oberhalb der Ligatur des Darmes gelegenen Schlinge a war das Mesenterium bereits wieder mit ihr verklebt; in den Verklebungen waren kleine Blutcoagula eingeschlossen. Der mittelste Abschnitt dieses Stückes war etwa 1 cm weit dunkelblau verfärbt. Nach beiden Seiten zu ging diese Farbe allmählich in die normale des übrigen Darmes über und zwar fand sich letztere schon vor der Grenze der Mesenterialablösung. Am dunkelsten war die Verfärbung an der mesenterialen Seite des Darmes, während die convexe Seite mehr blauroth gefärbt war. — An der untern Schlinge b war das Mittelstück bläulichroth gefärbt; nach den Grenzen der Mesenterialablösung zu zeigte sie nur eine stärkere Injection und kleinste Hämorrhagien; auch an ihr waren die Veränderungen am stärksten an der mesenterialen Wand ausgeprägt. Der Darm oberhalb der Ligatur war gefüllt, mässig gebläht, der unterhalb derselben erschien leer, war eng contrahirt.

Nachdem diese Verhältnisse constatirt waren, infundirte ich dem Thiere durch die vorher frei präparirte Vena jugularis dextra etwa 80 ccm einer concentrirten Lösung von indigschwefelsaurem Natron. Schon nach 15 Secunden begannen sich die Därme blau zu färben, binnen 2 Minuten war die Färbung ganz intensiv. Gleichzeitig wurde die Peristaltik ausserordentlich lebhaft und hierbei bemerkte man, dass sich das mittelste, etwa 1 cm lange Stück der Darmschlinge a dadurch scharf von seiner Umgebung unterschied, dass es an der allgemeinen Contraction nicht Theil nahm, sondern eine spindelförmige Dilatation zeigte. Die Schlinge b contrahirte sich in ihrer ganzen Länge, allerdings in ihrer Mitte etwas schwächer als an beiden Enden. Der mittlere Abschnitt von a färbte sich fast gar nicht anders, sondern behielt die tiefblaurothe Färbung, die er vor der Infusion gehabt hatte, bei; nur die Gefässe seiner Serosa zeigten an der convexen Darmwand eine geringe Indigoinjection. Nach beiden Enden von a zu trat eine schwache Indigotinction auf, die noch vor den Grenzen der Mesenterialablösung in dieselbe gesättigte Indigofarbe überging, die der übrige, gesunde Darm angenommen hatte. Schlinge b färbte sich in ganzer Ausdehnung blau, doch war die Tinction in dem mittleren Abschnitt nur sehr schwach, wurde erst nach beiden Enden zu intensiv. — Der Hund wurde jetzt getödtet und der Darm sammt dem Mesenterium herausgeschnitten und isolirt untersucht.

Der Darm oberhalb der Ligatur war bis zu letzterer mit dünnbreiigem Koth gefüllt, seine Wand ödematös infiltrirt und in ihrer ganzen Dicke blau gefärbt. Nur das 1 cm lange Mittelstück von a grenzte sich durch seine völlig ungefärbte, graurothe Schleimhaut scharfrandig nach beiden Seiten hin ab; die Contouren der nicht gefärbten Partie verliefen als gerade Linien rings um den ganzen Darm. Auf einem Durchschnitt durch die Darmwand sah man, dass von dem Mittelstück zwar die Serosa auch schwach tingirt war, hingegen Schleimhaut, Submucosa, Quer- und Längsmuskelschicht gar nicht gefärbt waren. Diese Theile waren somit der

Totalnekrose verfallen. — Der Darm unterhalb der Ligatur war völlig leer, seine Wand normal. Auch das Mittelstück von b grenzte sich durch eine schwache Tinction von der stark gefärbten Umgebung deutlich und scharfrandig ab, unterschied sich indess von a dadurch, dass es, wenn auch schwach, doch nicht völlig ungefärbt war. Ein Schnitt durch seine Wandung zeigte, dass die Schleimhaut gleichfalls nahezu ungefärbt, die Muscularis und Serosa indess deutlich tingirt waren.

Die geschilderte Versuchsanordnung wählte ich in der Absicht, um gleichzeitig feststellen zu können, ob und in wie weit eine gleichzeitige Kothstauung auf einen schon durch die Ablösung von seinem Mesenterium in seiner Blutcirculation schwer geschädigten Darmabschnitt von Einfluss sei. Indem ich den Darm zwischen beiden Ablösungsstellen ligirte, musste sich der Koth im oberen Rohre stauen, während auf das untere Rohr, dessen Inhalt durch die Peristaltik rasch in die weiter abwärts gelegenen Darmschlingen getrieben wurde, nur die Circulationsstörung ihre Wirkung äussern konnte. Die natürliche Gefässinjection mit indigschwefelsaurem Natron benutzte ich deshalb, um die Grenzen, bis zu denen der Kreislauf sich noch in der Wand der von ihrem Gekrös getrennten Darmabschnitte erhalten, resp. durch Anastomosen hergestellt hatte, mir recht deutlich zu Gesicht zu führen. So weit er bestand, musste eine Blaufärbung eintreten; die Theile, welche sich nicht färbten, mussten als gänzlich von der Circulation ausgeschlossen und der Nekrose verfallen betrachtet werden. Die natürliche Injection durch die Wirkung der Herzkraft zog ich einer künstlichen mittelst Spritzendruckes vor, um sicher jedes Artefact ausschliessen zu können. Die Untersuchung des Thieres nahm ich deshalb schon 26 Stunden nach Beginn des Versuches vor und wartete seinen Tod nicht ab, weil eine Perforationsperitonitis die Resultate wesentlich trüben musste, andrerseits aber der genannte Zeitraum genügte, um die pathologischen Veränderungen sich deutlich ausprägen zu lassen, und ich sonst auch auf die natürliche Gefässinjection hätte verzichten müssen. — Das Resultat entsprach meinen Erwartungen.

Am schwersten geschädigt erwies sich die obere losgelöste Darmschlinge. Ihr Mittelstück, dessen Aussehen schon vor der Infusion die Diagnose auf Gangrän stellen liess, hatte sich gar nicht gefärbt: nur in einzelne Serosagefässe ihrer Convexität war etwas Farbstoff eingedrungen, die Muscularis, Submucosa und Mucosa waren völlig frei von demselben. Charakteristisch war die überaus scharfe Abgrenzung des nekrotischen mittelsten Abschnittes von den, wenn auch in ihrer Circulation geschädigten, so doch noch lebensfähigen seitlichen Partien. Nach ersterem zu waren sie nur schwach gefärbt, nach der Seite des gesunden Darmes hin wurde ihre Tinction intensiver, grenzte sich in-

dess von dem ganz gesunden und rein blau gefärbten Darm ebenfalls
ziemlich scharf ab. Diese Linie schien, da sie nicht genau mit den
Stellen, an welchen die Mesenterialablösung endigte, übereinstimmte,
sondern etwas nach der Mitte zu gelegen war, die Grenze anzudeuten,
bis zu welcher die in die Darmwand sich versenkenden Endgefässe
auch unter normalen Verhältnissen ihr Blut senden. — An der unteren
vom Gekröse abgelösten Schlinge war nur die Schleimhaut des Mittelstückes der Totalnekrose verfallen, die Serosa und Muscularis, wenn
auch stark ecchymosirt, doch noch, wie die Indigofärbung anzeigt,
theilweis ernährt. Ob diese Circulation freilich ausgereicht hätte, um
eine Restitution zu ermöglichen, ist mehr als fraglich. — Sehr prägnant
markirte sich die Nekrose der oberen Schlinge dadurch, dass sie sich
an der durch die Farbstoffinfusion sehr lebhaft angeregten Peristaltik
nicht betheiligte; nur soweit sie sich gefärbt hatte, contrahirte sie sich
auch, der mittelste Abschnitt blieb schlaff und wurde durch den in
ihn getriebenen Darminhalt spindelförmig erweitert und gebläht. Auf
die Wichtigkeit dieses Punktes komme ich bald noch zurück. An der
untern Schlinge, deren Muscularis ja theilweis noch ernährt geblieben,
war die Contraction zwar schwach, doch deutlich.

Es ergiebt sich aus dem vorstehenden Versuch mit Evidenz, dass
die in der Darmwand selbst verlaufenden Gefässchen ausgedehnte
Anastomosen unter einander besitzen müssen, welche ausreichen, um
bei Unterbrechung des Mesenterialkreislaufes auf eine kurze Strecke
die Ernährung des afficirten Darmabschnittes zu vermitteln. Wie weit
sie reichen, liess sich an dem Versuch, ich möchte sagen, fast mit
dem Zirkel abmessen; so scharf grenzten sich die verschiedenen Partien von einander ab; nur dadurch würde eine solche Messung ungenau, weil, wie ich in allen meinen Versuchen sah, nach Durchtrennung des Mesenteriums resp. Abbinden seiner Gefässe das losgelöste
Darmstück sich stets verkürzt; vor der Ablösung waren die Endstellen
derselben 4 cm von einander entfernt, bei der Obduction nur noch
2 cm. Am günstigsten für die Ausbildung eines Collateralkreislaufes
liegen die Verhältnisse in den peripheren Schichten der Darmwand,
Serosa und Muscularis; am wenigsten wird die Schleimhaut durch die
erwähnten Anastomosen versorgt. — Die Verschiedenheit in dem Grade
der Circulationsstörung beider Schlingen deutet ferner thatsächlich auf
einen ungünstigen Einfluss einer Kothstauung auf die Ernährung des
Darmes hin; ob dieselbe nur durch Dehnung der Darmwand und
Druck auf ihre Gefässe wirkt oder ob vielleicht noch ein Einfluss
septischer Keime von Belang ist, muss ich dahingestellt sein lassen.

Versuch 22. 24. Juli 1885. Dieser Versuch wurde bei einem kleinen
Schäferhunde in gleicher Weise wie Versuch 21 angestellt, nur mit der

Abweichung, dass ich das Mesenterium nicht unmittelbar an seinem Ansatz
an den Darm, sondern etwa ½ cm von demselben entfernt durchtrennte.
Dadurch blieben die feinen, mehrfach erwähnten Gefässanastomosen mit dem
auf je 4 cm vom Gekröse abgelösten Darm in Verbindung. Aber dadurch
wurde eine Verschiedenheit zwischen der oberhalb und der unterhalb der
Ligatur des Darmes gelegenen Ablösungsstelle bedingt, dass der Schnitt
an letzterer — infolge eines auffällig nahen Herantretens der letzten Gefässarcaden an den Darm — noch centralwärts von einer solchen fiel, so
dass dieselbe, obwohl verhältnissmässig eng, doch als etwas stärkerer
Collateralast noch eine Verbindung mit den seitlichen Hauptgefässstämmen
ermöglichte. Aus den Gefässen dieses losgelösten Darmabschnittes b blutete
es ziemlich reichlich, so dass das Anlegen mehrerer Ligaturen erforderlich
wurde.

24 Stunden nachher wurde der Hund abermals chloroformirt und
das Abdomen eröffnet. Der Darm oberhalb der Ligatur war ausgedehnt,
der unterhalb derselben contrahirt. Schlinge a hatte sich auf 3 cm ver-
kürzt, war in ihrer mittleren Hälfte dunkelblauroth verfärbt; nach den
Grenzen der Mesenterialablösung zu ging diese Farbe in die normale über.
Schlinge b, gleichfalls auf 3 cm verkürzt, zeigte nur eine geringe, abnorme
Gefässinjection, eine kaum angedeutete hämorrhagische Infarcirung ihrer
Serosa. — Nun wurde wiederum, wie in Versuch 21, indigschwefelsaures
Natron in die eine Vena jugularis infundirt. Der Darm färbte sich rasch
intensiv blau. Auch Schlinge a nahm eine, wenn auch geringe, Tinction
an, die aber doch immerhin so erheblich war, um die Farbe des hämorrhagischen Infarctes zu verdecken. Schlinge b färbte sich genau so stark,
wie der übrige, normale Darm, contrahirte sich auch bei der gleich nach
der Infusion auftretenden starken Peristaltik in normaler Weise, während
sich das 1½ cm lange Mittelstück von Schlinge a nicht contrahirte. — Nach
Tödtung des Thieres wurde der Darm herausgenommen und aufgeschnitten.
Bis zur Ligatur war er stark mit blutig gefärbtem, dickbreiigem Koth
gefüllt, seine Wandung ödematös infiltrirt und verdickt, intensiv blau gefärbt; nur an dem Abschnitt a, dessen Wand in ihrer ganzen Dicke hämorrhagisch infarcirt war, war die Indigofärbung nur schwach. Nach Ablösung des ziemlich fest anhaftenden blutig gefärbten Kothes zeigte sich
die Schleimhaut von Schlinge a grauröthlich verfärbt, die des übrigen
Darmes stark geblaut; doch war die Grenze zwischen beiden Farben nicht
besonders scharf; sie lag noch innerhalb der Grenzen der Mesenterialablösung.
Der Darm unterhalb der Ligatur enthielt nur sehr wenige, helle, trockne
Kothbröckel; seine Wand war überall, auch im Bereich von Schlinge b,
in ganzer Dicke blau tingirt, von normaler Consistenz, nirgends hämorrhagisch infarcirt.

War meine oben geäusserte Vermuthung von der Bedeutung der
kleinen, unmittelbar vor dem Mesenterialansatz unter einander com-
municirenden Gefässramificationen für die Blutcirculation in der Darmwand richtig, so mussten die Ernährungsstörungen der letzteren bei

Durchtrennung des Mesenteriums etwa ¹/₂ cm von seinem Ansatz an den Darm entfernt geringer sein, als bei seiner Ablösung unmittelbar an letzterem. Vorstehender Versuch zeigt nun in der That an der unteren Ablösungsstelle kaum nennenswerthe Veränderungen; hingegen sind die Circulationsstörungen an der oberen doch recht erhebliche. Zum Theil mag hierzu die gleichzeitige Kothstauung als ein zweiter schädlicher Factor beigetragen haben; zum grössten Theil dürfte der Unterschied indess darauf beruhen, dass der das Gekröse durchtrennende Schnitt an Darmschlinge b zwar auch nur ¹/₂ cm von seinem Ansatz an letztere entfernt, aber doch noch diesseits einer, wenn auch engen Arkade dritten Kalibers fiel. Diese machte natürlich, trotz Unterbindung mehrerer Hauptgefässstämme, die Herstellung eines Collateralkreislaufes von den erhaltenen seitlichen Gefässen aus weit leichter, als jene äusserst feinen Gefässanastomosen, welche in der oberen Schlinge a die Bildung eines solchen ausschliesslich zu besorgen hatten.

Immerhin sind auch in letzterer die Störungen geringer als in Versuch 21. Während dort die Nekrose am mittelsten Abschnitt des von seinem Mesenterium getrennten Darmes ganz deutlich ausgesprochen war, finden wir hier nur eine beträchtliche hämorrhagische Infarcirung; es war also dort die Circulation im mittelsten Abschnitt ganz aufgehoben, hier nur schwer gestört; daher färbte sich auch dort die nekrotische Partie nach Infusion der Farbstofflösung gar nicht, hier hingegen nahm die ganze Schlinge eine, wenn auch schwache, doch deutliche Indigotinction an.

Um diesen Punkt indess noch sicherer aufzuklären, stellte ich folgende zwei Controllversuche an.

Versuch 23. 11. VIII. 1885. Die Versuchsanordnung ist die gleiche; nur wird der Darm statt auf je 4 auf je 5 cm Länge von seinem Mesenterium abgelöst und mit besonderer Sorgfalt darauf geachtet, dass der ¹/₂ cm vom Mesenterialansatz entfernt verlaufende Schnitt sicher jenseits der letzten grösseren Gefässarcaden zu liegen kam. Somit blieben für Herstellung eines Collateralkreislaufes nur die feinen, unmittelbar neben dem Darm verlaufenden Gefässverzweigungen übrig.

Nach 27 Stunden wurde das Abdomen wieder eröffnet und der Darm untersucht. Er war bis zur Ligatur hin in geringem Grade gebläht, unterhalb derselben schwach contrahirt. Die Darmabschnitte a und b, deren Mesenterium durchschnitten war, waren leicht wieder mit demselben verklebt; bei b fand sich im Mesenterium ein bedeutendes Hämatom. Sonst boten sie, abgesehen von einer stärkeren Injection der Serosa, keine erheblichen Veränderungen; schwerere Circulationsstörungen fehlten. — Um das Versuchsthier am Leben zu erhalten und eventuell später zu einem neuen Versuch benützen zu können, wurde der grosse Darmabschnitt zwischen den beiden Stellen der Mesenterialablösung resecirt, und die Continuität des Darmes durch circuläre Darmnaht wieder hergestellt. Auf eine Infusion von indigschwefelsaurem Natron wurde daher verzichtet. — Der Darm oberhalb der Unterbindungsstelle enthielt nur dünnflüssigen, hellbräunlichen Koth, dem kein Blut beigemischt war, der Darm unterhalb der Ligatur nur trockne, gelbliche, der Schleimhaut fest aufsitzende Kothbröckel. Die Schleimhaut des Darmstückes a zeigte in der Mitte desselben kleine, auf die Darmzotten beschränkte, punktförmitge Ecchymosirungen, besonders zahlreich an der convexen Seite des Darmrohres. Die gleichen Veränderungen fanden sich auf der Schleimhaut von Schlinge b; nur war die Zahl der feinen Ecchymosen noch bedeutend geringer; sonst waren beide Darmschlingen normal.

Obwohl ich in diesem Versuch das Mesenterium auf eine Strecke von 5 cm durchschnitten hatte, waren die durch den Eingriff erzeugten Veränderungen der beiden Darmschlingen geringer als in allen früheren Experimenten. An der Serosa beschränkten sie sich auf eine leichte circumscripte Peritonitis. Auch die Schleimhaut zeigte nur sehr geringe Ecchymosen; ein gewisser Unterschied zwischen der Schlinge, in welcher der Koth sich staute, und der unteren leeren liess sich übrigens auch hier zu Ungunsten der ersteren, welche stärker ecchymosirt war, erkennen.

Das überaus gute Aussehen des Darmes in diesem Experiment machte mich, obwohl ich sicher zu sein glaubte, jenseits der letztgrössten Arkaden, dritten Kalibers, das Gekröse durchtrennt zu haben, doch stutzig, und ich achtete deshalb in

Versuch 24, am 16. September 1885, mit aller Aufmerksamkeit darauf, dass der Schnitt zwischen diesen und dem Ansatz des Mesenteriums an den Darm fiel, also bestimmt an beiden Stellen nur die kleinsten, in der unmittelbarsten Nachbarschaft des Darmes gelegenen Gefässanastomosen zum Ausgleich des gestörten Blutkreislaufes dienen konnten. Die Versuchsanordnung war sonst völlig die gleiche, wie in Versuch 23, mit dem einzigen Unterschied, dass ich das Mesenterium wieder nur, wie in den früheren Experimenten, je 4 cm weit durchschnitt.

Nach 24 Stunden zeigten sich die beiden Darmabschnitte, an welchen das Mesenterium abgelöst war, auf je 2 cm verkürzt. Das Mesenterium war noch nicht wieder mit dem Darme verklebt, seine Wundränder waren sugillirt. Der mittelste Abschnitt der Schlinge a war bläulichroth verfärbt, liess indess die Gefässe deutlich erkennen und besass normale Consistenz. Nach den Seiten hin ging die Verfärbung allmählich in die normale Farbe über. Der Schlingeninhalt bestand in stark blutig gefärbtem dickbreiigem Koth. Die Schleimhaut war stark geröthet und liess einen mittleren, 1 cm breiten, deutlich abgegrenzten, ringförmigen Streifen erkennen, dessen Darmzotten ecchymosirt waren. Auch in der Darmwand selbst fanden sich in diesem mittleren Abschnitt multiple Ecchymosen, doch nirgends stärkere Sugillationen. Die Consistenz war normal. — An Schlinge b bemerkte man, abgesehen von einer geringen Röthung ihrer Serosa, äusserlich nichts Abnormes. Sie enthielt nur eine geringe Quantität breiigen Kothes, der nicht blutig gefärbt war; ihre Schleimhaut war bis auf eine linsengrosse Ecchymosirung in der Mitte der Ablösungsstelle des Mesenterium, und zwar an der mesenterialen Seite, völlig normal. — Beide Darmabschnitte, a wie b, zeigten deutliche peristaltische Contractionen; an b waren sie etwas kräftiger, wie an a.

Einen Irrthum konnte ich in diesem Experiment mit voller Sicherheit ausschliessen. Der 24 Stunden nachher erhobene Befund entsprach am meisten dem in Versuch 22. An der unteren von ihrem Mesenterium getrennten, nahezu kothfreien Darmschlinge waren die Circulationsstörungen minimal, an der oberen, mit dünnbreiigem Inhalt gefüllten wohl erheblich, doch nirgends so hochgradig, dass sie die Wiedererholung der Schlinge irgendwie in Frage gestellt hätten. An allen Stellen und in allen Schichten ihrer Wand war die Blutcirculation, wenn auch behindert, so doch erhalten, und die Ecchymosirung war nirgends bedeutender, als wir sie so oft an incarcerirten Bruchschlingen wahrnehmen, deren Reposition wir noch ohne jedes Bedenken vornehmen dürfen; auch war ihre Contractionsfähigkeit deutlich erhalten. Höchstens wäre eine oberflächliche Abstossung eines Theiles der Darmzotten oder der obersten Schleimhautschicht zu befürchten gewesen; die Gefahr einer Gangrän liess sich mit aller Bestimmtheit ausschliessen.

Die vorstehenden Experimente berechtigen uns — zunächst allerdings nur für unser Versuchsthier, den Hund — zu folgenden Schlussfolgerungen [1]):

1) Die Intestinalgefässe verästeln sich, sowie sie aus dem Mesenterium in die Darmwand eingetreten sind, in dieser zu einem ausgedehnten Netz, dessen einzelne Zweige unter einander und mit denen des benachbarten Gefässgebietes vielfach communiciren. Diese Anastomosen ermöglichen bei Ausschaltung eines beschränkten Theiles des normalen Mesenterialkreislaufes die rasche Bildung eines Collateralkreislaufes und eine ausreichende Ernährung des völlig von seinem Mesenterium abgelösten Darmstückes bis auf eine Strecke von ca. 2 cm. Bei weiterer Ablösung tritt stets Gangrän des mittelsten Abschnittes der losgetrennten Darmschlinge ein, die seitlichen Theile bleiben ernährt. Am frühesten wird die Schleimhaut des afficirten Darmes durch eine Mesenterialablösung geschädigt.

---

[1]) Zesas kommt in einem kürzlich veröffentlichten Aufsatz: „Ueber das Verhalten des von seinem Mesenterium abgelösten Darmes" (Langenbeck's Archiv f. klin. Chir. Bd. 33, 2. Heft) zu ganz ähnlichen Resultaten. Da sich zur Zeit des Erscheinens seiner Arbeit die meinige bereits im Druck befand, konnte ich seine Angaben nicht mehr berücksichtigen.

2) Durchtrennt man das Mesenterium einige Millimeter von seinem Ansatz an den Darm, so bleiben in dem schmalen, an letzterem hängenden Gekrösstreifen eine Anzahl feinster Gefässe, welche unter einander anastomosiren und eine bogenförmige Verbindung mit den zu beiden Seiten der Ablösungsstelle verlaufenden grösseren Gefässstämmen bilden. Diese wenn auch feine Gefässbrücke erleichtert die Herstellung eines Collateralkreislaufes ausserordentlich, so dass selbst eine mehrere Centimeter, bis 8 cm betragende Abtrennung des Mesenterium ohne bedeutende Gefahr vertragen wird, falls nicht gleichzeitig andere Schädlichkeiten, z. B. eine Kothstauung, auf das abgetrennte Darmstück einwirken. Unter Umständen sind die Circulationsstörungen in letzterem ganz unbedeutend und beschränken sich auf eine geringe Ecchymosirung; einer ausgedehnten Abtrennung folgt eine starke hämorrhagische Infarcirung der Darmwand mit blutiger Transsudation in das Darmlumen; ist sie zu ausgedehnt, so tritt Nekrose ein. In minder schweren Fällen verwächst das abgetrennte Mesenterium wieder mit seiner zugehörigen Schlinge, und es bildet sich wieder der normale Kreislauf aus.

3) Eine anhaltende Kothstauung beeinträchtigt die Circulation der Darmwand und kann, wenn dieselbe noch anderweitig gestört ist, zum raschen Eintreten von Gangrän wesentlich beitragen.

An der Hand dieser Erfahrungen dürften sich eine Anzahl jener auffälligen Fälle, in denen die zufällige Durchtrennung des Mesenterium auch beim Menschen selbst auf verhältnissmässig grosse Strecken ertragen wurde, ohne besondere Schwierigkeiten erklären lassen. Beim Menschen treten die grösseren Gefässarkaden nicht so dicht an den Darm heran wie beim Hunde; doch findet sich auch bei ihm zwischen den einzelnen Intestinalgefässen noch ein ausgedehntes feines Gefässnetz im Mesenterium vor. Durchtrennt man nun das letztere ½ bis 1 cm von seinem Ansatz an den Darm, so retrahirt sich der die erwähnten feinen Gefässcommunicationen tragende, dem Darm benachbarte Mesenterialstreifen sofort so bedeutend, dass es den Anschein gewinnt, als sei das Mesenterium gerade an seinem Ansatz abgelöst worden; nur eine genaue Betrachtung lässt ihn wahrnehmen. Nun ist die Annahme, dass namentlich in jenen Fällen, in denen bei Exstirpation von Tumoren das Mesenterium zufällig verletzt wurde, der Schnitt nicht direct seine Anheftungsstelle an den Darm traf, sondern etwas von ihm entfernt fiel, gewiss nicht unwahrscheinlich. Sie würde nach dem Gesagten aber die ungestörte Genesung wohl verständlich machen. Weshalb nun gerade bei der Darmresection und circulären Darmnaht die Gefahr einer auch nur auf wenige Millimeter sich erstreckenden Mesenterialablösung eine so imminente ist, ist ebenfalls leicht einzusehen. Einmal reisst hier das Mesenterium stets unmittel-

bar an seiner Ansatzstelle ab, sodann beeinträchtigt die Naht selbst
die Blutcirculation in den in der Darmwand selbst verlaufenden Gefässanastomosen ausserordentlich, drittens wird durch die Naht stets eine
gewisse Stenosirung des Darmlumens und damit eine wenn auch geringe Kothstauung bedingt.

Wodurch letztere so schädlich wirkt, ob durch die Dehnung der
Darmwand oder durch den Einfluss septischer Keime auf die ohnedies
in ihrer Ernährung beeinträchtigten Gewebe, lässt sich aus den geschilderten Versuchen nicht ohne weiteres entnehmen. Doch scheint
gerade das letztere Moment von wesentlicher Bedeutung zu sein, da
die Dehnung in keinem Falle einen irgend erheblichen Grad erreichte.
Wie gering sie war, liess sich namentlich bei den durch die Infusion
von indigschwefelsaurem Natron hervorgerufenen starken peristaltischen
Contractionen des Darmes erkennen. Wie weit ihr gleichwohl ein Einfluss
zukommt, werden die folgenden Zeilen lehren.

Kocher machte zuerst darauf aufmerksam, dass eine starke
Dehnung des Darmes allein schon genüge, um schwere Circulationsstörungen bis zur Gangränescenz in ihm hervorzurufen. Er blähte bei
Kaninchen Darmschlingen, welche er durch ziemlich weite Holzringe
gezogen, stark mit Luft auf und unterband dann ihr zuführendes Ende
oberhalb der Bruchpforte. Nach dem Tode der Thiere fand er die
Schlinge in gleicher Weise gebläht, wie beim Versuch; ein Theil der
Luft war zwar resorbirt, doch durch Darmschleim resp. stark blutig
gefärbtes Transsudat ersetzt; die Wand der Schlinge selbst zeigte
zahlreiche ausgedehnte Ecchymosirung ihrer sämmtlichen Schichten.
Diese Versuche hatten indess deshalb keine besondere Beweiskraft, da
bei ihnen gleichzeitig eine Compression der Mesenterialgefässe der
Schlinge stattfand, also der Einwand nicht abzulehnen war, dass die
Circulationsstörungen lediglich von letzteren abhingen. Kocher unterband daher in einer zweiten Versuchsreihe den Darm an zwei Stellen
und blähte nun das zwischen beiden Ligaturen gelegene Stück in
gleicher Weise, wie früher die Bruchschlinge, auf. Das Resultat war
ein gleiches. Daraus schloss er, dass die an eingeklemmten Brüchen
auftretenden Circulationsstörungen nur zum Theil auf die Compression
der Mesenterialgefässe zu beziehen seien, zum grösseren Theil auf die
Dehnung der Schlinge durch den in sie geschleuderten Darminhalt
resp. die in sie stattfindende Transsudation.

Die Wichtigkeit dieser Punkte, die weittragende Bedeutung der
Kocher'schen Schlussfolgerungen forderte zu Controllversuchen auf.
Ich stellte dieselben in der gleichen Weise an, wie Kocher in seiner
zweiterwähnten Versuchsreihe; meine Resultate weichen nicht unerheblich von den seinigen ab.

Versuch 25. 1. Juli 1885. Bei einem kräftigen, mittelgrossen Hunde umband ich den ziemlich fettreichen Dünndarm an 4 Stellen mit einem Bande. Die Entfernung zwischen Ligatur I und II, sowie zwischen III und IV betrug circa 7 bis 8 cm, die zwischen II und III circa 12 cm. Durch einen kleinen Einschnitt zwischen zwei seitlichen Ligaturen — wie sich später herausstellte, zwischen III und IV — wurde nun ein fester Katheter von 5 mm Durchmesser in das Darmrohr geführt und auf diesem sämmtliche Ligaturen ziemlich fest geschnürt. Nun wurde mit einer Spritze durch den Katheter in das mittlere Darmstück b zwischen Ligatur II und III Wasser injicirt. Dasselbe blähte sich, doch trat bald nach einiger Füllung Wasser auch in das Darmstück a zwischen Ligatur I und II. Deshalb wurde die Ligatur II nochmals gelöst und fester geschnürt, darauf abermals in den mittleren Darmabschnitt b Wasser bis zu einer bedeutenden Spannung eingespritzt. Die Gefässe desselben erschienen nun stark injicirt; Peristaltik war an ihm nicht mehr zu bemerken; auch nach dem Rückziehen des Katheters blieb die Schlinge stark gebläht. — Nun wurde die Incisionswunde durch zwei Lembert'sche Nähte geschlossen und der Darm reponirt. — Bald nach Beendigung der Operation defäcirte der Hund eine reichliche Menge dünnbreiigen Kothes.

Nach 24 Stunden öffnete ich die Bauchwunde wieder. Die Tags zuvor unterbundene Darmschlinge lag ziemlich tief und war durch einige Adhäsionen mit der Nachbarschaft fixirt; insbesondere war das Netz mit ihr, wie mit ihrem Mesenterium, besonders an den Ligaturstellen, ziemlich fest verklebt; doch gelang es, die Adhäsionen ohne Blutung zu lösen. Das Aussehen der Schlinge war in ihrer ganzen Ausdehnung nahezu normal; nur der Darm oberhalb der Ligatur I war gebläht und injicirt, in geringerem Grade auch das Darmstück a zwischen Ligatur I und II. Darmabschnitt b, also derjenige, der am Tage vorher ad maximum gebläht worden war, war jetzt wieder von normaler Weite, gar nicht mehr gebläht, nicht injicirt; desgleichen das Darmstück c zwischen Ligatur III und IV, an welchem sich die genähte Incisionswunde völlig gut aussehend vorfand. Auf äussere Reize, Kneifen etc., contrahirte sich jeder Abschnitt des Darmes völlig prompt; der Darm oberhalb der Ligatur I befand sich auch spontan in beständiger lebhafter peristaltischer Bewegung. Peritonitis fehlte. — Um den Hund für einen späteren Versuch am Leben zu erhalten, resecirte ich nun das ganze, etwa 35 cm lange Darmstück, das zum Versuch gedient hatte, und stellte die Continuität des Darmrohres durch primäre circuläre Darmnaht wieder her. Das Thier genas. — In dem resecirten Darme fand sich oberhalb Ligatur I eine reichliche Menge dünnen, graugelblichen, krümlichen Kothes; den gleichen Inhalt barg auch noch Abschnitt a; hingegen enthielt b neben einer grösseren Menge von Tänienstücken nur Gase und ganz wenig Koth, gar kein Wasser, Abschnitt c desgleichen Gase, wenig bröckligen Koth und Bandwurmstücke. Die Darmschleimhaut von b und c war blass, weder injicirt noch gar hämorrhagisch infarcirt, die von a, sowie die des Darmes oberhalb der Ligatur I stark geröthet. An der Ligaturstelle II war die Schleimhaut in grösster Ausdehnung bis auf die Muscularis quer durchtrennt, in geringerer Ausdehnung an den Stellen III und IV; an Stelle I zeigte sie nur oberflächliche Verschürfungen. Dem entsprach das Aussehen der Darmoberfläche. Dieselbe zeigte an der Ligatur I nur eine leichte Einschnürung und etwas stärkere Injection, an II war sie bis in die Längsmuskelschicht hinein eingeschnürt, Serosa und Längsmuskelschicht grösstentheils quer durchtrennt; an III und IV war die Serosa völlig durchtrennt, die Längsmuskelschicht seicht eingeschnitten.

Epikritisch will ich hier nur darauf hinweisen, dass, obwohl ich sämmtliche Ligaturen von vornherein um den nur 5 mm im Durchmesser haltenden Katheter ziemlich fest geschnürt hatte, gleichwohl Wasser bei stärkerer Füllung des Mittelstückes b in Abschnitt a einströmte und erst durch ein noch festeres Anziehen der II. Ligatur hieran verhindert wurde, sowie darauf, dass auch die durch Ligatur I bedingte hochgradige Stenose durch die Peristaltik forcirt wurde, wie der später in ihr gefundene Koth beweist. Es stützt dies meine frühere Behauptung, dass der Busch'sche Stenosenversuch nur bei einer sehr beträchtlichen Verengung des Darmrohres gelingt. An 4 Stellen unterband ich den Darm, obwohl ich nur das mittelste Stück b aufblähte, deshalb, um die Incisionswunde den schädlichen Einflüssen einer Kothstauung zu entziehen.

Versuch 26. 11. August 1885. Bei einem kleinen, mageren Schäferhunde umschnürte ich den Dünndarm wiederum an 4 Stellen — diesmal nicht auf einem Katheter — und zwar schnürte ich die oberste und unterste Ligatur I und IV alsbald fest zu, während ich die beiden mittleren Ligaturen II und III vorläufig nur locker umlegte. Von dem Mittelstück b zwischen Ligatur II und III blähte ich nun mittelst einer feinen, durch die Stenose bei II und III geführten Trokarcanüle die obere Schlinge a zwischen Ligatur I und II mit Luft, die untere c zwischen Ligatur III und IV mit Wasser bis zur Gefahr des Platzens des Darmes auf, indem ich im Moment des Zurückziehens der Canüle die beiden Ligaturen II und III nun auch fest zuschnüren liess. Beide Schlingen waren stark gespannt, Abschnitt c jedoch noch praller als a; auch das Mittelstück b hatte sich, dadurch, dass bei der Injection von Luft in a neben der Canüle etwas Luft nach b zurückströmte, etwas gebläht. Die Peristaltik von a und c war sogleich aufgehoben; beide Darmabschnitte färbten sich schön rosaroth. Schlinge a mass nach dem Aufblähen 9 cm, Schlinge c 18 cm. Die Differenz war, obgleich anfangs beide Schlingen gleich lang ausgewählt worden, dadurch bedingt, dass Ligatur II in die Darmwand etwas eingeschnitten hatte und deshalb dann etwas näher an Ligatur I herangelegt werden musste.

Bei der Wiedereröffnung des Abdomen nach 27 Stunden lag sogleich die Darmschlinge, die zum Versuch gedient hatte, vor; sie war ziemlich stark geröthet und mit dem Netz verklebt. Die tiefer gelegenen Darmschlingen, sowie auch die Serosa parietalis waren völlig frei von entzündlichen Veränderungen; ein freier Erguss in das Abdomen bestand nicht. An den Schnürstellen fanden sich bereits ziemlich feste pseudomembranöse

Auflagerungen, die die Bänder einhüllten. Darmabschnitt a und c sind beide noch etwas gebläht, doch erheblich schwächer, als am Tage zuvor; von einer prallen Füllung ist gar keine Rede mehr; beide Schlingen lassen sich leicht comprimiren; auf directen Reiz contrahiren sie sich deutlich; ausser einer starken Injection der Serosa lassen sie ebensowenig, wie Schlinge b, oder wie der Darm oberhalb der Ligatur I oder unterhalb der Ligatur IV irgend wo stärkere Circulationsstörungen wahrnehmen, sind nicht verfärbt, nicht infarcirt. Als Inhalt fand sich nach dem Aufschneiden des Darmrohres in a stinkende Gase, wenige, der Schleimhaut fest anhaftende Kothkrümel, kein Blut, desgleichen in dem Mittelstück b. Schlinge c enthielt ebenso wie der Darm oberhalb der Ligatur I dünnflüssigen, hellbräunlichen Koth; in dem Darm unterhalb der Ligatur IV fanden sich nur trockne, gelbliche Kothbröckel. Die Farbe der Schleimhaut von Schlinge a und b war wegen des anhaftenden braunen Kothes schwer zu erkennen; doch schienen in ihre Darmzotten kleinste Blutungen stattgefunden zu haben, sonst aber in keinen Theil der Darmwand; Mucosa, wie Muscularis und Serosa waren in ihrer ganzen Dicke normal. Die Schleimhaut des Abschnittes c zeigte nur eine ganz schwache Injection, keine Ecchymosen, war sonst, gleich den übrigen Schichten der Darmwand, normal. Die Breite des aufgeschnittenen Darmes betrug oberhalb der Ligatur I 36 mm, innerhalb a und b je 34 mm, in c wieder 36 mm, unterhalb der Ligatur IV 31 mm.

Versuch 27. 16. September 1855. Die Versuchsanordnung war die gleiche, wie in Versuch 26. Nur wurde diesmal die obere Schlinge a mit Wasser, die untere c mit Luft gebläht. Auch trieb ich die Blähung zu einem noch höheren Grade, als in den früheren Versuchen, so weit, bis die Wand des Darmes erblasste, während sie früher rosa gefärbt blieb. Die einzelnen Ligaturen lagen je 10 cm von einander entfernt.

Nach 24 Stunden fand sich Darmabschnitt a noch stark gebläht: er war jetzt weiter, als bei dem Versuch, doch kürzer; seine Spannung war daher zwar noch gross, aber doch erheblich geringer, als unmittelbar nach der Wasserinjection. Es war dies Darmstück sehr stark geröthet, an seiner Convexität blauroth verfärbt, theilweis ecchymosirt und zeigte zahlreiche fibrinöse Beschläge seiner Serosa. Es enthielt dünnen, etwas mit Blut vermischten, bräunlichen Koth. Seine Schleimhaut war im allgemeinen blaugrau, an der Convexität der Schlinge jedoch in einer Länge von 2 cm, einer Breite von 1 cm schwarzblau verfärbt; ein Durchschnitt durch die Darmwand an dieser Stelle zeigte, dass sie in allen Schichten blutig suffundirt, indess nicht verdünnt war; an den andern Stellen war die Darmwand mässig hämorrhagisch infarcirt. — Darmabschnitt c war auch noch stark gefüllt, doch bedeutend weniger als a. Seine Serosa war gleichfalls stark geröthet und fibrinös belegt, doch waren die Entzündungs-, wie die Stauungserscheinungen geringer, als bei a. Seinen Inhalt bildete dünner, nicht blutiger, bräunlicher Koth. Seine Schleimhaut war blass, nirgends suffundirt; hingegen war seine Wand in ihrer ganzen Dicke in geringem Grade infarcirt. — Sämmtliche Schnürfurchen waren stark verdünnt, und die Serosa wie die Schleimhaut an ihnen partiell eingerissen. — An der Concavität der geblähten Darmabschnitte a und c bemerkte man noch eine schwache Peristaltik, doch nicht an ihrer Convexität. — Das Mittelstück b zeigte, abgesehen von geringer peritonitischer Reizung seiner Serosa, leichter Injection und fibrinösen Beschlägen, keine pathologischen Veränderungen. — Die peritonitischen Zeichen beschränkten sich auf das Darmstück, das zum Versuch gedient hatte, fehlten an den andern Darmschlingen vollständig.

Der vorstehende Versuch beweist in der That, dass eine starke Dehnung des Darmes allein ausreicht, um seine Ernährung so schwer zu schädigen, dass er gangränescirt. Wenigstens sind die Circulationsstörungen der gedehnten Darmwand im. letzten Experiment so hochgradige, dass ihre Lebensfähigkeit, die Möglichkeit einer Wiedererholung, äusserst fraglich erscheinen muss. Ihr Bild entsprach vollständig der Kocher'schen Schilderung. Jedoch kommt es nur dann zu so bedeutenden Kreislaufstörungen in der Wand einer gedehnten Darmschlinge, wenn der Injectionsdruck eine extreme Höhe erreicht, der Spannungsgrad dem Seitendruck der Darmwandarterien gleichkommt, also der arterielle Zufluss erheblich erschwert oder gar völlig aufgehoben wird. Eine derartige Drucksteigerung comprimirt natürlich auch die Lymphbahnen in der Darmwand und verlangsamt damit die Resorption des Darminhaltes, resp. schliesst sie zeit- und stellenweise ganz aus. Deshalb bleibt eine derartig gespannte Schlinge auch länger einem so hohen Druck ausgesetzt, als eine weniger gespannte. — Erreicht der Injectionsdruck keine so extreme Höhe, so kann es, wie unsere ersten beiden Versuche zeigen, sehr rasch zu einem Ausgleich und einer beinahe völligen Restitution kommen; die in den Darmzotten sichtbaren kleinen Ecchymosen hingen wahrscheinlich von einer vorübergehenden venösen Stauung ab. Die injicirte Luft oder Flüssigkeit wird verhältnissmässig rasch resorbirt, die Blutcirculation wird dadurch bald wieder frei, und die durch die acute Dehnung aufgehobene Peristaltik stellt sich rasch wieder vollkommen her, obwohl, wie ich ausdrücklich hervorheben muss, der Injectionsdruck eine anfängliche Spannung der Schlinge bewirkte, wie sie in der Natur nie vorkommt. — Dass Kocher so regelmässig, ich nur ausnahmsweise so schwere Störungen durch die Dehnung des Darmes bewirkt sah, glaube ich dadurch erklären zu können, dass er am Kaninchen, ich am Hunde experimentirte. Die Darmwand des ersteren ist beträchtlich dünnwandiger und dehnbarer, als die des letzteren; es wird deshalb leichter die erforderliche extreme Spannung erreicht werden, und zwar um so eher, als die Darmmuskulatur beim Hund weit stärker entwickelt ist, als beim Kaninchen.

Diese spielt aber, meiner Ansicht nach, bei den in Rede stehenden Vorgängen eine wesentliche Rolle. Ich stütze meine Anschauung auf folgende Beobachtung. Selbst bei grösstmöglichster Drucksteigerung gelingt es nie, einen gesunden Darm so excessiv zu dehnen, wie wir dies bei incarcerirten Hernien sowohl in der Bruchschlinge selbst, als namentlich in dem zuführenden Darmrohre oberhalb der Bruchpforte bei mehrtägiger Einklemmung öfter wahrzunehmen Gelegenheit haben. Eher platzt der Darm, ehe er sich zu solcher Weite acut aufblähen lässt. Leider habe ich bei meinen letzten Experimenten versäumt, den Umfang der gedehnten Darmschlingen zu messen; doch dürfte derselbe nach approximativer Schätzung kaum 35 bis 40 mm überstiegen haben; hingegen sahen wir in unseren ersten Experimenten bei Hunden gleicher Grösse den Darm vor der Bruchpforte manchmal bis auf 70 bis 80 mm im Umfang dilatirt, und trotz dieser beträchtlichen Weite war seine Spannung weit geringer, als in jenen acut gedehnten Darmschlingen. Ein anhaltender, an Intensität zunehmender Druck bewirkt somit eine stärkere Dehnung des Darmes, als ein nur kurze Zeit währender, weit höherer Druck. Es verhält sich der Darm also wesentlich anders, als ein todter elastischer Schlauch, und der bedeutendste Antheil dieses Unterschiedes dürfte auf Rechnung der Darmmusculatur zu setzen sein. Ich stelle mir den Vorgang etwa folgendermassen vor:

Die acute Dehnung des Darmes wirkt als kräftiger Reiz auf ihre Musculatur und ruft eine tonische Contraction derselben hervor. Da der Darminhalt nicht entweichen kann, äussert sich diese nur in der starken Spannung, welche alle Flüssigkeit aus der Darmwand, also Blut und Lymphe, soweit möglich heraustreibt und die arterielle Blutzufuhr erschwert. Diese tonische Contraction kann natürlich nicht allzu lange währen. Allmählich erschlaffen die Muskelfasern und werden schliesslich gelähmt, theils als direkte Folge der starken Dehnung, theils infolge der mangelhaften Blutzufuhr. Beide Momente bewirken wahrscheinlich gleichzeitig auch eine Lockerung des gesammten Gefüges der die Darmwand zusammensetzenden Elemente. Mit der Erschlaffung der Musculatur lässt aber auch die Spannung nach und damit ist der erste Schritt zur Reconstitution der Gewebe gethan. Die Blutzufuhr wird wieder leichter und reichlicher, die Lymphbahnen werden wieder geöffnet; so erfolgt jetzt rascher eine Resorption des Darminhaltes, die besser ernährten Muskelfasern gewinnen allmählich ihren Tonus wieder, und es kehren, da auch der Darminhalt sich vermindert hat, relativ schnell die Peristaltik und völlig normale Verhältnisse wieder.

War indess die Dehnung, wie in unserem Versuch 27, eine zu excessive, so bewirkt das mit dem Nachlass der Spannung wieder einströmende arterielle Blut nur zum Theil eine Wiederherstellung der afficirten Gewebe. Dieselben verhalten sich ähnlich wie solche, die

eine gewisse Zeit lang ganz von der Circulation ausgeschlossen waren.
Gerade die Darmwand ist aber, wie wir wissen, gegen eine solche,
selbst nur kurze Zeit dauernde, totale Unterbrechung derselben äusserst
empfindlich; mit dem Wiedereintreten des Blutes kommt es zur Dia-
pedese aus den Capillaren und kleinen Venen und zur hämorrhagischen
Infarcirung der ganzen Darmwand. Die Theile, deren Circulation am
schwersten gestört war, also die Convexität der Darmwand, werden
am schwersten afficirt und fallen am ehesten der Gangrän anheim.
Auf diese Weise erklärt es sich, dass Bruchschlingen, welche bei der
Herniotomie noch ein ganz leidliches Aussehen hatten, nach der Reposition gangränös werden und perforiren können. Die Transsudation
aus den Darmgefässen findet aber ebenso, wie in das Gewebe, auch in
das Darmlumen selbst statt; daher die blutige Verfärbung des Kothes,
welche wir in unseren und den Kocher'schen Experimenten kennen
lernten. Diese Transsudation hinwiederum bedingt eine Vermehrung
des Darminhaltes und kann, wenn ihr die Resorption nicht gleichen
Schritt hält, jetzt noch zu einer weiteren Dehnung des nunmehr einen
schlaffen, elastischen Schlauch bildenden Darmes führen.

Etwas anders gestalten sich die Verhältnisse bei zwar geringerer,
doch langsam stetig zunehmender Dehnung des Darmes, wie wir sie
oberhalb der Bruchpforte im zuführenden Darmrohre wahrnehmen.
Auch hier treten, und zwar schon frühzeitig, ehe es zu einer irgend
beträchtlichen Dehnung gekommen, Circulationsstörungen auf, finden
wir doch in Versuch 25 in dem Darm oberhalb der obersten Ligatur,
obwohl seine Peristaltik noch vollständig erhalten war, weit erheblichere
Veränderungen als in dem acut gedehnten Darmabschnitt. Doch sind
diese Kreislaufstörungen anderer Art, als die eben geschilderten; sie
beruhen wenigstens im Anfang wesentlich auf einer arteriellen Hyperämie.
Ubi stimulus, ibi affluxus! Die Behinderung der Kothpassage wirkt
als mächtiger Reiz auf die Peristaltik, und diese wird, wie jede
energische Muskelthätigkeit, von einer reichlichen Blutzufuhr begleitet.
Dass es sich in der That um eine arterielle Hyperämie handelt, beweist nicht nur die hellrothe Farbe des Darmes, die starke Injection
seiner Serosa, sondern geht mit Sicherheit aus den Fällen hervor, in
denen es sich nicht um eine vollständige Aufhebung, sondern nur um
eine Verengerung des Darmlumens handelt. Wir sehen dann bei
längerem Bestehen des Hindernisses sich im zuführenden Darmrohre,
z. B. in Versuch 13, eine wahre Hypertrophie sämmtlicher Gewebe
seiner Wandung ausbilden; eine solche ist aber stets nur die Folge
einer arteriellen, nie einer venösen Hyperämie. Infolge dieses bedeutenden Blutreichthums und der durch ihn verursachten stärkeren Durch-
feuchtung und Succulenz der Darmwand veranlassen die erheblichen

Zerrungen, welchen gerade der Darmabschnitt unmittelbar oberhalb des Hindernisses infolge des vergeblichen Andrängens des Darminhaltes und der Dehnung seiner Wand ausgesetzt ist, leicht ein Zerreissen einzelner Capillaren; wir nehmen daher oft schon nach 24 bis 48 Stunden eine nicht unbeträchtliche Ecchymosirung namentlich in der Schleimhaut dieses Abschnittes wahr. — Wird nun das Hinderniss nicht rechtzeitig beseitigt, also die Einklemmung gelöst, so kommt es auch in dem Darme oberhalb schliesslich zur Erschlaffung und Paralyse der Muskulatur. Dieselbe tritt später ein, als bei acuter Dehnung, weil die Dehnung keine so bedeutende, als in diesem Falle, ist und die reichliche Blutzufuhr die Ernährung und Function länger erhält. Mit dem Eintritt der Lähmung der Darmwand unmittelbar vor dem Hinderniss beginnt auch ihre passive Dehnung durch den durch die Peristaltik der höher gelegenen Schlingen in sie geschleuderten Darminhalt relativ rasch fortzuschreiten, und es kommt nun auch mit dem gleichzeitigen Nachlass des arteriellen Affluxes zur hämorrhagischen Infarcirung der Darmwand und schliesslichen Gangrän. Auch hier werden natürlich die dem Circulationscentrum am entferntesten liegenden Theile, also die Convexität der Darmwand, am frühesten geschädigt. Nun beginnt aber ein Circulus vitiosus der schlimmsten Art: die Dehnung schädigt die Circulation, die Circulationsstörung wiederum begünstigt die Dehnung. Letzteres zeigen recht deutlich unsere Versuche 21 und 22, in welchen die mittelsten Abschnitte der von ihrem Mesenterium getrennten Darmschlingen sich beim Eintritt der Peristaltik stark spindelförmig blähten, die seitlichen noch ernährten Theile sich gut contrahirten. Auf diese Weise entstehen jene Dehnungen und Ernährungsstörungen extremsten Grades, wie wir sie in Versuch 3, 9, 13 etc. oberhalb der Bruchpforte mehrfach beobachteten und zuweilen auch klinisch zu sehen Gelegenheit haben. Je nach der Dauer der Einklemmung, sowie je nach dem Füllungsgrade des Darmes oberhalb derselben reichen diese Veränderungen höher oder minder hoch hinauf, und es erklärt sich auf diese Weise recht gut die Erfahrung, dass selbst die Resection eines 10 cm langen Darmstückes oberhalb einer brandigen Hernie bei Anwendung der primären circulären Darmnaht nicht sicher vor nachträglicher Gangränescenz der Nahtstelle schützt.

Für das zuweilen auffallend frühzeitige Auftreten der Gangrän des Darmes ist nun fernerhin neben der Dehnung gewiss auch die septische Beschaffenheit seines Inhaltes von nicht zu unterschätzender Bedeutung. Die Ecchymosirung und Auflockerung der Darmschleimhaut, die Abschilferung der Darmepithelien begünstigt das Eindringen der Fäulnisskeime in die infolge ihrer Ernährungsstörungen minder widerstandsfähigen Gewebe und erleichtert die Ulceration und den gangränösen Zerfall. Mancher Obductionsbefund unserer Experimente, der diphtheritische Belag der Schleimhaut bei noch ziemlich intakter Serosa und Muscularis etc., spricht dafür, dass die Gangrän in der That von der Schleimhaut ausgeht und nach aussen fortschreitet, sowohl in der Bruchschlinge, wie in dem Darme oberhalb der Bruchpforte. Die Gangrän der Schnürfurchen dürfte hingegen wahrscheinlich — etwas Sicheres weiss ich darüber nicht anzugeben — den umgekehrten Weg einschlagen, da sie ja hauptsächlich durch directe Druckusur bedingt ist.

Uebertragen wir nun die am Experiment gewonnenen Erfahrungen auf die Verhältnisse der Brucheinklemmung beim Menschen, so entsteht zunächst die Frage: Kommt bei letzterer eine solche Dehnung, welche für sich allein ausreicht, um schwere Circulationsstörungen zu bewirken, überhaupt vor? Die soeben näher geschilderte allmähliche, stetig zunehmende Dehnung findet sich sicher auch im zuführenden Darmrohre oberhalb eines eingeklemmten Bruches und äussert die gleichen schädlichen Einflüsse, wie oberhalb der Ligatur des Darmes beim Versuchsthiere, sind doch die Bedingungen absolut die gleichen. In der That finden wir auch dieselben Veränderuugen am Darm hier wie dort und müssen sie auf die gleiche Weise erklären. — Anders verhält es sich mit der acuten Dehnung, welcher Kocher für die Lähmung der Peristaltik und die Circulationsstörungen der Bruchschlinge einen so wesentlichen Einfluss zuschreibt. Bei Besprechung des Mechanismus der Brucheinklemmung glaube ich den Nachweis geführt zu haben, dass eine irgend erhebliche Dehnung und Spannung der Bruchschlinge durch den einströmenden Koth wenigstens in der Mehrzahl der Fälle überhaupt nicht vorkommt, dass wir in vielen Fällen die Schlinge gar nicht gedehnt finden, und in andern, in denen sie prall gefüllt ist, die Füllung keine primäre ist, nicht durch den Darminhalt, sondern die in das Lumen der Bruchschlinge stattfindende Transsudation secundär bewirkt wird. (Ich halte ferner den Nachweis, dass die Peristaltik der letzteren bald nach der Einklemmung durch den eingetriebenen Koth gelähmt werde, für durchaus nicht erbracht. Allerdings schwindet sie, wenn man eine durch einen Bruchring gezogene Darmschlinge plötzlich aufbläht, in dieser sofort, auch wenn ein Theil der injicirten Luft oder Flüssigkeit sich alsbald in das zuführende Darmrohr wieder entleert und dadurch die Spannung in ihr nachlässt; sie stellt sich indess, wie die Versuche meiner ersten Gruppe mit durchsichtigen, extraabdominalen Bruchsäcken zeigen, ziemlich rasch wieder her. Freilich ist sie in der Bruchschlinge gering und erlischt, falls die Einklemmung anhält, bald ganz, aber nicht infolge zu erheblicher Dehnung der Schlinge, sondern ihrer durch die Compression ihrer Gefässe im Bruchring bedingten Circulationsstörungen.) Aber selbst zugegeben, dass in einer Minderheit der Fälle die Bruchschlinge gleich beim Entstehen der Incarceration prall durch Koth gedehnt würde, so könnte diese Dehnung allein keine schweren Störungen zur Folge haben, denn die Kraft der Peristaltik reicht nicht entfernt an die des kraftvoll vorgestossenen Spritzenstempels hinan, also kann auch die durch erstere bewirkte Spannung nie den Grad erreichen, den wir in unseren Versuchen erzielten, und doch fanden wir in Versuch 25 und 26 den gedehnten Darm nach 24 Stunden von fast normalem Aussehen.

Immerhin kommt der Dehnung ein nicht zu unterschätzender Einfluss auf die Circulation der Bruchschlinge zu, aber nur deshalb, weil sie auf einen unter abnormen Bedingungen stehenden und durch eine infolge Compression der Gefässe entstandene venöse Stauung bereits pathologisch veränderten Darm wirkt. Bei sonst normalen Verhältnissen würde der flüssige Theil des Bruchschlingeninhaltes ohne weiteres resorbirt und damit die Dehnung der letzteren rasch beseitigt werden. Da indess ebenso wie die Blutzu- und -abfuhr auch die Resorption behindert ist, bleibt die, wenn auch geringgradige Dehnung lange bestehen, ja sie nimmt, da die Resorption mit der Transsudation in das Darmlumen nicht gleichen Schritt hält, allmählich zu und kann auf diese Weise allerdings einen Grad erreichen, um ihrerseits wiederum eine weitere Erschwerung des Blutkreislaufes der Bruchschlinge zu bilden.

Nun giebt es allerdings zuweilen Fälle, in denen der eingeklemmte Darm ganz abnorm dilatirt, seine Wand verdünnt, dunkelblau suffundirt, ja nekrotisch ist, und es können diese Fälle den Anschein erwecken, als sei bei ihnen die Dehnung die Hauptsache der schweren Circulationsstörungen, doch hiesse dies auch die Ursache mit der Wirkung verwechseln. Wir wissen ja aus unsern Experimenten, dass ein gesunder Darm eher platzt, als eine derartige excessive Dehnung gestattet, hingegen ein in seiner Ernährung geschädigter der Dehnung nur geringen Widerstand entgegensetzt. Die erwähnte extreme Dehnung der Bruchschlinge ist demnach auch die Folge der Circulationsstörung. nicht die Ursache, und daher erklärt sich auch die üble Prognose derartig gedehnter Bruchschlingen. Nicht weil sie gedehnt sind, sondern weil sie in ihrer Ernährung bereits so überaus schwer geschädigt sind, um eine solche Dehnung zuzulassen, verfallen sie auch nach der Reposition fast regelmässig der Nekrose. Es darf deshalb, selbst wenn die Gangrän der Bruchschlinge noch nicht deutlich ausgeprägt ist. schon eine zu bedeutende Dehnung als Contraindication für die Reposition aufgestellt werden. — Die wesentliche Ursache für die

Ernährungsstörungen der Bruchschlinge liegt demnach in der Compression ihrer Gefässe; ihre Dehnung kommt erst in zweiter Linie in Betracht.

Nun können wir öfter beobachten, dass die Gangrän eines eingeklemmten Bruches gerade am Scheitel der Schlinge beginnt. Auch dies sucht Kocher, welcher der Dehnung meiner Ansicht nach einen zu grossen Antheil an dem Zustandekommen der Circulationsstörungen zuschreibt, durch dieselbe zu erklären. Indess kann ich seine Annahme, dass an dieser Stelle die Dehnung am grössten sei, weil der Darm hier gewissermassen über ein Hypomochlion, gebildet von dem miteingeklemmten Mesenterialkeil, gestreckt werde, nicht für richtig halten. Es muss der Inhaltsdruck, der doch allein die Dehnung bewirkt und für das durch letztere erzeugte Zustandekommen von Kreislaufstörungen allein von Bedeutung ist, nothwendig an allen Punkten der Bruchschlingenwand nach hydrostatischen Gesetzen gleich gross sein, demnach kann auch die Dehnung nicht hier eine höhere sein, als an anderen Stellen. Den häufigeren Beginn der Gangrän am Scheitel der Bruchschlinge führe ich vielmehr, indem ich mich ganz der älteren Ansicht der Autoren anschliesse, darauf zurück, dass dieser Punkt am weitesten von dem Centrum des Blutkreislaufes entfernt ist und daher am schlechtesten ernährt wird.

Schon mehrfach hatte ich Gelegenheit genommen, auf die Verschiedenheit des Druckes hinzuweisen, welchen die einzelnen im Bruchringe gelegenen Gewebe erleiden. Dem stärksten Druck sind, da es sich um elastische Gewebe handelt, natürlich die peripher gelegenen, also convexen Wände der Schlinge an der Stelle ausgesetzt, wo sie dem scharfrandigen resistenten Bruchring anliegen; von ihm nach der Mitte zu nimmt die Compression ab. Daher sind auch die Schnürfurchen häufig bereits scharf ausgeprägt und nicht selten schon gangränös zu einer Zeit, zu welcher die Bruchschlinge selbst noch ein leidliches Aussehen zeigt. Jedoch besteht noch ein wesentlicher Unterschied zwischen dem zu- und abführenden Schenkel zu Ungunsten des ersteren. Die Dehnung der Bruchschlinge einer-, die des zuführenden geblähten Darmrohres andrerseits zerren, indem sie sich gerade zu strecken suchen, seine convexe Wand nach aussen und pressen sie, sie abknickend, stark gegen die scharfe Kante des Bruchringes an. Auf den abführenden Schenkel wirkt hingegen nur — abgesehen von der durch die Enge der Bruchpforte ausgeübten Compression — die Kraft der gedehnten Bruchschlinge, fehlt ein Gegenzug von der abdominalen Seite her. Nur in seltenen Ausnahmefällen tritt daher die Gangrän früher am ab- als am zuführenden Schenkel ein, und in diesen Fällen lässt sich meist die specielle Ursache dieser auffallenden

Abweichung von der Norm nachweisen. So erklärt sich z. B. im Falle Flechtner dies auffallende Verhalten dadurch, dass der abführende Schenkel stark über den oberen Rand des Bruchringes abgeknickt und in dieser Stellung fixirt war. — Auch eine gleichzeitige Netzeinklemmung bedingt Druckverschiedenheiten innerhalb des Bruchringes, indem das Netz als ein ziemlich dickes elastisches Polster wirkt und dadurch den Druck des Bruchringes abschwächt. Ferner ist die Form des Bruchringes, je nachdem er völlig rund ist oder nicht, je nachdem er schmal oder kanalförmig ist und dergl., von wesentlichem Einfluss. Die Verhältnisse, welche alle auf den Sitz und die Ausdehnung der Circulationsstörungen der Bruchschlinge wirken, sind so complicirt und mannigfaltig, dass es nicht immer möglich, im einzelnen Falle die Ursache derselben zu bestimmen. Im Allgemeinen lässt sich nur folgendes sagen: Je enger die Bruchpforte, je kleiner die eingeklemmte Schlinge, um so schwerer sind für gewöhnlich die Ernährungsstörungen der letzteren, um so eher verfällt sie der Gangrän in ihrer ganzen Ausdehnung. Am ungünstigsten sind demnach die Darmwandbrüche gestellt, da sie ihre Blutzufuhr lediglich aus den in der Darmwand selbst verlaufenden Gefässen erhalten. Daher treffen wir auch bei ihnen am häufigsten Totalgangrän der ganzen Bruchschlinge und am frühesten Gangrän an ihrem Scheitel an. Das frühe Auftreten an letzter Stelle erklärt sich aber ganz ungezwungen daraus, dass dieselbe am weitesten von den Gefässen, aus denen sie ihr Blut bezieht, entfernt liegt; es bedarf nicht der Kocher'schen Annahme einer grösseren Dehnung dieses Bezirks. Unter Umständen macht sich aber, wie Fall Nowack lehrt, selbst bei den Littré'schen Hernien der verderbliche Einfluss des starken Druckes an der oberen Schnürfurche geltend, so dass wir im genannten Falle den nach dem zuführenden Schenkel zu gelegenen Theil der Schnürfurche bereits gangränös, die Schlinge selbst nur mässig cyanotisch fanden. — Eine Gangrän der oberen Schnürfurche haben wir am ehesten zu erwarten bei relativ langer Dauer der Einklemmung, die zu einer stärkeren Kothstauung oberhalb der Pforte führt. Grosse Bruchschlingen zeigen in der Regel nur fleckweise gangränöse Partien am Scheitel der Schlinge, eventuell gleichzeitig an der oberen Schnürfurche. Ich stütze mich hierbei auf die grösstentheils im vorigen Hauptabschnitt mitgetheilten Krankengeschichten; sie einzeln hervorzuheben würde zu weit und zu Wiederholungen führen. Der Vollständigkeit wegen seien hier noch einige oben nicht erwähnte Fälle von Gangrän der Bruchschlinge angeführt.

Beobachtung 61. Frau Anna Labitzki, 56 Jahr alt, wurde am 17. Januar 1876 von einer innern Abtheilung des Hospitals mit einer seit mehreren Tagen bestehenden Einklemmung einer linksseitigen Schenkelhernie auf die chirurgische Klinik aufgenommen. Sie wurde sofort operirt und die noch leidlich aussehende Bruchschlinge in das Abdomen reponirt. Am 20. starb Patientin.

Die Obduction ergab als Todesursache eine geringe, von einer Nekrose der reponirten Bruchschlinge ausgegangene Peritonitis. Die eingeklemmt gewesene Darmschlinge kennzeichnete sich durch eine schwärzliche Verfärbung; gegen das obere Darmrohr war sie durch eine tiefe, mit Hämorrhagien durchsetzte Furche scharf abgesetzt, von dem unteren nur durch eine bedeutend flachere Furche gesondert; ihre Länge betrug an der Convexität 6 cm, an der Concavität 2 cm. Ober- und unterhalb dieses Abschnittes ist der Darm je 50 cm weit stark injicirt und fibrinös belegt; in der Nähe der früheren Bruchschlinge sind die fibrinösen Auflagerungen am dicksten. Durch sie sind mehrere Darmschlingen locker mit einander verklebt.

Beobachtung 62. Frau Therese Klar, 40 Jahr alt, hatte ihren Bruch vor mehreren Jahren, angeblich bei einer Entbindung acquirirt. Derselbe klemmte sich am 3. October 1880 ein und machte am 5. die Aufnahme der Patientin in die Klinik nothwendig. Daselbst constatirte man einen rechten, birnförmigen, incarcerirten Schenkelbruch und schritt sogleich zur Herniotomie. Der Bruchsack enthielt reichliches, blutig gefärbtes Bruchwasser. Die eingeklemmte Dünndarmschlinge war dunkelblau verfärbt; da sie indess noch deutliche Gefässe erkennen liess und normalen Glanz hatte, wurde sie nach dem wegen der Enge des Bruchringes sehr schwierigen Débridement desselben reponirt. Der Bruchsack wurde exstirpirt. — Bald nach der Operation musste Patientin einige Mal erbrechen; Abends stellten sich starke Leibschmerzen ein, die die Nacht durch anhielten und am Morgen des nächsten Tages erfolgte der Tod.

Bei der Autopsie fand sich in der Bauchhöhle etwa ½ Liter flüssiges Blut und dunkelrothe Blutgerinnsel. Die vorliegenden Därme zeigten neben den Blutgerinnseln fibrinöse Beschläge. Die incarcerirt gewesene Schlinge fand sich in der rechten Unterbauchgegend; sie war mit zahlreichen fibrinösen und blutigen Auflagerungen bedeckt, in der Ausdehnung eines Thalers von sehr mürber Beschaffenheit und zeigte in der Mitte dieser Stelle eine linsengrosse, kreisrunde Perforationsöffnung; die Darmschleimhaut rings um letztere ist sehr mürbe und graugelb verfärbt. In dem Mesenterium der Schlinge fand sich ein kleiner, durch ein kirschgrosses Blutgerinnsel verschlossener Einriss; nach Abspülung des Coagulum fand sich indess kein grösseres Gefässlumen eröffnet.

Beobachtung 63. Henriette Werner, 30 Jahr alt, wurde der Klinik am 31. October 1881 mit einer rechtsseitigen, eingeklemmten Inguinalhernie zugeführt. Nach ihrer Angabe hatte sie den Bruch 5 Jahre vorher nach einer Entbindung acquirirt, nie ein Bruchband getragen, konnte indess den häufig austretenden Bruch stets leicht reponiren. Am 28. October fühlte sie sich unwohl und bekam Erbrechen. Erst hierbei soll der Bruch ausgetreten sein und sich eingeklemmt haben. Wegen der bestehenden Stuhlverstopfung nahm Patientin Abführmittel ein. Bei der Aufnahme zeigte sie, obwohl sonst noch kräftig, ein leidendes Aussehen, der Leib war sehr aufgetrieben, gegen jede Berührung äusserst schmerzhaft. Ueber dem rechten Ligamentum Pouparti befand sich eine etwa 10 cm lange, 5—6 cm breite, ebenso hohe, nicht verschiebliche Geschwulst von harter Consistenz. Die Haut darüber war stark geröthet, von der Unterlage nicht abhebbar. — Bei der sogleich vorgenommenen Herniotomie zeigten sich die tiefer liegenden Schichten des Unterhautbindegewebes missfarbig, desgleichen der Bruchsack, bei dessen Eröffnung nur wenig Bruchwasser abfloss. Den Bruchinhalt bildete eine in einer Ausdehnung von 2 cm Länge und Breite gangränöse kurze Darmschlinge. Durch eine die Haut und das Mesenterium durchdringende Naht wurde dieselbe in der Hautwunde fixirt, eröffnet und dann offen liegen gelassen. — Patientin erholte sich rasch; ihr Allgemeinbefinden blieb gut. Am 16. Januar 1882 wurde der künstliche After durch secundäre Darmresection und Darmnaht geschlossen. In der ersten Zeit nach letzterer Operation machten sich die Zeichen einer Darmstenose bemerkbar; die Kranke litt an starken Kolikschmerzen. Vom 28. Januar ab besserte sich das Befinden und Mitte April 1881 wurde Patientin als völlig geheilt mit einem Bruchband entlassen.

Beobachtung 64. Amalie Herlitzka, 46 Jahr alt, fand am 9. Januar 1882 Aufnahme in die Klinik. Sie hatte 10mal entbunden, zuletzt vor 6½ Jahren, hat ferner vor 10 Jahren angeblich an Bauchwassersucht gelitten. Vor 2 Jahren bemerkte sie im linken Schenkeldreieck eine kleine Geschwulst, die indess nie Beschwerden verursachte und 4 Wochen vor der jetzigen Erkrankung spontan verschwunden sein sollte. Ein Bruchband hatte die Kranke nie getragen. Am 4. Januar 1882 erkrankte sie mit kolikartigen Schmerzen im Unterleib und Erbrechen; die Kolikanfälle wiederholten sich sehr häufig. Am 6. bemerkte Patientin in der linken Leistenbeuge eine Geschwulst, die auch schmerzhaft war. Der Stuhl war seit dem 4. ausgeblieben; doch erfolgte am 7. nach Einnahme von Bittersalz noch einmal eine Defäcation, nach welcher sich Patientin erleichtert fühlte. Auch am 9. hatte die Kranke nochmals etwas Stuhl, liess sich aber an diesem Tage, obwohl die Kolikanfälle nicht wiedergekehrt waren, auf Anrathen des Arztes in die Klinik aufnehmen. — Sie war äusserst schwach, sah sehr krank aus. Die Temperatur war auf 38° erhöht, der Puls noch ziemlich kräftig. Unter dem linken Poupart'schen Bande sah man eine 4 cm breite, 8 cm lange Geschwulst, über der die Haut wenig verschieblich und stark ödematös war. Die Geschwulst selbst war derb, sehr schmerzhaft, auf der Unterlage verschieblich. Das Abdomen war aufgetrieben, bei Berührung wenig schmerzhaft. — Am Morgen des 10. Januar war das Befinden besser, am Nachmittage traten indess plötzlich heftige Schmerzen und fäculentes Erbrechen bei gleichzeitiger Temperatursteigerung auf 39° auf. Deshalb schritt man am 11. zur Herniotomie. Der Bruchsack war gangränös, enthielt nur eine geringe Menge übelriechender, hellbräunlicher Flüssigkeit, keinen Darm. Nach Unterbindung und Exstirpation des Bruchsackes wurde die Wunde daher nach Einlegung eines Drainrohres wieder geschlossen. Schmerzen und Erbrechen hielten auch nach der Operation an; weder Stuhl noch Blähungen gingen ab. Am 14. Januar starb die Kranke.

Die Section ergab eine eitrige Perforationsperitonitis. Die Darmschlingen waren durch eitrig fibrinöse Massen mit einander verklebt. Eine 50 cm über der Valvula Bauhini sitzende Ileumschlinge war in Ausdehnung mehrerer Centimeter rothbraun, missfarbig; ein im gefüllten Zustand etwa wallnussgrosses Stück dieser Schlinge zeigte gegen den übrigen Darm eine scharfe Abgrenzung und war an seiner hintern Partie, etwa 1 cm vom Mesenterialansatz entfernt, perforirt. Die Perforationsöffnung war linsengross. In der Bauchhöhle fand sich mit Koth vermischter Eiter.

Beobachtung 65. Am 13. Mai 1884 wurde der 43jährige Arbeiter Adolph Fuhrmann von einer innern Abtheilung des Hospitals nach der chirurgischen Klinik transferirt. Er litt seit etwa 1 ½ Jahren an häufigem Erbrechen und Leibschmerzen, war wegen dieses Leidens bereits viermal im Hospital behandelt worden und befand sich auch diesmal wegen desselben bereits seit 8 Tagen in ihm. Am Abend des 11. Mai trat sein linksseitiger Leistenbruch, über dessen Alter der Kranke keine Angaben zu machen wusste, unter Erbrechen und stärkeren Leibschmerzen heraus; der Stuhl blieb fortan aus; das Erbrechen wurde in der Nacht vom 12. zum 13. fäculent. — Bei der Aufnahme in die chirurgische Klinik war Patient bereits äusserst erschöpft, sein Puls beschleunigt und schwach. Die linke Scrotalhälfte wurde von einem in den Leistenkanal sich fortsetzenden, birnförmigen, kleinfaustgrossen Tumor eingenommen, der schmerzhaft war, auch in Narkose sich nicht reponiren liess und über dem die Haut ödematös geschwellt war. Der Leib war mässig aufgetrieben, doch nicht empfindlich. — Bei der sogleich vorgenommenen Herniotomie fanden sich im Bruchsack einige Theelöffel voll blutig gefärbten, serösen, nicht übelriechenden Bruchwassers. Eingeklemmt war eine 10 bis 12 cm lange Dünndarmschlinge, deren Schenkel unter einander und theilweis auch mit dem Bruchsack verklebt waren; der freie Theil der Schlinge war mit Fibrinbeschlägen bedeckt. Sie war dunkelblauroth verfärbt, ihre Wand infiltrirt, doch normal glänzend; die Schnürfurchen sahen gut aus. Nach Spaltung des Bruchringes wurde der Darm trotz seiner etwas suspecten Beschaffenheit reponirt, und dann die Radikaloperation des Bruches angeschlossen. — Am Schluss der Operation war der Puls des Kranken kaum noch zu fühlen. Er erholte sich auch nachher von seinem Collaps nur wenig, klagte nach dem Erwachen über starke Leibschmerzen, die im Laufe des Tages noch zunahmen, und starb am Morgen des nächsten Tages.

Die Section ergab folgenden Befund: Sämmtliche Darmschlingen waren stark meteoristisch gebläht. Eine Schlinge im mittlern Abschnitt des Jejunum war durch Adhäsionen zwischen ihren beiden Schenkeln hufeisenförmig zusammengezogen, von dunkelblaurother bis dunkelbrauner Färbung. An ihrem obern Ende war sie stark eingeschnürt, so dass ihr

Lumen etwa auf die Hälfte verengt wurde; eine geringere Einschnürung fand sich auch am untern Ende. Ihre Schleimhaut war gelbgrau verfärbt, deren Falten theilweise zerstört. An diesen Stellen fanden sich fleckweise Auflagerungen, die anscheinend von nekrotischen Fetzen herrührten. Das Mesenterium dieses Darmstückes war narbig zusammengezogen und durch Blutung in das Gewebe hinein diffus geröthet. Auch noch weiter abwärts, etwa 50 cm weit, war das Mesenterium vielfach durch Narben zusammengezogen und diffus schiefrig verfärbt, ohne dass die Darmschlingen selbst wesentlich verändert waren. Beide Nieren waren in geringem Maasse getrübt. — Im Pylorustheil des Magens fanden sich 6 grössere und kleinere Narben.

Beobachtung 66. Herr Jung, 68 Jahr alt, litt bereits seit 30 Jahren an einem linksseitigen Schenkelbruch. Derselbe trat mehrfach heraus, hatte indess bisher nie besondere Beschwerden verursacht, obwohl Patient ein Bruchband nur ganz kurze Zeit vor vielen Jahren getragen hatte. Bereits seit längerer Zeit litt er an einem chronischen Magenleiden, das völlige Appetitlosigkeit und Erbrechen verursachte. Beim Erbrechen trat der Bruch am 14. Juni 1884 heraus und liess sich nicht mehr zurückbringen; es stellte sich absolute Stuhlverstopfung ein; das Erbrechen hielt an, wurde schliesslich fäculent. Der Leib wurde sehr schmerzhaft. Erst am 21. Juni ordnete der behandelnde Arzt, der alle Beschwerden auf das vorhandene Magenübel zurückzuführen schien, die Ueberführung des Patienten in die Klinik an. — Er war äusserst kachectisch, stark abgemagert, hatte einen kleinen, sehr frequenten Puls, erhöhte Temperatur. Die linksseitige Cruralhernie war hühnereigross, rundlich, sehr schmerzhaft. Nach Eröffnung des missfarbigen Bruchsackes flossen nur wenige Tropfen Bruchwasser ab. Den Bruchinhalt bildete eine stark mit dem Bruchsack verwachsene Dünndarmschlinge und ein Netzstück. Der Darm war blauroth gefärbt, an einzelnen Stellen jedoch grauweiss und deutlich gangränös. Bei dem Versuch, die Bruchschlinge nach Spaltung des Bruchringes etwas vorzuziehen, quoll Koth vor, und es zeigte sich nach nochmaliger Erweiterung des Schnittes das zuführende Darmrohr an der obern Schnürfurche quer durchtrennt. Auch die Schnürfurche des abführenden Schenkels war nekrotisch. Es bestand bereits, wie man an den weiter vorgezogenen Darmschlingen sah, allgemeine eitrige Peritonitis. Auch das eingeklemmte Netzstück war gangränös und zwar erstreckte sich die Gangrän in ihm noch bis 3 cm jenseits der Bruchpforte in das Abdomen. Es wurde das Netz im Gesunden unterbunden und excidirt, dann ein künstlicher After angelegt. — Unter zunehmendem Collaps starb Patient 9 Stunden nach der Operation.

Die Obduction ergab eine diffuse eitrige Peritonitis. Der künstliche After sass ½ Fuss über der Ileocöcalklappe; das zuführende Ende war noch sehr weit, das abführende stark verengt. — Ausserdem fand sich ein umfangreiches Colloidcarcinom des Magens und ein cylinderförmiges Aneurysma der Aorta ascendens und des Arcus aortae auf Grund einer hochgradigen Arteriosclerose.

In 25 Fällen, in denen ich über den Sitz der Gangrän nähere Aufzeichnungen vorfand, beschränkte sich dieselbe in 4 derselben ausschliesslich auf die Schnürfurchen, in 9 Fällen auf den Scheitel der Bruchschlinge, betraf in 7 Fällen sowohl den Scheitel der Bruchschlinge, wie die Schnürfurchen; in 5 Fällen handelte es sich um Totalgangrän des ganzen Bruchinhaltes.

## IV. Abschnitt.

### Kapitel 7. Differentialdiagnostische Schwierigkeiten.

Was die Diagnose eines Bruches resp. einer B7ucheinklemmung anlangt, so kann es hier nicht meine Absicht sein, alle Schwierigkeiten, die sich derselben entgegenstellen können, zu berücksichtigen, will ich doch nur an der Hand des mir zu Gebote stehenden klinischen Materials einige mir besonders wichtig erscheinende Punkte besprechen. Indess sei es mir gestattet, einzelne in differentialdiagnostischer Hinsicht interessante Beobachtungen zu erwähnen.

Mehrfach trafen wir die Complication von Hernie mit Hydrocele an. Für gewöhnlich unterscheidet sich ja letztere durch ihre deutliche Abgrenzung gegenüber der Bauchhöhle, das Fehlen von Einklemmungserscheinungen, die meist fluctuirende Consistenz, ihre Transparenz, ihre Irreponibilität, die Dämpfung ihres Percussionsschalles deutlich von einer Hernie. Sind indess schon die letzten Symptome nicht völlig charakteristisch, so können unter Umständen auch alle anderen Zeichen täuschen und trotz ihres Vorhandenseins eine Hernie, keine Hydrocele vorliegen. So war es z. B. in der früher mitgetheilten Beobachtung Piefke. Allerdings ergab die Anamnese, dass Patient früher an einer Hernie gelitten, doch war dieselbe, obwohl das Bruchband fortgelassen war, schon lange nicht mehr vorgetreten. Einklemmungserscheinungen fehlten. Patient hatte kein Erbrechen, hatte nach dem Entstehen der Geschwulst noch zweimal Stuhl gehabt. Koliken fehlten. Die Anschwellung war zwar plötzlich entstanden, doch hatte ein Trauma eingewirkt; der gleichseitige Hode war deutlich vergrössert und schmerzhaft; es konnte sich demnach sehr wohl um eine acute Hydrocele oder, noch wahrscheinlicher, eine Hämatocele handeln. Der Percussionsschall war gedämpft; die Geschwulst liess keinen Stiel nach der Bauchhöhle durchfühlen, war deutlich transparent, liess sich auch in Narkose nicht reponiren. Ja die Erscheinungen hatten sich nach Verlauf weiterer 16 Stunden nicht verschlimmert, sondern eher gebessert; die Schmerzen waren geringer geworden, der Leib weich geblieben; ja der anfangs fehlende Appetit hatte sich wieder eingestellt. Nichts deutete eine Brucheinklemmung an. Erst die Probepunction widerlegte die Annahme einer Hydrocele und die nun sofort angeschlossene Herniotomie ergab die Incarceration einer Dünndarmschlinge in einer verhältnissmässig weiten Bruchpforte.

Leichter noch ist ein Irrthum bei wirklich gleichzeitigem Vorhandensein einer Hydrocele, wie wir dies bei dem Patienten Kluge beobachteten. Auch hier schützte nur das gleiche diagnostische Hilfsmittel vor einem verhängnissvollen Irrthum. Allerdings war in diesem Falle die Diagnose von vornherein richtig auf die Complication einer eingeklemmten Leistenhernie mit einer Hydrocele gestellt worden; die Schwierigkeit trat erst nach der Taxis hervor. Durch letztere war es gelungen, den grössten Theil der Geschwulst und zwar den oberen, schmerzhaften und derben Abschnitt zurückzubringen, nur ein kleiner Theil desselben widerstand allen Repositionsversuchen; es lag demnach die Annahme nahe, dass die Hernie reponirt war, es sich jetzt nur noch um die Hydrocele handelte. Die Punction wies indess nach, dass der irreponible Abschnitt der Geschwulst auch jetzt noch bestehen blieb, und die Herniotomie deckte eine bereits stark infarcirte, eingeklemmte Bruchschlinge und Netz auf.

Im folgenden Falle, in welchem es sich allerdings nicht um eine Einklemmung handelte, verdeckte eine grosse Hämatocele die Hernie:

Beobachtung 67. Karl Kitschke, 57 Jahre alt, am 13. März 1882 in die Klinik aufgenommen, gab an, bereits als Kind von 7 Jahren an einem grossen Scrotalbruch gelitten zu haben, der sich aber im 9. Jahre spontan zurückbildete bis auf eine wallnussgrosse Geschwulst in der Leistenbeuge, die keine weiteren Beschwerden verursachte. Seine jetzige Erkrankung begann vor einem halben Jahr, indem sich plötzlich in einer Nacht ohne jede bekannte Ursache eine grosse Geschwulst in der rechten Scrotalhälfte ausbildete. Dieselbe war anfangs dunkelblauroth; später verlor sich indess diese Verfärbung. Beschwerden verursachte die Geschwulst nur durch ihre Grösse. — Patient sah leidend aus. Die rechte Scrotalhälfte war auf das Doppelte ihres normalen Umfanges vergrössert, 20 bis 25 cm lang. Die Schwellung war gleichmässig, die Haut nicht verfärbt, prall gespannt, schwer verschieblich; die Consistenz pseudofluctuirend. Durchscheinend war der Tumor nicht; in den Leistenkanal liess er sich nicht verfolgen. — Am 16. März schritt man zur Radikaloperation der vermuthlichen Hydrocele mittelst Incision. Die Tunica vaginalis war stark verdickt und enthielt neben flüssigem Blute reichliche alte Blutcoagula. Der Sack wurde excidirt. Dabei entdeckte man über ihm einen mit Inhalt

gefüllten Bruchsack; die Incision desselben legte eine kleine Partie am
Bruchsackhalse adhärenten Netzes bloss. Dasselbe wurde sammt dem Bruchsack durch eine Katgutligatur abgeschnürt. Der Verlauf war anfangs
völlig reactionslos, wurde indess dann durch einen Bauchdeckenabscess gestört. Am 19. Mai wurde der Kranke mit noch nicht völlig geheilter
Wunde entlassen.

Die Pathogenese dieses Falles ist nicht ganz aufgeklärt; das
Vorhandensein flüssigen und geronnenen Blutes in dem Sack, die
plötzliche Entstehung des Tumors lässt ein Trauma als ätiologisches
Moment am wahrscheinlichsten erscheinen; doch wusste sich Patient
auf ein solches nicht zu erinnern. Vielleicht handelte es sich auch
um die Ruptur eines Varix einer Vena spermatica. — Der kleine Netzbruch wurde erst nach der Incision der Hämatocele erkannt.

Bekannt sind die Schwierigkeiten, welche zuweilen die Differential-
diagnose zwischen einer incarcerirten Hernie und einer Entzündung
tiefgelegener Lymphdrüsen bietet, resp. welche bei einem gleichzeitigen
Vorkommen beider Affectionen vorhanden sind. Ich beobachtete diese
Complication zweimal; in beiden Fällen gelang es, rechtzeitig die
Diagnose aus Anamnese und Befund zu stellen; näher auf die Fälle
einzugehen, unterlasse ich. Bliebe die Diagnose unsicher, dann ist
natürlich die sofortige Operation anzurathen. Handelt es sich nicht
um eine Brucheinklemmung, so bringt die baldige Exstirpation der
Drüsen dem Patienten den Vortheil einer raschen Heilung; andernfalls
schützt die frühe Operation vor einem Uebersehen der Einklemmung
im umgekehrten Falle.

Einmal wurde die immerhin seltene Complication einer Hernie
mit einer gleichzeitigen inneren Einklemmung beobachtet.

Beobachtung 68. Der Arbeiter Julius Lehmann, 34 Jahre alt,
welcher seit 17 Jahren an einem rechtsseitigen Leistenbruch litt, aber nie
ein Bruchband getragen hatte, erkrankte am Mittag des 31. Juli 1881 beim
Heben einer schweren Last mit Schmerzen in der rechten Unterbauchgegend,
zu denen sich bald Erbrechen gesellte. Der Stuhl blieb aus, die Schmerzen
nahmen zu. Nach Gebrauch von Ricinusöl ging nur wenig breiiger Darminhalt ab. Taxisversuche, die der zugezogene Arzt anstellte, scheinen nur
unvollständig gelungen zu sein. Mit der Diagnose „eingeklemmter Leistenbruch" wurde der Kranke am 4. August der chirurgischen Klinik überwiesen. Bei der Aufnahme fand man in der rechten Scrotalhälfte einen
nach dem Leistenkanal ziehenden Tumor, der in seinem oberen Abschnitt
tympanitisch war; der Leib war sehr aufgetrieben und schmerzhaft; ein
Erguss in der Bauchhöhle war nicht nachzuweisen. Der du jour habende
Arzt machte sogleich den Bruchschnitt. Der eröffnete Bruchsack selbst war
leer, mit starken Fibrinauflagerungen bedeckt, hingegen fand sich in der
Bruchpforte eine Darmschlinge vor, die sich aber ohne weiteres in das

Abdomen reponiren liess. Aus der Bauchhöhle floss eine mit Fibrinflocken gemischte, nicht übelriechende Flüssigkeit. — Da die Incarcerationssymptome nach der Operation anhielten, der Meteorismus zunahm, wurde die Wunde am 6. August wieder geöffnet, doch fand man keinen eingeklemmten Darm vor; der Finger gelangte bequem in die Bauchhöhle. Deshalb schritt man nun sogleich zur Laparotomie in der Medianlinie. Die Därme waren überall mit einander verklebt und eitrig belegt. Aus der Bauchhöhle floss reichliches eitriges Exsudat. Von der vordern Bauchwand zog ein alter peritonitischer Strang nach der Ileocöcalgegend hin. Hinter ihm lag ein kindskopfgrosses, fest durch Narbengewebe verwachsenes Dünndarmconvolut, dessen zuführendes Ende durch den Strang comprimirt wurde, stark aufgebläht und hämorrhagisch infarcirt war; das abführende Ende war schlaff und zusammengefallen. Der Strang wurde durchschnitten und damit das Kanalisationshinderniss beseitigt. Dann wurde das Abdomen mit Borsäure- und Carbolsäurelösung ausgespült und darauf die Bauchwunde durch Naht geschlossen. — Unter zunehmendem Collaps starb der Kranke wenige Stunden nachher.

Das Obductionsprotokoll besagt folgendes: Die Darmschlingen sind überall mit einander verklebt; in den tieferen Theilen der Bauchhöhle findet sich dicke, eitrige Flüssigkeit in geringer Menge. Im Grunde des Bruchsackes liegen Blutcoagula. Seine Wand ist sehr verdickt, an seiner Innenfläche rauh, schwielig; die Bruchpforte ist für zwei Finger durchgängig. Oberhalb derselben ist das Cöcum fixirt und zwar reicht es noch etwas in sie hinein; es ist ganz von schwielig verdicktem Peritoneum umgeben. Vom vorderen Rande der Bruchpforte zieht sich ein ebenfalls durch dicke Pseudomembranen entstandener Strang an der vordern Bauchwand in die Höhe, der unmittelbar unterhalb des Nabels durchschnitten ist. Dieser Strang, der sich nach Art einer Falte von der Bauchwand abheben lässt, begrenzt eine Tasche, die nach unten in die Bruchpforte übergeht. In dieser Gegend liegt ein dem unteren Ende des Ileum angehörendes, durch Bindegewebsadhäsionen vereinigtes Convolut von Dünndarmschlingen von der Grösse einer Faust, die ziemlich stark ausgedehnt, aber nirgends besonders verfärbt sind und keine Zeichen einer Einklemmung mehr erkennen lassen. Nach Auseinanderfaltung dieser Schlingen kommt der nach oben geschlagene Processus vermiformis zum Vorschein, der an seinem Ende etwas erweitert und schmutzigblauroth verfärbt ist; während seine Basis auf eine Strecke von 1 bis 2 cm nekrotisch ist und eine 10pfennig-stückgrosse Perforationsöffnung mit unregelmässigen Rändern zeigt, ist seine Mündung in das Cöcum obliterirt; seine Innenfläche ist ulcerirt, ohne Inhalt. Sämmtliche Dünndarmschlingen sind sehr ausgedehnt; doch finden sich auch im Cöcum und Colon breiige Fäcalmassen.

Ob es sich im vorliegenden Falle um die Incarceration eines Bruches, vielleicht des Processus vermiformis, gleichzeitig mit einem innern Darmverschluss durch Compression des Darmes durch den erwähnten festen Strang oder nur um letztere gehandelt hat, muss ich

dahingestellt lassen. Der Umstand, dass der Bruchsack bei der Herniotomie leer gefunden wurde, beweist jedenfalls nicht, dass er nicht
früher eine Bruchschlinge enthalten habe; derselbe kann durch die
Taxisversuche reponirt worden sein. Höchst wahrscheinlich aber dürfte
die innere Einklemmung indirect mit der Hernie zusammengehangen
haben. Die Obduction wies neben den Zeichen der acuten perfora-
tiven Peritonitis die einer alten, chronischen, adhäsiven Entzündung
nach, und es ist nicht unwahrscheinlich, dass letztere davon abhing,
dass zu verschiedenen Zeiten verschiedene Darmschlingen in den Bruchsack vorfielen und Circulationsstörungen erlitten. Die Ansicht, dass
man den Sitz einer inneren Einklemmung bei gleichzeitigem Vorhandensein einer Hernie fast stets in der Nähe der letzteren zu suchen
hat, bestätigte sich auch im vorliegenden Falle. Leider machte die
bereits vorhandene Perforationsperitonitis die Operation erfolglos. Betonen möchte ich nur noch, dass die Auffindung des einklemmenden
Stranges, der Ursache der inneren Einklemmung, leicht gelang, dass
also eine zeitigere Operation möglicherweise noch Erfolg gehabt hätte.

Von grösserem Interesse dürften auch noch folgende zwei Fälle sein.

Beobachtung 69. Frau Johanna Glade, 38 Jahre alt, hat 8mal geboren. Neun Jahr vor ihrer jetzigen Erkrankung spürte sie einmal plötzlich bei einem Fehltritte in der rechten Leistenbeuge, wie sie sich ausdrückte,
„einen Knall“, hatte das Gefühl, als wenn daselbst etwas zerrissen wäre,
und bemerkte alsbald ein erbsengrosses hartes Knötchen. Dasselbe blieb
eine Zeit lang unverändert, ohne Beschwerden zu machen. Vor 8 Jahren
trat an seiner Stelle beim Heben einer schweren Last eine grössere Geschwulst hervor, die sich leicht in das Abdomen reponiren liess. Hin und
wieder, namentlich bei schwerer Arbeit, trat sie wiederum vor, liess sich
indess stets ohne Mühe zurückbringen und soll insbesondere während
späterer Schwangerschaften nicht vorgetreten sein. Ein Bruchband hatte
Patientin nie getragen. Am 26. December 1884 trat die Geschwulst wieder
einmal vor und liess sich nur schwer zurückbringen, und am 3. Januar
1885 gelang die Reposition der abermals aufgetretenen Geschwulst überhaupt nicht. Seit diesem Tage blieb der Stuhl aus, doch gingen Winde
ab. Erbrechen trat nicht auf, hingegen wurde die Geschwulst am 5. Januar
schmerzhaft, weshalb sich die Kranke in die Klinik aufnehmen liess. —
Daselbst constatirte man über dem rechten Ligamentum Pouparti einen
klein hühnereigrossen, ovalen Tumor, über dem die Haut verschieblich und
von normalem Aussehen war. Schmerzhaft war derselbe nicht; sein Percussionsschall war gedämpft; seine Reposition in das Abdomen misslang.
Incarcerationserscheinungen fehlten, abgesehen von der Obstipation. —
Nichtsdestoweniger schritt man am 6. Januar zur Herniotomie. Der Bruchsack war von viel Fett bedeckt. Nach seiner Eröffnung entleerten sich
nur wenige Tropfen heller seröser Flüssigkeit. In ihm fand sich nur ein
länglicher, ovaler, mit Serosa überkleideter, derber, 3 cm langer, 1 cm

breiter Körper, der in der Wand des Bruchsackhalses selbst lag. Die Bruchpforte hingegen war völlig frei. Der Stiel dieses Körpers wurde vom Ligamentum rotundum gebildet. Er wurde exstirpirt. Beim Einschneiden erwies er sich als eine mit wenigen Tropfen blutig seröser Flüssigkeit und mit Fibringerinnseln gefüllte, dickwandige Cyste. Durch Ligatur des Bruchsackhalses und Exstirpation des Bruchsackes selbst wurde die Radikaloperation angeschlossen. Die mikroskopische Untersuchung der Cystenwand ergab, dass sie aus einzelnen Bindegewebszügen und einer Reihe ziemlich concentrisch geschichteter, theilweise organisirter Fibrinlagen bestand. — Der Verlauf war zwar völlig fieberfrei, doch erfolgte die Heilung nicht ganz primär lineär, indem im oberen Abschnitt der frischen Narbe eine Fistel aufbrach, nach deren Erweiterung sich etwas nekrotisches Gewebe abstiess. Am 1. Februar wurde Patientin entlassen.

Eine richtige Diagnose war im vorliegenden Falle vor der Operation kaum möglich. Die plötzliche Entstehung der Geschwulst im Leistenkanale, ihre allmähliche Grössenzunahme, ihre frühere Repositionsmöglichkeit, das Wiederauftreten bei stärkerer Arbeit, alles sprach für eine Hernie, ihre acute Grössenzunahme am 3. Januar, die Schmerzhaftigkeit, das Fehlen des Stuhles seit der gleichen Zeit liessen sogar an eine Einklemmung, vielleicht eines Darmwandbruches, denken, wenngleich das sonstige gute Befinden der Kranken, der Abgang von Flatus, das Fehlen von Erbrechen gegen eine Incarceration sprachen. In der That handelte es sich ja auch um einen normalen Bruchsack, doch nicht um das Vorfallen eines intraabdominalen Organs in denselben, sondern um eine Cystenbildung im Ligamentum rotundum. Sicheres lässt sich über die Art ihrer Entstehung freilich nicht aussagen, doch lassen die plötzliche ursprüngliche Entstehung, die zahlreichen der Cystenwand innen aufliegenden Fibrinschichten annehmen, dass es sich vielleicht um eine traumatische Blutung in das Ligament gehandelt hat und das ursprüngliche Hämatom sich allmählich in die Cyste umwandelte. Selbst bei der Herniotomie war die Klarlegung der anatomischen Verhältnisse sehr schwer.

Der letzte Fall, welchen ich noch hervorheben möchte, betrifft die seltene Complication einer eingeklemmten Schenkelhernie mit einem grossen Varix der Vena saphena magna.

Beobachtung 70. Die 79jährige Frau Christiane Rietsch hatte sich bereits in ihrem 18. Lebensjahre eine rechtsseitige Schenkelhernie bei einem Sprung über einen Graben zugezogen, von derselben jedoch, da sie ein Bruchband trug, keine wesentlichen Beschwerden erlitten. Erst 6 Wochen vor ihrer jetzigen Erkrankung acquirirte sie beim Heben von Wäsche auch einen linksseitigen Schenkelbruch, der öfter Schmerzen und Erbrechen verursachte und sich am 27. Mai 1869 einklemmte. Es stellten sich heftige Schmerzen, Stuhlverstopfung, die auch auf Abführmittel nicht wich, und

Erbrechen ein. Am 4. Juni wurde die Kranke deshalb in die Klinik aufgenommen. Sie war sehr abgemagert und bereits stark collabirt; der Puls
war verlangsamt, machte 60 Schläge pro Minute; die Radialarterie war
eng, sehr wenig gespannt. Der Leib war enorm aufgetrieben; durch die
dünnen Bauchdecken sah man die Contouren der in starker Peristaltik be-
griffenen Därme durch. Unter beiden Ligamenta Pouparti bemerkte man
je eine hühnereigrosse Geschwulst. Die rechte war weich, schmerzlos, tympanitisch, durch leichten Druck ohne Narkose nicht zu reponiren; die linke
gab einen gedämpften Percussionston, fühlte sich ganz hart an, war sehr
schmerzhaft und auch nicht reponibel. Beide Tumoren liessen deutliche
Fortsätze nach dem Abdomen zu fühlen. Unter der erwähnten linken Geschwulst befand sich ein zweiter, ca. 1 1/2 Zoll langer, rundlicher, harter
Tumor, der mit dem darüberliegenden durch einen Strang in Verbindung
zu stehen schien, den Bewegungen, die man mit diesem ausführte, aber
nicht folgte. Auch er liess sich nicht reponiren. Man stellte die Diagnose
auf einen doppelseitigen Schenkelbruch und zwar eine Einklemmung des
linken. Betreffs des unter der linksseitigen Bruchgeschwulst gelegenen
Tumors liess man die Diagnose offen und schwankte zwischen der Annahme
einer zweiten mit der darübergelegenen zusammenhängenden Darmschlinge
oder überhaupt eines zweiten Schenkelbruches oder drittens einer indurirten
Drüse; letzteres hielt man für das Wahrscheinlichste. — Die Untersuchung
der übrigen Organe ergab nichts Besonderes, nur fielen an den unteren
Extremitäten ausgedehnte Phlebectasien auf. — Am folgenden Tage gelang
die Reposition der rechtsseitigen Hernie in Narkose, hingegen blieb die
linke irreponibel, weshalb man den Bruchschnitt anschloss. Nach Eröffnung des Bruchsackes, wobei kein Bruchwasser abfloss, traf man auf ein
durch Fettablagerung verdicktes Netzstück, hinter dem eine kleine, in
spitzem Winkel geknickte Dünndarmschlinge eingeklemmt war. Sie war
stark geröthet, sah indess sonst gut aus, wurde daher nach Spaltung des
Bruchringes sammt dem Netz reponirt. Um Klarheit über die Natur der
darunter gelegenen Geschwulst zu gewinnen, schnitt man nun auf diese ein.
Es kam ein bläulich durchschimmernder, länglich runder Tumor zum Vorschein, den man beim ersten Anblick wohl für einen zweiten Bruchsack
halten konnte. Als man ihn eröffnete, quoll eine schwarzrothe, schmierige
Masse vor, die sich als coagulirtes Blut erwies. Nach vollständiger Spaltung der Geschwulst, wobei sich dieselbe eben nur mit dunklem, ziemlich
consistenten, geronnenen Blut erfüllt zeigte, erkannte man, dass es sich
nur um einen grossen Varix handelte. — Wenige Stunden nach der Operation hatte Patientin eine reichliche Stuhlentleerung und fühlte sich am
nächsten Tage wohler; doch nahm die Schwäche, zumal sich geringes Fieber
einstellte, zu, auch traten Leibschmerzen auf, und am 10. Juni, also 5 Tage
nach der Herniotomie, starb Patientin.

Bei der Autopsie fand sich in der Bauchhöhle rechts wie links eine
Cruralhernie. Rechterseits war in der Bruchpforte ein Netzstrang fest-
gewachsen, der über das untere Ende des Dünndarmes hinwegzog. Auch
in der linken Bruchpforte war ein Netzstrang in grösserer Ausdehnung

fixirt und mit ihm eine Dünndarmschlinge verwachsen, die 1½ Fuss über der Valvula Bauhini sass. Ihre Serosa war schwärzlich verfärbt und zeigte an der Befestigungsstelle einen schmutzig grünlichen Eiterbelag. An das parietale Blatt des Peritoneums in der Umgebung der Bruchpforte war das untere Ende der Flexura sigmoidea in Ausdehnung mehrerer Zoll fixirt; auch waren die Därme in dieser Gegend unter einander durch leicht trennbare Adhäsionen verwachsen, und die Serosa der übrigen Darmschlingen lebhaft injicirt. Die Schleimhaut der an der Bruchpforte fixirten Darmschlinge war stark geröthet und zeigte mehrere flache kleine Ulcerationen. — Der linke Bruchsack hatte eine sehr verdickte Wandung; seine Höhle war etwa kleinapfelgross; an der vordern Wand war er durch einen Schnitt eröffnet. An seine untere Wand lehnte sich ein wallnussgrosser, auch an der Vorderseite eröffneter, mit rothen, ziemlich frischen Blutgerinnseln erfüllter Varix an, von dem man eine Sonde ohne Mühe in die Vena saphena magna einführen konnte. Der untere Theil der letzteren war auf eine weite Strecke hin mit ähnlichen Blutgerinnseln wie der Varix erfüllt; aufwärts von letzterem war die Vene jedoch leer. Die übrigen Venen der Umgebung zeigten keine Spur von Blutgerinnseln.

Auch in diesem Falle war die Diagnose kaum vor der Operation mit Sicherheit zu stellen. Das Vorkommen von Varicen in der Schenkelbeuge ist zwar nicht allzu selten, die Möglichkeit einer Verwechslung mit einer Hernie indess nur ausnahmsweise vorhanden. Eine solche erwähnt Pitha [1]) mit folgenden Worten: „Es wurden uns mehrmal Wasserbrüche, seröse Cysten des Samenstranges, Drüsenanschwellungen, ja selbst einmal ein Varix der Saphena als angebliche Hernien zugeschickt, Irrungen, die zwar meist auf den ersten Blick als solche zu erkennen, in einigen Fällen jedoch durch manche ungewöhnliche, beirrende Momente zu entschuldigen waren. So war der letzterwähnte Fall eines bruchähnlichen Varix in der That überraschend. Der Varix hatte die Grösse einer Wallnuss und sass gerade an der Einmündungsstelle der Saphena in die Cruralvene; die weiche, fluctuirende, in der horizontalen Lage halb verschwindende, dagegen beim Aufstehen, Herumgehen, Husten mehr hervorgetriebene, elastische Geschwulst — gerade am Schenkelringe gelegen — war überdies sehr empfindlich, und eine zufällige, gleichzeitige Peritonealreizung mit Erbrechen und Stuhlverstopfung täuschte noch dazu Einklemmungssymptome vor. Nur durch die genauesten anamnestischen Erhebungen und sorgfältige locale Untersuchung liess sich die Diagnose feststellen."

---

[1]) Pitha, Ein Beitrag zur Diagnostik und Pathologie der eingeklemmten Hernien. Vierteljahrsschrift für die prakt. Heilkunde 1845. Bd. IV, p. 49—50.

# V. Abschnitt.

## Kapitel 8. Prognose der Brucheinklemmung.

Von welch übler Prognose auch heute noch immer die Brucheinklemmung ist, zeigen bereits die in Tabelle I angeführten Zahlenangaben über ihre Ausgänge. Von 160 Patienten genasen nur 110 = 68,75%, starben 50 = 31,25%. Eine noch deutlichere Anschauung gewinnen wir bei Betrachtung von Tabelle III, in welcher die Resultate nach der Art der erforderlichen Behandlung geordnet sind. Da wir in der Regel der Herniotomie Taxisversuche vorausschicken und erst nach ihrem Misslingen, resp. nur in jenen Fällen zu ersterer Operation schreiten, in denen der Untersuchungsbefund uns von vornherein schwerere Veränderungen des Bruchinhaltes befürchten lässt, so giebt uns diese Anordnung einen ungefähren Massstab über die Resultate je nach dem Grade der Einklemmung. Genau entspricht sie letzterem freilich nicht; denn in manchen Fällen missglückt die Taxis nicht wegen zu enger Einschnürung, sondern wegen zu tiefer Lage des Bruchringes, zu grosser Dicke der darüber gelegenen Weichtheile, die ein vollständiges Umfassen des Bruches bis zum Einklemmungsringe unmöglich machen u. a. m.; in andern Fällen gelingt sie bei günstigeren äusseren Umständen selbst bei ziemlich hochgradiger Einschnürung. Da wir indess eine sichere Methode, den Grad der letzteren zu bestimmen, nicht besitzen, so thun wir gut, uns mit jener ungefähren Uebereinstimmung zu begnügen.

In 12 Fällen ging die Einklemmung ohne jeden chirurgischen Eingriff zurück. Dieselben betrafen sämmtlich Patienten, welche ziemlich früh nach der Einklemmung, stets innerhalb der ersten 24 Stunden die Klinik aufsuchten, und bei welchen nach subcutaner Morphiuminjection, resp. innerlicher Opiumdarreichung, eventuell im warmen Bade sich die Hernie entweder bei gewissen vom Kranken selbst ausgeführten Manipulationen, oder ganz spontan, z. B. während des Schlafes, reponirte. Selbstverständlich handelte es sich hier um die geringsten Grade der Einklemmung, und dem entspricht auch das günstige Resultat, dass sämmtliche Patienten genasen.

Von den übrigen Fällen glückte nur in 48 die Taxis, in 96, also genau der doppelten Anzahl, war die Herniotomie erforderlich. Da nun, wie uns Tabelle V zeigt, bei weitem die Mehrzahl der Kranken, welche innerhalb des ersten Tages die Hilfe der Anstalt aufsuchten, durch die Taxis geheilt wurden, so fallen der Herniotomie meist solche

## Tabelle III.

### Vertheilung der beobachteten Fälle je nach der Behandlung, die sie erforderten.

#### a) 12 Brüche, die sich spontan reponirten.

| 9 Inguinalhernien | | | | | | | | 3 Femoralhernien | | | | | | | |
|---|---|---|---|---|---|---|---|---|---|---|---|---|---|---|---|
| 9 Männer | | | | — Frauen | | | | — Männer | | | | 3 Frauen | | | |
| 6 rechts | | 3 links | | — rechts | | — links | | — rechts | | — links | | 2 rechts | | 1 links | |
| gen. | gest. | gen. | gest. | gen. | gest. | gen. | gest. | gen. | gest. | gen. | gest. | gen. | gest. | gen. | gest. |
| 6 | — | 3 | — | — | — | — | — | — | — | — | — | 2 | — | 1 | — |

12 genesen.

#### b) 48 Brüche, die mit Taxis behandelt wurden.

| 32 Inguinalhernien | | | | | | | | | | | | 16 Femoralhernien | | | | | | | | | | | |
|---|---|---|---|---|---|---|---|---|---|---|---|---|---|---|---|---|---|---|---|---|---|---|---|
| 27 Männer | | | | | | 5 Frauen | | | | | | 1 Mann | | | | | | 15 Frauen | | | | | |
| 19 rechts | | 4 links | | 4 ? | | 2 rechts | | 2 links | | 1 ? | | — rechts | | 1 links | | — ? | | 7 rechts | | 7 links | | 1 ? | |
| gen. | gest. | gen. | gest. | gen. | gest. | gen. | gest. | gen. | gest. | gen. | gest. | gen. | gest. | gen. | gest. | gen. | gest. | gen. | gest. | gen. | gest. | gen. | gest. |
| 16 | 3 | 3 | 1 | 4 | — | 2 | — | 2 | — | 1 | — | — | — | — | 1 | — | — | 6 | 1 | 7 | — | 1 | — |

gen. 23 gest. 4 | gen. 5 gest. — | gen. — gest. 1 | gen. 14 gest. 1

28 genesen, 4 gestorben. | 14 genesen, 2 gestorben.

42 genesen, 6 gestorben.

#### c) 96 Brüche, die mit Herniotomie behandelt wurden.

| 33 Herniae inguinalis | | | | | | | | 57 Herniae femoralis | | | | | | | | | | 2 Hern. umbilic. | | 2 Hern. obturat. | | 1 Hern. ventral. | | 1 Hern. ? | |
|---|---|---|---|---|---|---|---|---|---|---|---|---|---|---|---|---|---|---|---|---|---|---|---|---|---|
| 21 Männer | | | | 12 Frauen | | | | 4 Männer | | | | 53 Frauen | | | | | | Frauen | | 2 Fr. | | Frau | | 1 Frau | |
| 14 r. | | 7 l. | | 8 r. | | 4 l. | | 1 r. | | 3 l. | | 33 r. | | 18 l. | | 2 ? | | 2 | | 1 r. | 1 l. | 1 | | — r. | 1 l. |
| gen. | gest. | gen. | gest. | gen. | gest. | gen. | gest. | gen. | gest. | gen. | gest. | gen. | gest. | gen. | gest. | gen. | gest. | gen. | gest. | gest. | gest. | gest. | | gest. | gest. |
| 8 | 6 | 2 | 5 | 7 | 1 | 3 | 1 | 1 | — | — | 3 | 22 | 11 | 10 | 8 | 1 | 1 | 2 | — | 1 | 1 | 1 | | — | 1 |

gen. gest. | gen. gest. | gen. gest. | gen. gest. | genes. | gest. | gest. | gest.
10 | 11 | 10 | 2 | 1 | 3 | 33 | 20 | 2 | 2 | 1 | 1

20 genes., 13 gest. | 34 genes., 23 gest.

56 genesen, 40 gestorben.

#### d) 4 Brüche, die gar nicht resp. mit Klysmen behandelt wurden.

1 rechtsseitiger Inguinalbruch bei einer Frau ⎫ beide mit Klysmen behandelt und
1 linksseitiger Inguinalbruch bei einem Mann ⎭ gestorben

1 rechtsseitiger Inguinalbruch bei einem Mann, der vor jedem Eingriff an Chloroformasphyxie starb,

1 linksseitiger Femoralbruch bei einer Frau, die vor jedem Eingriff an Collaps starb.

Summa: 160 Brüche.
Genesen 110, gestorben 50.

Fälle zu, in denen nicht nur die Einklemmung hochgradiger ist, sondern auch bereits mehr weniger lange Zeit bestanden hat. Daraus wird es verständlich, dass die Resultate dieser Gruppe so ungünstige sind; das Mortalitätsprocent ist ein überaus hohes; nur 56 = 58,33% genasen, 40 = 41,66% der Herniotomirten starben. Ein kleiner Theil der Todesfälle ist allerdings der Operation zur Last zu legen; indess werde ich bald Gelegenheit haben zu zeigen, dass der Procentsatz dieser verschwindend klein ist; bei weitem die Mehrzahl erlag der Schwere ihres Leidens. Auf die Todesursachen komme ich bald zu sprechen; vorher will ich indess noch einen Blick auf Tabelle IV und V werfen.

Erstere charakterisirt recht deutlich den bekannten, verhängnissvollen Einfluss der Dauer der Einklemmung auf die Resultate. Vom 1. bis zum 4. Tage nimmt das Verhältniss der Genesenen zu den Gestorbenen rasch und stetig ab und kehrt sich am 4. Tage bereits derart um, dass die Zahl der letzteren die der ersteren übersteigt. Letzteres Verhältniss sehen wir auch bei den Fällen mit noch längerer Einklemmungsdauer; dass gleichwohl hier die Mortalität nicht mehr in gleicher Proportion zunimmt, hängt von Zufälligkeiten ab. So handelte es sich bei einem der drei nach 6tägiger Incarceration durch Herniotomie geretteten Patienten, bei der 48 Jahre alten Frau Bartsch, lediglich um eine Netzeinklemmung; in den beiden andern bestand bereits Gangrän des Darmes, so dass die Prognose äusserst zweifelhaft war; doch glückte die Heilung durch Darmresection mit folgender Darmnaht. Auch bei der 36jährigen Frau Krause, bei welcher sogar trotz 8tägiger Einklemmung noch Heilung erfolgte, war nur Netz eingeklemmt, und bei dem andern, trotz gleich langer Dauer der Einklemmung genesenen Patienten Siemon handelte es sich nur um eine mässige Einschnürung; auch war die Bruchschlinge etwas durch miteingeklemmtes Netz geschützt. Zudem war dieser Patient ein junger, kräftiger Mann, der den schwächenden Einfluss einer nur geringgradigen Einklemmung leichter zu überwinden vermochte.

Dass die Prognose neben dem Grade und der Dauer der Incarceration wesentlich mit von dem Alter der Patienten abhängt, ist bei der schädlichen Rückwirkung derselben auf die Herzkraft leicht verständlich; es findet dies seinen zahlenmässigen Ausdruck in Tabelle V, in welcher die Ausgänge der Brucheinklemmung nach dem Alter der Kranken geordnet sind. Es erreicht das Mortalitätsprocent in dem höheren Lebensalter im Vergleich mit dem jüngeren eine ganz eclatante Höhe, besonders bei Personen, die das 50. Jahr bereits überschritten haben. Da indess die genannten Momente zusammen auf das Resultat einwirken, ist in einer Tabelle, die nur ein Moment berücksichtigt, ein constantes Verhältniss schwer zu erkennen. Deshalb

## Tabelle IV. Vertheilung der beobachteten Fälle nach der Dauer der Incarceration.

| Lebensalter der Patienten in Jahren | Dauer d. Einklemmung / Art der Behandlung (Resultat) | 1 Tag |  |  |  | 2 Tage |  |  |  | 3 Tage |  |  |  | 4 Tage |  |  |  | 5 Tage |  |  |  | 6 Tage |  |  |  | 7 Tage |  |  |  | 8 Tage |  |  |  | ? Tage |  |  |  |
|---|---|---|---|---|---|---|---|---|---|---|---|---|---|---|---|---|---|---|---|---|---|---|---|---|---|---|---|---|---|---|---|---|---|---|---|---|---|
|  |  | T gen. | T gest. | H gen. | H gest. | T gen. | T gest. | H gen. | H gest. | T gen. | T gest. | H gen. | H gest. | T gen. | T gest. | H gen. | H gest. | T gen. | T gest. | H gen. | H gest. | T gen. | T gest. | H gen. | H gest. | T gen. | T gest. | H gen. | H gest. | T gen. | T gest. | H gen. | H gest. | T gen. | T gest. | H gen. | H gest. |
| 0—10 | Hern. inguinal. |  |  |  |  |  |  |  |  |  |  |  |  |  |  |  |  |  |  |  |  |  |  |  |  |  |  |  |  |  |  |  |  |  |  |  |  |
|  | Hern. femoral. |  |  |  |  |  |  |  |  |  |  |  |  |  |  |  |  |  |  |  |  |  |  |  |  |  |  |  |  |  |  |  |  |  |  |  |  |
| 10—20 | Hern. inguinal. |  |  |  |  |  |  |  |  |  |  |  |  |  |  |  |  |  |  |  |  |  |  |  |  |  |  |  |  |  |  |  |  |  |  |  |  |
|  | Hern. femoral. |  |  |  |  |  |  |  |  |  |  |  |  |  |  |  |  |  |  |  |  |  |  |  |  |  |  |  |  |  |  |  |  |  |  |  |  |
| 20—30 | Hern. inguinal. |  |  |  |  |  |  |  |  |  |  |  |  |  |  |  |  |  |  |  |  |  |  |  |  |  |  |  |  |  |  |  |  |  |  |  |  |
|  | Hern. femoral. |  |  |  |  |  |  |  |  |  |  |  |  |  |  |  |  |  |  |  |  |  |  |  |  |  |  |  |  |  |  |  |  |  |  |  |  |
| 30—40 | Hern. inguinal. |  |  |  |  |  |  |  |  |  |  |  |  |  |  |  |  |  |  |  |  |  |  |  |  |  |  |  |  |  |  |  |  |  |  |  |  |
|  | Hern. femoral. |  |  |  |  |  |  |  |  |  |  |  |  |  |  |  |  |  |  |  |  |  |  |  |  |  |  |  |  |  |  |  |  |  |  |  |  |
| 40—50 | Hern. inguinal. |  |  |  |  |  |  |  |  |  |  |  |  |  |  |  |  |  |  |  |  |  |  |  |  |  |  |  |  |  |  |  |  |  |  |  |  |
|  | Hern. femoral. |  |  |  |  |  |  |  |  |  |  |  |  |  |  |  |  |  |  |  |  |  |  |  |  |  |  |  |  |  |  |  |  |  |  |  |  |
|  | Hern. ventral. |  |  |  |  |  |  |  |  |  |  |  |  |  |  |  |  |  |  |  |  |  |  |  |  |  |  |  |  |  |  |  |  |  |  |  |  |
| 50—60 | Hern. inguinal. |  |  |  |  |  |  |  |  |  |  |  |  |  |  |  |  |  |  |  |  |  |  |  |  |  |  |  |  |  |  |  |  |  |  |  |  |
|  | Hern. femoral. |  |  |  |  |  |  |  |  |  |  |  |  |  |  |  |  |  |  |  |  |  |  |  |  |  |  |  |  |  |  |  |  |  |  |  |  |
|  | Hern. ? |  |  |  |  |  |  |  |  |  |  |  |  |  |  |  |  |  |  |  |  |  |  |  |  |  |  |  |  |  |  |  |  |  |  |  |  |
| 60—70 | Hern. inguinal. |  |  |  |  |  |  |  |  |  |  |  |  |  |  |  |  |  |  |  |  |  |  |  |  |  |  |  |  |  |  |  |  |  |  |  |  |
|  | Hern. femoral. |  |  |  |  |  |  |  |  |  |  |  |  |  |  |  |  |  |  |  |  |  |  |  |  |  |  |  |  |  |  |  |  |  |  |  |  |
|  | Hern. obturator. |  |  |  |  |  |  |  |  |  |  |  |  |  |  |  |  |  |  |  |  |  |  |  |  |  |  |  |  |  |  |  |  |  |  |  |  |
| 70—100 | Hern. inguinal. |  |  |  |  |  |  |  |  |  |  |  |  |  |  |  |  |  |  |  |  |  |  |  |  |  |  |  |  |  |  |  |  |  |  |  |  |
|  | Hern. femoral. |  |  |  |  |  |  |  |  |  |  |  |  |  |  |  |  |  |  |  |  |  |  |  |  |  |  |  |  |  |  |  |  |  |  |  |  |
|  | Hern. umbilical. |  |  |  |  |  |  |  |  |  |  |  |  |  |  |  |  |  |  |  |  |  |  |  |  |  |  |  |  |  |  |  |  |  |  |  |  |
| ? | Hern. femoral. |  |  |  |  |  |  |  |  |  |  |  |  |  |  |  |  |  |  |  |  |  |  |  |  |  |  |  |  |  |  |  |  |  |  |  |  |

*Anm. 1.* Die 4 Fälle, die, wie Tab. III, d besagt, gar nicht oder mit Klysmen behandelt wurden, sind in vorstehende Tabelle nicht mit aufgenommen. Der Vollständigkeit wegen seien sie indess hier erwähnt:

| Name | Alter | Art der Hernie | Dauer der Einklemmung | Behandlung | Resultat |
|---|---|---|---|---|---|
| Frau Göttlich | 61 Jahr | Hern. inguinal. | 5 Tage | Klysmata | gestorben |
| Herr Siemon | 36 " | Hern. inguinal. | 1 Tag | Klysmata | gestorben |
| Herr Schulz | 31 " | Hern. inguinal. | 6 Tage | — | gestorben an Chloroformasphyxie |
| Frau Jaeschke | 77 " | Hern. femoral. | ? Tage | — | gestorben; moribund eingebracht |

*Anm. 2.* Die Fälle, welche sich spontan reponirten, sind in Tab. IV zu den mit Taxis behandelten gezählt.
*Anm. 3.* Unter der Zeitdauer der Einklemmung ist die Zeit vom Moment der Incarceration bis zur Vornahme des operativen Eingriffes zu verstehen.
*Anm. 4.* T = Taxis, H = Herniotomie.

**Tabelle V. Einfluss des Alters der Patienten auf den Ausgang der Brucheinklemmung.**

| Lebensalter | | 0—10 | | 10—20 | | 20—30 | | 30—40 | | 40—50 | | 50—60 | | 60—70 | | 70 und darüber | | ? | |
|---|---|---|---|---|---|---|---|---|---|---|---|---|---|---|---|---|---|---|---|
| Zahl der eingeklemmten Brüche | | 2 | | 6 | | 19 | | 27 | | 36 | | 32 | | 26 | | 10 | | 2 | |
| Geschlecht der Patienten | | m. 2 | w. — | m. 4 | w. 2 | m. 19 | w. — | m. 12 | w. 15 | m. 6 | w. 30 | m. 13 | w. 19 | m. 8 | w. 18 | m. — | w. 10 | m. — | w. 2 |
| Art der Behandlung | | T H T | | T H T H | | T H T H | | H O K T H | | T H T H | | T H T H | | T H T H K | | T H O T H | | O T H T H |

**Resultate**

| Herniae inguinales | genesen / gestorben | ... | | ... | | ... | | ... | | ... | | ... | | ... | | ... | | ... | |
| Herniae femorales | genesen / gestorben | | | | | | | | | | | | | | | | | | |
| Hern. umbilic. | genesen / gestorben | | | | | | | | | | | | | | | | | | |
| Hern. obturat. | genesen / gestorben | | | | | | | | | | | | | | | | | | |
| Hern. ventral. | genesen / gestorben | | | | | | | | | | | | | | | | | | |
| Hern. ? | genesen / gestorben | | | | | | | | | | | | | | | | | | |
| **Summa** | genesen / gestorben | | | | | | | | | | | | | | | | | | |
| Gesammtresultat | genesen / gestorben | | | | | | | | | | | | | | | | | | |

Anm. **T** = Taxis + Spontanreposition. **H** = Herniotomie. **K** = Klysma. **O** = ohne Behandlung.

habe ich bereits in Tabelle IV wenigstens zwei Punkte, das Lebensalter und die Einklemmungsdauer, zugleich berücksichtigt. Abgesehen
von einzelnen Ausnahmen ergiebt diese Tabelle nun in der That, dass,
je älter die Kranken sind, eine um so kürzere Einklemmungszeit genügt, den letalen Ausgang zu begünstigen. So erklärt sich z. B. die
enorm hohe Sterblichkeit der bereits am 2. Tage nach der Einklemmung Herniotomirten — von 27 starben 10 — dadurch, dass die Hälfte
der Gestorbenen das 60. Lebensjahr bereits überschritten hatte. Von
Patienten dieses Alters sehen wir nur je eine noch nach einer 4- resp.
5tägigen Einklemmung genesen, keine nach noch längerer Dauer; ja
selbst von den Patienten zwischen 50 und 60 Jahren überlebten nur
3, und zwar 1 nach 3-, 2 nach 6tägiger Einklemmungsdauer den
3. Tag der Incarceration. — Auffallend muss es nach dem Gesagten
erscheinen, dass 4 relativ junge, kräftige Männer, obwohl bei dreien
nur 1, bei dem vierten nur 2 Tage zwischen dem Moment der Einklemmung und dem operativen Eingriff verstrichen waren, ihrem Leiden
erlagen. Der eine Fall (Pat. Merkert) erklärt sich daraus, dass die
Taxis bei ihm nur eine Scheinreduction bewirkt hatte, die Einklemmung also bis zu dem am 3. Tage erfolgenden Tod anhielt. In den
andern 3 Fällen (Rost, Seiler, Siemon) handelte es sich um brandige
Hernien; weshalb bei ihnen die Gangrän so frühzeitig aufgetreten, ist
aus den etwas ungenauen Krankengeschichten nicht zu ersehen; bei
Seiler und Rost waren die Brüche sehr gross; doch soll die Einschnürung bei keinem eine sehr erhebliche gewesen sein.

Recht interessant ist ein Zahlenvergleich zwischen den mit Taxis
und den mit Herniotomie behandelten Fällen bezüglich der Einklemmungsdauer. Tabelle IV zeigt, dass nicht weniger als 24 der
ersteren innerhalb des ersten Tages in Behandlung kamen. Diese Zahl
ist aber in Wirklichkeit noch viel höher anzunehmen, da gewiss von
den 22 durch Taxis resp. spontan geheilten Patienten, von denen die
Einklemmungsdauer unbekannt geblieben, die grössere Mehrzahl gleichfalls noch in den ersten 24 Stunden der Einklemmung zur Beobachtung
gelangt. Gerade weil sie auf so leichte Weise und so rasch genasen,
sind die Krankengeschichten ungenau und lassen die entsprechenden
Angaben vermissen. Da sich nun nicht annehmen lässt, dass nur die
Patienten mit geringgradiger Einklemmung frühzeitig, die schwerer
Erkrankten erst spät der Klinik zugeführt wurden, vielmehr gerade
das Umgekehrte zu erwarten ist, so darf man aus diesen Zahlenangaben mit ziemlich grosser Bestimmtheit den Schluss ziehen, dass
die grosse Mehrzahl der eine Herniotomie erfordernden Brucheinklemmungen erst durch die mit der langen Incarcerationsdauer eintretenden
Stauungsveränderungen der eingeklemmten Theile der Taxis unzugäng-

lich werden, was — nebenbei gesagt — eine weitere Stütze für meine früher auseinandergesetzte Anschauung über den Mechanismus der Brucheinklemmung bildet.

Die localen pathologischen Veränderungen am Bruchinhalt, wie die Störungen des Allgemeinbefindens müssen nothwendigerweise sich mit jedem weiteren Tage der Incarceration verschlimmern, wenngleich es natürlich ein schwerer Fehler wäre, nur nach der Einklemmungs-dauer einen Schluss auf die anatomischen Veränderungen ziehen zu wollen. Daher hängt, da nur die Lösung der Einschnürung, die Wiederherstellung der Kothpassage und des normalen Blutkreislaufes die Heilung ermöglicht, die Prognose natürlich so sehr von der Be-handlung ab, wie in nur wenigen anderen Krankheiten. Doch selbst bei der sorgfältigsten und besten Behandlung werden unsere Hoffnungen gerade bei der Bruchincarceration leider nur allzu oft getäuscht. Selbst der erfahrenste Chirurg irrt hier nur zu leicht in der richtigen Vorhersage, und man kann Pitha nur beistimmen, wenn er angiebt, dass zuweilen anscheinend sehr verzweifelte Fälle wider Erwarten ge-nesen, anscheinend sehr günstige einen letalen Ausgang nehmen. Ein gewisses Verständniss für diese Schwierigkeit der Prognose bietet uns die Betrachtung der Todesursachen.

Eine der häufigsten bildet der schwere, shockähnliche Collaps. Die Diagnose des letzteren ist allerdings durch den Fortschritt der pathologischen Anatomie in neuerer Zeit mehr und mehr eingeschränkt worden, doch giebt es gerade bei der Brucheinklemmung noch Fälle genug, in denen der bei der Obduction erhobene anatomische Befund absolut den oft plötzlichen Tod nicht erklärt, ja völlig negativ ist, und wir nach dem klinischen Bilde gezwungen sind, die Todesursache lediglich in einer durch nervöse Ueberreizung erzeugten enormen Er-schöpfung der Kräfte des Patienten zu suchen.

Bedingt wird dieses oft überraschend frühzeitige Eintreten einer tiefen Prostration in erster Linie durch die Enge der Einschnürung, die durch letztere bewirkte Nervenquetschung und Störung der Circu-lation des Bruchinhaltes, in zweiter Reihe durch die Dauer derselben. Ein prägnantes Beispiel für erstere Ursache bietet die in Beobachtung 45 erwähnte Patientin Müller. Dieselbe wurde, obwohl die Incarceration noch nicht 48 Stunden bestand, bereits moribund in die Klinik ge-bracht und starb am Schlusse der nur eine Viertelstunde in Anspruch nehmenden sofort vorgenommenen Herniotomie. Die Einklemmung war hier so eng, dass eine Sonde sich nur mühsam zwischen den Bruchring und die Bruchschlinge schieben liess; letztere war enorm verdünnt und gedehnt, der Gangrän verdächtig. Die Obduction ergab keine Spur von Peritonitis oder eine sonstige Todesursache. Doch

selbst bei relativ weiter Bruchpforte und ohne schwerere pathologische
Veränderungen an den eingeklemmten Geweben sehen wir zuweilen
ähnliche Collapszustände schon nach kurzer Zeit auftreten. Für diese
Fälle ist natürlich, worauf ich schon oben hindeutete, das Lebensalter
von der grössten ätiologischen Bedeutung. Aber auch die individuell
äusserst verschiedene psychische Reizbarkeit der Kranken ist gewiss
nicht ohne Belang. Die sogenannten nervösen, leicht erregbaren Individuen scheinen früher zu collabiren als die torpiden. Einen Beleg
für letztere Behauptung finden wir in Beobachtung 39. Die Patientin
litt seit vielen Jahren an Epilepsie, war schwachsinnig und für Schmerzen
jeglicher Art, wie der spätere Verlauf zeigte, höchst unempfindlich.
Erst am vierten Tage nach der Incarceration wurde sie in das Krankenhaus aufgenommen; die Hernie war bereits total gangränös; nichtsdestoweniger war das Allgemeinbefinden der Kranken, der Puls, die
Körperkräfte etc. auffallend wenig gestört. — Noch in anderen Fällen
ist der rasche Kräfteverfall wesentlich einer unrichtigen Behandlung
zuzuschreiben. Wenn man bedenkt, dass der physische, durch die
Einschnürung des Darmes in dem Bruchringe und die andauernden
Koliken bedingte Schmerz, wie der psychische Affect, die Angst und
Aufregung, das Gefühl, in einer schweren Gefahr zu schweben, gesteigert durch das häufige Erbrechen, zusammen wesentlich zum Zustandekommen des Collapses beitragen, versteht man leicht, dass eine
beruhigende, schmerzlindernde Therapie in diesen Fällen gleichzeitig
eine tonisirende ist. Hier findet das Sydenham'sche Wort: „Opium
sedat, opium excitat" seine vollste Bedeutung. Abführmittel mögen
wohl hin und wieder eine Einklemmung leichten Grades lösen; haben
sie indess nicht diesen gewünschten Erfolg, so beschleunigen sie durch
die Erregung der Peristaltik, die Steigerung des Brechreizes etc. die
Kräfteabnahme ausserordentlich. Recht deutlich zeigte sich dies bei
Patientin Kynert. Dieselbe hatte vor ihrer Aufnahme in die Klinik
von einem Arzte nicht weniger als 4 Esslöffel Ricinusöl erhalten: die
anfangs unbedeutenden Krankheitserscheinungen verschlimmerten sich
darauf rapid und führten rasch einen äusserst bedrohlichen Collapszustand herbei, in welchem die Kranke am dritten Tage der Incarceration in die Klinik aufgenommen wurde. Dabei war die Einklemmung,
wie die Herniotomie ergab, keine schwere, der Bruchring war relativ
weit, die Bruchschlinge hatte ein gutes Aussehen, die Schnürfurchen
waren kaum ausgeprägt. — In seltenen Fällen bleibt uns schliesslich
die Ursache der Schwächezustände gänzlich unbekannt.

Nun sollte man, wenigstens für die Fälle der letzterwähnten
zweiten und dritten Gruppe, in denen schwerere anatomische Veränderungen nicht vorhanden sind, von der Lösung der Incarceration

eine rasche Reconstitution erwarten dürfen; — allerdings ist auch die baldige Beseitigung der Einschnürung das dringendste Erforderniss, — doch währt in nicht wenigen Fällen der Collaps leider auch nach der Operation weiter fort und führt schliesslich zum Tode. Das klinische Bild, das solche Kranke darbieten, ähnelt häufig, zumal wenn das Erbrechen — was nicht selten ist — anhält, ausserordentlich dem einer diffusen Peritonitis. Zwar bildet das Fehlen jeder Temperatursteigerung ein wichtiges diagnostisches Unterscheidungsmerkmal, indem eine sich hinzugesellende Peritonitis selbst bei sehr geschwächten Patienten für gewöhnlich die Temperatur binnen wenigen Stunden um einige Grad in die Höhe schnellt; doch ist es ja bekannt, dass gerade bei den schwersten Formen der Bauchfellentzündung diese Temperatursteigerung auch völlig fehlen kann. Die Entscheidung ist daher öfter erst durch die Obduction möglich. Aber selbst letztere lässt zuweilen erhebliche Zweifel zu, da die Begriffe über das, was wir „Peritonitis" zu nennen haben, noch etwas differiren, wenigstens meines Wissens noch nirgends scharf präcisirt sind. Es sei mir gestattet, durch einige Worte näher zu erläutern, worauf ich hinziele.

Wir finden in den in Rede stehenden Fällen, in denen wir die Bruchschlinge bei der Herniotomie, weil gut aussehend, ohne weiteres reponirten, in denen aber der Collaps andauerte und nach 8 bis 12 Stunden zum Tode führte, bei der Obduction oft nichts anderes, als eine bis zur Ecchymosirung gesteigerte, diffuse, alle Schichten der Darmwand ziemlich gleichmässig betreffende Hyperämie, welche von der Einklemmungsstelle aus am zuführenden Darmrohre ziemlich hoch hinaufreicht, keine Spur eines Exsudates, weder flüssiges noch fibrinöses, von leichten Verklebungen in der unmittelbaren Umgebung der reponirten Bruchschlinge abgesehen. Handelt es sich hier bereits um Peritonitis oder nicht?

Der pathologische Anatom, nur allzu geneigt, bei jedem letalen Ausgang einer Herniotomie eine Bauchfellentzündung als Todesursache anzunehmen, stellt meist die Diagnose auf beginnende Peritonitis, indem er sich darauf stützt, dass bei jeder Entzündung die Hyperämie, die Injection auch der kleinsten Gefässe, das Anfangsstadium bildet, die Exsudation erst bei einiger Dauer des Entzündungsreizes auftritt, sich darauf stützt, dass man den Uebergang der geschilderten Störungen in schwerere, mit Exsudation einhergehende nur allzu oft an verschiedenen Därmen derselben Leiche beobachten kann. Der Chirurg hingegen wird sich in vielen Fällen gegen eine derartige Annahme sträuben, zumal bei unseren heutigen Anschauungen dem Ausspruch „Peritonitis nach Herniotomie ohne das Vorhandensein tieferer Läsionen des Darmes" immer das Odium anhaftet, dass sich der Operateur habe einen Fehler in der Antisepsis zu Schulden kommen lassen. — Vom rein anatomischen Standpunkt aus wird man nun gegen die erstere Anschauung kaum wesentliche Einwendungen machen können; vom klinischen dürfte es sich indess empfehlen, die genannten pathologischen Veränderungen noch nicht mit dem Namen Peritonitis zu belegen. Denn wir beobachten genau die gleichen Circulationsstörungen bei den meisten Herniotomien an dem vorgezogenen zuführenden Darmrohre, ohne dass wir nach der Reposition irgend welche Störungen zu beklagen haben, vielmehr eine vollständige Restitutio ad integrum eintreten sehen; wir finden sie ebenso an Leichen, bei denen der Tod infolge Scheinreduction der Hernie durch Taxisversuche eintrat, ohne dass die Herniotomie gemacht wurde, ohne dass es bereits zur Gangrän des Darmes an irgend einer Stelle gekommen wäre; wir dürfen sie endlich, wie unsere früheren Versuche lehren, überhaupt bei jeder einigermassen längere Zeit bestehenden Kothstauung in dem zuführenden Darmrohre bis zur Stelle des Hindernisses voraussetzen. Deshalb, da wir gewohnt sind, mit dem Namen Peritonitis den Begriff eines septischen und zwar meist progredienten Processes zu verbinden, möchte ich vorschlagen, die geschilderten Veränderungen noch nicht als peritonitische zu bezeichnen, da sie sich nach Beseitigung der Einklemmung regelmässig in verhältnissmässig kurzer Zeit zurückbilden, oder, wenn man doch an dem Namen festhalten will, sie als eine nicht infectiöse, gutartige Form, ähnlich der nach Stieltorsionen von Ovarialtumoren auftretenden, von der infectiösen, durch das Eindringen septischer Keime in die Bauchhöhle während der Operation von aussen her erzeugten Peritonitis zu unterscheiden.

Auch anatomische Differenzen lassen sich meiner Ansicht nach zwischen den geschilderten Circulationsstörungen und den Anfangsstadien einer infectiösen Peritonitis, selbst wenn letztere noch nicht zur Exsudation geführt hat, auffinden, indem die Röthung der Darmschlingen bei letzterer keine so gleichmässige, sondern mehr fleckweise, streifenförmige ist, sich auch nicht so ausschliesslich auf das zuführende Darmrohr beschränkt, sondern auch die unterhalb der Einklemmungsstelle gelegenen Därme, sowie die Serosa parietalis betrifft. — Ich beobachtete diesen anatomischen Befund in zwei Fällen, in denen der klinische Verlauf, wenn auch nicht mit vollkommener Sicherheit, doch mit grosser Wahrscheinlichkeit für eine erst nach der Herniotomie entstandene acute Peritonitis sprach und der Tod bereits wenige Stunden nach der Operation erfolgte. Nur einer dieser beiden Fälle ist in vorliegender Arbeit erwähnt (Frau Kynert betreffend, Beob. 26); der zweite kam erst nach Abschluss meiner Untersuchungen zur Beobachtung. Ihr Verlauf ähnelte sich ausserordentlich. In beiden bestand schon vor der Herniotomie ein sehr hochgradiger Collaps, der die sofortige Operation erheischte. Bei dieser zeigte der eingeklemmte Darm ein vorzügliches Aussehen, die Einklemmung war nicht besonders hochgradig, die Reposition gelang ohne Schwierigkeit, die ganze Operation verlief ausserordentlich glatt und rasch. Schon kurze Zeit nach dem Erwachen aus der Narkose klagten die Patienten über anhaltenden Bauchschmerz, der Collaps hielt an, nur wurden die Kranken noch unruhiger, hatten starke Präcordialangst, das Erbrechen währte fort, das Erbrochene nahm eine grünliche Farbe an, und die vorher subnormale Temperatur stieg rasch auf 38⁰ und binnen wenigen Stunden bis zu dem noch am selben Tage erfolgenden Tode über 39⁰ bis 40⁰. Die Obduction ergab in beiden Fällen auch nicht die mindeste Exsudation, hingegen eine sehr intensive, mehr hellrothe, streifenweise Injection der Serosa; soweit sich zwei Darmschlingen berührten, waren ihre Wände etwas blässer, hingegen an den Grenzen der Berührungsflächen um so stärker geröthet; auch betraf die Injection, wenn auch in geringerem Grade, die wenig gefüllten Darmschlingen unterhalb der Einklemmungsstelle. Ganz ähnlich war der Befund bei der Obduction eines Falles von Ileus, in welchem Patientin auch wenige Stunden nach der Laparotomie erlag und dieser ein rasches Ansteigen der vorher normalen Temperatur gefolgt war. Unter solchen Umständen scheint mir der Eintritt von Fieber stets mit Bestimmtheit auf eine acut infectiöse Peritonitis hinzudeuten.

Hiermit will ich nun nicht in Abrede stellen, dass auch die geschilderten, nur von der Kothstauung abhängigen einfachen Circulationsstörungen sich schliesslich zu einer wahren Entzündung mit fibrinöser Exsudation steigern können; führte ich doch selbst hierfür früher einige Beweise an, z. B. Fall Merkert in Beobachtung 42. Die Ursachen für eine derartige Entzündung dürften wohl darin zu suchen sein, dass die Ernährungsstörungen die Darmwand durchlässiger machen und durch Abstossen der Darmepithelien dem Eindringen septischer Keime des Darminhalts in die Darmwand die Wege öffnen. Für gewöhnlich pflegen diese Entzündungen indess circumscript zu bleiben und nur unter besonderen Umständen sich zu einer diffusen Peritonitis zu verallgemeinern. Eine solche Verbreitung findet aber, wenn überhaupt, gewiss seltener von dem zuführenden Darmrohr als von der Bruchschlinge aus statt. Dass die Reposition dieser, deren Ernährung durch die Einschnürung der Mesenterialgefässe bei längerer Dauer ja besonders gestört ist, auch wenn ihre Lebensfähigkeit noch nicht in Frage gestellt ist, zu einer diffusen Peritonitis Anlass geben kann, halte ich allerdings für möglich, wenn auch für recht selten. Ich nähere mich in diesem Punkte etwas der Ansicht Schmidt's, welcher die Bruchschlinge für septisch inficirt hält und darin eine Erklärung für den geringen Einfluss der Antisepsis auf die Besserung unserer Resultate bei der Brucheinklemmung findet — in wie weit mit Recht, werden wir bald kennen lernen. — Insbesondere vermuthe ich, dass in einem solchen Falle namentlich dem gleichzeitig reponirten, an septischen, aus der Bruchschlinge ausgewanderten Keimen reichen Bruchwasser für die Verallgemeinerung der Peritonitis eine Bedeutung zukommt. Für die Möglichkeit eines solchen Vorkommens spricht mir die oben angezogene Beobachtung Merkert. Der klinische Verlauf deutet wenigstens in diesem Falle, in welchem die Taxis den Bruch nur zum grösseren Theil reponirte, Patient an den Folgen der Scheinreduction starb und die Obduction eine ganz frische Peritonitis ohne Gangrän des Darmes ergab, darauf hin, dass sich die Bauchfellentzündung erst nach der theilweisen Reposition des Bruchinhaltes entwickelte; denn erst nach dieser ging die vorher normale Temperatur plötzlich in die Höhe und traten peritonitische Erscheinungen auf. Weshalb die Reposition einer bereits entzündeten Bruchschlinge, freilich bei antiseptischer Behandlung, nur in wenigen Ausnahmefällen zu einer diffusen Bauchfellentzündung Anlass giebt, in der Regel wohl nur circumscripte adhäsive Entzündungsprocesse veranlasst, darüber unterlasse ich es, eine Hypothese aufzustellen.

Andere Fragen sind es freilich, in wie weit die durch die Kothstauung allein bedingten Circulationsstörungen die Entstehung einer wahren, infectiösen Peritonitis begünstigen, und in wie weit eine so geringfügige Entzündung, wie wir sie z. B. im Fall Kynert sahen, als Todesursache zu betrachten ist? Welche Umstände in den beiden angeführten Fällen die Peritonitis verschuldeten, weiss ich allerdings nicht anzugeben, da dieselben antiseptischen Cautelen, wie bei jeder anderen Herniotomie, angewendet wurden, die Operationen sogar auffallend leicht waren und kurze Zeit dauerten, glaube sie indess bestimmt auf ein Eindringen septischer Keime von aussen während der Operation zurückführen zu müssen. Bei völlig normaler Beschaffenheit der Därme hätten diese vielleicht gar keine Entzündung hervorgerufen, wären ohne Schaden von den intacten Geweben ertragen worden; die vorhandenen circulatorischen Störungen begünstigten indess ihren deletären Einfluss. Auch glaube ich in den genannten beiden Fällen die eigentliche Todesursache nicht in der so überaus geringfügigen Entzündung sehen zu dürfen — ein sonst gesundes Individuum hätte diesen geringen Grad wahrscheinlich leicht überwunden — setze den raschen letalen Ausgang vielmehr hauptsächlich auf Rechnung des bereits vor der Operation vorhandenen tiefen Collapses, der allerdings vielleicht durch die entzündliche Reizung des Peritoneums noch etwas verschlimmert sein mag. Eine definitive Entscheidung der Richtigkeit meiner hier vorgetragenen Ansicht dürfte wohl unschwer durch eine experimentelle Untersuchung zu erbringen sein und einer solchen, bei der Wichtigkeit der Sache, auch werth erscheinen. Mangel an Zeit und äussere Umstände gestatteten mir selbst es leider bisher nicht, eine derartige Prüfung vorzunehmen.

Nicht weniger als zwölf unserer Patienten erlagen den geschilderten Collapszuständen, allerdings nur sechs (Jery, Pauze, Patocka, Müller, Göttlich, Habert) den unmittelbaren Folgen der Brucheinklemmung. Sämmtlich gehörten dieselben dem höheren Lebensalter an; Patocka war 52 Jahre, die übrigen hatten bereits das 60., Habert sogar das 70. Lebensjahr überschritten. Bei den vier Erstgenannten bestand der schwere Kräfteverfall bereits bei ihrer Aufnahme in die Klinik, weshalb sie sogleich herniotomirt wurden, ohne sich indess nach der Operation wieder zu erholen. In dem oben ausführlich geschilderten Falle Göttlich handelte es sich nur um eine hochgradige Kothstauung bei einer enorm grossen Hernie; deshalb wurden, nachdem Taxisversuche erfolglos geblieben, Klysmen angewendet; es erfolgte auch eine mässige Besserung des Zustandes, doch plötzlich wiederholten sich schwerere Erscheinungen, denen Patientin, noch ehe zu einem operativen Eingriff geschritten werden konnte, binnen wenigen Minuten erlag. — Patient Habert hätte vielleicht durch eine frühzeitige Herniotomie gerettet werden können; der Fall gehört indess noch der vorantiseptischen Zeit an, in welcher man mit der Vornahme der damals noch zu gefährlich scheinenden Operation allzusehr zögerte.

In den übrigen sechs Fällen handelte es sich um Darmgangrän. Nur in einem derselben, Fall Schwilinsky, wurde die primäre circuläre Enterorrhaphie gemacht. Streng genommen gehört der Fall vielleicht nicht in diese Gruppe, da die Nahtstelle der im Bruchsack fixirten Darmschlinge gangränescirte und eine circumscripte Peritonitis des Bruchsackes zur Folge hatte; ich habe ihn indess deshalb aufgeführt, da die Entzündung ausschliesslich auf den Bruchsack begrenzt war, das intraabdominale Peritoneum völlig frei blieb und das klinische Bild dem des zunehmenden Collapses infolge anhaltender Kothstauung entsprach. Bei den übrigen fünf Patienten wurde zunächst ein Anus praeternaturalis angelegt, doch nur bei dreien kam es zum Schluss desselben durch die secundäre Darmnaht. Die beiden anderen (Klinkert, Flechtner) erlagen am 10. resp. 15. Tage nach der Herniotomie, ohne dass die Obduction eine palpable Todesursache aufdeckte; mit dem bereits bestehenden Schwächezustand verband sich hier die Inanition, welche durch kräftige Nahrung per os, sowie durch Nährklystiere nur ungenügend bekämpft werden konnte; der Schluss des künstlichen Afters war aber wegen des bestehenden Kräfteverfalles und der ungenügenden Reinigung der Wunde vorher nicht möglich. — Auch die Kräfte der beiden Kranken Mimietz und Gerlach reichten nicht aus, um sie die eingreifende Operation der secundären Darmnaht überstehen zu lassen. Hingegen erholte sich die letzte der zwölf Patienten Rüffer von dem Eingriff recht gut und sollte bereits das Bett verlassen, als sie nach einer gut verbrachten Nacht und völligem Wohlbefinden plötzlich am 14. Tage nach dem Schluss des künstlichen Afters durch secundäre Darmnaht und fast beendeter Wundheilung eines Morgens umsank und starb. Die Obduction ergab fettige Degeneration des Herzens; die Nahtstelle war fest vernarbt und gut für den Koth durchgängig; keine Spur von Peritonitis.

Bereits oben erwähnte ich, dass in manchen Fällen die bei der Section gefundene geringgradige Peritonitis kaum zur Erklärung des Todes ausreicht und die wesentliche Ursache desselben dem Collaps zuzuschreiben ist; da sich indess nicht entscheiden lässt, wie viel dem einen, wie viel dem anderen zukommt, habe ich derartige Fälle (abgesehen von dem soeben angeführten Falle Schwilinsky), um möglichst objectiv zu sein, nicht mit in die eben besprochene Gruppe aufgenommen.

Verhältnissmässig recht häufig trüben intercurrente Krankheiten die Prognose der Brucheinklemmung. Theils stehen sie vollständig ausser Zusammenhang mit der letzteren, theils hängen sie direct oder indirect von ihr resp. der Herniotomie ab. Besonders sind es Erkrankungen von Seiten der Lunge, schwere Bronchitiden, Hypostasen, hypostatische oder Bronchopneumonien, welche den Verlauf compliciren, was ja in Anbetracht des meist höheren Alters der Patienten, der durch die Einklemmung geschwächten Herzkraft, des häufig vorhandenen Alkoholismus, der nöthigen längeren Rückenlage im Bett, wohl auch der Erkältungseinflüsse während der Operation leicht verständlich, aber doch kaum zu vermeiden ist. Enden diese Erkrankungen auch grossentheils in Genesung, so verzögern sie doch die definitive Heilung und erzeugen Fieber, während die Wundheilung ganz ungestört vor sich geht. Zuweilen enden sie aber auch tödtlich. Wir selbst hatten zwei letale Ausgänge an Pneumonie zu verzeichnen; in dem einen derselben. den 50jährigen Tischler Koleza betreffend, handelte es sich um eine rechtsseitige sog. Säuferpneumonie, die bereits bei der Aufnahme des Kranken in die Klinik bestanden und wenige Stunden nach der Herniotomie zum Tode führte; in dem zweiten, bei der 75jährigen Frau Attin, um eine doppelseitige hypostatische Pneumonie. — Eine Patientin. Tuscher, erlag einer ausgedehnten phthisischen Erkrankung der Lungen. — Ein Potator, Peschke, starb an doppelseitiger Pleuritis und Delirium tremens, nachdem er sich seinen eingeklemmten Leistenbruch kurz vorher selbst reponirt hatte.

Von der grössten Bedeutung und bisher noch viel zu wenig beachtet sind gleichzeitige Nierenerkrankungen. Englisch[1]) gebührt das Verdienst, zuerst auf das häufige Vorkommen von Eiweiss im Urin von Patienten mit Brucheinklemmung aufmerksam gemacht und auf die prognostische Bedeutung desselben, indem ein starker Albumengehalt meist schwerere Einklemmung und hochgradigere Veränderungen des Bruches vermuthen lässt, hingewiesen zu haben. Weil unbekannt, ist dieser Punkt in unseren Fällen früher völlig ausser Acht gelassen, und erst seit jener Publication regelmässig der Urin auf Eiweiss geprüft worden. Die Zahl unserer nach dieser Richtung genauer beobachteten Fälle ist indess bisher noch zu klein, um einen sicheren Schluss über das Abhängigkeitsverhältniss des Auftretens der Albuminurie von einer Brucheinklemmung zu erlauben; mehrfach beobachteten wir dies Verhalten allerdings. Insbesondere scheinen mir auch die in Obductionsprotokollen an Incarceration Gestorbener sich häufig findenden Angaben über bald leichtere, bald schwerere, anscheinend frische Nierenveränderungen auf ein derartiges Abhängigkeitsverhältniss zu deuten und nicht zufällige Nebenbefunde zu sein. In einem unserer Fälle wurde sogar die frische Exacerbation einer alten Nephritis zur Todesursache. Der Fall ist kurz folgender:

Beobachtung 71. Frau Caroline Otto, 40 Jahr alt, hat 3mal geboren, nach der ersten Entbindung eine schwere Parametritis durchgemacht, die linkerseits oberhalb des Ligamentum Pouparti incidirt wurde. 1876 abortirte sie. Kurze Zeit darauf bildete sich ein linksseitiger Schenkelbruch aus, der langsam an Grösse zunahm, nach einem Fall im Jahre 1880 indess rasch grösser geworden sein soll. Er verursachte oft Incarcerationserscheinungen, die indess stets auf Ruhe wieder zurückgingen. Am 12. Juli 1884 klemmte sich der Bruch von neuem ein, liess sich diesmal nicht reponiren, rief wiederholtes Erbrechen, starke Kolikschmerzen hervor. Die Kranke war sehr gut genährt, kräftig gebaut. Bei ihrer Aufnahme in die Klinik am 14. Juli fieberte sie; die Temperatur war auf 38,9 erhöht. Unterhalb des linken Poupart'schen Bandes constatirte man eine 18 cm lange, 10 cm breite, 8 cm hohe Geschwulst, deren Längsachse parallel dem Bande verlief; ihre Oberfläche war unregelmässig; ihre Consistenz an den verschiedenen Stellen verschieden; an einzelnen fühlte man Fluctuation, an andern derbere Massen. Druck auf die Geschwulst war schmerzhaft. Der Puls war kräftig, wenig beschleunigt, die Athmung indess rasch, dyspnoisch. Der nur spärlich gelassene Urin enthielt viel Eiweiss. — Da es bereits spät Abends war, erhielt Patientin zunächst nur Opium. In der Nacht trat fäculentes Erbrechen ein. Am Morgen des 15. wurde Patientin herniotomirt. Der Bruchsack enthielt neben einer reichlichen Menge klaren, gelbröthlichen Bruch-

---

[1]) J. Englisch, Ueber Albuminurie bei eingeklemmten Eingeweidebrüchen. Wiener medic. Jahrbücher 1884. Refer. Centralbl. f. Chir. 1885, Nr. 6.

wassers viel fettig degenerirtes, dem Bruchsack adhärentes Netz und eine 14 cm lange, dunkelroth gefärbte Dünndarmschlinge. Die nach Spaltung des Bruchringes vorgezogenen Schnürfurchen sahen gut aus. Die Bruch-schlinge wurde alsbald reponirt, das vorliegende Netz nach Ligatur seines Stieles mit dem Thermokauter abgetragen, sein Stumpf in der Bruchpforte durch Naht fixirt. Dann wurde der Bruchsack exstirpirt, sein Hals ver-näht. — Die Temperatur der Kranken war sogleich nach der 1¼ Stunden dauernden Operation auf 37° gesunken, stieg indess bis zum Abend auf 39,7. Die Schmerzen waren geschwunden, das Erbrechen hatte aufgehört, der Puls blieb gut. Nachts ½3 Uhr nahm die vorher nur geringe Dyspnoë plötzlich zu und nach einem raschen Ansteigen der Temperatur auf 41° erfolgte der Tod.

Die O b d u c t i o n ergab eine doppelseitige parenchymatöse und frische linksseitige hämorrhagische Nephritis, Fettherz mit Erweiterung und Hypertrophie des degenerirten linken Ventrikels. Die incarcerirt ge-wesene Darmschlinge war an einer röthlichblauen Verfärbung und den noch nicht verstrichenen Schnürfurchen noch deutlich zu erkennen, bot indess sonst, ebensowenig wie das Peritoneum, keine bemerkenswerthen Besonderheiten.

Auf welche Weise ein derartiger Zusammenhang zwischen einer Brucheinklemmung und einer acuten Nephritis zu erklären sei, lasse ich vollständig dahingestellt. Doch scheint mir ein ganz ähnlich ver-laufener Fall, in welchem bei einer an einer alten Nephritis und einem Echinococcus der Milz leidenden Patientin nach der Operation des letzteren eine ganz acute Exacerbation des Nierenleidens erfolgte und gleichfalls zum Tode führte, dafür zu sprechen, dass überhaupt Erkrankungen der grösseren Abdominalorgane auf die Entstehung von Nierenstörungen von grösstem Einfluss sind. Für einen solchen Einfluss sprechen wohl auch die Veränderungen, die die Nieren sehr häufig während der Gra-vidität erleiden, und die man unter dem Namen „Schwangerschafts-niere" zusammenfasst. — In wie weit für das Auftreten von Eiweiss im Urin nach Operationen die Chloroformnarkose von Bedeutung ist, auf welche T e r r i e r kürzlich mit Nachdruck hinwies, bedarf noch wei-terer Untersuchungen. Jedenfalls verdient diese wichtige Complication die sorgfältigste Beachtung und Prüfung.

Ein Kranker, Schulz, welcher nach 6tägigem Bestehen einer Netzincarceration in einem rechtsseitigen Leistenbruch, die sehr schwere Erscheinungen verursacht hatte, in die Anstalt aufgenommen wurde, starb noch vor Vornahme eines operativen Eingriffes an Chloroform-asphyxie. Welche speciellen Umstände in diesem Falle die Asphyxie veranlassten, ist in der kurzen Krankengeschichte nicht erwähnt: von Bedeutung dürfte vielleicht sein, dass Patient ein starker Potator war. Dass übrigens gerade bei einer Brucheinklemmung leichter ein Chloroformtod erfolgen kann, ist bei dem schwächenden Einfluss derselben auf die Herzthätigkeit wohl nicht unwahrscheinlich.

Die 46jährige Frau Nowack verloren wir leider an Jodoformintoxication. Die verbrauchte Jodoformmenge war zwar gering; doch wurde im vorliegenden Falle wahrscheinlich von der Serosa der ziemlich langen vorliegenden Darmschlinge zu viel Jodoform resorbirt. Jedenfalls bestand aber auch eine Idiosynkrasie der Patientin gegen das Medicament; lehren doch die vor wenigen Jahren so zahlreich publicirten Fälle von Jodoformintoxication, wie verschieden die Kranken das Mittel vertragen, wie selbst bei Anwendung ganz kleiner Dosen zuweilen Vergiftungserscheinungen beobachtet wurden. Die Symptome waren in unserem Falle unzweideutig. Während die Temperatur normal blieb, auch von Seiten des Peritoneums nicht die mindesten Zeichen einer Entzündung vorhanden waren, Patientin weder Erbrechen hatte, noch über Schmerzen klagte, der Leib weich, nirgends druckempfindlich blieb, wurde die Kranke anfangs sehr aufgeregt, wollte aus dem Bett springen, lachte und benahm sich geistesgestört, dann wurde sie auffallend somnolent, schliesslich comatös. Der von Anfang an kleine Puls wurde fadenförmig und sehr schnell; 48 Stunden nach der Operation erfolgte der Tod.

Schliesslich finde ich noch einen Todesfall an Darmlähmung verzeichnet.

Beobachtung 72. Pauline Lindemann, 55 Jahr alt, wurde am 6. Mai 1878 mit einer seit 4 Tagen bestehenden Incarceration einer linksseitigen Inguinalhernie aufgenommen. Bei der sogleich vorgenommenen Herniotomie fand sich als Bruchinhalt eine gut aussehende Darmschlinge, die sogleich reponirt wurde, und Netz; dieses war dem Bruchsack adhärent; es wurde abgetragen, sein Stumpf indess in der Bruchpforte liegen gelassen. — Der Leib blieb auch nach der Operation, obwohl kurz nach derselben einige Stuhlgänge erfolgten, aufgetrieben, und man nahm durch die dünnen Bauchdecken deutlich die reliefartigen Contouren der meteoristisch geblähten Darmschlingen wahr. In den nächsten Tagen erfolgte keine Defäcation mehr; der Leib wurde sehr schmerzhaft; die Tympanie des Abdomen nahm trotz Abführmittel und Einlegen eines elastischen Katheters in das Rectum zu. Fieber fehlte; peritonitische Symptome waren auch nicht vorhanden. Am 8. Mai starb Patientin.

Der Obductionsbefund lautet folgendermassen: Sehr abgemagerte weibliche Leiche; Fettgewebe fast ganz geschwunden; die Haut ist sehr dünn und blass. Der Bauch ist tonnenförmig aufgetrieben; die stark ausgedehnten Darmschlingen treten reliefartig hervor. Bei Eröffnung des Abdomen entleert sich nur eine geringe Menge einer fast ganz klaren, röthlichgelben Flüssigkeit. Die Dünndarmschlingen sind durch Gas und Fäcalien sehr ausgedehnt. Das Colon transversum verläuft in einem nach abwärts convexen Bogen bis zur Nabelhöhe und zeigt nach links und unten einen ziemlich dünnen, nach abwärts sich mehr und mehr verjüngenden Strang, der aus den zusammengetretenen Abschnitten des grossen Netzes gebildet wird; dasselbe ist im linken Leistenkanal fest adhärent; sein unterster Theil ist dunkelblauroth verfärbt und hämorrhagisch infiltrirt. Die Serosa der Dünndarmschlingen ist glatt, fühlt sich klebrig an. Etwa 20 und 5 cm über der Valvula Bauhini bemerkt man je eine circuläre, mässig tiefe Einschnürung des Dünndarmes, die als Einklemmungsringe angesprochen werden müssen. Die Dünndarmschlingen enthalten sämmtlich dünnflüssigen Inhalt, der in den tieferen Schlingen besonders reichlich ist. Die Darmschleimhaut ist geröthet und geschwollen.

Völlige Parese der Darmmusculatur nach länger dauernder Kothstauung findet sich mehrfach in der Literatur erwähnt; dass eine solche, besonders bei älteren Leuten, deren Kräfte darniederliegen und deren Bauchpresse schwach ist, zu einer bleibenden Kothstauung führen und dadurch schliesslich den Tod der ohnedies erschöpften Kranken herbeiführen kann, halte ich wohl für möglich. In unserem eben angeführten Falle stossen mir indess doch einige Bedenken auf. Es handelte sich hier neben der Darmeinklemmung gleichzeitig um einen Netzbruch. Dieser war in der Bruchpforte liegen belassen worden, dadurch aber das Colon transversum stark nach unten dislocirt. Ich halte es nun nicht für unwahrscheinlich, dass hierdurch eine Abknickung desselben erzeugt und damit ein mechanisches Hinderniss für die Kothpassage, nicht nur ein functionelles geschaffen wurde; freilich wäre dasselbe durch eine normale Peristaltik ohne Schwierigkeit überwunden worden, der geschwächten leistete es genügenden Widerstand. Allerdings ist dies nur eine Hypothese.

In 5 Fällen wurde der eingeklemmte Bruch nur scheinbar reponirt. In einem derselben (Hellmich) wurde der Irrthum noch rechtzeitig erkannt, und durch Wiederöffnung der Herniotomiewunde die Einklemmung beseitigt und Heilung gebracht. Die Scheinreduction war dadurch veranlasst, dass der Bruch stets in einen präperitonealen Bruchsackdivertikel hinein reponirt wurde. — In den vier anderen Fällen blieb die Incarceration bis zum Tode bestehen. Der eine dieser Patienten (Wagner) hatte sich den Bruch selbst durch forcirte Taxis zurückgebracht, so dass keine Geschwulst mehr zu sehen, nur noch eine gewisse abnorme Resistenz im Leistenkanal zu fühlen war. Bei einem zweiten (Merkert) hatte die in der Narkose vorgenommene Taxis den Bruch zum grossen Theil reponirt, nur ein kleiner Rest liess sich nicht zurückbringen; da man denselben für adhärentes Netz ansah, verzichtete man darauf, die Herniotomie der Taxis sogleich anzuschliessen. Wider Erwarten nahmen die schweren Symptome nach der Taxis rasch zu, und bereits in der folgenden Nacht verschied Patient ziemlich plötzlich, ehe noch ein weiterer Eingriff statthaben konnte. — In den beiden restirenden Fällen (Lamprecht, Gehling) war die Herniotomie gemacht worden. Ob hierbei die Bruchschlinge nur ungenügend reponirt wurde, oder ob sie sich nach völliger Reposition sogleich wieder von neuem einklemmte, muss dahingestellt bleiben; möglich wäre letzteres wohl, da in keinem der beiden Fälle die Radicaloperation angeschlossen wurde, der Bruchkanal also offen blieb. — Uebrigens fand sich bei der Obduction nur bei Frau Lamprecht und Merkert Peritonitis vor, bei Gehling und Wagner fehlte dieselbe.

Fast in allen Fällen von Scheinreduction trifft die Schuld den Operateur; nur in sehr wenigen Ausnahmen mögen die Verhältnisse in der That so ungünstig liegen, dass das Fortbestehen der Einklemmung nicht zu erkennen, resp. zu verhindern ist. Mit absoluter Sicherheit muss sich dieser Fehler bei der Herniotomie vermeiden lassen, wenn man es sich zur Regel macht, nach der Reposition des Bruchinhaltes stets mit dem bis in das Abdomen vorgeschobenen Finger das völlige Freisein des Bruchkanales, in specie der Bruchpforte, zu controlliren und nachher die letztere durch irgend eine Methode der Radicaloperation sicher zu verschliessen. — Aber auch bei Anwendung der Taxis kann man sich vor diesem unglücklichen Zufall schützen, wenn man daran festhält, die Einklemmung nicht eher für gelöst zu halten, bis der Finger frei in die Bauchpforte gelangt, und beim Bestehen irgend welcher Zweifel, jedenfalls aber, sowie die Einklemmungserscheinungen noch andauern, ohne Verzug die Herniotomie der Taxis folgen zu lassen. Gelingt durch die Taxis nur die theilweise Reposition, so sollte man sich davor hüten, den irreponibeln Rest für Netz oder verdickten Bruchsack zu halten; nur allzu leicht verbirgt sich dahinter eine leere Darmschlinge, wie wir dies z. B. in dem früher erwähnten Fall Kluge sahen. Lieber schreite man sogleich noch zur Herniotomie, selbst auf die Gefahr hin, dass sie unnöthig. Aseptisch ausgeführt, ist sie nahezu völlig gefahrlos und giebt die sichere Gewähr, dass nicht eine Scheinreduction vorliegt. Allerdings kann die Entscheidung, ob es sich um ein Andauern der Incarceration oder um eine frische Peritonitis handle, zuweilen schwierig sein; aber auch in solchen zweifelhaften Fällen ist stets die Herniotomie, resp. das Wiedereröffnen der Herniotomiewunde indicirt. Handelt es sich um Peritonitis, so ist Patient ohne wie mit Herniotomie verloren, handelt es sich um ein Fortbestehen der Einklemmung, so ist nur von letzterer Hilfe zu erwarten. — Man darf hoffen und muss dies fordern, dass in Zukunft die Rubrik „Todesfälle infolge Scheinreduction" aus der Mortalitätsstatistik fortfalle oder doch mindestens verschwindend klein werde.

Tabelle VI. Vertheilung der beobachteten Fälle von gangränösen Hernien nach dem Alter der Kranken, dem Sitz der Einklemmung und der Einklemmungsdauer.

| Lebensalter in Jahren | Einklemmungsdauer in Tagen | | 1 | 2 | 3 | 4 | 5 | 6 | 7 | 8 | ? | | | |
|---|---|---|---|---|---|---|---|---|---|---|---|---|---|---|
| 20—30 | Herniae inguinal. | Männer | — | 1 | — | — | — | — | — | — | 1 | 2 | 2 | 3 = 15,7% |
| | | Frauen | — | — | — | — | — | — | — | — | — | — | | |
| | Herniae femoral. | Männer | — | — | — | — | — | — | — | 1 | — | 1 | 1 | |
| | | Frauen | — | — | — | — | — | — | — | — | — | — | | |
| 30—40 | Herniae inguinal. | Männer | 1 | 1 | 1 | 1 | — | — | — | — | — | 4 | 7 | 8 = 29,6% |
| | | Frauen | — | — | 2 | — | — | 1 | — | — | — | 3 | | |
| | Herniae femoral. | Männer | — | — | — | — | — | — | — | — | — | — | 1 | |
| | | Frauen | — | — | 1 | — | — | — | — | — | — | 1 | | |
| 40—50 | Herniae inguinal. | Männer | — | 1 | — | — | — | — | — | — | — | 1 | 2 | 6 = 16,6% |
| | | Frauen | — | — | 1 | — | — | — | — | — | — | 1 | | |
| | Herniae femoral. | Männer | — | — | — | — | — | — | — | — | — | — | 3 | |
| | | Frauen | — | 1 | — | — | 1 | 1 | — | — | — | 3 | | |
| | H. ventral. | Frauen | — | — | — | 1 | — | — | — | — | — | 1 | 1 | |
| 50—60 | Herniae inguinal. | Männer | — | — | 1 | — | — | 1 | — | — | — | 2 | 2 | 11 = 34,3% |
| | | Frauen | — | — | — | — | — | — | — | — | — | — | | |
| | Herniae femoral. | Männer | — | — | — | 1 | — | — | — | — | — | 1 | 8 | |
| | | Frauen | — | 2 | 1 | 1 | — | 2 | — | — | 1 | 7 | | |
| | Herniae ? | Frauen | — | — | — | — | 1 | — | — | — | — | 1 | 1 | |
| 60—70 | Herniae inguinal. | Männer | — | — | — | — | 1 | — | — | — | — | 1 | 1 | 7 = 26,9% |
| | | Frauen | — | — | — | — | — | — | — | — | — | — | | |
| | Herniae femoral. | Männer | — | — | — | — | — | — | 1 | — | — | 1 | 4 | |
| | | Frauen | — | 3 | — | — | — | — | — | — | — | 3 | | |
| | H.obturat. | Frauen | — | — | — | 1 | — | — | — | 1 | — | 2 | 2 | |
| 70 u. darüber | Herniae inguinal. | Männer | — | — | — | — | — | — | — | — | — | — | 1 | 1 = 10% |
| | | Frauen | — | — | — | — | — | — | — | — | — | — | | |
| | Herniae femoral. | Männer | — | — | — | — | — | — | — | — | — | — | 1 | |
| | | Frauen | — | — | — | — | — | — | — | 1 | | 1 | | |
| ? | H. femor. | Frauen | — | — | — | — | — | 1 | — | — | — | 1 | 1 | 1 |
| | | | 1 = 2,7% | 9 = 28,2% | 7 = 35% | 5 = 45,45% | 2 = 40,0% | 7 = 77,7% | — | 3 = 50,0% | 3 = 7,7% | | | 37 |

Anm. 1. Die Einklemmungsdauer ist berechnet von dem Moment der Einklemmung bis zu dem Tage, an welchem der Bruch durch Herniotomie resp. Taxis reponirt wurde.

Anm. 2. Die Procentsätze beziehen sich auf das Verhältniss der absoluten Zahlen der jedesmaligen Fälle von Gangrän zu der der überhaupt jedesmal beobachteten Fälle, rechts nach dem Alter, unten nach der Dauer der Incarceration geordnet.

Abgesehen von den beiden soeben angeführten Todesfällen an Bauchfellentzündung nach Scheinreduction finde ich die Peritonitis noch 26mal, also in mehr als der Hälfte aller Todesfälle, als Todesursache in unseren Fällen von Brucheinklemmung erwähnt. Gewiss ist dieser Procentsatz erschreckend hoch; er erklärt sich indess dadurch, dass nicht weniger als 22 derselben durch Darmgangrän complicirt waren, welche freilich nur zum Theil bei der Operation constatirt wurde, zum Theil erst durch den weiteren Verlauf resp. die Obduction aufgedeckt wurde. Die Häufigkeit dieser Complication ist äusserst bedeutend; sie fand sich in 37, also in 23,1% unserer Fälle, resp. in 32, also 33,3% derjenigen Fälle, in welchen die Herniotomie ausgeführt wurde.

Auf die anatomischen Bedingungen, welche das Entstehen der Darmgangrän begünstigen, bin ich bereits im vorigen Kapitel näher eingegangen. Ich will hier nur noch einige klinisch wichtige Momente, welche auf ihre Entstehung von Einfluss sind, näher berücksichtigen. Bei der grossen Mannigfaltigkeit der beeinflussenden Factoren ist es nicht möglich, den Werth jedes einzelnen in Zahlen auszudrücken, zumal wir gar keinen sicheren Massstab für den Grad der Einschnürung selbst haben. Ich beschränke mich daher darauf, den Einfluss des Lebensalters der Patienten und der Einklemmungsdauer in Betracht zu ziehen. Von beiden lässt sich von vornherein ein ähnlicher Einfluss, wie überhaupt auf die Gesammtausgänge der Brucheinklemmung erwarten.

Dass ein höheres Lebensalter die Gangränescenz eines eingeklemmten Bruches begünstigt, geht aus der vorstehenden Tabelle VI nicht mit absoluter Sicherheit hervor. Allerdings ist der Procentsatz derer, bei welchen die Complication beobachtet wurde, im Verhältniss zu der Zahl der in gleichem Lebensalter stehenden Patienten mit Brucheinklemmung im höheren Alter im allgemeinen höher als bei jungen Individuen, doch ist das Verhältniss durchaus kein mit den Jahren constant wachsendes; findet sich doch gerade in dem höchsten Lebensalter, zwischen 70 und 80 Jahren, der niedrigste Procentsatz angegeben. Indess sind diese Zahlen überhaupt sehr klein, so dass Zufälligkeiten grosser Spielraum bleibt. — Deutlicher charakterisirt sich der Einfluss der längeren Einklemmungsdauer, wie er durch die letzte Zeile der Tabelle angegeben ist. Die absoluten Zahlenangaben lassen ihn freilich auch wenig hervortreten, wohl aber die Procentsätze, die hier allerdings ein ziemlich regelmässig constantes Anwachsen erkennen lassen. — Immerhin ist die grosse Zahl der Fälle von Gangrän bereits am 2. Tage der Einklemmung auffällig, begreift sich indess dadurch, dass 5 derselben das 50. Lebensjahr bereits überschritten hatten. Berücksichtigt man diese beiden Momente, also das Lebens-

Tabelle VII. Vertheilung der beobachteten Fälle gangränöser Hernien nach dem Sitz der Hernie und nach dem Ausgange.

| Art der Hernien | Gangrän, bei der Herniotomie constatirt | | | | | | | | | | Gangrän, durch Bildung einer Kothfistel constatirt und geheilt | Gangrän, bei der Herniotomie / nach Herniotomie | | bei der Obduction constatirt / nach Taxis resp. Klysma | | Gesammtresultat | |
| --- | --- | --- | --- | --- | --- | --- | --- | --- | --- | --- | --- | --- | --- | --- | --- | --- | --- |
| | Geschlecht | Behandlung | gen. | gest. | gen. | gest. | gen. | gest. | gen. | gest. | | Geschlecht | | Geschlecht | | gen. | gest. |
| 14 Herniae inguinales | 2 Männer | prim. Darmnaht | — | 1 | — | | 2 | | | | — Mann | 6 Männer | | 2 Männer | | 3 | 11 |
| | | Anus praeternat. | 1 | 1 | | 3 | | 3 | 4 | 15 | | | | | | | |
| | | sec. Darmnaht | 1 | | | | | | | | | | | | | | |
| | 4 Frauen | prim. Darmnaht | 1 | | | 3 | 1 | | | | — Frau | — Frauen | | — Frauen | | | |
| | | Anus praeternat. | 2 | 1 | | | | 9 | | | | | | | | | |
| | | sec. Darmnaht | | | | | | | | | | | | | | | |
| 19 Herniae femorales | 1 Mann | prim. Darmnaht | 1 | 1 | | 1 | | 1 | | | — Mann | 1 Mann | | 1 Mann | | 2 | 17 |
| | | Anus praeternat. | | | | | | | | | | | | | | | |
| | | sec. Darmnaht | | | | | | | | | | | | | | | |
| | 9 Frauen | prim. Darmnaht | 1 | 2 | 1 | 1 | 8 | | | | 1 Frau | 4 Frauen | | 2 Frauen | | | |
| | | Anus praeternat. | | 3 | | | | | | | | | | | | | |
| | | sec. Darmnaht | | 3 | | | | | | | | | | | | | |
| 2 H. obturat. | 1 Frau | Anus praeternat. | — | 1 | — | 1 | 1 | 1 | | | | 1 Frau | | — | | — | 2 |
| 1 H. ventral. | 1 Frau | Anus praeternat. | | 1 | | 1 | 1 | 1 | | | | — | | — | | — | 1 |
| 1 Herniae ? | 1 Frau | Anus praeternat. | | 1 | | 1 | 1 | 1 | | | | — | | — | | — | 1 |
| | | | | | | | | | 19 | | 1 | 12 | | 5 | | 5 | 32 |
| | | | | | | | | | | | | | | | | | 37 |

Anm. 1. 1 Fall von geheilter secundärer Darmnaht wegen Anus praeternaturalis infolge Darmverletzung bei der Herniotomie ist in vorstehende Tabelle nicht mit aufgenommen.

Anm. 2. In 2 Fällen der unter der Rubrik „Gangrän, bei der Obduction constatirt, nach Herniotomie" verzeichneten Fälle fand sich der Bruchsack bei der Herniotomie leer; der nekrotische Darm hatte sich vorher spontan in das Abdomen zurückgezogen.

Anm. 3. Einer der unter die Rubrik „Gangrän, bei der Obduction constatirt, nach Taxis" aufgenommenen Fälle war bereits vor jedem operativen Eingriff an Collaps gestorben.

alter und die Einklemmungsdauer, zusammen, also die Zahlen innerhalb der Tabelle, nicht die Endreihen, so tritt allerdings auch der Einfluss des Alters deutlicher hervor, und es zeigt sich, dass die Gangrän um so früher eintritt, je älter die Patienten sind.

Die angeführte Tabelle VI kann allerdings nur einen sehr bedingten Werth beanspruchen und giebt nur eine ganz ungefähre Uebersicht, da sie ja nicht diejenige Dauer der Einklemmung angiebt, nach welcher in jedem Einzelfall thatsächlich die Gangrän eintrat, sondern nur diejenige, nach welcher letztere constatirt wurde. Es ist selbstverständlich, dass in mehreren Fällen, in denen wir bei der Herniotomie schon die ganze Bruchschlinge gangränös fanden, die Anfänge der Gangrän auf einen früheren Zeitpunkt zurückzudatiren sind. Diesen Zeitpunkt zu bestimmen ist indess klinisch nicht möglich.

Von hohem Interesse ist, dass es nur in einem einzigen der Fälle, welche bereits innerhalb der ersten 24 Stunden nach der Einklemmung zur Behandlung kamen, zur Gangrän gekommen war, hingegen von denen, deren Einklemmung erst am 2. Tage gelöst wurde, sich die Darmgangrän schon in einem hohen Procentsatz ausgebildet hatte, gewiss eine sehr ernste Mahnung, so früh wie irgend möglich die Incarceration zu beseitigen und nicht lange mit unsichern Mitteln die günstigste Zeit zu einem operativen Eingriff zu versäumen. Die auffällige Thatsache, dass es auch bei mehreren jungen Personen schon in den ersten zwei Tagen zum Darmbrand kam, habe ich schon oben erwähnt, kann allerdings keine Erklärung für sie geben.

Der Sitz der Einklemmung, wie er aus Tabelle VII ersichtlich ist, lässt keinen wesentlichen Einfluss auf das Auftreten der Gangrän erkennen. Allerdings übertrifft die Zahl der gangränösen Femoralhernien (19) um etwas die der inguinalen (14). Es stimmt dies Verhältniss indess damit überein, dass überhaupt mehr Schenkelhernien die Herniotomie erfordern als Leistenbrüche. Vielleicht hängt dies mit einer etwas engeren Einschnürung im Cruralring zusammen, vielleicht aber auch damit, dass die Femoralhernien weit häufiger bei Frauen sich finden, als bei Männern, erstere aber aus Scham erst später ärztliche Hilfe nachsuchen. — Dass in unseren beiden Fällen von Hernia obturatoria, wie überhaupt in der Mehrzahl der von den Autoren mitgetheilten Fälle dieser seltenen Bruchart Gangrän angetroffen wurde, kann bei der Schwierigkeit ihrer Diagnose, die daher meist erst spät gestellt wurde, nicht Wunder nehmen; werden sie doch oft genug erst bei der Obduction als solche erkannt.

Auch ein Einfluss des Geschlechts dürfte kaum vorhanden sein. Freilich kommen gangränöse Hernien weit öfter bei Frauen als bei Männern zur Beobachtung — von unsern 37 Fällen betrafen 13 das männliche, 24 das weibliche Geschlecht; doch ist ja die Brucheinklemmung überhaupt häufiger bei Frauen als bei Männern — von unseren Fällen entfielen 64 auf das männliche, 96 auf das weibliche Geschlecht. Die bestehende geringe Differenz dieser Verhältnisse ist aber ohne jede Bedeutung.

Nur in 19 unserer 37 Fälle von Darmgangrän wurde dieselbe bereits bei der Herniotomie angetroffen resp. als solche erkannt, in 17 Fällen — von diesen war in 12 die Herniotomie gemacht worden — wurde sie erst durch den spätern Verlauf und die Obduction aufgedeckt, in einem Falle wurde sie erst aus der Bildung einer Kothfistel nach der Operation diagnosticirt. Die grosse Zahl der Fälle, in denen sich die Gangrän der Bruchschlinge erst nach der Herniotomie entwickelte, resp. bei letzterer übersehen wurde, ist sehr auffallend. Sie reducirt sich indess dadurch, dass in zweien derselben die Gangrän in der That erst nach der Herniotomie durch das Fortbestehen der Einklemmung infolge Scheinreduction (Lamprecht, Gehling) entstand, und in zwei anderen (Lehmann, Herlitzka) bei dem Bruchschnitt nur ein leerer Bruchsack angetroffen wurde, die brandige Darmschlinge sich nach erfolgter Perforation bereits spontan reponirt hatte. Demnach restiren nur acht derartige Beobachtungen. Ueber zwei derselben (Labitzki, Hilbig) fehlen klinische Angaben nahezu vollständig und existiren nur die Obductionsprotokolle, so dass über die Beschaffenheit des Bruchinhaltes zur Zeit der Operation nichts bekannt ist. In den übrigen 6 Fällen fand sich bei der Operation folgender Befund:

1) Seiler, 1871. Es handelte sich um einen noch nicht volle 2 Tage eingeklemmten sehr grossen Netzdarmbruch. Zum Theil war der Inhalt durch Taxis reponirt worden. Der letzte, erst durch die Herniotomie zurückgebrachte Rest bestand aus einer grossen, sehr dunkel, fast schwärzlich gefärbten Darmschlinge mit noch glänzender Oberfläche und einem gleichfalls schwärzlich verfärbten Netzstück. Die Einklemmung war offenbar eine sehr intensive.

2) Hanke, 1872. Die im Foramen obturatorium eingeklemmte kleine Darmschlinge war zwar dunkelroth gefärbt, hatte indess im allgemeinen ein noch gutes Aussehen; nur an ihrem Scheitel fand sich eine linsengrosse, schwärzlich verfärbte Stelle. An dieser erfolgte die Perforation und das Ausströmen von Darminhalt in die Bauchhöhle bereits unmittelbar nach der Reposition der Schlinge.

3) Klar, 1880. Die Einklemmung bestand seit 2 Tagen; der eingeklemmte Darm war schwärzlich verfärbt, doch noch glänzend.

4) Rieger, 1883. Trotz 6tägigen Bestehens der Incarceration hatte die Darmschlinge selbst ein noch gutes Aussehen; nur die Schnür-

furchen waren tief und bläulich verfärbt; an einer derselben erfolgte nachträglich die Perforation.

5) Beninde, 1883. Der seit 4 Tagen eingeklemmte Darmwandbruch war dunkel verfärbt, feucht, spiegelglänzend, liess noch deutlich die Gefässe seiner Serosa erkennen und zeigte anscheinend normale Consistenz. Der ganze Divertikelbruch wurde nach der Reposition gangränös.

6) Fuhrmann, 1884. Die eingeklemmte Schlinge war 10—12 cm lang, ihre Schenkel unter einander und mit dem Bruchsack durch fibrinöse Pseudomembranen verklebt, dunkelblauroth, hämorrhagisch infarcirt, hatte indess eine noch glänzende Oberfläche. — Die Zeichen der Gangrän waren bei der Section des bereits wenige Stunden nach der Herniotomie verstorbenen Patienten weit deutlicher ausgeprägt; doch war keine Perforation erfolgt.

Wie schwer es im Einzelfalle unter Umständen sein kann, bei der Herniotomie die Frage der Lebensfähigkeit der Bruchschlinge und damit die weitere, ob man sie reponiren darf, zu entscheiden, ist allgemein bekannt; sehen wir doch zuweilen ziemlich stark suffundirte und infarcirte Bruchschlingen sich nach der Reposition erholen, ohne irgend welche Störungen zu veranlassen, und in andern Fällen bei scheinbar gutem Aussehen der Schlinge diese einer acuten Gangrän verfallen. Letztere Fälle sind freilich sehr selten. Am häufigsten sind diejenigen, bei denen die pathologischen Veränderungen hochgradige sind, aber die Bruchschlinge doch noch Zeichen darbietet, die für ihre Vitalität sprechen, die also gerade an der Grenze stehen. Eine grosse Erfahrung wird hier natürlich am ehesten das Richtige treffen lassen; doch sind unglückliche Irrthümer in dieser Richtung wohl jedem Chirurgen begegnet und dürften auch in Zukunft keinem gänzlich erspart bleiben, wenn auch hoffentlich seltener werden. Der noch vorhandene Glanz der Schlinge, die Erkennbarkeit des Verlaufes ihrer Wandgefässe besitzen, wie einzelne der vorstehenden Beobachtungen zeigen, keinen besonderen Werth. Die sichersten Merkmale bieten immer die Farbe und Consistenz des Darmes. Eine sehr dunkle bis schwärzliche Verfärbung sollte stets die Reposition contraindiciren, desgleichen eine irgend beträchtliche Verdünnung der Wand durch starke Dehnung des Darmes; sahen wir doch im vorigen Abschnitt, dass letztere eben nur bei bereits erkrankter, in ihrer Ernährung sehr beeinträchtigter Darmwand möglich ist. Insbesondere wird man auch die Beschaffenheit der Schnürfurchen ins Auge zu fassen und zu beachten haben, in wie weit sie sich durch Darüberstreifen oder die nach Lösung der Einklemmung eintretende Füllung der Schlinge ausgleichen. Welcher, wenn auch beschränkte Werth der Quantität und Qualität des Bruchwassers in prognostischer Hinsicht zukommt, habe ich oben zu zeigen gesucht.

Dass in dem einen Falle (Langer 1877) die Darmgangrän durch Bildung einer Kothfistel zur Heilung kam, lässt sicher annehmen, dass sie auf eine sehr kleine Stelle des Darmes beschränkt und durch eine circumscripte adhäsive Peritonitis frühzeitig abgekapselt wurde.

Aber auch die Prognose derjenigen gangränösen Hernien, welche bei der Herniotomie als solche erkannt und dementsprechend behandelt wurden, ist eine überaus schlechte. Von 19 Patienten genasen nur vier, zwei durch primäre (Adler 1876, Brendel 1881), zwei durch secundäre (Werner 1881, Seidel 1884) circuläre Darmresection und Darmnaht. (Ein Fall [Baumgart 1879], in welchem eine Verletzung des Darmes bei der Operation die Anlegung eines künstlichen Afters erforderte, gelangte auch durch secundäre Darmnaht zur Heilung.)

Die 15 Todesfälle vertheilen sich folgendermassen: Eine Patientin (Müller 1885) wurde bereits moribund in die Klinik eingebracht und starb am Schluss der Anlegung eines Anus praeternaturalis. Bei 3 Kranken (Winkler 1873, Vogt 1883, Jung 1884) bestand bereits zur Zeit der Operation fäculente Perforationsperitonitis, bei einem (Rost 1880) entstand letztere wahrscheinlich erst nach der Anlegung eines künstlichen Afters infolge Einfliessens vom Darminhalt in die Bauchhöhle aus der bei einem Repositionsversuch platzenden, brandigen Bruchschlinge. In 2 Fällen (Klinkert 1884, Flechtner 1884) führte Inanition mit Collaps am 10. resp. 15. Tage nach der Herniotomie den letalen Ausgang herbei, in einem (Nowack 1885) wurde er durch Jodoformintoxication bewirkt. — In den 7 übrigen Fällen wurde die circuläre Darmresection ausgeführt und zwar 2mal primär, 5mal secundär. Die beiden ersten endeten tödtlich durch Gangrän der Nahtstelle und Perforationsperitonitis (Emmersleben 1879, Schwilinski 1881); von den 5 letzten starb nur ein Patient (Schwerin 1881) infolge Insufficienz der Naht, eine zweite Patientin (Böhm 1882) starb ein halbes Jahr nach Anlegung der Darmnaht infolge Stenosenbildung an der Nahtstelle und Perforation oberhalb der Stenose; die übrigen 3 Kranken (Mimietz 1883, Rüffer 1883, Gerlach 1883) erlagen Collapszuständen: sie sind bereits oben erwähnt.

Nur 4 Patienten starben an Peritonitis, ohne dass der Darm gangränös war, resp. ohne dass Darmgangrän nachgewiesen wurde. Denn in zweien derselben (Jäschke 1882, Quellmelz 1881) wurde die Obduction verweigert; dass dieselben an Peritonitis starben, kann nach dem Verlauf allerdings als zweifellos gelten, doch ist durchaus nicht ausgeschlossen, dass letztere eine Folge nachträglicher resp. bei der Operation nicht erkannter Gangrän der Bruchschlinge war. Die 3. Patientin

(Rietsch 1869) wurde noch in der vorantiseptischen Zeit operirt; übrigens litt sie gleichzeitig an einer Bronchopneumonie. In dem 4., oben bereits ausführlicher besprochenen Fall (Kynert 1885) deckte die Autopsie allerdings eine ganz frische Peritonitis auf, doch war dieselbe ziemlich circumscript, kennzeichnete sich nur durch starke Injection und Ecchymosirung, keine Exsudation, so dass mit Wahrscheinlichkeit anzunehmen ist, dass die Kranke weniger dieser relativ mässigen Affection als dem bereits vor der Operation bestehenden hochgradigen Collaps erlag, der freilich durch die peritonitische Reizung gesteigert wurde.

Es erübrigt noch einer Frage von grösstem praktischen Interesse näher zu treten, nämlich der nach dem Einfluss der Antisepsis auf die Resultate der Behandlung eingeklemmter Hernien. Ich muss daher aus dem benutzten Material 11 Fälle, welche der vorantiseptischen Zeit angehören, ausschalten. Von den übrig bleibenden 149 Patienten, welche wegen Brucheinklemmung die Klinik in den Jahren 1876 bis Ostern 1885 aufsuchten, genasen 106 = 71,14%, starben 43 = 28,85%.

Bereits vor 3 Jahren suchte Schmidt in einer Mittheilung auf dem 12. Chirurgencongress „Ueber die Resultate der Herniotomie — denn nur diese sind ja hier von Belang — seit Einführung der antiseptischen Operationsweise" diese Frage statistisch zu beantworten, und zwar an der Hand eines grösseren Krankenmaterials, das er aus verschiedenen Kliniken und Krankenhäusern aus den Jahren 1877—1881 gewonnen hatte. Seine Statistik umfasst 363 Herniotomien; von diesen waren 308 an eingeklemmten, 55 an freien Hernien ausgeführt. Nur erstere besitzen für die uns augenblicklich beschäftigende Frage wesentliches Interesse. Von diesen 308 Patienten starben 113, d. h. 36,6%. Da nun die Mortalität der Herniotomien wegen Brucheinklemmung in der Zeit vor Lister nach der Angabe Schmidt's 45,8% betrug, so hatte die Antisepsis unsere Erfolge nur um 9,2% verbessert. Von unsern 149 Patienten wurden 87 herniotomirt; von diesen erlagen 34, also 39,08%. Es stellt sich das Resultat somit noch um ein geringes ungünstiger; vergleichen wir dasselbe indess nicht mit den Schmidtschen Angaben über die Mortalität vor Lister, sondern, um ein möglichst gleichartiges Krankenmaterial zum Vergleich heranzuziehen, mit den Resultaten, welche in der Breslauer Klinik in der vorantiseptischen Zeit erzielt wurden, und in der schon früher mehrfach angezogenen Arbeit von Hildebrand publicirt sind, so finden wir daselbst unter 93 Herniotomien wegen Bruchincarceration 45 Todesfälle verzeichnet, also eine Mortalität von 48,38%. Die durch die Antisepsis erzielte Differenz beträgt sonach auch 9,3%.

Schmidt berechnete nun die Verschiedenheit der Mortalitätsziffer je nach den verschiedenen bei der Herniotomie noch vorgenommenen

operativen Eingriffen. Um einen Vergleich mit seinen Zahlen zu ermöglichen, ordnete ich unsere Fälle in der gleichen Weise an, stiess
indess hier auf Schwierigkeiten. Es geht nämlich aus den kurzen
Schmidt'schen Angaben nicht hervor, ob er sämmtliche ihm zur Verfügung stehende 308 Fälle entsprechend vertheilt oder einzelne ausgeschlossen hat; sodann bleiben einige Angaben unklar, z. B. ob er
unter die Kategorie „Herniotomie mit Resection von Netz u. dergl."
nur diejenigen Fälle aufgenommen, in denen der resecirte Netzstumpf
dann in das Abdomen reponirt wurde oder auch diejenigen, in denen
er in der Bruchpforte fixirt gehalten wurde, ein Moment, das auf die
Resultate vielleicht nicht ganz ohne Einfluss bleiben dürfte u. a. m.

Ich selbst schloss von meinen Fällen nur 2 (Lehmann, Herlitzka)
aus der Vergleichung aus, da die Herniotomie bei ihnen nur einen leeren
Bruchsack aufwies, der gangränöse Darm sich bereits spontan zurückgezogen hatte, dieselben sich demnach unter keine der Schmidt'schen
4 Gruppen einreihen liessen, nahm hingegen in die 1. Gruppe auch
alle diejenigen Fälle mit auf, in denen die näheren Angaben über den
reponirten Bruchinhalt fehlten; es können somit unter diesen möglicherweise einige Fälle mit inbegriffen sein, bei denen ein miteingeklemmtes
Netzstück resecirt wurde, die also eigentlich der 2. Kategorie einzu-
reihen wären. Unter Berücksichtigung dieser Beschränkungen und
Fehlerquellen seien die Resultate der Schmidt'schen und meiner Statistik neben einander gestellt.

Die Mortalität der Herniotomie beträgt nach

|  | Schmidt | Reichel | berechnet aus nebenstehen-den Zahlen: |
|---|---|---|---|
| 1) mit Reposition der Eingeweide | 27,4 % | 25,0 % | 39 geheilt, 13 gestorben |
| 2) mit Resection von Netz u. dgl. | 22,2 % | 37,7 % | 9 „ 5 „ |
| 3) mit Resection des Darmes und Reposition d. genähten Darmes | 76,1 % | 50,0 % | 2 „ 2 „ |
| 4) mit Anlegung eines Anus praeter-naturalis . . . . . . . | 80,5 % | 80,0 % | 3 „ 12 „ |

Man sieht, dass die Procentzahlen ziemlich übereinstimmen; die
etwas grösseren Differenzen in der 2. und 3. Kategorie erklären sich
zur Genüge aus der geringen Zahl der hier in Betracht kommenden
Fälle, deren Kleinheit den Werth einer procentarischen Berechnung
überhaupt nahezu illusorisch macht, da schon ein einziger Fall das
Procentverhältniss wesentlich modificirt, Zufälligkeiten also eine grosse
Rolle spielen.

Schmidt stellte nun weiter fest, wie viele der Gestorbenen in
den verschiedenen Kategorien einer septischen Peritonitis erlagen. Auch
hier seien unsere Zahlen zum Vergleich beigefügt.

Septische Peritonitis ergiebt sich als Todesursache nach

| | Schmidt | Reichel | berechnet aus folgenden Zahlen | |
|---|---|---|---|---|
| | | | Zahl der Gestorbenen | Zahl der an septischer Peritonitis Gestorb. |
| in der 1. Kategorie in | 50,0 % | 77,7 % | 13 | 9 |
| „ „ 2. „ „ | 66,6 % | 20,0 % | 5 | 1 |
| „ „ 3. „ „ | 87,5 % | 50,0 % | 2 | 1 |
| „ „ 4. „ „ | 50,0 % | 41,6 % | 12 | 5 |

Hier ist die Differenz eine wesentlich bedeutendere, und zwar zu Ungunsten der 1. Kategorie unserer, der 3 letzten Kategorien der Schmidt'schen Fälle. Der auffallend hohe Sterblichkeitsprocentsatz an septischer Peritonitis in unserer 1. Kategorie begreift sich indess, wenn wir berücksichtigen, dass bei nicht weniger als 7 von den 9 an septischer Peritonitis Gestorbenen diese durch Gangrän resp. Perforation der reponirten Bruchschlinge bedingt wurde. Ueberhaupt starben von unsern 34 nach der Herniotomie verschiedenen Patienten 18, d. h. 52,94 % an septischer Bauchfellentzündung.

Erinnern wir uns, dass die Gesammtmortalität der Herniotomie seit der Einführung des antiseptischen Verfahrens nur um 9 % verbessert wurde, so müssen wir allerdings gestehen, dass diese Verbesserung eine äusserst geringe ist. Dieser erstaunlich geringe günstige Einfluss der Antisepsis erklärt sich aber wohl weniger daraus, dass die Operation an septisch inficirten Theilen stattfindet, wie Schmidt dies angiebt — obwohl diesem Moment sicher eine gewisse Bedeutung nicht abzusprechen ist — als daraus, dass, wie ich oben zeigte, eine so hohe Zahl der Patienten intercurrenten Erkrankungen resp. überhaupt Zufällen erliegt, auf die die Anwendung antiseptischer Cautelen natürlich ohne jeden Einfluss ist. Wollen wir entscheiden, ob die Beobachtung der Lister'schen Vorschriften sich bei der Herniotomie gleich wirksam erweist, wie bei andern Operationen oder nicht, so müssen wir demnach alle jene Fälle ausschliessen, in denen der letale Ausgang durch Ursachen bedingt wurde, die mit der Antisepsis nicht das mindeste zu thun haben. Dazu genügt aber nicht, wie dies Schmidt thut, den Procentsatz der an septischer Peritonitis Gestorbenen zu berechnen, sondern wir müssen auch, wie dies schon Gussenbauer in der damaligen Discussion hervorhob, die Fälle ausscheiden, in denen die Peritonitis bereits zur Zeit der Operation bestand. Es ist nun jedenfalls schwer, diese Fälle immer mit Sicherheit zu bestimmen. In unsern Fällen bestand mit Bestimmtheit septische und zwar perforative fäculente Peritonitis bei der Ausführung der Operation bereits in mindestens 4 Fällen; ziehen wir diese ab, so erhalten wir auf 30 Todesfälle 14 an septischer Bauchfellentzündung, also reduciren sich die

52,9% auf 46,6%. Noch niedriger wird dieser Satz aber, wenn wir auch noch jene Fälle in Abzug bringen, in welchen gangränöse Hernien, weil als solche nicht erkannt, reponirt wurden, bei denen natürlich auch die peinlichste Antisepsis den Tod nicht verhüten kann.

Jedoch hätte eine derartige procentarische Berechnung in Anbetracht der Kleinheit der restirenden Zahlen keinen besonderen Werth, zumal wir einer derartigen Statistik keine gleiche aus der vorantiseptischen Zeit gegenüberstellen könnten. Wenigstens ist mir keine bekannt, in welcher genügend genaue Angaben enthalten wären, um die Ausschliessung aller auszuscheidenden Fälle mit einiger Sicherheit zu gestatten. Die in der Hildebrand'schen Arbeit enthaltenen Angaben sind jedenfalls ganz ungenügend; nur der Vollständigkeit wegen führe ich sie mit seinen eigenen Worten hier an: „Von 177 Fällen von Brucheinklemmung starben 47, wurden geheilt 130. Von 9 Personen ist die Todesursache nicht angegeben; die übrigen 38 Fälle vertheilen sich folgendermassen: ehe noch eine Operation vorgenommen werden konnte, starben 2; nach der Operation erholten sich nicht wieder 3; an Erschöpfung durch Diarrhöe starben 2; durch Collaps nach einer copiösen Stuhlentleerung 1; durch Fortbestehen der Einklemmung, weil die umfangreichen Verwachsungen nicht gelöst werden konnten, 2; durch Wiedervortreten und neue Einklemmung des Darmes 1; durch weitverbreitete Gangrän des Darmes 3; an Anus praeternaturalis starben 3; an innerer Einklemmung 2; an einem Kotherguss in die Bauchhöhle starben 4; an allgemeiner Peritonitis und Enteritis 12; infolge von Scheinreduction in einer weiten Bruchsacktasche, welche durch forcirte Taxisversuche entstanden war, 1; an Trismus starben 2." — Man sieht, dass die verschiedenen Todesursachen derart durch einander gewürfelt sind, dass ein genauer Vergleich nicht möglich ist.

Erwägen wir indess, dass von unsern 34 Todten nur 3 an septischer Peritonitis ohne Darmgangrän gestorben, ja dass selbst bei diesen der eine Fall durch schweren Collaps complicirt war, in den beiden andern es, da keine Section stattfand, sogar fraglich blieb, ob nicht doch Gangrän der reponirten Bruchschlinge Ursache der Bauchfellentzündung war, so dürfen wir meiner Ansicht nach mit Recht den Schluss ziehen, dass die Einführung der antiseptischen Cautelen auch die Resultate der Herniotomie segensreich beeinflusst und die septischen Erkrankungen wesentlich vermindert hat. — Schmidt fand nun allerdings auch unter 55 Radicaloperationen freier Hernien 11 Todesfälle, darunter die Hälfte durch septische Peritonitis bedingt. Berücksichtigen wir indess, dass dem gegenüber von unsern radical wegen freier Hernie operirten Patienten, deren Zahl freilich keine sehr grosse war, kein einziger der Operation erlag, so dürfen wir heut die Gefährlichkeit der nicht complicirten Herniotomie bei Anwendung sorgfältigster Antisepsis allerdings gering anschlagen.

Hieraus lässt sich aber, wie ich glaube, auch für die Gesammtresultate der Herniotomie für die kommenden Jahre ein weiterer Nutzen der Antisepsis erwarten. Denn je mehr sich der Gedanke der relativ geringen Gefährlichkeit des bisher allgemein noch so gefürchteten Bruchschnittes als solcher in breiten Schichten nicht nur der Aerzte, sondern auch des Publikums Eingang verschafft, um so mehr ist zu hoffen, dass die Patienten in Zukunft früher ärztliche Hilfe aufsuchen und die Aerzte sich frühzeitiger zur Operation entschliessen und die günstigste Zeit nicht mit der Anwendung unsicherer Mittel verstreichen lassen werden. Die in Tabelle IV oben angeführten Zahlen lehren uns ja, dass die Resultate der Operation um so günstiger sind, je früher dieselbe ausgeführt werden kann.

## VI. Abschnitt.

### Kapitel 9. **Therapie der Brucheinklemmung.**

Bezüglich der Therapie kann ich mich kurz fassen und beschränke mich darauf, die von uns geübte Behandlungsweise mit einigen Worten zu erläutern.

Ziemlich ausgiebigen Gebrauch machten wir von der Anwendung der Narcotica, der subcutanen Morphiuminjection und der innerlichen Darreichung von Opiaten per os oder als Suppositor per rectum. Die Zahl der hierdurch geheilten Fälle ist keine ganz kleine; bei einem Theil ging die Incarceration bei dieser rein medicamentösen Behandlung, die höchstens durch ein warmes Bad und geeignete Lagerung unterstützt wurde, spontan zurück, bei einem andern liess sich der Bruch dann durch Taxisversuche, vom Patienten selbst oder vom Arzt ausgeführt, leicht zurückbringen. Diese Behandlung schlugen wir indess nur in solchen Fällen ein, die ganz frisch in unsere Beobachtung kamen, und bei denen die Erscheinungen so wenig dringende waren, dass wir glaubten, ohne Gefahr für den Patienten einige Stunden abwarten zu können. Wie sie wirkt, ist ja leicht verständlich; einmal beruhigt sie die lebhafte Peristaltik und setzt damit dem weitern Andrängen des Darminhalts gegen das Hinderniss in der Bruch-

pforte ein Ende; andrerseits lindert sie die Schmerzen und beseitigt
in ähnlicher, wenn auch nicht so vollkommener Weise, wie die Chloroformnarkose, die Spannung der Bauchmusculatur, erlaubt dadurch eine
zweckmässigere und methodischere Ausführung der Taxis. Führt sie
allein nicht zur Reposition des Bruches, so schafft sie doch den Nutzen,
dass sie durch Ruhigstellung des Darmes den Circulationsstörungen in
gewissem Grade Einhalt gebietet, und die folgende nothwendige Chloroformnarkose wesentlich erleichtert. — Abführmittel haben wir, mögen
sie auch manchmal wirksam sein, aus den früher dargelegten Gründen
streng vermieden; jedenfalls sollte man, wenn man sie versucht, stets
bereit sein, im Nothfalle sofort die Herniotomie folgen zu lassen.

Klysmata versuchten wir, wenigstens in den letzten Jahren, nur
in Fällen reiner Kothstauung; ihre übrigens auch seltene Anwendung
bei wahrer Incarceration, wie sie in einigen Fällen erwähnt wurde,
auch einigemal tödtlich endete, beschränkte sich auf die ersten der
in unsern Beobachtungen in Betracht kommenden Jahre, in welchen
wir den Bruchschnitt noch für gefährlicher hielten als heut, uns überhaupt meist erst später zu energischem Einschreiten entschlossen.

Ueber den Nutzen der in den letzten Jahren wieder mehrfach
empfohlenen Aetherbestäubungen habe ich keine eigenen Erfahrungen,
sah indess von denselben bei einigen wenigen derartig ausserhalb der
Anstalt behandelten und erst nachträglich der Klinik zugeführten Patienten nichts Gutes.

Kamen die Kranken erst nach einiger Dauer der Einklemmung
in die Klinik oder war die Opiumbehandlung erfolglos geblieben, so
schritten wir meist sogleich zur Taxis in Chloroformnarkose, wofern
nicht ein zu hochgradiger Collaps des Patienten oder andere Symptome,
insbesondere entzündliche Erscheinungen der Weichtheile über dem
Bruch den Verdacht bereits vorhandener schwerer pathologischer Veränderungen des Bruchinhaltes nahe legten und die sofortige Herniotomie erforderten.

Was die Methode der Taxis anlangt, so bevorzugten wir, ohne
sie gerade principiell und ausschliesslich anzuwenden, die circuläre
Compression, welcher wir freilich hin und wieder gleichzeitig leichte seitliche Bewegungen des Bruches hinzufügten. Nach meiner früher näher
entwickelten und begründeten Anschauung über den Mechanismus der
Brucheinklemmung, in welcher ich mich ja im allgemeinen der Kocher-
schen Ansicht anschliesse, wenn auch in einzelnen Details von ihr ab-
weiche, erscheint mir die von letzterem wieder besonders warm empfohlene Compressionsmethode in der That am rationellsten. Meiner
Annahme entsprechend, dass eine wahre Brucheinklemmung nur bei
verhältnissmässig erheblicher Raumbeschränkung im Bruchringe zu

Stande kommt, letztere aber zum grossen Theil durch die frühzeitig auftretenden Stauungsveränderungen der Bruchschlinge bedingt und vermehrt werde, glaube ich allerdings, dass ein gleichmässiger, einige Zeit fortgesetzter, allseitig auf letztere einwirkender Druck dadurch, dass er Blut und Serum aus ihr theilweis herausdrückt, die Reposition sehr erleichtern resp. überhaupt erst ermöglichen kann, und halte das von Kocher angezogene Beispiel der Reposition einer Paraphimose für äusserst zutreffend. Gestützt wird meine Meinung auch durch den von mir oben beschriebenen Versuch, in welchem ich durch eine circuläre Compression des Bruchsacks erst einen Theil des Bruchwassers zwischen Bruchring und Darm, dann den letzteren selbst reponiren konnte. Allerdings kann dieser Druck nur dann von Wirksamkeit sein, wenn er wirklich allseitig auf den Bruchinhalt wirkt, also das volle Umfassen des Bruches bis zur Pforte hin möglich ist. Gelingt dies wegen zu tiefer Lage des einschnürenden Ringes oder zu bedeutender Grösse des Bruches nicht, dann kann die Compression die Reposition natürlich ebensowenig bewirken, wie ein Druck auf den Scheitel der Schlinge beim Roser'schen Versuch, und ebensowenig, wie es gelingt, einen dicken Wollfaden durch ein enges Nadelöhr durch Druck einzufädeln. In diesen Fällen mögen allerdings vielleicht noch starke seitliche Bewegungen der Schlinge, dadurch dass sie zu einer stärkeren Abplattung des einen Bruchschenkels führen und damit für den andern mehr Raum im Bruchring schaffen, zuweilen von Erfolg sein. — Obwohl wir übrigens, namentlich bei frischeren Fällen, uns vor der Anwendung eines ziemlich kräftigen Druckes nicht scheuten, unterliessen wir doch stets zu forcirte Taxisversuche. Ihre Gefahren hielten wir für grösser als die der antiseptischen Herniotomie. Letztere schlossen wir übrigens stets sogleich an, sowie die Taxis in Narkose erfolglos blieb.

Nur wenige Worte über den Zeitpunkt ihrer Ausführung. Schon aus dem Gesagten dürfte zur Genüge hervorgehen, dass ich selbst ein entschiedener Anhänger der möglichst frühzeitigen Operation bin. In dem dieser Arbeit zu Grunde liegenden Beobachtungsmaterial finden sich allerdings zahlreiche Fälle, in denen sie erst spät ausgeführt wurde. Theils suchten die Patienten erst spät die Hilfe der Klinik auf, theils war in früheren Jahren wohl noch eine gewisse Scheu vor den Gefahren des Bruchschnittes, welche erst die Wirksamkeit verschiedener anderer Mittel, sowie die Erscheinungen nicht allzusehr drängten, erproben liess, in einzelnen Fällen wohl auch eine gewisse Unsicherheit der Diagnose schuld an dem Zögern. In den letzten Jahren verschoben wir indess die Operation nur in den Fällen, in denen die Patienten erst am späten Nachmittag oder in der Nacht in die Anstalt gebracht wurden und eine Gefahr nicht zu befürchten schien, in Rücksicht auf das klinische Interesse, das ja in Lehranstalten allerdings nicht ausser Acht gelassen zu werden verdient, bis auf den nächsten Morgen; waren die Erscheinungen jedoch dringliche, so schritten wir sofort zur Taxis in Narkose, eventuell auch alsbald zur Herniotomie. Die Gefahr, dass ein plötzlicher Collaps den Patienten rasch hinwegraffen oder doch wenigstens in einen sehr bedrohlichen Zustand versetzen kann, wie die weitere, dass die Verzögerung der Operation die Ernährungsstörungen der Bruchschlinge bis zur Gangrän steigern kann, ist eine so imminente, dass ein unnöthiger Aufschub der Operation auf das entschiedenste zu missbilligen ist, zumal wir uns in der Beurtheilung der Beschaffenheit des Bruchinhaltes, wie die tägliche Erfahrung der Herniotomie lehrt, nur allzuoft täuschen. Der bekannte Stromeyer'sche Rathschlag; „wenn ihr am Tage zu einem eingeklemmten Bruche gerufen werdet, so lasst die Sonne nicht untergehen, und wenn ihr Nachts gerufen werdet, so lasst sie nicht aufgehen, ehe ihr denselben befreit habt", verdient heut dieselbe Beherzigung wie damals, als er ertheilt wurde.

Bezüglich der Operationstechnik folgten wir gewöhnlich den allgemein giltigen Regeln; nur in den letzten Jahren wandten wir häufig eine kleine Modification an. Wir haben oben gesehen, dass die Gangrän der Schnürfurchen sehr häufig die der Bruchschlinge begleitet, ja dass sie in vielen Fällen letzterer vorangeht. Deshalb befolgten wir principiell die Regel, stets nach Hebung der Einklemmung die ganze Bruchschlinge und die anstossenden Darmenden behufs genauer Besichtigung vorzuziehen und ihre Lebensfähigkeit zu prüfen. Nun lässt sich in manchen Fällen, auch nach dem Débridement des einschnürenden Ringes mit dem Bruchmesser, während der abführende Schenkel einem Zuge leicht folgt, der zuführende trotz Fehlens von fixirenden Adhäsionen nur schwer und mit einiger Gewalt vorziehen. In diesen kann nun der Darm, falls seine obere Schnürfurche brandig, wenn auch noch nicht perforirt ist, hierbei ein- oder durchreissen und seinen Inhalt in die Bauchhöhle ergiessen. Das Gleiche kann aber schon beim Débridement geschehen, während man neben der Bruchschlinge die Fingerspitze oder Hohlsonde einführt, um auf ihr den Bruchring einzukerben. Aus diesem Grunde verfuhren wir so, dass wir nach Spaltung des Bruchsackes bis zum einschnürenden Ringe hin ersteren mit zwei Pincetten straff anspannten, dadurch den Bruchring selbst deutlich vortreten liessen und ihn nun nicht mit dem Herniotom, sondern einem gewöhnlichen Scalpell anstatt von innen nach aussen, von aussen nach innen breit durchschnitten. Eine Verletzung des Darmes ist bei einiger Aufmerksamkeit sicher zu vermeiden, lässt man sich nur den Bruchsack kräftig anziehen und achtet darauf, nur kleine

seichte Schnitte zu führen. Auf diese Weise spalteten wir den Bruchkanal in seiner ganzen Länge, machten also an Stelle der einfachen
Herniotomie eine Art Hernio-Laparotomie. Die Vorzüge des Verfahrens liegen darin, dass man die Gewebe, welche man durchtrennt,
stets unter den Augen hat, sich daher sicher vor einem Anschneiden
des Darmes, wie vor einer stärkeren Blutung schützen kann, die Einklemmung vollständig löst, so dass sich die Bruchschlinge nun ohne
jede Zerrung vorziehen und untersuchen lässt. Freilich hat das Verfahren, das vielleicht auch in andern Anstalten schon Anwendung gefunden haben mag, auch seine Nachtheile. Der der grösseren Ausdehnung der Wunde ist jedenfalls bei stricter Antisepsis völlig unerheblich.
Wichtiger ist der, dass, da die Bruchpforte sehr weit gespalten wird,
weit leichter ein Recidiv der Operation folgen kann. Letztere Besorg-
niss ist, wie wenigstens unsere Resultate zeigen, allerdings begründet;
sie muss indess in Rücksicht auf die augenblickliche Lebensgefahr
schwinden. Liegt demnach der Verdacht vor, dass die Schnürfurchen
bereits gangränös sein können, so operire man auf die geschilderte
Weise; lässt sich diese Gefahr mit Sicherheit ausschliessen, dann
freilich muss ich vorläufig wegen des leichteren Eintrittes eines Reci-
dives selbst von dieser Methode abrathen; freilich hat letzteres gerade
wegen der Weite der Pforte geringe oder keine Tendenz zur Incarceration, ist aber zuweilen nur schwer durch ein Bruchband zurück-
zuhalten. Sollte es gelingen, auch bei der genannten Operationsweise
dem Recidiv durch eine andere Methode der Radicaloperation, vielleicht
die Riesel'sche — ich habe über letztere keine eigenen Erfahrungen —
sicher begegnen zu können, dann freilich würde ich der Hernio-Laparotomie vor der einfachen Herniotomie stets den Vorzug geben.

Falls Netz allein oder neben einer Darmschlinge eingeklemmt
war, richteten wir unser Verhalten darnach, ob es sich um einen
frischen oder alten Netzvorfall handelte. Im ersten Falle reponirten
wir das Netz in toto, wofern die eingeklemmte Partie nicht stärkere
entzündliche Veränderungen darbot, im andern Falle, sowie bei dem
Vorhandensein entzündlicher Erscheinungen umschnürten wir das Netz
central von der Schnürfurche en masse oder in mehreren Partien und
trennten es vor der Ligatur durch; grössere Gefässstämmchen oder
etwa noch spritzende Arterien wurden isolirt unterbunden. Den Netzstumpf versenkten wir nun in einzelnen Fällen in die Bauchhöhle, in
der Mehrzahl der Fälle fixirten wir ihn durch die Naht in der Bruchpforte. Albert[1] ficht dies Verfahren energisch an, da das zu einer

---

[1] Albert, Lehrbuch der Chirurgie und Operationslehre. 3. Aufl. Bd. III,
p. 285.

Bruchpforte hin ausgespannte Netz zu einer innern Einklemmung Anlass geben könne, andrerseits der erhoffte Vortheil, dadurch sicher ein Recidiv zu verhüten, nicht stets mit Sicherheit eintrete. Dass die erstgenannte Gefahr vorhanden ist, ist kaum zu leugnen; immerhin halte ich sie für so fernliegend, dass wir sie wohl ausser Acht lassen dürften, falls wirklich das Einnähen des Netzstumpfes in die Bruchpforte uns eine grössere Sicherheit gegen ein Recidiv böte. Dass es keine absolute Garantie hierfür gewährt, beweisen einzelne meiner später noch anzuführenden Fälle; doch ist das mir zur Verfügung stehende Material zu klein, um diese Frage definitiv zu entscheiden. Theoretische Gründe scheinen mir indess gegen eine solche Fixation des Netzstumpfes zu sprechen, da diese eine exacte Naht der Bruchpfortenpfeiler, wie sie mir für eine Radicaloperation wünschenswerth erscheint, unmöglich macht. Ich persönlich neige daher zur Reposition des Netzstumpfes, betrachte diese Frage jedoch zur Zeit noch als eine offene.

Bei brandiger Bruchschlinge legten wir in den letzten Jahren stets einen künstlichen After an, den wir erst secundär durch die Darmnaht schlossen. Nur in 4 Fällen führten wir in früheren Jahren die primäre circuläre Darmresection und Enterorrhaphie aus. Die Gründe, weshalb wir letztere jetzt völlig verlassen haben, habe ich bereits vor einigen Jahren ausführlich dargelegt[1]); sie scheinen uns auch heut noch zutreffend. Kurz zusammengefasst lassen sie sich etwa folgendermassen präcisiren: Die Bedingungen für eine Prima reunio liegen bei der secundären Enterorrhaphie ungleich günstiger, als bei der primären. Die erhebliche Lumendifferenz zwischen dem stark geblähten zuführenden und dem contrahirten abführenden Rohre erschwert bei letzterer die genaue Adaption der Wundränder ohne eine Zwickelbildung. Der infolge der Kothstauung nach Beseitigung des Hindernisses gegen die frische, stets etwas stenosirte Nahtstelle andringende Darminhalt zerrt die Wunde und presst sich bei nicht ganz exacter Nahtlegung leichter zwischen zwei Nahtstellen hindurch. Insbesondere aber gewährt uns die secundäre Naht die Möglichkeit, in völlig gesundem Gewebe zu operiren; die Circulationsstörungen reichen im zuführenden Darmrohre so hoch hinauf, dass, selbst wenn man ausser den brandigen Theilen noch ein erhebliches Stück von ihm resecirt, man doch noch gezwungen ist, in stark hyperämischem und aufgelockertem Gewebe zu nähen, was um so bedenklicher erscheint, als die im Anfang meist noch eine Zeit lang, infolge der, wenn auch ge-

---

[1]) Reichel, Casuistische Beiträge zur circulären Darmresection und Darmnaht. Deutsche Zeitschr. f. Chirurgie Bd. 19.

ringen Stenose, anhaltende Kothstauung die rasche Wiederherstellung des normalen Blutkreislaufes in der Darmwand erschwert. Das Zustandekommen der primären Vereinigung ist aber die erste Bedingung für einen glücklichen Erfolg. Ein weiterer Nachtheil der primären Darmnaht bei gangränösen Hernien liegt darin, dass ein Ausfliessen des gestauten Darminhaltes während der Anlegung der Naht nur sehr schwer zu verhüten ist, wodurch die Gefahr einer fäculenten Peritonitis erhöht wird. Auch ist es nicht gerathen, dem durch die Incarceration bereits hochgradig erschöpften Kranken noch den schweren Eingriff der sofortigen, selbst bei grösster Uebung längere Zeit in Anspruch nehmenden circulären Darmnaht zuzumuthen. Nur allzuleicht steigert sich der Collaps zu extremer Höhe, die eine Wiedererholung ausschliesst. Schliesslich spricht auch die Statistik trotz der freilich noch sehr hohen Mortalität der secundären Naht zu ihren Gunsten gegenüber der primären. — Bezüglich näherer Details verweise ich auf meine oben citirte Arbeit, sowie auf die den gleichen Gegenstand behandelnden Arbeiten Rydygier's, Madelung's u. a.

Bei Anlegung des Anus praeternaturalis begnügten wir uns nicht, wie dies früher allgemein und wohl auch heut noch vielfach üblich ist, die brandige Schlinge zu eröffnen und durch Erweiterung des Bruchringes für freien Abfluss des Kothes zu sorgen. Die Erfahrung lehrt, dass letzterer häufig auch nach breiter Spaltung des Bruchringes nicht frei abfliesst und erst die Einführung eines elastischen Schlauches in das zuführende Rohr die Kothstauung beseitigt. Noch wichtiger aber und massgebend erschien uns der Umstand, dass die Gangrän allzu häufig die Schnürfurchen selbst oder gar die Darmwand des zuführenden Rohres oberhalb der Bruchpforte betrifft, so dass selbst nach Lösung der Einklemmung noch eine Perforation in das Abdomen und tödtliche Peritonitis erfolgen kann. Adhäsionen, welche die gangränöse Partie von der Bauchhöhle abschliessen und die Schenkel der Bruchschlinge an der Bruchpforte fixirt erhalten, mangeln sehr oft. Aus diesem Grunde pflegten wir nach ergiebiger Spaltung des einschnürenden Ringes den Darm stets so weit vorzuziehen, dass wir die Beschaffenheit der Schnürfurchen und des zuführenden Rohres feststellen konnten. Im Gesunden vereinigten wir dann die beiden Schenkel der Schlinge durch einige, nur Serosa und Muscularis durchdringende Nähte unter einander und fixirten sie darauf durch andere Nähte sicher in der Bruchpforte; meist eröffneten wir den brandigen Darm erst jetzt, falls er nicht vorher spontan perforirt war. Um das lästige und nicht ungefährliche Einfliessen von Koth aus dem künstlichen After in die Wundhöhle ziemlich sicher zu vermeiden, empfiehlt es sich, das zuführende Darmrohr einige Centimeter weiter vorzuziehen, bis zu seiner

Fixationsstelle in der Bruchpforte von seinem Mesenterium abzulösen — selbstverständlich bei genauester Unterbindung aller spritzenden Gefässe — und dann an der Gangränstelle zu durchtrennen. Man kann es, auf diese Weise beweglich gemacht, von der Wunde ablenken und den ausfliessenden Darminhalt bald in einem Gefäss auffangen. Unter Umständen ist es auch vortheilhaft, in den zuführenden oder in beide Schenkel dickere Drainröhren einzuführen und durch eine Naht zu fixiren. Die Einführung eines solchen in das abführende Ende hat den Zweck, eine Ernährung durch Nährklystiere vom künstlichen After aus zu erleichtern, und hierdurch auch eine zu bedeutende Contraction des unterhalb des letzteren gelegenen Darmes zu verhüten. Die Ernährung per os reicht vielfach nicht aus, ist auch oft durch gastrische Störungen sehr behindert, die per rectum ist jedenfalls auch unvollkommener, als eine solche, welche das ganze zwischen künstlichem und natürlichem After gelegene Darmrohr zur Resorption leicht verdaulicher, daher bereits peptonisirter Nährmittel mit verwendet. Wie wichtig es aber ist, auf jede Weise den Kräftezustand der Kranken hoch zu halten, lehren die früher angeführten Fälle, in welchen Patienten, noch ehe der Schluss des widernatürlichen Afters durch die Naht möglich war, oder unmittelbar nach letzterer an Inanition zu Grunde gingen; stellt doch auch diese zweite Operation wieder erhebliche Anforderungen an die Widerstandsfähigkeit des Organismus.

Die geschilderte Methode, den Anus praeternaturalis anzulegen, erschwert allerdings eine Spontanheilung des letzteren, resp. macht sie völlig unmöglich und verlangt zu seiner Heilung stets die Darmnaht. Dieser Uebelstand kann indess in Rücksicht auf die augenblickliche Bedrohung des Lebens der Kranken nur wenig in Betracht kommen, um so weniger, als die Spontanheilung, resp. die Umwandlung des Anus praeternaturalis in eine Kothfistel und die Heilung dieser durch das Enterotom und Cauterisation nicht nur äusserst unsicher, sondern gleichfalls recht gefährlich und weit langwieriger ist, als der Schluss desselben durch circuläre Enterorraphie, letztere sich aus diesen Gründen in neuerer Zeit immer mehr als allgemeine Behandlungsmethode des künstlichen Afters eingebürgert hat.

Recht schwierig kann unter Umständen die Bestimmung des Zeitpunktes sein, wann wir zur secundären Darmnaht schreiten sollen. Bestimmte Regeln dürften sich heut darüber noch kaum aufstellen lassen. Ist der Ernährungszustand der Patienten ein guter, leidet er durch den widernatürlichen After nicht besonders, sitzt dieser also an einem tiefer gelegenen Darmabschnitt, so dass bei normaler Function des Magens und der oberen Darmschlingen der grösste Theil der zugeführten Speisen verdaut und resorbirt wird, dann eilt die Operation nicht, ja es ist zweckmässig, sie relativ spät vorzunehmen, wenn die Wundhöhle rings um die beiden Darmrohre sich vollständig gereinigt hat, resp. vernarbt ist. Die Vorbedingungen für die Operation sind dann sehr günstige; der einzige Uebelstand liegt darin, dass das Lumen des abführenden Darmrohres sich um so mehr vereugt, je länger es von Darminhalt nicht passirt wird. — Bei höherem Sitze des künstlichen Afters, insbesondere bei gleichzeitigem Darniederliegen der normalen Verdauung der oberen Darmabschnitte ist indess ein möglichst frühzeitiger Verschluss des ersteren um so mehr indicirt, als nur dieser dem weiteren Fortschreiten des Kräfteverfalles Einhalt thun kann. Leider stellt sich gerade in diesen Fällen der bestehende Schwächezustand einer frühen Operation häufig hindernd entgegen, da er die Befürchtung nahe legt, dass die Kranken den schweren Eingriff nicht mehr vertragen und während oder noch nach derselben dem Collaps erliegen. Auch erfordert die ungenügende, nur langsam fortschreitende Reinigung der Wundfläche von den nekrotischen Gewebsfetzen und die eitrige Infiltration öfter ein Aufschieben der Operation. Zur Beschleunigung der ersteren ist wohl rathsam, gleich bei der Herniotomie alles sichtbar der Gangrän verfallene Gewebe abzutragen, die Bruchschenkel nicht mit dem Bruchsack, sondern nur dem sehnigen Bruchringe zu vernähen, sonst aber gar keine Nähte anzulegen, sondern die ganze Wundhöhle mit Jodoformgaze auszutamponiren. Letztere schützt noch am sichersten vor einer Infection durch etwa einfliessenden Darminhalt und gegen fortschreitende phlegmonöse Processe. — Es bedürfen diese Punkte zu ihrer definitiven Entscheidung indess noch eines grossen Beobachtungsmateriales; zur Zeit wird man sich je nach den im einzelnen Fall dringendsten Indicationen zu richten haben. — Auf die Beschreibung der Ausführung der Operation verzichte ich; ich habe sie in meinem oben erwähnten Aufsatz ausführlich besprochen.

Wie soll man sich nun vor jenem, wie unsere Statistik zeigt, recht häufigen Unfall der Reposition einer der Gangrän verfallenen, doch als brandig bei der Herniotomie nicht deutlich erkennbaren Darmschlinge in das Abdomen schützen? Je genauer wir die Schlinge untersuchen, ein um so sichereres Urtheil über ihre Vitalität werden wir allerdings für gewöhnlich gewinnen, doch selbst die sorgfältigste Prüfung kann uns zuweilen im Unklaren lassen. Die Reposition birgt die Gefahr einer septischen oder Perforationsperitonitis, die Anlegung eines Anus praeternaturalis die der Inanition und der Operation der secundären Darmnaht, ganz abgesehen davon, dass, selbst im günstigsten Falle der Wiedergenesung, die Heilungsdauer um viele Wochen verlängert, die Darmresection vielleicht gar nicht erforderlich war, der Darm sich vielleicht wieder von seinen Circulationsstörungen erholt hätte.

Am sichersten und zweckmässigsten handeln wir wohl in derartigen zweifelhaften Fällen, wenn wir die suspecte Schlinge nach Lösung der Einklemmung einige Zeit, bis sich ihr Schicksal definitiv entschieden hat, ausserhalb des Abdomens in der Bruchpforte fixirt erhalten und, falls die Gangrän deutlich wird, sie erst später eröffnen, falls sie sich erholt, sie erst nachträglich nach Lösung der Adhäsionen reponiren, sie bis dahin aber durch die peinlichste Antisepsis vor jeder Infection schützen. Ein Moment verdient indess bei diesem Verfahren die sorgfältigste Aufmerksamkeit, nämlich dies, dass man auch wirklich die Einklemmung völlig beseitigt und die normale Kothpassage völlig wiederhergestellt hat. In dem Falle Klinkert, in welchem wir so verfuhren, hatte die Einklemmung, trotz multiplem Débridement des Bruchringes und obwohl sich die Schlinge bequem vorziehen liess, weiterbestanden; die am zweitnächsten Tage erforderliche Eröffnung der Bruchschlinge zeigte sie nur mit Darmschleim erfüllt, der Finger konnte nur mühsam durch die Bruchpforte in das zuführende Darmrohr vorgeschoben werden; erst nach Einschieben einer Schlundsonde floss der gestaute Darminhalt ab. — Gerade für diese Fälle dürfte sich daher die oben geschilderte Hernio-Laparotomie mit recht breiter Spaltung des Bruchringes und freier Blosslegung des eingeklemmten Darmes empfehlen, da ein Fortbestehen der Einklemmung leicht übersehen werden und zum Tode führen kann.

---

# VII. Abschnitt.

### Kapitel 10. **Endresultate der Radicaloperation der Hernien.**

Noch ein Punkt von grösster Wichtigkeit bedarf der Erörterung, die Frage: Sollen wir jeder wegen Incarceration vorgenommenen Herniotomie sogleich die Radicaloperation anschliessen oder nicht?

Schmidt beantwortet dieselbe im verneinenden, Leisrink u. a. im bejahenden Sinne. Die Entscheidung dieser Frage kann nur von dem Verhältniss abhängen, das zwischen der Gefährlichkeit und dem Nutzen, den der Anschluss der Radicaloperation mit sich bringt, besteht. Schmidt scheint erstere recht hoch anzuschlagen, und in der That giebt die von ihm aus 55 Fällen berechnete Mortalität der Radicaloperation freier Hernien von 20 % zu denken: sie ist erschreckend hoch. Doch darf man dies Resultat nicht ohne weiteres auf die Operation eingeklemmter Hernien übertragen. Hier muss der Patient bereits behufs Lösung der Incarceration die Gefahren des Bruchschnittes auf sich nehmen; dieser bildet die Hauptsache; es fragt sich also nur, ob die Hinzufügung der Radicaloperation die Gefahren um so viel erhöht, dass man um ihretwillen von ihr Abstand nehmen müsste. Den statistischen Beweis hierfür ist uns Schmidt schuldig geblieben. Dieser dürfte indess überhaupt schwer zu führen sein, da seit Einführung der Antisepsis wohl die Mehrzahl der Operateure die Radicaloperation gewöhnlich mit der Herniotomie verbunden hat, die Zahl derjenigen Fälle, in denen dies nicht geschehen ist, demnach wahrscheinlich nur klein ist. Jedenfalls existirt meines Wissens für die Resultate letzterer keine sorgfältige Zusammenstellung; die der vorantiseptischen Zeit dürfen wir ja selbstverständlich nicht zum Vergleich heranziehen.

Auch ich bin, da wir in der Breslauer Klinik in den letzten 8 bis 10 Jahren fast regelmässig gleichzeitig mit dem Bruchschnitt den Verschluss des Bruchsackhalses resp. die Exstirpation des Bruchsackes verbunden haben, nicht in der Lage, entsprechende Zahlen zum Vergleich beizubringen. Wir müssen uns daher, da statistische Angaben fehlen, auf theoretische Raisonnements beschränken, wie dies bereits Leisrink gethan hat. Ich kann mich seinen Ausführungen im wesentlichen vollständig anschliessen. In Fällen hochgradigsten Collapses der Patienten erfordert die Rücksicht auf diesen allerdings die grösstmöglichste Beschleunigung der Operation und kann daher im Einzelfalle allerdings die Radicaloperation verbieten. Jedoch dürften diese seltene Ausnahmen bilden, da sich ja in der Regel derartig schwere Collapszustände mit Gangrän der Bruchschlinge verbinden, die an sich schon die Ausführung der Radicaloperation verbietet; in Fällen, in denen der Kräftezustand der Patienten aber noch ein leidlich guter ist, ist die verhältnissmässig geringe Verlängerung der Operationsdauer nicht von Bedeutung. — Dass die Gefahr der Peritonitis durch den Anschluss der Radicaloperation gesteigert werde, halte ich aber für höchst unwahrscheinlich. Entweder sind bereits während des Bruchschnittes, den wir ja jetzt stets mit Eröffnung des Bruchsackes verbinden, septische Keime in die Bauchhöhle gelangt — dann wird die septische Peritonitis auch durch Offenlassen des Bruchkanales nicht aufgehalten werden — oder die Bauchhöhle ist aseptisch geblieben — dann ist der völlige Verschluss derselben durch die Radicaloperation nicht nur nicht schädlich, sondern schützt sicherer, wie jedes andere Mittel, vor einer septischen Infection von der Wunde aus, wie sie beim Offenbleiben des Bruchkanales wohl noch erfolgen kann. Besteht bereits bei der Operation Peritonitis, dann wird man natürlich von der

Radicaloperation abstehen. — Letztere gewährt aber noch den weiteren nicht zu unterschätzenden Vorzug, dass sie die Wiedereinklemmung der reponirten Bruchschlinge gleich nach der Herniotomie, wie sie früher mehrfach vorgekommen und auch in zwei unserer Fälle (Gehling, Lamprecht) stattgefunden zu haben scheint, unmöglich macht. Schon dieser Nutzen dürfte die, wenn überhaupt vorhandene, so jedenfalls unerhebliche Vermehrung der Gefahren der Herniotomie bei incarcerirten Hernien durch Hinzufügen der Radicaloperation aufwiegen. Es fragt sich nun, ob letztere nicht noch weitere Vortheile bringt? in wie weit sie wirklich eine radicale Heilung schafft?

Es ist diese Frage bereits von zahlreichen Autoren und zwar ziemlich gleichmässig in demselben Sinne beantwortet worden: dass nämlich in einzelnen Fällen in der That eine dauernde radicale Heilung erzielt wird, in der Mehrzahl zwar ein Recidiv auftritt, die durch die Operation erreichte Besserung aber immerhin eine so bedeutende ist, dass die Patienten ihren Bruch durch ein Bruchband gut zurückhalten können und dadurch völlig arbeitsfähig werden. Auch der ziffermässige Beweis für die Richtigkeit dieser Ansicht wurde schon durch mehrere statistische Arbeiten erbracht, am überzeugendsten, weil auf dem grössten Material — 390 Fällen von Radicaloperationen — basirend, durch die werthvolle Arbeit Leisrink's [1]. Derselbe fand ein Freibleiben von Recidiven nach Radicaloperation nicht eingeklemmter Brüche in $35\,^1/_6\,^0/_0$, incarcerirter Hernien in $42\,^3/_4\,^0/_0$.

Diese Resultate erscheinen relativ günstig; doch sind die Zahlen, wie Leisrink selbst hervorhebt, mit der grössten Vorsicht aufzunehmen, da die Beobachtungszeit seit der Operation in einer nicht geringen Zahl viel zu kurz ist, um mit Sicherheit eine dauernde Heilung zu garantiren. Zudem leidet die Leisrink'sche Statistik an einem anderen Fehler. Er berechnet den Procentsatz der Recidive und recidivfreien Fälle aus dem Verhältniss der als solche constatirten Fälle zu der Gesammtzahl der Beobachtungen. Hiergegen ist ja an sich nichts einzuwenden. Doch geben derartige Procentzahlen ein sehr wenig übersichtliches Bild über das wahre Verhältniss der Fälle mit Recidiv zu denen ohne ein solches, da das Endresultat in einer grossen Anzahl unbekannt ist. So fand Leisrink unter 202 Radicaloperationen 40 Recidive und 70 als recidivfrei bezeichnete Fälle und berechnet daraus den Procentsatz der ersteren auf $20\,^1/_9\,^0/_0$, den der letzteren auf $35\,^1/_6\,^0/_0$. Demnach restiren $44\,^{13}/_{18}\,^0/_0$, in denen das Resultat unbekannt geblieben ist. Nun sagt Leisrink [2]: „Man wird kaum irren, wenn man von den 69 Fällen ohne bekanntes Endresultat wiederum $20\,^1/_9\,^0/_0$ Recidive

---

[1] Leisrink, Die moderne Radicaloperation der Unterleibsbrüche. 1883.
[2] l. c. p. 89.

annimmt." Dieser Schluss ist, ganz abgesehen von etwaigen Zufälligkeiten, auch nach der Wahrscheinlichkeitsrechnung entschieden nicht
zuzugeben. Denn die in 44 $^{13}/_{18}$ % unbekannt gebliebenen Endresultate
können doch nicht wiederum in 3 Gruppen, sondern nur nach dem
Verhältniss der Recidive zu den recidivfreien Fällen in 2 Unterab-
theilungen getheilt werden, und die so gewonnenen Zahlen müssten
den sicher constatirten Fällen zuaddirt werden. Da dies umständlich
ist, halte ich es für zweckmässiger, nur die Fälle, über welche genaue
Angaben vorliegen, bei der procentarischen Berechnung zu verwerthen,
da nach der Wahrscheinlichkeitsrechnung anzunehmen ist, dass in den
unbekannt gebliebenen Fällen sich die Endresultate nach gleichen Verhältnissen ordnen werden, wie in den bekannten. Unter Zugrunde-
legung dieser Art der Berechnung würden sich aus dem Leisrink'schen
Material als Endresultate der Radicaloperation nicht eingeklemmter
Brüche 36,36 % Recidive, 63,63 % dauernde Heilungen, und als das
der Radicaloperation incarcerirter Hernien 16,13 % Recidive, 83,87 %
Heilungen ergeben.

Mit vollem Recht sagt aber Albert[1]): „Wenn die den vorsich-
tigen und correcten Schlussfolgerungen Leisrink's zu Grunde liegende
Statistik den Fehler besitzt, dass die Resultate der Heilung im allgemeinen erst zu kurze Zeit nach der Operation beobachtet wurden, so
sind auch die Schlüsse nur in vorläufiger Geltung. Ein späterer Unter-
sucher wird vielleicht den schon jetzt sehr entmuthigenden Satz 5:
Eine radicale Heilung tritt nur in ganz seltenen Fällen ein, vielleicht
noch mehr einschränken. Nach Jahren wird es vielleicht heissen:
Eine radicale Heilung tritt in den allerseltensten Fällen ein, oder gar:
Eine radicale Heilung tritt kaum je ein. Ein abschliessendes Urtheil
ist erst nach Jahren möglich."

Aus diesem Grunde erscheint es mir äusserst wünschenswerth,
auch fernerhin den Endresultaten der Radicaloperation der Hernien
besondere Aufmerksamkeit zuzuwenden und sie gelegentlich, am besten
nach möglichst langem Zeitraum nach der Operation, zu veröffentlichen.
Deshalb unternahm ich es kurz vor Abschluss vorliegender Arbeit,
nochmals alle noch Lebenden unserer in derselben erwähnten Hernio-
·tomirten, soweit mir dieselben erreichbar, auf ihren jetzigen Gesund-
heitszustand zu untersuchen. Die Zahl derselben ist zwar leider eine
recht kleine, da ein Theil der Patienten in der Zwischenzeit gestorben,
ein anderer verzogen, ein dritter nicht aufzufinden war. Immerhin
erscheint mir die Mittheilung dieser kleinen Statistik nicht ohne
Interesse.

---

[1]) l. c. Bd. III, p. 201.

Tabelle VIII. Endresultate der Radicaloperation incarcerirter Hernien.

| Name und Alter des Patienten, Art der Hernie, Datum d. Operation | Welche Operation wurde gemacht? | Trug Patient später ein Bruchband? | Subjective Angaben des Patienten über sein Befinden | Objectiver Befund bei der Untersuchung und Datum der Controle | Besteht ein Recidiv? | Alter des Recidivs |
|---|---|---|---|---|---|---|
| 1) Henriette Adler, 67 Jahr. Il. femoralis dextra gangraenosa inc. Oper. 30. IX. 1876. | Resection des brandigen Darmes und primäre Darmnaht. Schluss des Bruchsackhalses durch eine Silbernaht. | Ja; stets des Tages über. | Patientin fühlt sich seit der Operation ganz wohl; seit einem Jahre nach derselben bemerkt sie etwas oberhalb der früheren Bruchstelle wieder eine kleine Anschwellung, die ihr indess keine Beschwerden verursacht; ja sie kann sogar schwerere Arbeit verrichten. | 8. IX. 1885. Die Narbe der Operationswunde ist nahezu lineär, parallel und unterhalb des rechten Lig. Pouparti. Beim Liegen der Patientin bemerkt man keinen Bruch. Hustet sie, so quillt nach aussen von der Narbe, nicht in ihr selbst, eine wallnussgrosse Geschwulst vor, gerade auf der Gefässscheide; die Narbe sitzt nach innen von letzterer. Man fühlt beim Husten an der Stelle der Geschwulst das Anschlagen von Eingeweiden. | Es besteht ein kleines Recidiv nach aussen von dem früheren Bruch, keines an seiner Stelle. | 1 Jahr post operat. |
| 2) Rosina Heidorn, 57 Jahr. Il. femoralis sin. incarc. Oper. 19. III. 1878. | Operatio radicalis. Welche Methode, ist unbekannt. | Ja; stets bei Tage. | Patientin fühlte sich nach der Operation noch 4 Monate leidend, giebt an, so lange an Anschwellungen beider Beine gelitten zu haben. Auch später war sie zu schwerer Arbeit nicht mehr fähig, da sie andauernd von Kreuzschmerzen, Obstipation, Auftreibung des | 7. IX. 1885. Patientin ist eine decrepide Person. Die Operationsnarbe ist strahlig, ziemlich ausgedehnt, verläuft quer. Während bei ruhiger Rückenlage kein Bruch sichtbar ist, sieht und fühlt man beim Husten deutlich unter dem linken Lig. Pouparti einen in der | Deutliches Recidiv. | 4 Jahr post operat. |

| Name und Alter des Patienten, Art der Hernie, Datum d. Operation | Welche Operation wurde gemacht? | Trug Patient später ein Bruchband? | Subjective Angaben des Patienten über sein Befinden | Objectiver Befund bei der Untersuchung und Datum der Controlle | Besteht ein Recidiv? | Alter des Recidivs |
|---|---|---|---|---|---|---|
| | | | Leibes gequält wurde. Diese Beschwerden rühren indess wahrscheinlich von einem alten Scheidenvorfall her. Seit 3 Jahren bemerkt Patientin, angeblich seitdem das Bruchband zu weit geworden war, ein neues Vortreten der Bruchgeschwulst. | Mitte vertical gefurchten, etwa wallnussgrossen Tumor sich vorwölben. Die Fingerspitze dringt nach Wegdrücken der Geschwulst eben in den Schenkelkanal ein. Die Narbe erscheint etwas verdünnt. Das Bruchband ist thatsächlich viel zu weit geworden. | | |
| 3) Rosina Effenberger, 72 Jahr. II. inguinal. dextr. incarc. Oper. 1. XII. 1878. | Operatio radicalis. Die Methode ist unbekannt. | Ja; stets bei Tage. | Der Bruch soll bereits ganz kurze Zeit nach der Operation wiedergekehrt sein, wurde indess durch ein Bruchband gut zurückgehalten; gleichwohl vergrösserte er sich allmählich sehr bedeutend. Beschwerden verursacht er, solange Patientin das Bruchband trägt, nicht. Einklemmungserscheinungen sind nicht mehr aufgetreten. | 8. IX. 1885. Die Operationsnarbe ist sehr ausgedehnt, strahlig, sitzt gerade auf dem rechten Lig. Pouparti. Schon beim ruhigen Athmen tritt daselbst die Bruchgeschwulst stark vor, ist mehr als gänseeigross. Sie lässt sich ohne Schwierigkeit reponiren; die Bruchpforte ist für zwei Finger durchgängig. | Sehr grosses Recidiv. | Das Recidiv trat bald nach der Operation auf. |
| 4) Ernestine Friedrich, 47 Jahr. II. femoralis dextr. incarc. Oper. 9. IV. 1879. | Operatio radicalis. Methode unbek. | Ja; stets bei Tage. | Rechts bemerkte Patientin seit der Operation keinen Bruch mehr; hingegen bildete sich links ein Schenkelbruch aus, der zeitweise | 7. IX. 1885. Die Operationsnarbe ist 2 cm lang, schmal, wenn auch nicht rein linëar. Ein Bruch ist rechts nicht sichtbar. Doch | Undeutliches Recidiv; jedenfalls ist es fraglich, ob man die fühlbare Geschwulst als | |

| | | | | | | |
|---|---|---|---|---|---|---|
| | | | bis zu Taubeneigrösse anschwoll, sich zwar stets reponiren liess, doch schwere Arbeit unmöglich machte. | sieht und fühlt man daselbst beim Husten eine geringe, eben wahrnehmbare Anschwellung und fühlt ein geringes Reiben. Die Fingerspitze fühlt nur den Rand des äussern Bruchringes, kann nur wenige Millimeter eindringen; der Bruchkanal ist für sie nicht zugängig. Links besteht ein kleiner, nicht völlig reponibler Schenkelbruch. | | Das Recidiv trat bald nach der Operation auf. |
| 5) Rosina Mendisch, 78 Jahr. II. inguinal. dextr. incarc. Oper. 27. IV. 1879. | Operatio radicalis. Der Stumpf des mit eingeklemmten, bei der Operation abgetragenen Netzes wurde in die Bruchpforte eingenäht. | Ja; stets bei Tage. | Bereits kurze Zeit, nachdem Patientin das Hospital verlassen, bemerkte sie das Wiederauftreten einer kleinen Bruchgeschwulst, die seitdem bis zur früheren Grösse gewachsen ist. Beschwerden verursachte der Bruch nicht mehr. Schwere Arbeit hat Patientin nicht zu verrichten. | 8. IX. 1885. Die Operationsnarbe ist strahlig, ausgedehnt, verläuft über dem Lig. Pouparti, ihm parallel. Schon bei ruhiger Rückenlage tritt daselbst eine kleine Bruchgeschwulst vor, die beim Husten die Grösse einer kleinen Faust erreicht, sich leicht reponiren lässt, doch durch die etwas kleine Pelotte des Bruchbandes nur ungenügend zurückgehalten wird. Die Bruchpforte ist rund, für 3 Finger bequem durchgängig. | Sehr grosses Recidiv. | |
| 6) Caroline Schirrmann, 64 Jahr. II. femoral. dextra incarc. Oper. 21. XII. 1879. | Operatio radicalis. Exstirpat. d. Bruchsackes nach Ligatur seines Halses. | Ja; stets bei Tage. | Patientin giebt an, bald nach der Entlassung aus der Anstalt beim Gehen ohne Bruchband Schmerzen in der Bauchgegend gehabt zu haben. Wann der Bruch | 8. IX. 1885. Die Operationsnarbe ist lineär, vertical. Unter dem Poupart'schen Bande wölbt sich beim Husten in dem obersten Abschnitt der Narbe ein wall- | Deutliches Recidiv. | Das Recidiv ist kurze Zeit nach der Operation aufgetreten. |

| Name und Alter des Patienten, Art der Hernie, Datum d. Operation | Welche Operation wurde gemacht? | Trug Patient später ein Bruchband? | Subjective Angaben des Patienten über sein Befinden | Objectiver Befund bei der Untersuchung und Datum der Controlle | Besteht ein Recidiv? | Alter des Recidivs |
|---|---|---|---|---|---|---|
| | | | zuerst wieder vorgetreten, weiss sie nicht genau. Mit dem Bruchband konnte sie ohne Beschwerden arbeiten, allerdings keine schwere Arbeit verrichten; bei letzterer stellten sich Schmerzen ein. | nussgrosser Tumor vor, der sich leicht reponiren lässt; man fühlt deutlich den Anschlag der Eingeweide. Die äussere Mündung des Bruchkanals ist für zwei Fingerspitzen zugängig; ein Finger lässt sich durch den ganzen Kanal bis in das Abdomen vorschieben. | | |
| 7) Sophie Hollmich, 45 Jahr. H. femoral. dextra incarc. Oper. 19. II. 1880. | Operatio radicalis. Methode unbek. | Ja; stets bei Tage. | Patientin empfand nach ihrer Entlassung aus der Anstalt nie mehr Beschwerden, verrichtete stets schwere Arbeit. | 7. IX. 1885. Die Narbe ist zwar nicht lineär, doch fest. Eine Bruchgeschwulst ist nicht sichtbar. Beim Husten fühlt man in der Gegend der Narbe ein stärkeres Anschlagen der Därme und eine flache, doch nicht circumscripte Vorwölbung. Die Bruchpforte ist völlig geschlossen. Druck auf die Narbe etwas schmerzhaft. | Kein Recidiv. | |
| 8) Luise Schrötter, 56 Jahr. H. femoral. dextra incarc. Oper. 20. VII. 1880. | Operatio radicalis. Ligatur des Bruchsackhalses und Exstirpation d. Bruchsackes. | Ja; stets bei Tage. | Das Allgemeinbefinden der Patientin war seit der Operation, abgesehen von einer zweimaligen Unterleibsentzündung in den Jahren | 7. IX. 1885. Die Operationsnarbe ist 2 cm lang, nahezu lineär. Bei Rückenlage ist ein Bruch nicht sichtbar. Beim Husten wölbt | Kleines Recidiv. | Fraglich. |

| | | | | | | |
|---|---|---|---|---|---|---|
| | | | ren 1881 und 1882, stets wurde gemieden, desgleichen blühende Speisen, da die Kranke nach ihrem Genuss meist an der Bruchstelle leichte Schmerzen spürte, desgleichen, wenn sie nach Ablegen des Bruchbandes Abends noch etwas umherging. Patientin hat dann die Empfindung, als wenn der Bruch wieder etwas vorträte. | Schwere Arbeit … sich unter dem rechten Lig. Pouparti eine kaum wallnussgrosse Geschwulst vor; man fühlt dann den Anschlag vortretender Eingeweide. Eine offene Bruchpforte besteht indess nicht. | | |
| 9) Caroline Streck, 44 Jahr. H. femoral. dextra incarc. Oper. 16.VIII.1880. | Operatio radicalis. Methode unbek. | Nein. | Patientin hat seit der Operation keine Beschwerden mehr gehabt, stets schwere Arbeit verrichtet. | 7. IX. IX. 1885. Die Operationsnarbe ist 2½ cm lang, lineär. Ein Bruch besteht nicht; auch beim Husten wölbt sich keine Geschwulst vor. In der Tiefe fühlt man ein kleines, festes, erbsengrosses Knötchen (vielleicht der Stumpf des abgebundenen Bruchsacks). Oberhalb des rechten Lig. Pouparti wölbt sich die Bauchwand beim Husten etwas vor, doch besteht auch hier kein Bruch. | Kein Recidiv. | |
| 10) August Lumm, 28 Jahr. H. inguino-scrotal. congenita dextra incarc. Oper. 23. III. 1881. | Operatio radicalis. Vernähung des Bruchsackhalses ohne Exstirpation des Sackes. | Ja; Pat. hat stets ein doppelseit. Bruchband bei Tag und Nacht getragen. | Bis vor 2 Jahren bemerkte Patient ein Wiedervortreten des Bruches nicht. Dann aber trat der Bruch, da das Bruchband defect geworden war, wieder vor, desgleichen | 8. IX. 1885. Beiderseits bemerkt man eine lineäre Operationsnarbe. Bei ruhiger Rückenlage ist ein Bruch nicht sichtbar. Beim Husten tritt aus dem rechten | Deutliches Recidiv. | 2 Jahre post operat. |

| Name und Alter des Patienten, Art der Hernie, Datum d. Operation | Welche Operation wurde gemacht? | Trug Patient später ein Bruchband? | Subjective Angaben des Patienten über sein Befinden | Objectiver Befund bei der Untersuchung und Datum der Controlle | Besteht ein Recidiv? | Alter des Recidivs |
|---|---|---|---|---|---|---|
| | | | auch ein linksseitiger Scrotalbruch, wegen dessen Incarceration Patient bereits 1877 einmal in einem andern Krankenhaus herniotomirt worden war; vor 1¼ Jahren sollen sogar beide Brüche einmal bis zu Faustgrösse vorgetreten sein, doch im warmen Bade sich reponirt haben. Seit dieser Zeit ist Patient zu schwerer Arbeit unfähig. | Leistenkanal eine hühnereigrosse Bruchgeschwulst vor, die sich in das Scrotum hinab erstreckt; links zeigt sich dabei nur eine wallnussgrosse Geschwulst. Die rechtsseitige Bruchpforte lässt die Fingerspitze etwa 1 cm weit eindringen, die linke nur wenige Millimeter. | | |
| 11) Hedwig Kosa, 52 Jahr. H. femoralis sin. incarc. H. inguinal. dextra mobilis. Oper. 8. IV. 1881. | Operatio radicalis. Abbinden d. Bruchsackhalses und Exstirpation d. Sackes. | Ja; stets am Tage. | In der ersten Zeit nach der Operation empfand Patientin noch einen geringen stechenden Schmerz in der Gegend des Bruches, der indess dann verschwand. Nie ist der linke Bruch wieder ausgetreten, hingegen trat der rechte mehrfach vor und hinderte Patientin an schwerer Arbeit. | 8. IX. 1885. Unter dem linken Lig. Pouparti bemerkt man die völlig lineäre, verticale Operationsnarbe. Ein Bruch ist daselbst nicht zu sehen. Doch bemerkt man beim Husten zu beiden Seiten der Narbe je eine bohnengrosse Geschwulst vortreten, die unter der Narbe zusammenhängen; auch fühlt man dabei ein leichtes Anschlagen. Die Bruchpforte selbst erscheint geschlossen, lässt wenigstens die Fingerspitze nirgends eindringen. Der | Fraglich; anscheinend besteht beginnendes Recidiv. | |

| 12) Johanna Appaly, 65 Jahr. H. femoral. dextra incare. Oper. 23.VIII.1881. | Operatio radicalis. Methode nicht angegeben. | Ja; stets bei Tage. | Seit 1 Jahr nach der Operation bemerkte Patientin das Wiederauftreten einer Bruchgeschwulst, die sich seitdem langsam vergrösserte, stets leicht reponiren liess. Mit dem Bruchband konnte Patientin ohne Beschwerden auch schwerere Arbeit verrichten. Allgemeinbefinden war sonst stets gut. | 7. IX. 1885. Die Operationsnarbe ist ziemlich linear, verläuft vertical. Bei ruhiger Rückenlage ist ein Bruch nicht sichtbar. Beim Husten wölbt sich indess sofort eine taubeneigrosse, weiche Geschwulst vor, die sich leicht wieder reponiren lässt. Der Finger lässt sich etwa ½ cm weit in den Bruchkanal vorschieben, dessen oberer Rand scharf, oval ist, aber dringt nicht bis in das Abdomen. Er vermag die beim Husten vordringenden Dirne leicht zurückzuhalten. Das Ligam. Pouparti scheint bei der Operation gespalten worden zu sein, ist weder ober- noch unterhalb des Bruches deutlich zu fühlen. beim Husten vortretende Tumor lässt sich durch Fingerdruck leicht zurückhalten. Es scheint, dass sich beim Husten der abgebundene Bruchsackstumpf zwischen den Pfeilern der Bruchpforte vordrängt. Rechts besteht eine kleine Leistenhernie. | Deutliches Recidiv. | Das Recidiv entstand 1 Jahr post operat. |

| Name und Alter des Patienten, Art der Hernie, Datum d. Operation | Welche Operation wurde gemacht? | Trug Patient später ein Bruchband? | Subjective Angaben des Patienten über sein Befinden | Objectiver Befund bei der Untersuchung und Datum der Controlle | Besteht ein Recidiv? | Alter des Recidivs |
|---|---|---|---|---|---|---|
| 13) Henriette Werner, 34 Jahr. H. inguinal. dextra incarc. Oper. 31. X. 1881, 16. I. 1882. | 31. X. 1881 Anlegung eines künstlichen Afters. 16.I.1882 secundäre circuläre Darmresection und Darmnaht. Ligatur. | Ein Bruchband trug Pat. nur beim Umhergehen; legte es beim Sitzen zeitweis ab. | In der ersten Zeit nach der Entlassung der Patientin aus der Klinik soll die Wunde noch mehrmals aufgebrochen sein. Auch bemerkte Pat. bereits 8 Wochen nach der Operation in der Bruchgegend wieder eine kleine Geschwulst. Ihr sonstiges Befinden war leidlich gut; doch konnte sie keine schwere Arbeit mehr verrichten, musste auch in der Diät vorsichtig sein, alle stark blähenden Speisen vermeiden, da sonst Schmerzen in der Bruchgegend auftraten. Patientin hat seit der Operation zweimal geboren; bei der Entbindung soll der Bruch weit vorgetreten sein. | 11. IX. 1885. Die Operationsnarbe ist schmal, doch nicht ganz lineär, 3 cm. lang. Beim Husten wölbt sich in ihr ein klein fiahmereigrosser Tumor vor, der sich leicht wieder reponiren lässt, sich weich anfühlt. Die Leistenbruchpforte über dem Lig. Pouparti ist offen und für einen Finger durchgängig. Es handelt sich nicht um einen Bauchbruch, sondern um das Recidiv eines Leistenbruches. | Deutliches Recidiv. | Das Recidiv entstand bereits wenige Wochen nach der Operation. |
| 14) Julie Nawroth, 66 Jahr. H. femoral. dextra incarc. Oper. 14. XII. 1881. | Operatio radicalis. Das mit eingeklemmte Netz wurde abgetragen, der Netzstumpf in der Bruchpforte | Ja; stets bei Tage. | Patientin hat von seiten des Bruches seit der Operation nie mehr Beschwerden gehabt. Erst seit 1 Jahr bemerkt sie beim Heben eines schweren Gegenstandes in | 8. IX. 1885. Die Operationsnarbe ist lineär. Bei ruhiger Rückenlage hat die Bruchgegend normales Aussehen. Beim Husten wölbt sich im oberen Abschnitt | Fraglich. | |

| 15) Caroline Weiss, 46 Jahr. H. femoral. dextra. incarc. Oper. 8. III. 1882. | Operatio radicalis. Ligatur des Bruchsackhalses. Exstirpation des Bruchsackes. | Ja; stets bei Tage. | Etwa 3 Wochen nach der Entlassung aus dem Hospital soll die Narbe infolge Druckes des Bruchbandes nochmals aufgebrochen, doch binnen wenigen Tagen wieder geheilt sein. Patientin hat sonst seit der Operation keine Beschwerden mehr gehabt. Nur darf sie nicht schwer heben, da sie sonst an der Stelle des Bruches sogleich einen geringen Schmerz empfindet. Das Vortreten einer Bruchgeschwulst hat sie nicht beobachtet, glaubt indess, dass dieselbe bei Weglassen des Bruchbandes nochmals vortreten würde. | 8. IX. 1885. Patientin verweigerte die Untersuchung, da sie gerade ihre Menses hatte. | Fraglich. |

durch Nähte fixirt, über ihm der Bruchsackhals umschnürt, doch der Bruchsack selbst nicht exstirpirt.

der Bruchgegend einen leichten stechenden Schmerz und das Vorwölben einer kleinen Geschwulst.

der Narbe eine klein wallnussgrosse Geschwulst vor, und fühlt man ein leichtes Anschlagen. Bei der Palpation entdeckt man daselbst nur einen härtlichen Körper (wahrscheinlich der Netzstumpf), der die Bruchpforte völlig verschliesst. In letztere kann man mit dem Finger nicht eindringen.

| Name und Alter des Patienten, Art der Hernie, Datum d. Operation | Welche Operation wurde gemacht? | Trug Patient später ein Bruchband? | Subjective Angaben des Patienten über sein Befinden | Objectiver Befund bei der Untersuchung und Datum der Controlle | Besteht ein Recidiv? | Alter des Recidivs |
|---|---|---|---|---|---|---|
| 16) Ernestine Wollny, 43 Jahr. II. femoral. dextra incar. Oper. 29. VI. 1882. | Operatio radicalis. Ligatur des Bruchsackhalses. Exstirpation des Bruchsackes. | Ein Bruchband trug Pat. nur im ersten Jahre nach der Operation. | Patientin hat seit der Operation von seiten des Bruches keine Beschwerden mehr gehabt, selbst bei schwerer Arbeit nicht. | 17. IX. 1885. Die Operationsnarbe ist schmal, 3 cm lang, verläuft quer. Ein Bruch ist nicht nachzuweisen. Selbst beim Husten tritt keine Geschwulst vor, ja man fühlt dabei nicht einmal ein stärkeres Anschlagen der Eingeweide. Die Bruchpforte ist völlig geschlossen, lässt den Finger nicht im mindesten eindringen. | Kein Recidiv. | |
| 17) Max Piefke, 8 Jahr. II. inguinal. dextra incar. Oper. 24. XI. 1883. | Operatio radicalis. Ligatur des Bruchsackhalses. Exstirpation des Bruchsackes. | Patient trug ein Bruchband seit der Operation bis August 1884. | Die Angaben sind sehr ungenau, da der Knabe schüchtern, die Mutter desselben gestorben ist. Es sollen seit der Operation keinerlei Beschwerden sich gezeigt haben. | 8. IX. 1885. Die Operationsnarbe ist lineär. Ein Bruch besteht nicht; doch sieht man beim Husten über dem oberen Ende und auf der linken Seite der Narbe eine bohnengrosse Anschwellung auftreten, die indess sogleich wieder verschwindet. Der Bruchkanal ist geschlossen. | Kein Recidiv. | |
| 18) Wilhelm Kluge, 64 Jahr. | Operatio radicalis. Das mit ein- | Ja; stets bei Tage. | Wegen Auftreten eines linksseitigen Leistenbruches | 7. IX. 1885. Die Operationsnarbe ist schmal, fast | Fraglich. | |

| | | | | | |
|---|---|---|---|---|---|
| H. inguinal. dextra incarc. Hydrocele. Oper. 26. IX. 1884. | geklemmte Netz wurde abgetragen, sein Stumpf reponirt. Ligatur des Bruchsackhalses. Exstirpation des Bruchsacks. | | musste Patient bald ein doppelseitiges Bruchband tragen. Die punctirte Hydrocele recidivirte sehr rasch. Von seiten des rechten Bruches hat Patient keinerlei Beschwerden mehr gehabt. | lineir; die Bruchpforte erscheint rechts geschlossen; wenigstens kann die Fingerspitze gar nicht eindringen; doch wölbt sich beim Husten die Bruchgegend, wenn auch nicht circumscript, wieder etwas vor. — Die Hydrocele ist faustgross. | Kein Recidiv. |
| 19) Carol. Krause, 49 Jahr. H. femoral. sin. omental. incarc. Oper. 23. I. 1885. | Operatio radicalis. Ligatur des Bruchsackhalses. Exstirpation des Bruchsacks. | Pat. hat das Bruchband meist, wenn auch nicht völlig regelmässig, bei Tage getragen. | Patientin hat ein Vortreten der Bruchgeschwulst nicht wieder bemerkt, auch nie wieder Beschwerden von seiten des Bruches gespürt, vermochte auch schwere Arbeit zu verrichten. | 9. IX. 1885. Die Operationsnarbe ist lineär. Von einem Bruch ist nichts nachzuweisen. Auch beim Husten zeigt sich keine Anschwellung. | Kein Recidiv. |
| 20) Johann Rubi, 18 Jahr. H. inguinal. dextra. incarc. Oper. 2. II. 1885. | Operatio radicalis. Spaltung d. Bruchkanals in seiner ganzen Länge. Das mit eingeklemmte Netz wurde resecirt, sein Stumpf durch Naht in der Bruchpforte fixirt. Exstirpation des Bruchsacks. Vernähung des Bruchsackhalses. | Ja; stets bei Tage. | Patient ist seit der Operation stets gesund gewesen, hat von seiten seines Bruches keine Beschwerden mehr gehabt, konnte mit dem Bruchbande auch schwere Arbeit thun. Beim Husten spürt Patient, wenn er das Bruchband ablegt, ein gewisses Druckgefühl an der Bruchstelle, keinen Schmerz. Ein Wiedervortreten der Bruchgeschwulst hat er nicht gemerkt. | 8. IX. 1885. Lineäre Narbe. Bei Rückenlage, sowie auch beim Stehen ist keine Bruchgeschwulst sichtbar. Beim Husten tritt indess oberhalb des rechten Ligam. Poup. parti eine klein wallnussgrosse, halbkuglige Vorwölbung auf, die spontan, auch beim Stehen, sofort wieder verschwindet. Man fühlt daselbst die breite Oeffnung der äussern Mündung des Leistenkanales, kann deutlich seine künstliche Spaltung nach oben hin durchtasten und zwei Fingerspitzen in ihn legen, doch nicht in den Kanal vorschieben. | Kein Recidiv, doch Bruchanlage. |

| Name und Alter des Patienten, Art der Hernie, Datum d. Operation | Welche Operation wurde gemacht? | Trug Patient später ein Bruchband? | Subjective Angaben des Patienten über sein Befinden | Objectiver Befund bei der Untersuchung und Datum der Controlle | Besteht ein Recidiv? | Alter des Recidivs |
|---|---|---|---|---|---|---|
| 21) Auguste Vogt, 37 Jahr. H. inguinal. omenalis dextra. Oper. 5. III. 1885. | Operatio radicalis. Das Netz wurde abgetragen, sein Stumpf in die Bruchpforte eingenäht. Ligatur des Bruchsackhalses. Exstirpation des Bruchsacks. | Ein Bruchband trug Patientin nur in den ersten 3 Wochen nach ihrer Entlassung. | Von seiten des Bruches hat Patientin keine Beschwerden mehr gehabt. Die Bruchgegend ist nicht schmerzhaft. Ein Wiedervorkreten des Bruches wurde nicht bemerkt. Patientin kann auch schwere Arbeit verrichten. | 11. IX. 1885. Die Operationsnarbe ist schmal, grösstentheils linear. In ihrem obern Abschnitt fühlt man in der Tiefe einen festeren Körper (wahrscheinlich der abgeklemmte Netzstumpf), der sich auch beim Husten nicht vorwölbt. Die Bruchpforte ist auch völlig geschlossen. | Kein Recidiv. | |

Die Ergebnisse vorstehender Tabelle lassen sich kurz folgendermassen zusammenfassen:

9 Fälle mit deutlichem Recidiv

| Name des Patienten | Grösse des Recidivs | Zeitraum zwischen Operation u. Controlle | Wie lange nach der Operation zeigte sich das Recidiv? |
|---|---|---|---|
| Adler | klein | 9 Jahr | 1 Jahr |
| Heidorn | mittelgross | 7½ Jahr | 4 Jahr |
| Elfenberger | gross | 6¾ Jahr | bald |
| Mentlisch | gross | 6½ Jahr | bald |
| Schirmann | mittelgross | 5¾ Jahr | bald |
| Schröter | klein | 5 Jahr | ? |
| Laum | gross | 4½ Jahr | 2¾ Jahr |
| Appaly | mittelgross | 4 Jahr | 1 Jahr |
| Werner | mittelgross | 3¾ Jahr | bald |

7 Fälle ohne Recidiv

| Name des Patienten | Zeitraum zwischen Operation u. Controlle |
|---|---|
| Hellmich | 5½ Jahr |
| Streek | 5 Jahr |
| Wollny | 3 Jahr |
| Piefke | 2 Jahr |
| Krause | 8 Monat |
| Rabi | 7 Monat |
| Vogt | 6 Monat |

5 Fälle, in denen es zweifelhaft bleibt, ob ein Recidiv vorliegt.

| Name des Patienten | Zeitraum zwischen Operation u. Controlle |
|---|---|
| Friedrich | 6½ Jahr |
| Kost | 4½ Jahr |
| Nawroth | 3¾ Jahr |
| Weiss | 3½ Jahr |
| Kluge | 1 Jahr |

In 9 von 21 Fällen, also in 42,8 %, konnte ich demnach mit Sicherheit ein Recidiv nachweisen. Gerade in diesen Fällen ist nun die Controllzeit, d. h. der Zeitraum zwischen Operation und Controle, bei weitem am längsten, schwankt zwischen $3^3/_4$ und 9 Jahren, übersteigt somit die durchschnittliche Controllzeit der Fälle der zweiten und dritten Gruppe um ein beträchtliches. Es könnte daher der Schluss gerechtfertigt erscheinen, dass nur die zu kurze Beobachtungszeit in letzteren beiden Gruppen Ursache des Fehlens eines Recidivs sei, dass letzteres sich aber nach einer gewissen Reihe von Jahren mit Regelmässigkeit einstelle. Ein Blick auf Columne 4 der ersten Gruppe, welche uns die Zeitdauer angiebt, nach welcher das Recidiv sich zuerst bemerklich machte, lehrt indess, dass dieser Schluss voreilig wäre. Sie zeigt, dass in 4 Fällen das Recidiv bald nach der Operation, in 2 anderen auch schon innerhalb des ersten Jahres nach letzterer zur Beobachtung kam, dass sich also die Mehrzahl der Recidive schon frühzeitig ausbildet. Freilich treten sie in der Minderheit auch erst später auf, wie Fall Lamm und Heidorn beweisen, in denen sich, falls die Angaben der Kranken richtig sind, die neue Bruchgeschwulst erst $2^3/_4$ resp. 4 Jahre nach der Operation zeigte. Die Kleinheit des Recidivs bei Frau Schrötter lässt annehmen, dass dasselbe erst kurze Zeit bestand — Patientin wusste überhaupt nicht, dass sie wieder einen Bruch hatte —; sicher ist diese Annahme jedoch nicht, denn Fall Adler beweist, dass selbst ein frühzeitig (1 Jahr post op.) entstandenes Recidiv sich sehr langsam vergrössern kann; hatte es doch nach weiteren acht Jahren erst Wallnussgrösse erreicht.

Sieben Patienten, also 33,3 %, wurden recidivfrei befunden. Allerdings war der seit der Operation verstrichene Zeitraum in 3 Fällen relativ klein, betrug 6 bis 8 Monate; doch wurde in den übrigen 4 Fällen noch nach 2, 3, 5 und $5^1/_2$ Jahren die dauernde Heilung constatirt. Die durchschnittliche Controllzeit beträgt $2^1/_2$ Jahre, ist also länger als die in den Leisrink'schen Fällen.

Fünfmal, also in 23,8 %, bezeichnete ich das Resultat als fraglich, weil es bei diesen Fällen ganz von dem subjectiven Ermessen des Untersuchers abhing, ob man bei ihnen ein Recidiv annehmen wollte oder nicht. In dem einen derselben war mir die persönliche Untersuchung nicht gestattet; die Patientin selbst behauptete zwar, keinen Bruch mehr bemerkt zu haben, doch macht ihre eigene Angabe, beim Heben eines schweren Gegenstandes an der Bruchstelle stets einen geringen Schmerz zu empfinden, diese Aussage zweifelhaft. — Bei den 4 anderen Patienten ergab die Untersuchung beim Liegen und Stehen derselben keine Geschwulst in der Bruchgegend, doch wölbte sich eine solche beim Husten etwas vor und liess den palpirenden Finger einen leichten Anschlag fühlen, schwand indess nach dem Hustenstoss sofort. Der Bruchkanal selbst schien geschlossen und liess den Finger nicht eindringen. Meiner Ansicht nach handelt es sich in diesen Fällen nur um ein momentanes Vorwölben des Peritoneums zwischen den ja nicht genähten Pfeilern der Bruchpforte während der forcirten Action der Bauchpresse, doch fehlte noch ein eigentlicher Bruchsack. Da wir diesen aber als Vorbedingung eines Bruches voraussetzen, dürfte die Annahme, dass in diesen Fällen wohl die Anlage zu einem Recidiv bestand, letzteres sich indess noch nicht ausgebildet hatte, vielleicht keinem Widerspruch begegnen. Berücksichtigen wir ferner, dass der Zeitraum zwischen der Radicaloperation und der Controlle, abgerechnet den Fall Kluge, in welchem er nur 1 Jahr betrug, in den übrigen Beobachtungen ein ziemlich langer war, zwischen $3\frac{1}{2}$ und $6\frac{1}{2}$ Jahren schwankte, und die Recidive sich verhältnissmässig selten noch nach so später Zeit ausbilden, so würden wir einen Grund mehr haben, die 5 als fraglich bezeichneten Fälle den Heilungen zuzuzählen. Zum mindesten hat die Radicaloperation hier eine wesentliche Besserung herbeigeführt.

Aber auch unter den 9 sicher constatirten Recidiven waren nur 3 so gross, dass sie schwer durch ein Bruchband zurückgehalten werden konnten. Die übrigen 6 waren theils ganz klein, theils von mässiger Grösse, und liessen sich nicht nur leicht reponiren, sondern auch zurückhalten, und beeinträchtigten weder die Arbeitsfähigkeit noch den Lebensgenuss ihrer Träger.

In Rücksicht auf diese Resultate und die oben betonte geringe Vermehrung der Gefahren, welche die Verknüpfung der Radicaloperation mit der Herniotomie incarcerirter Brüche bedingt, halte ich mich für berechtigt, sie für letztere, abgesehen von den wenigen oben skizzirten Ausnahmefällen, dringend zu empfehlen.

Anders verhält es sich indess mit der Radicaloperation freier Hernien. Hier erscheinen die angeführten Endresultate in wesentlich anderem Lichte. Die Zahl der wegen solcher in der Breslauer Klinik ausgeführten Radicaloperationen ist verhältnissmässig gering. Ihre Endresultate habe ich leider nur in 3 Fällen persönlich controlliren können und in allen ein Recidiv gefunden. Der eine Fall betrifft die in Beobachtung 69 erwähnte Frau Glade, bei welcher die Operation wegen einer Cyste im Ligamentum rotundum ausgeführt wurde.

Patientin stellte sich mir am 8. September 1885, also $\frac{3}{4}$ Jahre nach der Operation, wieder vor. Sie gab an, dass eine bei ihrer Entlassung im oberen Abschnitt der Wunde noch vorhandene kleine Fistelöffnung sich erst nach 3 Monaten vollständig geschlossen habe, nachdem vorher ein Ligaturfaden ausgestossen wurde. Ein Bruchband trug sie in den ersten 4 Monaten nicht, legte ein solches erst an, als der Bruch infolge schwerer Arbeit wieder vortrat, und trug es auch nur während letzterer. Bei der Untersuchung fand ich die Operationsnarbe schmal, doch in der oberen Hälfte nicht linear. Beim Husten trat hier ein über haselnussgrosser Tumor vor, und fühlte man deutlich den Anschlag vordringender Eingeweide. Auch konnte ich mit der Fingerspitze in die oberhalb des rechten Ligamentum Pouparti gelegene Bruchpforte gerade eindringen.

Die beiden anderen Fälle ähneln sich bezüglich ihres anatomischen Verhaltens und ihres Verlaufes ausserordentlich. Der eine betrifft den bereits in Beobachtung 23 erwähnten Patienten Otto.

Beobachtung 73. Patient, dessen Vorgeschichte in Beobachtung 23 angegeben ist, entschloss sich im Anfang Januar 1885 zur Radicaloperation seiner weit über faustgrossen, rechtsseitigen, immobilen Leistenhernie. Dieselbe wurde am 12. Januar ausgeführt. Der Bruchsack war etwas verdickt; nach seiner Eröffnung entleeren sich mehrere Esslöffel voll einer serösen, etwas bräunlich tingirten Flüssigkeit, die zum Theil aus der Bauchhöhle kam. Den Bruchinhalt bildeten der untere Abschnitt des Ileum, das Cöcum mit dem Processus vermiformis und ein Theil des Colon ascendens. Der Dünndarm war frei beweglich, der Dickdarm fest mit dem Bruchsack verwachsen. Die Gesammtlänge des vorliegenden Darmes betrug etwa 60 cm. Netz lag nicht mit in dem Bruch. Die Adhäsionen waren so fest, dass sie mit der Scheere gelöst werden mussten; dabei wurden eine grosse Anzahl in ihnen verlaufender, ziemlich grosser Gefässe durchschnitten und isolirt unterbunden. Die Reposition der Darmschlingen gelang erst nach Spaltung des Bruchkanales in seiner ganzen Länge. Da der Bruchsack bei der Trennung der Verwachsungen mehrfach gespalten werden musste, war die Abschnürung seines Halses in der üblichen Weise nicht möglich. Die Bauchhöhle wurde daher durch mehrere versenkte Peritonealnähte geschlossen, dann der Bruchsack exstirpirt, was wegen Verwachsungen mit dem Samenstrang nur mit gleichzeitiger Entfernung des rechten Hodens gelang. Dann wurde die Wunde nach Einlegung eines Drains geschlossen. Der Verlauf war nahezu fieberfrei. Die Wunde vernarbte anfangs anscheinend primär linear; dann zeigte sich indess unter dem mittelsten Abschnitt der Hautnarbe ein Abscess, nach dessen Incision sich dicker Eiter und nekrotisches Bindegewebe entleerte, das dem Stumpfe des Bruchsackes entsprach. Nach völliger Abstossung desselben und eines Fadens heilte die Wundhöhle per secundam. Am 20. Februar wurde Patient entlassen.

Am 8. September 1885 stellte er sich behufs Controle wieder vor. Er gab an, dass er sich seit der Operation im allgemeinen wohl befunden habe; nur sei der linke Leistenbruch trotz Bruchbandes hin und wieder vorgetreten und habe Beschwerden gemacht; an der Stelle des rechten Bruches habe sich sehr bald nach der völligen Vernarbung der Wunde wieder eine Geschwulst gezeigt, die indess keinerlei Beschwerden mache.

Bei der Untersuchung fand ich die Narbe sehr schmal, fast lineär, doch über dem rechten Ligamentum Pouparti eine über gänseeigrosse Hernie, die zwar nicht ins Scrotum herabreichte, doch schon bei ruhiger Rückenlage vortrat; die Bruchpforte, deren Ränder mässig scharf waren, war so weit, dass ich sämmtliche fünf Fingerspitzen meiner Hand gleichzeitig in sie einführen konnte. — Die linksseitige Scrotalhernie war doppeltfaustgross.

Beobachtung 74. Der 16jährige Arbeiter Julius Laugwitz litt angeblich schon seit seiner Kindheit an einer rechtsseitigen Leistenhernie, die sich nie völlig reponiren liess, doch keine Beschwerden verursachte. Da sie beim Heben einer schweren Last sich plötzlich vergrössert hatte und lebhaft schmerzte, liess sich Patient am 31. Januar 1885 in die Klinik aufnehmen. — Er war ein kräftiger, doch noch nicht entwickelter Knabe. Die rechte Scrotalhälfte war durch eine sich durch den Leistenkanal in die Bauchhöhle fortsetzende Geschwulst bis zu Mannsfaustgrösse ausgedehnt, die Haut über letzterer gespannt und verdünnt, doch verschieblich und nirgends entzündet; Druck war schmerzhaft. Ein Theil der Geschwulst liess sich unter gurrendem Geräusch in das Abdomen zurückbringen, doch ein hühnereigrosser Rest blieb irreponibel; beim Nachlassen des Druckes quollen auch die reponirten Darmschlingen sogleich wieder vor. Einklemmungserscheinungen waren nicht vorhanden. — Am 12. Februar wurde der Bruch in Narkose mit einiger Gewalt reponirt, trat indess trotz eines Druckverbandes sogleich wieder neben letzterem vor; die Bruchpforte war nach der Reposition bequem für drei Finger durchgängig. Mit einem Bruchband mit grosser dreieckiger Pelotte, das den Bruch anscheinend gut zurückhielt, wurde Patient am 18. Februar entlassen. Schon am 26. liess er sich indess wieder aufnehmen, da der Bruch unter dem Bruchband abermals vorgetreten war, auch das Tragen des letzteren Schmerzen verursachte. Der Befund glich ganz dem früheren. Deshalb schritt man am 4. März zur Radicaloperation. — Der Bruchsack enthielt nur wenig seröses Bruchwasser. Der Bruchinhalt bestand aus dem untersten Abschnitt des Ileum, dem Cöcum mit dem Wurmfortsatz und dem untersten Theil des Colon ascendens. Sehr ausgedehnte breite Adhäsionen fixirten den Dickdarm an den Bruchsack. Die Lösung derselben gelang stumpf nur zum kleinsten Theile, musste zum bei weitem grösseren mit der Scheere vorgenommen werden. Besonders schwierig war die Auslösung des Cöcum. Behufs Reposition musste der Leistenbruchkanal in seiner ganzen Länge gespalten werden. Nach derselben wurde der Bruchsackhals durch drei etagenförmig über einander gelegte Nähte geschlossen, dann die Wunde in ihren oberen drei Vierteln vernäht; in dem untern wurde der Bruchsack mit der Haut vernäht und die restirende Höhle mit Jodoformgaze austamponirt.

Der Verlauf wurde durch eine Phlegmone gestört, die zum Oeffnen der Hautwunde in ihrer ganzen Länge zwang. Peritonitische Erscheinungen traten nicht auf. Die Heilung erfolgte langsam per secundam; erst am 4. März wurde der Kranke entlassen.

Im Mai stellte er sich wegen einer durch Druck des Bruchbandes erzeugten Ulceration der Narbe wieder vor. Es bestand bereits ein Recidiv. Die Bruchpforte war offen und liess eine Fingerspitze bequem eindringen. Beim Husten drängte sich der Darm bis in das Scrotum hinein wieder vor. — Im August sah ich den Patienten noch einmal; das Recidiv hatte sich noch etwas vergrössert.

Die Ursachen für das frühzeitige Recidiv in diesen beiden Fällen sind ziemlich die gleichen. Sie lagen einmal in der zur Reposition erforderlichen breiten Spaltung des ganzen Bruchkanales, sodann darin, dass die Heilung nicht per primam, sondern durch Granulation erfolgte, die frische dehnbare Narbe aber dem Andrange der Darmschlingen nicht genügend Widerstand entgegensetzen konnte. Vielleicht hätte eine Pfeilernaht nach der Methode Riesel's das Recidiv besser verhütet.

Ueber die Endresultate unserer übrigen Radicaloperationen freier Hernien habe ich leider nichts erfahren können; doch glaube ich bestimmt annehmen zu dürfen, dass sie besser seien, da die Bedingungen für eine radicale Heilung wesentlich günstiger lagen. — Todesfälle hatten wir infolge dieser Operation zwar nicht zu beklagen. Bedenkt man indess, dass sich ihre Mortalität nach Schmidt auch bei Anwendung der Antisepsis auf 20% stellt, dass, wie Leisrink u. a. nachgewiesen, das Recidiv bei ihnen noch häufiger ist, als nach der Radicaloperation incarcerirter Hernien, dass selbst die Endresultate der letzteren, wie unsere über eine längere Beobachtungsdauer ausgedehnte Statistik zeigt, noch ungünstiger sind, als sie Leisrink fand, so werden wir die Operation bei freien Hernien sicher auf das äusserste Maass beschränken. Den Leisrink'schen Schlussfolgerungen:

1) mobile Hernien — welche noch durch ein Bruchband zurückgehalten werden können — sollen einer Radicaloperation nicht unterworfen werden;

2) verwachsene oder sonst nicht zurückzuhaltende oder schmerzhafte Brüche, welche ihren Träger invalide machen, können einer Radicaloperation unterworfen werden;

3) alte oder decrepide Individuen und Kinder in den ersten Lebensjahren sollen von der Operation verschont bleiben;

kann ich mich aus voller Ueberzeugung anschliessen. Hinzufügen möchte ich nur, um Missverständnissen vorzubeugen, dass ich diese Sätze nur vorläufig für den jetzigen Standpunkt unserer Kenntnisse aufrecht erhalten wissen will. Sollte eine Vervollkommnung der Antisepsis und unserer Technik die Gefahren der Radicaloperation der Hernien wesentlich herabsetzen und ihre Endresultate günstiger gestalten — und ich selbst glaube bestimmt, dass dies möglich sein wird —, dann würden natürlich die soeben erhobenen Bedenken, die ich heute noch aufrecht erhalten muss, in Wegfall kommen. — Ueber die neuerdings wieder lebhaft empfohlene radicale Beseitigung der Hernien durch Alkoholinjectionen besitze ich keine eigenen Erfahrungen. Sollten sie sich bestätigen, so würde die blutige Radicaloperation vielleicht bald für die Mehrzahl der Fälle überflüssig werden.

Was die Ausführung der Operation anlangt, so wandten wir in unseren Fällen fast ausschliesslich das Nussbaum'sche Verfahren, also Ligatur des weit vorgezogenen Bruchsackhalses und Exstirpation des Bruchsackes an; nur in wenigen Fällen begnügten wir uns mit der Ligatur oder Vernähung des Bruchsackhalses allein. Von der gleichzeitigen Pfeilernaht nahmen wir in der Breslauer Klinik für gewöhnlich — wenigstens in allen von mir controllirten Fällen — Abstand, meiner persönlichen Anschauung nach mit Unrecht. Da mir indess eigene Erfahrungen über die Resultate der verschiedenen Methoden nicht zu Gebote stehen, muss ich dieserhalb auf die Leisrink'sche Arbeit verweisen. Nach seinen Ausführungen scheint mir allerdings das Riesel'sche Verfahren am zweckmässigsten und sichersten; und zwar erscheint es mir deshalb um so empfehlenswerther, weil es mit einem Eingriff, der breiten Spaltung des Bruchkanales in seiner ganzen Länge, beginnt, welchen ich oben bereits zur Sicherstellung der Diagnose der Beschaffenheit der Bruchschlinge zur sichersten Verhütung der Ruptur eines an seinen Schnürfurchen vielleicht mürben oder bereits gangränösen Darmes warm empfahl. — Allerdings traten in den beiden oben angeführten Fällen Otto und Laugwitz nach der Spaltung des Bruchkanales Bauchbrüche ein; da die Heilung in ihnen indess nicht per primam erfolgte, wir auch die von Riesel angewandte Abtragung der Ränder des Bruchkanales und ihre darauf folgende Naht nicht ausführten, beweisen diese Misserfolge nichts gegen Riesel. Sollte eine weitere Erfahrung die günstigen Resultate seiner Methode bestätigen, dann läge hierin ein weiterer Grund für die ausgedehnte Anwendung der oben angegebenen Modification der Herniotomie, für die Ausführung der Hernio-Laparotomie.

Zum Schlusse hätte ich noch kurz des Endresultates eines Falles zu gedenken, in welchem die secundäre Darmresection und circuläre Darmnaht behufs Beseitigung eines wegen gangränöser Hernie angelegten widernatürlichen Afters ausgeführt wurde.

Es handelt sich um die bereits in Beobachtung 39 erwähnte Patientin Seidel. Dieselbe stellte sich mir am 8. September 1885 nochmals behufs Controle vor, also 10 Monate nach Ausführung der Darmresection. Beschwerden hatte sie seit der Operation nicht gehabt, doch bemerkte sie bereits seit Ende März 1885 von neuem eine Anschwellung an der Bruchstelle. Ende April hatte ich selbst bereits ein Recidiv constatiren können. Jetzt fand ich oberhalb des

Ligamentum Pouparti eine strablige, ziemlich ausgedehnte Narbe, die der per secundam geheilten Operationswunde entsprach. Schon bei ruhiger Rückenlage wurde dieselbe von den Eingeweiden halbkugelförmig in der Grösse einer kleinen Kartoffel vorgedrängt. Sie war sehr verdünnt, zur Zeit nicht erodirt, doch verursachte das Bruchband öfter Druckusuren. Beim Husten trat der Bruch noch stärker vor, liess sich indess leicht reponiren. Die Bruchpforte war rund, bequem für zwei Finger durchgängig, ihre Ränder mässig scharf.

Ich habe diese Beobachtung deshalb von den Endresultaten der übrigen Radicaloperationen abgesondert, weil die anatomischen Grundlagen und das Operationsverfahren gänzlich von denen bei letzteren abwichen. Die entzündliche Infiltration rings um den Anus praeternaturalis zwang in diesem Falle zu einer ziemlich ausgedehnten ovalären Umschneidung desselben und zur gleichzeitigen circulären Resection der Pfeiler der Bruchpforte; es bildete demnach die restirende Bruchpforte nicht wie sonst einen doch verhältnissmässig engen, von starren, wenig nachgiebigen Wandungen umkleideten Kanal, sondern ein grosses Loch mit weicher, dehnbarer Umrandung. Allerdings wurde dasselbe durch tiefe Nähte geschlossen. Die zu erhebliche Spannung der Wundränder führte indess, trotz aseptischen Wundverlaufes, zu einem Aufplatzen der Naht in ihrer Mitte und zur Heilung per secundam. Die junge Narbe gab dem Andrängen der Eingeweide nach und gestattete die rasche Bildung eines Recidivs.

Allerdings wird in ähnlichen Fällen die Rücksicht auf die Erhaltung des Lebens des Kranken immer jede Rücksicht auf die gleichzeitige radicale Beseitigung der Hernie hintansetzen lassen. Immerhin muss dieses bezüglich des Bruchrecidivs so ungünstige Endresultat dazu mahnen, bei der Schliessung des Anus praeternaturalis wenn möglich in gleicher Weise zu verfahren, wie bei der Radicaloperation der Hernien, also die Erhaltung der sehnigen Pfeiler der Bruchpforte zu erstreben und die beiden Enden des Darmrohres aus letzterer vorsichtig herauszupräpariren, wie dies ja in dem angeführten Falle Werner gelang.

Am Schluss dieser Arbeit angelangt, bin ich mir wohl bewusst, keine der noch strittigen Fragen endgiltig entschieden und zum definitiven Abschluss gebracht zu haben. Auch musste ich für manche Ansicht den sicheren Beweis schuldig bleiben und mich darauf beschränken, für die aufgestellte Behauptung einen Wahrscheinlichkeitsbeweis zu führen. Immerhin hoffe ich, indem ich in Anbetracht der grossen Ausdehnung und Schwierigkeit des zu behandelnden Themas für die erwähnten Mängel auf eine nachsichtige Beurtheilung rechne, doch manche Frage ihrer Lösung näher gebracht, ihre Entscheidung gefördert zu haben.

Es erübrigt mir noch, meinem hochverehrten früheren Chef, Herrn Medicinalrath Professor Dr. Fischer, für die gütige Ueberlassung des Materials, sowie Herrn cand. med. Hoffmann für die liebenswürdige Assistenz bei meinen Thierexperimenten hiermit öffentlich meinen wärmsten Dank auszusprechen.